21世纪高等学校规划教材 | 电子信息

电子技术实验教程

摆玉龙 主编
张维昭 张津京 副主编

清华大学出版社
北 京

内容简介

本书是综合性的电子技术实验教材，以工程实际应用为出发点，以培养和提高学生工程设计、实验调试及综合分析能力为目标，优化设计了电子类相关基础课程实验。全书共分为5篇，即模拟电子技术实验、数字电子技术实验、模拟电子技术设计性实验、数字电子技术设计性实验、Multisim 12仿真软件简介和相关电路设计实例等。全书着重介绍了电子技术实验的基本任务、基本方法和基本规程，同时强调培养电子专业卓越工程师所应具备的工程意识、工程素质、工程实践能力和工程创新能力。

本书实验内容丰富，可作为高等院校电子类、通信类、自动控制类以及计算机类专业的基础实验教材，同时也是本科生参加各类电子竞赛、毕业设计等有用的参考书。

图书在版编目(CIP)数据

电子技术实验教程/摆玉龙主编. —北京：清华大学出版社，2015(2022.7重印)
（21世纪高等学校规划教材·电子信息）
ISBN 978-7-302-41885-6

Ⅰ. ①电… Ⅱ. ①摆… Ⅲ. ①电子技术－实验－高等学校－教材 Ⅳ. ①TN-33

中国版本图书馆CIP数据核字(2015)第252060号

责任编辑：郑寅堃
封面设计：傅瑞学
责任校对：李建庄
责任印制：杨 艳

出版发行：清华大学出版社
网 址：http://www.tup.com.cn，http://www.wqbook.com
地 址：北京清华大学学研大厦A座 **邮 编**：100084
社 总 机：010-83470000 **邮 购**：010-62786544
投稿与读者服务：010-62776969，c-service@tup.tsinghua.edu.cn
质量反馈：010-62772015，zhiliang@tup.tsinghua.edu.cn
印 装 者：涿州市京南印刷厂
经 销：全国新华书店
开 本：185mm×260mm **印 张**：18.25 **字 数**：456千字
版 次：2015年12月第1版 **印 次**：2022年7月第7次印刷
印 数：2401～2800
定 价：49.00元

产品编号：064413-02

出版说明

随着我国改革开放的进一步深化，高等教育也得到了快速发展，各地高校紧密结合地方经济建设发展需要，科学运用市场调节机制，加大了使用信息科学等现代科学技术提升、改造传统学科专业的投入力度，通过教育改革合理调整和配置了教育资源，优化了传统学科专业，积极为地方经济建设输送人才，为我国经济社会的快速、健康和可持续发展以及高等教育自身的改革发展做出了巨大贡献。但是，高等教育质量还需要进一步提高以适应经济社会发展的需要，不少高校的专业设置和结构不尽合理，教师队伍整体素质亟待提高，人才培养模式、教学内容和方法需要进一步转变，学生的实践能力和创新精神亟待加强。

教育部一直十分重视高等教育质量工作。2007 年 1 月，教育部下发了《关于实施高等学校本科教学质量与教学改革工程的意见》，计划实施"高等学校本科教学质量与教学改革工程"（简称"质量工程"），通过专业结构调整、课程教材建设、实践教学改革、教学团队建设等多项内容，进一步深化高等学校教学改革，提高人才培养的能力和水平，更好地满足经济社会发展对高素质人才的需要。在贯彻和落实教育部"质量工程"的过程中，各地高校发挥师资力量强、办学经验丰富、教学资源充裕等优势，对其特色专业及特色课程（群）加以规划、整理和总结，更新教学内容、改革课程体系，建设了一大批内容新、体系新、方法新、手段新的特色课程。在此基础上，经教育部相关教学指导委员会专家的指导和建议，清华大学出版社在多个领域精选各高校的特色课程，分别规划出版系列教材，以配合"质量工程"的实施，满足各高校教学质量和教学改革的需要。

为了深入贯彻落实教育部《关于加强高等学校本科教学工作，提高教学质量的若干意见》精神，紧密配合教育部已经启动的"高等学校教学质量与教学改革工程精品课程建设工作"，在有关专家、教授的倡议和有关部门的大力支持下，我们组织并成立了"清华大学出版社教材编审委员会"（以下简称"编委会"），旨在配合教育部制定精品课程教材的出版规划，讨论并实施精品课程教材的编写与出版工作。"编委会"成员皆来自全国各类高等学校教学与科研第一线的骨干教师，其中许多教师为各校相关院、系主管教学的院长或系主任。

按照教育部的要求，"编委会"一致认为，精品课程的建设工作从开始就要坚持高标准、严要求，处于一个比较高的起点上。精品课程教材应该能够反映各高校教学改革与课程建设的需要，要有特色风格、有创新性（新体系、新内容、新手段、新思路，教材的内容体系有较高的科学创新、技术创新和理念创新的含量）、先进性（对原有的学科体系有实质性的改革和发展，顺应并符合 21 世纪教学发展的规律，代表并引领课程发展的趋势和方向）、示范性（教材所体现的课程体系具有较广泛的辐射性和示范性）和一定的前瞻性。教材由个人申报或各校推荐（通过所在高校的"编委会"成员推荐），经"编委会"认真评审，最后由清华大学出版社审定出版。

目前，针对计算机类和电子信息类相关专业成立了两个“编委会”，即“清华大学出版社计算机教材编审委员会”和“清华大学出版社电子信息教材编审委员会”。推出的特色精品教材包括：

（1）21世纪高等学校规划教材·计算机应用——高等学校各类专业，特别是非计算机专业的计算机应用类教材。

（2）21世纪高等学校规划教材·计算机科学与技术——高等学校计算机相关专业的教材。

（3）21世纪高等学校规划教材·电子信息——高等学校电子信息相关专业的教材。

（4）21世纪高等学校规划教材·软件工程——高等学校软件工程相关专业的教材。

（5）21世纪高等学校规划教材·信息管理与信息系统。

（6）21世纪高等学校规划教材·财经管理与应用。

（7）21世纪高等学校规划教材·电子商务。

（8）21世纪高等学校规划教材·物联网。

清华大学出版社经过三十多年的努力，在教材尤其是计算机和电子信息类专业教材出版方面树立了权威品牌，为我国的高等教育事业做出了重要贡献。清华版教材形成了技术准确、内容严谨的独特风格，这种风格将延续并反映在特色精品教材的建设中。

清华大学出版社教材编审委员会

联系人：魏江江

E-mail：weijj@tup.tsinghua.edu.cn

前言

为进一步提高我国工程教育水平，培养创新性人才，教育部启动了“卓越工程师教育培养计划”。电子信息工程专业卓越工程师培养要以“夯实基础、拓宽口径、重视设计、突出综合、强化实践”为教学实践目标，加强学生的工程意识、工程素质、工程实践能力和工程创新能力，培养具有求是创新精神和国际视野的创新型工程科技人才。电子技术基础课程及实验在培养中起着至关重要的基础作用，有助于帮助学生形成良好的工程意识，为未来职业发展打好基础。因此，本书注重实践，突出基础训练、着重培养学生的综合设计应用能力和计算机仿真应用能力。在实验内容的选择上，既有基础性实验、综合设计性实验，又有Multisim 12仿真软件使用指导以及设计实验，较好地实现了基础训练与综合提高训练相结合，硬件设计调试与Multisim软件仿真设计相结合。因此，本书符合不同层次的教学要求，可为学生后续课程的学习、各类电子设计竞赛、毕业设计等方面打下良好的基础。

本书作为综合性电子技术实验教材，参照教育部“高等工业学校电子技术基础课程教学基本要求”，并结合编者多年的教学实践经验与教学研究成果编写而成。全书共分为五篇。第1篇为模拟电子技术实验，共包含15个基础性实验；第2篇为数字电子技术实验，共包含11个基础性实验；第3、4篇分别为模拟电子技术设计性实验和数字电子技术设计性实验，各包含5个设计性题目；第5篇为Multisim 12仿真软件，包含Multisim 12仿真软件简介、仪器仪表介绍、原理图绘制、分析方法以及实验设计等内容。其中，“*”号内容为选做和提高内容。

本书由摆玉龙统稿、审定，张津京编写第1篇，张维昭编写第2篇，赵兴龙编写第3篇、第4篇和附录A。摆玉龙、火圣昌、张转花和漆芳兰编写了第5篇和其余附录部分。刘颖娟、申凯、卢勇男、胡升升、庞宗武、徐宝兄、尤元红等绘制了本书的全部插图，并做了大量打印和校对工作。

在编写中作者参考了很多优秀教材和著作。作者向收录于参考文献中的各位作者表示真诚的谢意。本书的出版得到西北师范大学教学研究重大项目“西北师范大学‘卓越工程师班’培养机制研究——以电子信息工程专业为例”的大力支持，同时摆玉龙感谢甘肃省科技支撑计划(编号：1204GKCA067)对本书出版的资助。

由于作者水平有限，加之时间仓促，本书中错误与不妥之处在所难免，恳请读者批评、指正。

作　者

2015年12月

目 录

模拟电子技术实验

实验1.1 常用电子仪器的使用

一、实验目的

(1) 学习电子技术实验中常用的电子仪器——示波器、函数信号发生器、直流稳压电源、交流毫伏表等的主要技术指标、性能及正确使用方法；

(2) 初步掌握用示波器测量交流电压的幅值、频率等有关参数的方法。

二、实验原理

在模拟电子技术实验中，经常使用的电子仪器有示波器、函数信号发生器、直流稳压电源、交流毫伏表及频率计等。它们和万用表一起，可以完成对模拟电子电路的静态和动态工作情况的测试。

实验中要对各种电子仪器进行综合使用。可按照信号流向，以连线简洁，调节顺手，观察与读数方便等原则进行合理布局。各仪器与被测实验装置之间的布局与连线如图1.1.1所示。接线时应注意，为防止外界干扰，各仪器的公共接地端应连接在一起，称为共地。信号源和交流毫伏表的引线通常使用屏蔽线或专用电缆线；示波器接线直接使用示波器探头即可；直流电源的接线用普通导线。

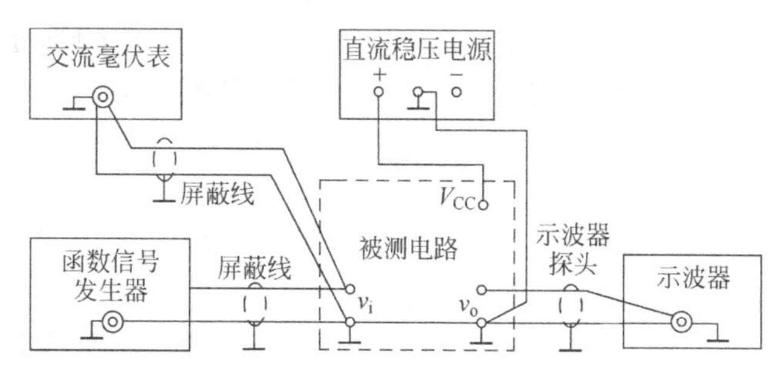

图1.1.1　常用电子仪器布局连接图

1. 示波器上波形的显示和观察

示波器是一种观察和测量各种电信号瞬时值的仪器。通过示波器可将肉眼看不到的电信号转换成可观察和可测量的随时间变化的图像信号，是一种用途很广泛的电子测量仪器。按照信号处理方式的不同，示波器可分为模拟示波器与数字示波器。本实验仅介绍模拟示波器的使用方法。

1) 扫描基线的显示

接通示波器的电源，打开电源开关，预热约 5 分钟后，依次调节辉度旋钮、垂直位移旋钮，即可在示波器的屏幕上观察到亮度适中的扫描基线。调节示波器的聚焦旋钮，可使扫描基线更加清晰。

单踪示波器只有一条扫描基线；双踪示波器，既可显示一条扫描基线，也可显示两条扫描基线。当需要观察的信号只有一个时，可将示波器的“垂直功能键”选在单通道的“通道1”或“通道 2”，这时屏幕上只显示通道 1 或通道 2 的扫描基线；当需要同时观察两个信号时，须将“垂直功能键”的“双通道”键按下，这时屏幕上将同时显示通道 1 和通道 2 的扫描基线。

一般可正常使用的示波器，开机后屏幕上会很快显示出扫描基线。如果开机约 5 分钟后还没有出现扫描基线，可能是由于“辉度”旋钮开得太小或者“X 轴位移”、“Y 轴位移”旋钮的位置偏离中间位置太远而使扫描基线移到屏幕的有效范围之外。这时，应试调“辉度”旋钮或“X 轴位移”、“Y 轴位移”旋钮，找到扫描基线。

2) 信号波形的显示

(1) 信号的输入：在屏幕上观察到扫描基线后，就可以将被测信号通过示波器探头输入示波器进行观察和测量。如果被测信号只有一个，则可以通过通道 1 的探头或通道 2 的探头将信号输入其中的一个通道；如果要同时观测两个被测信号，则需要将信号同时通过通道 1 和通道 2 的探头输入。

示波器的探头上有衰减开关，开关有“×1”和“×10”两挡。开关打到“×1”挡，表示输入信号不通过衰减而直接输入示波器；开关打到“×10”挡，表示输入信号通过探头衰减 10 倍(20dB)。一般采用“×1”挡，在输入信号幅度太大时，才采用“×10”挡。

(2) 信号波形的稳定显示：当信号通过探头输入示波器后，一般情况下还不能立即显示一个稳定的信号。这时需要选择合适的“触发源”和“触发电平”才能使波形稳定。对双踪示波器而言，“触发源”一般有“通道 1 触发”、“通道 2 触发”、“交替触发”和“外触发”四种。当两个通道都有信号输入即双踪显示时，使用前三种触发方式的任意一种都可以得到稳定的波形显示；当只有一个通道(例如通道 1)有信号输入时，只能选择本通道触发(例如“通道 1 触发”)或“交替触发”。“触发源”选定后，再调节“触发电平”旋钮，便会得到稳定的波形显示。

(3) 信号波形的位置调节：配合调节“Y 轴移位”旋钮和“X 轴移位”旋钮可以使波形显示在屏幕的任意位置上。

(4) 信号波形 Y 轴缩放调节：调节示波器的“垂直灵敏度”(即 V/DIV)波段开关和“垂直灵敏度微调”旋钮，可以使波形在 Y 轴方向上放大或缩小。

(5) 信号波形个数的调节：调节示波器的“扫描速度”(即 TIME/DIV)波段开关和“扫描速度微调”旋钮，就可以改变屏幕上显示波形的个数。

2. 示波器上波形参数的测量

1) 信号波形幅度的测量

通过对信号波形幅度的测量，可以得到信号所代表的电压值(直接测得)或电流值(通过

换算求得)。测量的方法和步骤是:

(1) 将"垂直灵敏度微调"旋钮置于校准(CAL)位置,即顺时针旋转到底,且听到关的声音。

(2) 调节"垂直灵敏度"波段开关,使信号波形显示为便于测量的幅度。

(3) 测量结果:被测信号的电压峰-峰值 $V_{\text{P-P}}$ 等于波形在屏幕上垂直方向所占的格数 n 与该通道的"垂直灵敏度"波段开关 V/DIV 的指示值以及探头衰减量 K 的乘积,即

$$V_{\text{P-P}} = n \times \text{V/DIV} \times K$$

2) 信号波形周期和频率的测量

对信号波形周期的测量实际是对时间的测量。测量的方法和步骤是:

(1) 将"水平扫描时间微调"旋钮置于校准(CAL)位置,即顺时针旋转到底,且听到关的声音。

(2) 调节"扫描速度"波段开关,使得在屏幕上显示1~2个周期的完整波形。

(3) 测量结果:信号的周期 T 等于波形的一个周期在屏幕上水平方向所占的格数 n 与"扫描速度"波段开关 TIME/DIV 的指示值的乘积,即

$$T = n \times \text{TIME/DIV}$$

信号的频率等于周期的倒数,即

$$f = \frac{1}{T}$$

3) 两个同频率信号波形相位差的测量

将两个被测信号通过双踪示波器的两个探头输入。调节"扫描速度"和"垂直灵敏度"波段开关,使示波器的屏幕上显示出便于测量的波形。测出任意一个信号的周期 T,再测出两个信号波形的对应峰值点间的时间间隔 t,则这两个信号的相位差 ϕ 可根据下式求出:

$$\phi = \frac{t}{T} \times 360°$$

3. 函数信号发生器

函数信号发生器可按需要输出正弦波、方波、三角波等周期性信号。输出电压最大可达峰-峰值20V。通过输出衰减开关和输出幅度调节旋钮,可使输出电压在毫伏级到伏级范围内连续变化。输出频率可通过频率分挡开关进行调节。

4. 交流毫伏表(晶体管毫伏表)

交流毫伏表只能在其工作频率范围内用来测量正弦电压的有效值。为了防止过载而损坏,测量前一般先把量程开关置于量程较大的位置上,然后再在测量中逐挡减小量程。

三、实验内容及步骤

1. 函数信号发生器及交流毫伏表的使用

(1) 连接函数信号发生器(下文如不特别指明,均简称信号发生器)和交流毫伏表,接通电源进行预热。

(2) 在信号发生器上选择正弦波输出。选择频率倍乘按键，调节频率微调旋钮，使信号发生器的输出频率为1kHz。调节输出幅度旋钮，使其输出有效值分别为1V、3V、5V的正弦信号。

(3) 改变信号发生器的“输出衰减”旋钮，测量“输出衰减”置不同挡位时的输出电压值，完成表1.1.1。

表1.1.1 信号发生器输出电压测量表

1kHz正弦波的有效值	1V	3V	5V
衰减20dB测量值			
衰减40dB测量值			
衰减20dB/40dB计算值			
误差(%)			

2. 用机内校正信号对示波器进行自检

(1) 扫描基线调节。将示波器的显示方式开关置于“通道1”或“通道2”进行单踪显示，触发方式开关置于“自动”。开启电源开关后，调节“辉度”、“聚焦”等旋钮，使屏幕上出现一条细且亮度适中的扫描基线。然后调节“X轴移位”或“Y轴移位”旋钮，使扫描基线位于屏幕中央，并且能上下左右移动自如。

(2) 测试“校正信号”波形的幅度、频率、上升时间和下降时间。将示波器的“校正信号”通过探头输入选定的通道，将Y轴输入耦合方式开关置于AC或DC，触发源开关置于选定的相应通道。调节X轴“扫描速度”开关(TIME/DIV)和Y轴“垂直灵敏度”开关(V/DIV)，使示波器屏幕上显示出1～2个周期稳定的方波信号。按照实验原理中介绍的方法读取校正信号的幅度、周期、上升时间、下降时间，计算其频率，完成表1.1.2。

表1.1.2 “校正信号”参数测量数据表

测试项目	标准值	实测值
峰-峰值 V_{P-P}/V		
周期 T/ms		
频率 f/Hz		
上升时间/μs		
下降时间/μs		

3. 用示波器和交流毫伏表测量信号参数

调节函数信号发生器，使其输出频率分别为100Hz、1kHz、10kHz、100kHz，有效值均为1V的正弦波信号。用示波器测量以上信号的频率及峰-峰值，完成表1.1.3。

4. 测量两波形间的相位差

(1) 按照图1.1.2连接电路。调节信号发生器，使其输出幅度为5V、频率为1kHz的正弦波信号v_i。

表 1.1.3　正弦波信号参数测量数据表

信号电压频率 f/kHz	示波器测量值		信号电压毫伏表读数/V	示波器测量值	
	周期 T/ms	频率 f/kHz		峰-峰值/V	有效值/V
0.1			1		
1			1		
10			1		
100			1		

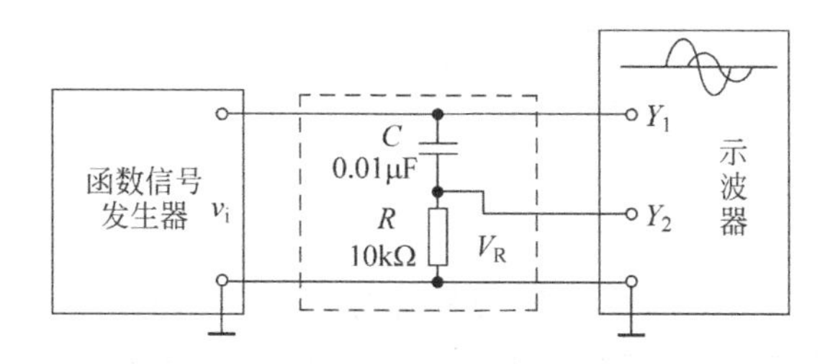

图 1.1.2　相位差测量电路

(2) 用示波器观察并测量电压 v_C 和 v_R 的相位差 ϕ,完成表 1.1.4。绘出 v_C和 v_R的波形图,在图中标出其相位差。

表 1.1.4　相位差测量数据表

信号的周期 T/ms	两波形的时间间隔 t/ms	相位差 ϕ	
		实测值	理论值

四、实验设备与器件

(1) 函数信号发生器：1 台。

(2) 交流毫伏表：1 台。

(3) 双踪示波器：1 台。

(4) 电阻、电容：若干。

五、实验报告要求

(1) 将实验数据填入有关表格中。

(2) 列出本实验所用示波器的主要按键和旋钮的功能。

六、预习要求

(1) 了解模拟示波器的结构及工作原理。

(2) 计算图 1.1.2 中 RC 移相网络的相位差 ϕ。

七、思考题

(1) 使用模拟示波器时要达到如下要求,应如何调节?

①观察波形,同时测试正弦信号的多种参数;②波形稳定;③移动波形位置;④改变波形个数;⑤改变波形的高度;⑥同时观察两路信号。

(2) 用示波器测量信号的频率和幅度时,如何保证测量精度?

(3) 数字示波器和模拟示波器各有什么优缺点?

实验1.2 二极管、三极管的测试

一、实验目的

(1) 学会用数字万用表判断二极管、三极管的极性与性能;

(2) 学习用晶体管图示仪测量特性曲线的方法,加深对二极管、三极管特性曲线的理解。

二、实验原理

1. 用数字万用表判别二极管

将数字万用表的红表笔插入"VΩ"孔,黑表笔插入"COM"孔,转换开关置于"二极管及通断测试"挡。这个挡位的工作电压大约为2V,施加该电压后,二极管能够显现出正向导通、反向截止的单向导电特性。

注意:与指针式万用表不同,数字万用表中红表笔接触内部电池正极,黑表笔接触内部电池负极。

对于极性标识明显的二极管,首先将数字万用表红表笔接触二极管正极,黑表笔接触二极管负极,测量其正向导通压降,正常数值为0.1~0.7V;然后将红表笔接触二极管负极,黑表笔接触二极管正极,则二极管截止,正常显示数值为1。如果被测二极管的测试结果符合上述两种情况,则说明该二极管性能正常。进而,如果正向导通压降在0.1~0.3V左右,可以判定为锗材料二极管;如果正向导通压降在0.5~0.7V左右,则可判定为硅材料二极管。如果两次测量都显示001或000并且蜂鸣器响,说明二极管已经击穿;如果两次测量都显示1说明二极管开路;如果两次测量数值相近,说明管子质量很差。以上三种情况均可判定被测二极管已损坏,不能在电路中使用。

对于极性标识不明显的二极管,可反复交换表笔测试,如果该被测二极管是好的,在测试过程中万用表液晶屏上总会有正常的正向导通、反向截止读数显示。正向导通压降为0.1~0.7V,反向读数为1或1000以上,则说明二极管是好的。当显示为0.1~0.7V的正向导通压降读数时,红表笔所接就是二极管的正极,黑表笔所接就是它的负极;同理,当显示反向读数为1时,红表笔所接就是二极管的负极,黑表笔所接就是它的正极。这样,标识不明的二极管的正负极性就能判别出来了。其开路、击穿、漏电等损坏的情况,判定方法与上述相同。

2. 用数字万用表判别三极管

将数字万用表的红表笔插入"VΩ"孔，黑表笔插入"COM"孔，转换开关置于"二极管及通断测试"挡。

1) 三极管基极及类型、材料的判别

三极管具有两个 PN 结，分别是集电结和发射结，如图 1.2.1 所示。它可看成两个背靠背的二极管，因此按照二极管的判别方法，将万用表的红、黑表分别接在三极管其中的两个电极上，反复进行测试，即可判断出其中一极为公共正极或公共负极，这个极就是基极。对于 NPN 型三极管，基极是公共正极；对于 PNP 型三极管，基极是公共负极。PN 结正向导通压降在 0.1～0.3V 左右的是锗材料三极管，结压降在 0.5～0.7V 左右的是硅材料三极管。

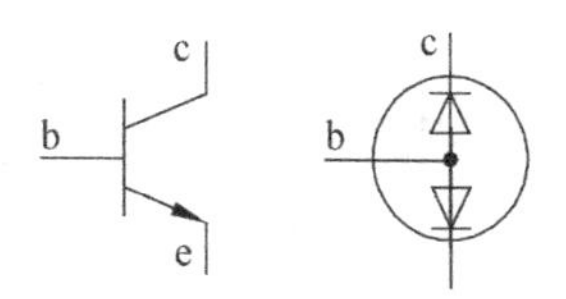

NPN型三极管

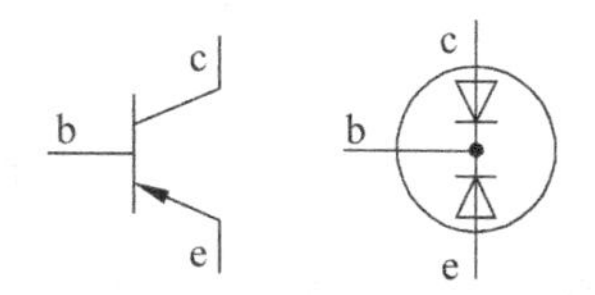

PNP型三极管

图 1.2.1 三极管结构示意图

2) 集电极和发射极的判别

一种方法是利用数字万用表的"二极管及通断测试"挡。由于三极管发射区的掺杂浓度高于集电区，所以给发射结和集电结施加同样的正向电压时，两者的压降不一样大。对于 NPN 型管，用万用表红表笔接其基极，黑表笔分别接另两个引脚上。两次测得的结压降中，电压微高的那一次所对应的电极为发射极，电压低一些的那一次所对应的是集电极。如果是 PNP 型管，用黑表笔接其基极，红表笔接另外的两个电极，同样测得结电压高的为发射极，结电压低一些的为集电极。

另一种方法是利用数字万用表的"HFE"挡位，即测量三极管电流放大倍数 β 值的挡位。将转换开关置于"HFE"挡位，将三极管的基极插入所对应类型的 b 孔中，把其余两个管脚分别插入 c、e 孔，观察液晶屏上显示的数据，再将 c、e 孔中的两个引脚对调，再观察数据，可以反复多测几次并作对比，以数值最大的一次为准，这个数据就是被测三极管的电流放大倍数 β，且此时 c 孔中的引脚就是三极管的集电极，e 孔中的引脚是三极管的发射极。

3. 晶体管特性图示仪

晶体管特性图示仪(简称"图示仪")是一种能对晶体管的特性参数进行定量测试的仪器。本实验使用 XJ4810 型晶体管特性图示仪测试二极管和三极管的特性参数。晶体管特性图示仪的基本组成如图 1.2.2 所示。为了测试晶体管的性能，首先要给管子加上适当的电压。图中，"集电极扫描电压"部分是为晶体管集电极设置电压 V_{CE} 的；而"基极阶梯信号源"则是为晶体管基极设置电压 V_{BE} 的。如果 V_{CE} 和 V_{BE} 是一组固定的电压，那么就会在图示仪的屏幕上显示出被测晶体管的一条输入特性曲线或输出特性曲线。为了显示晶体管的一簇输出或输出特性曲线并由此测得晶体管其他交流参数，必须使加在晶体管上的电压 V_{CE} 和 V_{BE} 均为周期性变化的信号。为方便起见，通常选用 50Hz 正弦波全波整流电压作为集电极电源 V_{CE}，选用阶梯波恒流源作为基极电流 i_B。

XJ4810 型图示仪面板上主要旋钮的作用如下：

(1) "电压(V)/度"开关：它是一个具有 4 种偏转作用，共 17 挡的开关，用来选择图示仪 X 轴所代表的变量及其倍率。在测试小功率晶体管的输出特性曲线时，该旋钮置"V_{CE}"

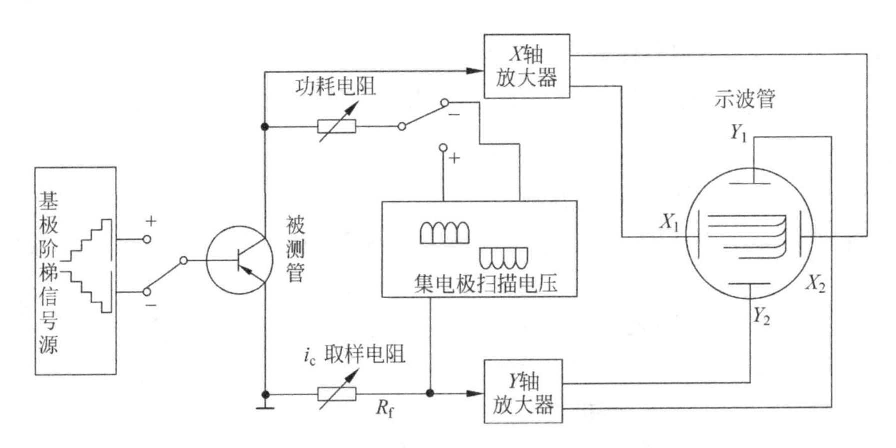

图 1.2.2　晶体管特性图示仪的组成框图

的有关挡；测量输入特性曲线时，该旋钮置“V_{BE}”的有关挡。

(2)“电流/度”开关：它是一个具有 4 种偏转作用，共 22 挡的开关，用来选择图示仪 Y 轴所代表的变量及其倍率。在测试小功率晶体管的输出特性曲线时，该旋钮置“I_C”的有关挡；测量输入特性曲线时，该旋钮置“基极电流或基极源电压”挡(仪器面板上画有阶梯波形的一挡)。

(3)“峰值电压范围”和“峰值电压%”挡：其中，“峰值电压范围”是 5 个挡位的按键开关；“峰值电压%”是连续可调的旋钮。它们的共同作用是控制“集电极扫描电压”的大小。不管“峰值电压范围”置于哪一挡，都必须在开始时将“峰值电压%”置于 0 位，然后逐渐小心地增大到一定值，否则容易损坏被测管。一个管子测试完毕后，“峰值电压%”旋钮应回调至零。

4. 用晶体管特性图示仪测试三极管

1) 屏幕上光点位置的确定

根据晶体管的输入、输出特性可知，NPN 型管的电压 v_{CE} 和电流 i_C 均为正值，相应的特性曲线在第一象限。故测量 NPN 型晶体管前，屏幕上光点应调到屏幕的左下角。同时，基极阶梯信号和集电极扫描电压均选“+”极性。同理，测量 PNP 型晶体管前，光点应调到屏幕的右上角，基极阶梯信号和集电极扫描电压均选“−”极性。

2) 主要旋钮的作用及选择

(1)“功耗电阻”：图示仪中的功耗电阻相当于晶体管放大电路中的集电极电阻，它串联在被测晶体管的集电极与集电极扫描电压源之间，用来调节流过晶体管的电流，从而限制被测管的功耗。测试小功率管时，一般选该电阻值为 1kΩ。

(2)“基极阶梯信号”：这部分信号是图示仪中所特有的、不同于示波器的部分，通过它给基极加上周期性变化的电流信号。每两级阶梯信号之间的差值大小由“阶梯选择毫安/级”来选择。为方便起见，一般选“10μA/级”。每个周期中阶梯信号的阶梯数由“级/簇”来选择。阶梯信号每簇的级数，实际上就是图示仪上所能显示的输出特性曲线的根数。阶梯信号每一级的毫安值的大小，就反映了图示仪上所显示的输出特性曲线的疏密程度。

(3)“零电压”、“零电流”：这是对被测晶体管基极状态进行设置的开关。当测量管子的击穿电压和穿透电流时，都必须使被测管的基极处于开路状态，这时就可以将该开关设置在“零电流”挡；当测量晶体管的击穿电流 I_{CES} 时，必须使被测管的基、射极短路，这可以通过将该开关设置在“零电压”挡来实现。

下面以 NPN 型三极管为例，说明具体的测试方法。

3）测量晶体管的共射输出特性曲线及有关参数

将被测的晶体管（如 3DG6）插入测试台，将屏幕的光点调到屏幕的左下角。根据第 2）部分“主要旋钮的作用及选择”中的原则，将各旋钮置于适当的位置，即可在图示仪的屏幕上显示出如图 1.2.3 所示的晶体管输出特性曲线。根据该曲线，可测试出晶体管的输出电阻 r_{ce}、电流放大倍数 β 以及穿透电流 I_{CEO}。

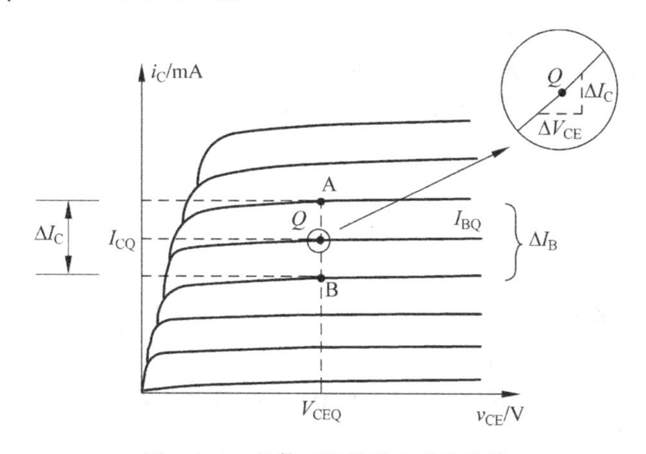

图 1.2.3　晶体三极管输出特性曲线

（1）输出电阻 r_{ce} 的测试。根据被测晶体管的应用场合，估算出管子的静态工作点电压 V_{CEQ} 和电流 I_{CQ} 的值，在图示仪所显示的输出特性曲线上确定对应的工作点 Q，求出特性曲线在 Q 点处的斜率，就是被测晶体管在对应于该工作点处的输出电阻 r_{ce}。具体求法是以对应于 I_{BQ} 的那条曲线为斜边作直角三角形，测出两直角边 ΔV_{CE} 和 ΔI_C，如图 1.2.3 中放大部分所示，即

$$r_{ce} = \left.\frac{\Delta V_{CE}}{\Delta I_C}\right|_{i_B = I_{BQ}}$$

注意：工作点处的直流输出电阻为 $R_{CE} = V_{CEQ}/I_{CQ}$，它比 r_{ce} 小得多。

（2）电流放大倍数 β 的测试。根据电流放大倍数 β 的定义

$$\beta = \left.\frac{\Delta I_C}{\Delta I_B}\right|_{v_{CE} = V_{CEQ}}$$

可知，为了求得被测晶体管在工作点处的 β 值，可经过 Q 点作横轴的垂线，根据该垂线与 I_{BQ} 附近相邻两条特性曲线的交点（如图 1.2.3 中 A、B 两点）求得工作点附近的 ΔI_C 和 ΔI_B，二者的比值就是被测晶体管的电流放大倍数 β。

注意：工作点处的直流放大倍数为

$$\bar{\beta} = I_{CQ}/I_{BQ}$$

（3）穿透电流 I_{CEO} 的测试。穿透电流 I_{CEO} 是指当被测管的基极开路时，流过管子集电极和发射极的静态电流值。为了实现基极开路，需将图示仪的基极阶梯信号置于“零电流”

状态。因为值一般很小，为 μA 数量级，为了保证测量精度，需将 Y 轴的集电极电流置于小量程挡（μA 数量级挡），即可显示出被测晶体管在基极开路情况下的一条特性曲线，称为穿透特性曲线。这条特性曲线实际就是图 1.2.3 中 $I_B=0$ 的那条特性曲线。该曲线水平部分所对应的 I_C 值就是穿透电流 I_{CEO}。

4）测试共射输入特性

晶体管的共射输入特性是指在 $v_{CE}=V_{CEQ}$ 的情况下，基射极电压 v_{BE} 与基极电流 i_B 的特性曲线。因此，为了测得该曲线，应将"X 轴作用"旋钮置于"v_{BE}"的"0.1V/度"，"Y 轴作用"旋钮置于"基极电流或基极源电压"挡。其他旋钮的操作与测试输出特性曲线时基本相同。这样即可在屏幕上显示出被测管的输入特性曲线，如图 1.2.4 所示。当 v_{CE} 大于某一个值（例如 6V）以后，随着 v_{CE} 的增大，输入特性曲线会向右移动（如图 1.2.4 中虚线所示）。

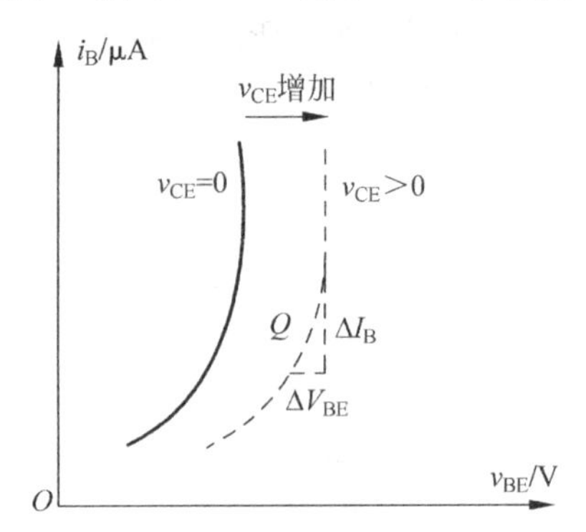

图 1.2.4　晶体三极管输入特性曲线

根据晶体管交流输入电阻的定义

$$r_{be}=\left.\frac{\Delta v_{BE}}{\Delta i_B}\right|_{v_{CE}=V_{CEQ}}$$

可以从输入特性曲线上估算出被测晶体管的输入电阻 r_{be}。具体方法是：根据静态工作点的参数，在图示仪的曲线上确定静态工作点的 Q 的位置，求出曲线在该点的斜率，如图 1.2.4 所示，即可求出被测晶体管在 Q 点处的 r_{be}。

5. 用图示仪测量晶体二极管

1）旋钮的选择

晶体二极管的特性曲线也可以在图示仪上进行测量。与三极管不同的是，二极管只有两个电极，因此，测试时应将二极管的正极和负极分别插入测试台的 C 和 E 插孔中。由于二极管伏安特性的 Y 轴是电流 i，X 轴是电压 v，所以旋钮"Y 轴作用"应置于"mA/度"挡，"X 轴作用"应置于"V/度"挡。

与三极管不同之处还在于，二极管的伏安特性分正向特性和反向特性两部分，而这两部分要求的电压极性相反。所以二极管的正向特性和反向特性要分别进行测量，才能获得如图 1.2.5 所示完整的伏安特性。而且，在测正向和反向特性时，光点应分别置于屏幕的左下角和右上角。

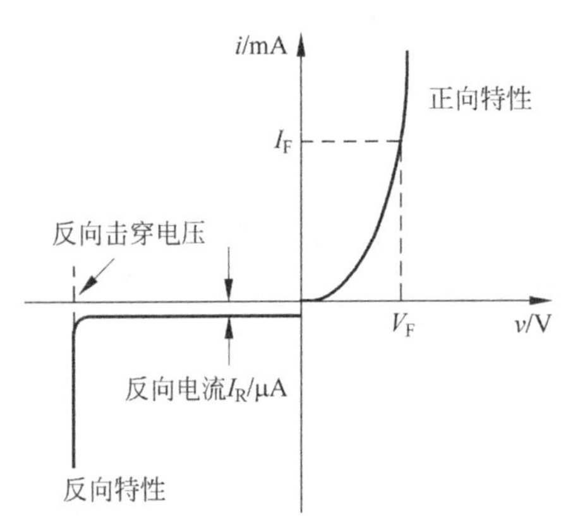

图 1.2.5　二极管的伏安特性曲线

2）正向特性及有关参数的测定

为了测定二极管的正向特性，应使二极管处于正向偏置状态。因此，应将图示仪的集电极扫描电压"极性"置于"+"，以保证二极管处于正向偏置状态。调节"移位"旋钮使光点位于屏幕的左下角。逐渐增大峰值电压，并调节"X 轴作用"和"Y 轴作用"旋钮至适当的位置（例如将"X 轴作用"

置于"0.1V/度"，将"Y 轴作用"置于"0.5mA/度"），即可在图示仪上显示出如图 1.2.5 中所示的正向特性曲线部分。

根据所显示的正向特性曲线，可测试出被测二极管在某一电压 V_F 下的正向电流 I_F，正向直流电阻 R_F 和正向交流电阻 r_F 等常用参数。

(1) 正向电流 I_F：如图 1.2.5 所示，对于不同的正向电压 V_F，可从曲线上测出相应的正向电流 I_F。

(2) 正向直流电阻 R_F：V_F 和 I_F 的比值即为相应工作点处的正向直流电阻 R_F。

(3) 正向交流电阻 r_F：根据二极管在电路中的工作状态，确定其工作点的值(V_{FQ}，I_{FQ})，求出特性曲线在工作点处的斜率 $\Delta V_F/\Delta I_F$ 即为交流电阻 r_F。

3) 反向特性及有关参数的测量

为了测试二极管的反向特性，应使二极管处于反向偏置状态，因此，应将图示仪扫描电压的"极性"旋钮置于"－"。将光点移至屏幕的右上角。因为二极管的反向电压一般都比较高，因此需将"X 轴作用"置于大量程挡，又因为二极管的反向电流一般都比较小(为 μA 数量级)，因此，需将"Y 轴作用"旋钮置于小量程挡。逐渐增大"峰值电压"，即可得到如图 1.2.5 中所示的二极管特性曲线的反向特性部分。

根据所显示的反向特性曲线，可测试出被测二极管的反向电流 I_R、反向击穿电压 V_{BR} 等常用参数。

(1) 反向电流 I_R：它是指二极管工作在所规定的反向电压值(由二极管使用手册中给出)时的电流值，如图 1.2.5 所示。反向电流值很小，一般不易测出。

(2) 反向击穿电压 V_{BR}：当二极管的反向电压增大到一定值时，反向电流将急剧增大。当反向电流增大到规定值时，所对应的反向电压即为反向击穿电压。测试稳压二极管的稳压特性主要就是测量它的反向击穿电压。

三、实验内容及步骤

1. 二极管的测试

(1) 用数字万用表判别二极管 2AP9、2CP13、1N4007、1N4148 的正负、材质，完成表 1.2.1。

表 1.2.1　二极管测试数据表

	正向导通压降	材　质	标识出晶体管引脚
2AP9			
2CP13			
1N4007			
1N4148			

(2) 用图示仪测试并绘出二极管 2AP9 的正向特性曲线，求出 V_F＝0.5V 时的正向电流 I_F，再测试出 I_F＝2.5mA 时的直流电阻 R_F 和交流电阻 r_F。

(3) 测试并绘出 2AP9 的反向特性曲线，测试出 V_F＝－10V 时反向电流 I_R。

2. 三极管的测试

(1) 用数字万用表判别三极管 3DG6、3CG14、9014、9015 的材质、类型及三个电极，完成表 1.2.2。

表 1.2.2 三极管测试数据表

	正向结压降		材质	三极管类型	最大 β 值	标识出晶体管引脚
3DG6						
3CG14						
9014						
9015						

(2) 用图示仪分别测试并绘出以上三极管的共发射极输出特性曲线。求出电流放大倍数 β 值。

① 测试并绘出穿透特性曲线,测出穿透电流 I_{CEO}。

② 测试并绘出共发射极输入特性曲线。

四、实验设备与器件

(1) 数字万用表:1 块。

(2) 晶体管特性图示仪:1 台。

(3) 二极管、三极管若干。

五、实验报告要求

(1) 整理测试结果,对被测管做出判断。

(2) 绘出二极管、三极管的特性曲线,在曲线上标注出重要的电压、电流值。

(3) 对使用万用表测量二极管、三极管的方法进行小结。

六、预习要求

(1) 复习有关二极管、三极管部分的内容,掌握其特性曲线。

(2) 了解晶体管图示仪的工作原理、内部结构及面板上主要旋钮、按键的作用。

七、思考题

(1) 试说明用数字万用表判断二极管的正负极以及三极管基极的原理。

(2) 试总结直观判断晶体管 E、B、C 引脚的规律。

实验 1.3 晶体管共射放大电路

一、实验目的

(1) 学会放大器静态工作点的调试方法,分析静态工作点对放大器性能的影响;

(2) 掌握放大器电压放大倍数、输入电阻、输出电阻、通频带的测试方法。

二、实验原理

1. 实验电路

图 1.3.1 所示为共射极单级放大器实验电路图。图中，由 R_{B1} 和 R_{B2} 构成分压偏置电路，电位器 R_W 用来调整静态工作点，R_1 是保护电阻，以防止电位器 R_W 调到零位时，晶体管因基极电流过大而损坏。输入端增加了一个电阻 R，是为了测量该放大器的输入电阻 R_i 时用的。

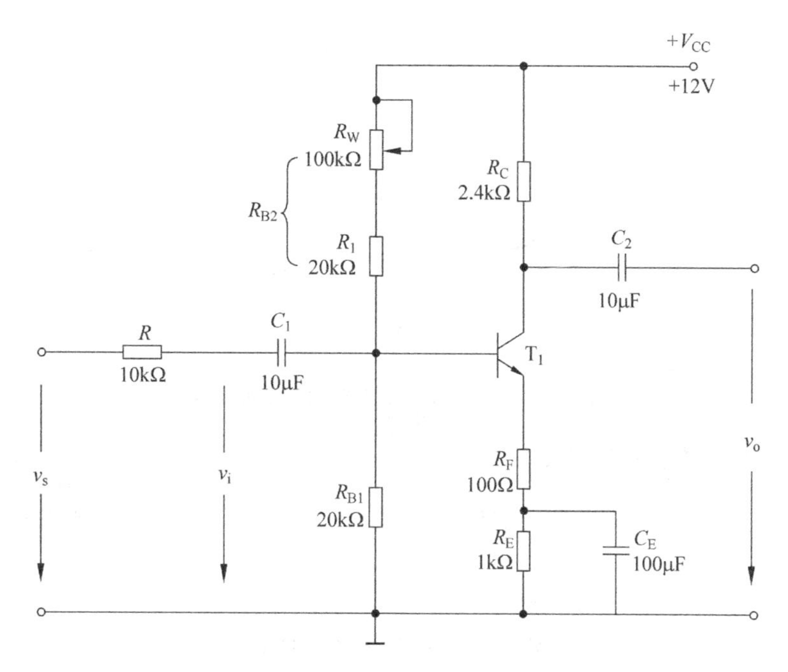

图 1.3.1 单级放大器实验电路

2. 静态工作点

静态工作点对于放大电路来说十分重要，只有选择合适的静态工作点，放大电路才能稳定可靠地工作，因此静态工作点的合理选择必不可少。

1）工作点的选择

为了获得最大不失真输出电压（如图 1.3.2 中的波形 a），必须将静态工作点选在交流负载线的中点（如图 1.3.2 中的 Q 点），若工作点选得太高（如图 1.3.2 中的 Q_1 点），则容易使输出信号产生饱和失真（如图 1.3.2 中的波形 b）。如果工作点选得太低（如图 1.3.2 中的 Q_2 点），则容易使输出信号产生截止失真（如图 1.3.2 中的波形 c）。

2）工作点的测量

静态是指电路输入信号为零时的状态。因此，在实验中，测量静态工作点就是在放大器接通电源而输入信号为零时，去测量晶体管的集电极电流 I_{CQ} 和晶体管的管压降 V_{CEQ}。为了使输入信号为零，必须在输入端不加信号源，同时通过隔直电容 C_1 将输入端接地。

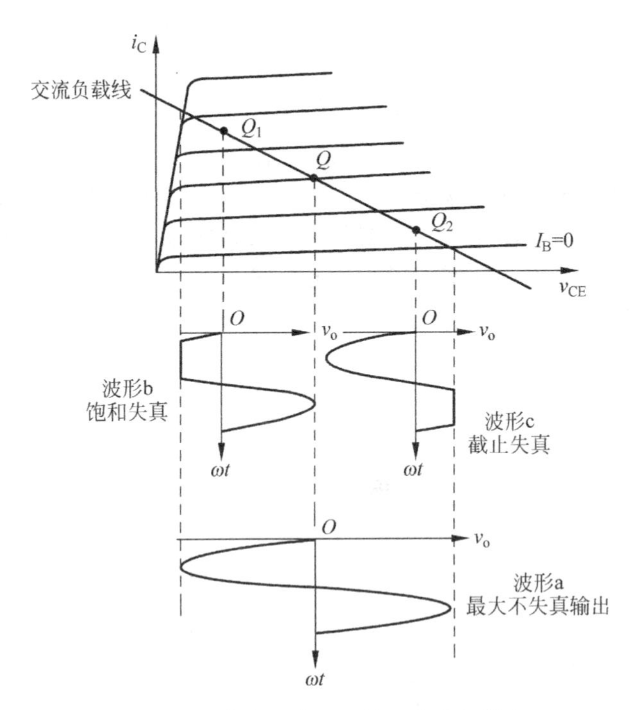

图 1.3.2　静态工作点对输出波形的影响

3. 放大器的动态指标及测量

放大器动态指标包括电压放大倍数、输入电阻、输出电阻、最大不失真输出电压和通频带等。

1) 电压放大倍数 A_V 及其测量

电压放大倍数是输出电压与输入电压有效值的比值，即

$$|A_V| = \frac{v_o}{v_i}$$

实际测量时，应保证在被测波形无明显失真和测试仪表的频率范围符合要求的条件下进行。

2) 输入电阻 R_i 及其测量

放大器的输入电阻是从放大器的输入端看进去的等效电阻，它的大小可用来衡量放大器从信号源或前级电路吸取能量的能力，是放大器的一个重要性能指标。在实验中，输入电阻可以采用“换算法”通过测量某些参量而求得。其测量原理如图 1.3.3 所示，在信号源与放大器之间串入一个已知阻值的电阻 R，加入信号源的交流电压 v_s 后，由放大器的输入端分得的电压 v_i，则可算出放大器的输入电阻为

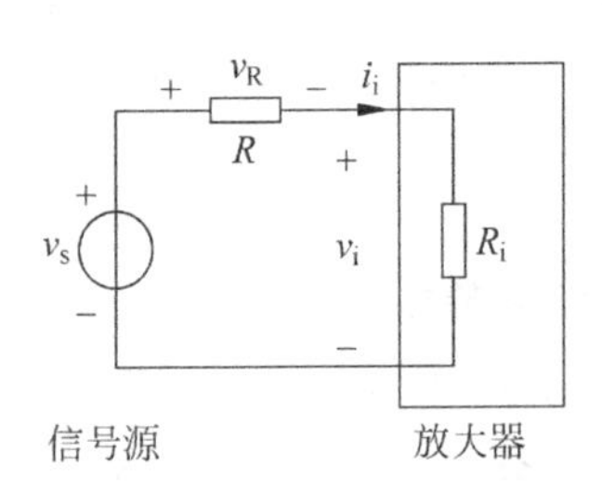

图 1.3.3　放大器输入电阻的测量

$$R_i = \frac{v_i}{i_i} = \frac{v_i}{v_R/R} = \frac{v_i}{v_s - v_i} \times R$$

所串入的电阻 R 的阻值应与 R_i 为同一数量级，不能取得太大或太小。R 取得太大容易引入干扰，取得太小则测量误差较大。

3）输出电阻 R_o 及其测量

放大器的输出电阻是指将放大器的输入端短路，从放大器的输出端看进去的等效电阻，它的大小可用来衡量放大器带负载的能力。在实验中，和输入电阻一样，输出电阻可以采用"换算法"通过测量某些参量而求得。其测量原理如图 1.3.4 所示，此时，放大器的输出端被等效为一个电压源 v_o 和输出电阻 R_o 的串联。在放大器的输入端加上一个固定的信号电压 v_i，选定负载 R_L，分别测量出 R_L 断开时的输出电压 v_o 和 R_L 接入时的输出电压 v_L，则输出电阻 R_L 可通过下式求得

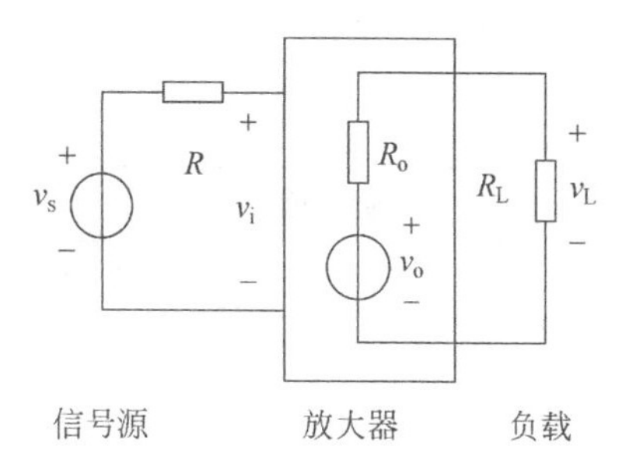

图 1.3.4 放大器输出电阻的测量

$$R_o=\frac{v_o-v_L}{v_L/R_L}=\left(\frac{v_o}{v_L}-1\right)\times R_L$$

为了保证测量精度，R_L 应与 R_o 为同一数量级。

4）最大不失真输出电压 v_{OPP} 的测量（最大动态范围）

为了得到最大动态范围，应将静态工作点调在交流负载线的中点，为此在放大器正常工作情况下，逐步增大输入信号的幅度，并同时调节 R_W 改变静态工作点，用示波器观察输出电压 v_o 波形，当输出波形同时出现削底和缩顶现象时，说明静态工作点已调在交流负载线的中点。然后反复调整输入信号，使输出波形幅度最大且无明显失真时，用示波器测出放大器此时的输出电压（峰-峰值），即为最大不失真输出电压 v_{OPP}。

5）幅频特性及其测量

放大器的幅频特性是指输入正弦信号时，放大器的电压放大倍数随输入信号频率变化的特性，显示该特性的曲线称为幅频特性曲线。在如图 1.3.1 所示的单级放大器中，由于有耦合电容 C_1、C_2、旁路电容 C_E、晶体管的结电容以及各元件、导线和地之间的感应而形成的分布电容等电容的存在，使得放大器的增益随输入信号频率的变化而变化，即当信号频率太高或太低时，输出幅度都要下降；而在中间频带范围内，输出幅度基本不变，如图 1.3.5 所示。通常称增益下降到中频增益的 0.707 倍时所对应的上限频率 f_H 和下限频率 f_L 之差为放大器的通频带 BW，即

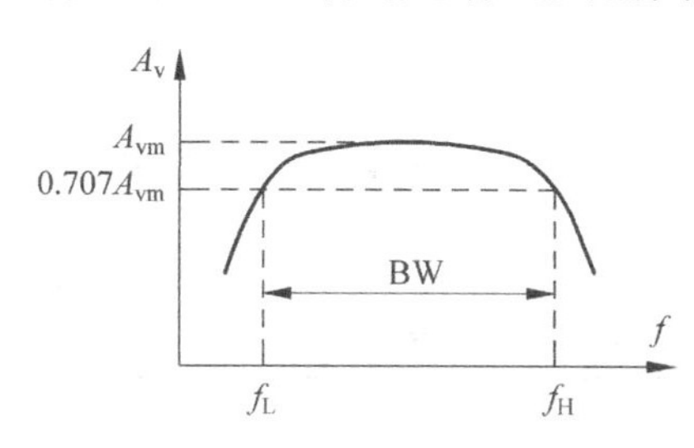

图 1.3.5 放大器的幅频特性曲线

$$BW=f_H-f_L$$

在实验中，幅频特性曲线常用"逐点法"测得，即保持输入信号电压 v_i 的幅度不变，逐点改变输入信号的频率，测量放大器相应的输出电压 v_o，由 $|A_V|=\frac{v_o}{v_i}$ 计算对应于不同频率下放大器的电压增益，从而得到该放大器的幅频特性。根据幅频特性曲线，找到放大器的上限频率 f_H 和下限频率 f_L，可求得放大器的通频带 BW。

三、实验内容及步骤

本实验选用单管/负反馈两级放大器实验电路板。实验时，电路板与原理图要对应一致，尤其注意+12V 电源与 R_{B2} 和 R_c 两支路的连通。为了防止干扰，各仪器的公共端必须

连在一起，即实验电路板、信号源、交流毫伏表、示波器的地线应与实验箱的地接通。

1. 调试并测量静态工作点

调节 R_W，使 $I_c=2mA$，测量静态工作点，完成表 1.3.1。

表 1.3.1 静态工作点实验数据

测量值				测量数据计算值			理论值				
V_B/V	V_C/V	V_E/V	R_{B2}/kΩ	V_{BE}/V	V_{CE}/V	I_C/mA	V_B/V	V_C/V	V_E/V	V_{CE}/V	I_C/mA

2. 测量电压放大倍数

在放大器的输入端加上 $f=1kHz$、$v_i=10mV$ 的正弦信号，用示波器观察放大器的输出电压波形。在输出电压波形不失真的情况下，用交流毫伏表测量表 1.3.2 中三种情况下的输出电压 v_o 值，并用双踪示波器观察 v_o 和 v_i 的相位关系，完成表 1.3.2。

表 1.3.2 电压放大倍数实验数据

R_c/kΩ	R_L/kΩ	v_o/V	A_v	观察并记录一组 v_i 和 v_o 的波形
2.4	∞			
1.2	∞			
2.4	2.4			

3. 观察静态工作点对电压放大倍数的影响

取 $R_c=2.4k\Omega$，$R_L=\infty$，适当调节 v_i。调节电位器 R_W，用示波器监视输出 v_o 波形，在其不失真的条件下，测量数组 I_c 和 v_o 值，完成表 1.3.3。

表 1.3.3 静态工作点对电压放大倍数的影响实验数据

I_C/mA			2.0		
v_o/V					
A_V					

4. 观察静态工作点对输出波形失真的影响

取 $R_c=2.4k\Omega$，$R_L=2.4k\Omega$，$v_i=0$，调节 $I_C=2mA$，测出 V_{CE} 值，再逐步增大输入信号，使输出电压足够大但不失真，然后保持输入信号不变，分别增大和减小 R_W，使输出波形出现失真，绘出 v_o 的波形，并测出失真情况下的 I_c 和 V_{CE} 值，完成表 1.3.4。

5. 测量最大不失真电压

按照实验原理中所述最大不失真电压的测量方法，用示波器或毫伏表测量 v_{OPP}。

表 1.3.4　静态工作点对输出波形失真的影响实验数据

R_W/kΩ	I_C/mA	V_{CE}/V	输出波形	失真情况	晶体管工作状态

6. 测量输入电阻和输出电阻

取 $R_c=2.4\text{k}\Omega$，$R_L=2.4\text{k}\Omega$，$I_C=2\text{mA}$，输入 $v_s=10\text{mV}$，$f=1\text{kHz}$ 的正弦信号，在输出电压不失真的情况下，测量并完成表 1.3.5。

表 1.3.5　输入/输出电阻测量数据表

v_s/mV	v_i/mV	R_i/kΩ		v_L/V	v_o/V	R_o/kΩ	
		测量值	理论值			测量值	理论值
10							

7. 测量幅频特性曲线

保持输入信号的幅度不变，改变信号源频率 f，逐点测出相应的输出电压 v_o，完成表 1.3.6。根据数据，绘制幅频特性曲线。

表 1.3.6　幅频特性测量数据表

f(Hz)	
v_o/V	
A_v	

在测量中应注意掌握选取测量点的技巧：由图 1.3.5 所示的幅频特性曲线可知，在低频段和高频段，放大倍数变化较大，应多测几个点；在中频段，放大倍数变化不大，可以少测几个点。另外还须注意，在改变输入信号的频率时，输入信号的幅度也可能发生变化，因此要随时注意测量输入信号的幅度，同时还要注意观测输出信号 v_o 的波形，若发现输出信号失真，则应适当减小输入信号的幅度。

四、实验设备与器件

(1) 单管/负反馈两级放大器实验电路板：1 块。
(2) 信号发生器：1 台。
(3) 交流毫伏表：1 台。
(4) 双踪示波器：1 台。
(5) 数字万用表：1 块。
(6) 模拟电路实验箱：1 台。

五、实验报告要求

(1) 整理实验数据，并与理论计算值进行比较。
(2) 用坐标纸绘出放大器的幅频特性曲线，标出 f_L、f_H 和 BW。
(3) 讨论静态工作点对波形失真的影响。

六、预习要求

(1) 复习共射极放大电路的工作原理及非线性失真等有关内容。
(2) 阅读有关信号发生器、双踪示波器、交流毫伏表的使用说明书。

七、思考题

(1) 放大电路中哪些元件是决定电路静态工作点的？
(2) 如何正确选择放大电路的静态工作点，在调试中应注意什么？
(3) 放大电路的静态测试与动态测试有何区别？

实验 1.4 场效应管放大电路

一、实验目的

(1) 了解结型场效应管的性能和特点。
(2) 进一步熟悉放大电路主要性能指标的测试方法。

二、实验原理

场效应管是一种电压控制型器件，按结构可分为结型和绝缘栅型两种类型。由于场效应管栅源之间处于绝缘或反向偏置，所以输入电阻很高（一般可达上百兆欧），又由于场效应管是一种多数载流子控制器件，因此热稳定性好，抗辐射能力强，噪声系数小，加之制造工艺较简单，便于大规模集成，因此得到越来越广泛的应用。

1. 结型场效应管的特性和参数

场效应管的特性主要有输出特性和转移特性。图 1.4.1 所示为 N 沟道结型场效应管 3DJ6F 的输出特性和转移特性曲线。其直流参数主要有饱和漏极电流 I_{DSS}、夹断电压 V_P 等；交流参数主要有低频跨导 g_m 等。

表 1.4.1 列出了 3DJ6F 的典型参数值及测试条件。

2. 场效应管放大器性能分析

与双极型晶体管放大器一样，为使场效应管放大器正常工作，也需要有恰当的直流偏置电路以建立合适的静态工作点。场效应管放大器的偏置电路形式主要有自偏压电路和分压

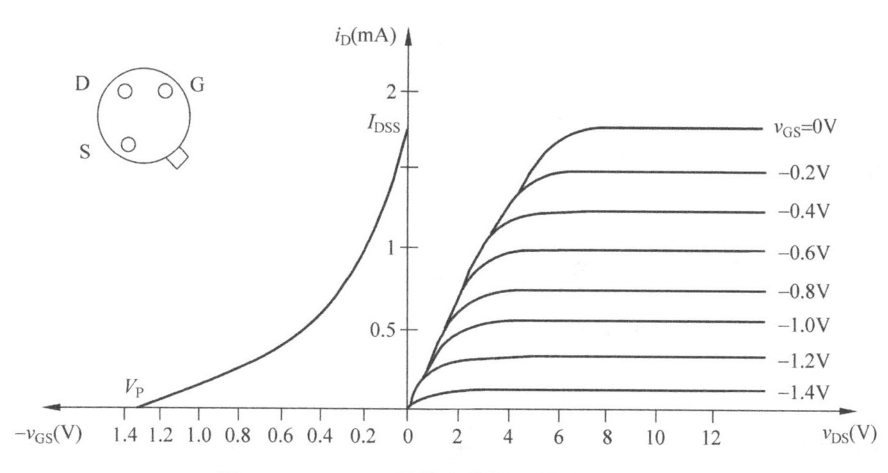

图 1.4.1 3DJ6F 的输出特性和转移特性曲线

表 1.4.1 3DJ6F 的典型参数值及测试条件

参 数 名 称	饱和漏极电流 I_{DSS}/mA	夹断电压 V_P/V	跨导 g_m/(μA/V)
测试条件	$v_{DS}=10$V $v_{GS}=0$V	$v_{DS}=10$V $i_{DS}=50\mu$A	$v_{DS}=10$V $i_{DS}=3$mA $f=1$kHz
参数值	1～3.5	$-9<V_P<0$	>100

式自偏压电路两种。图 1.4.2 所示为分压式自偏压共源级放大电路，其静态工作点为

$$V_{GS}=V_G-V_S=\frac{R_{G1}}{R_{G1}+R_{G2}}V_{CC}-I_DR_S$$

$$I_D=I_{DSS}\left(1-\frac{V_{GS}}{V_P}\right)^2$$

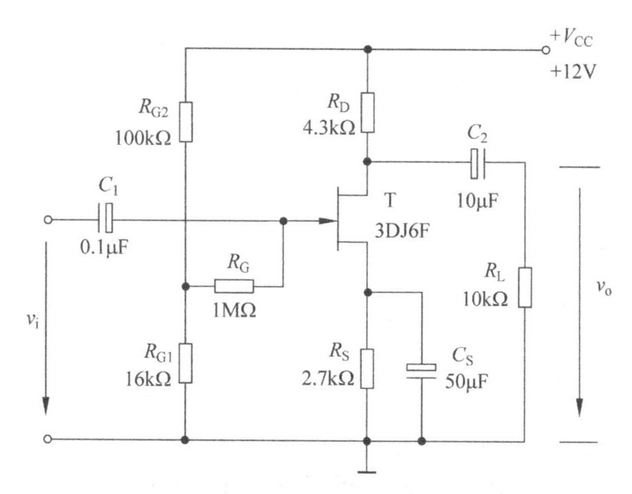

图 1.4.2 分压式自偏压共源级放大电路

中频电压放大倍数

$$A_V = -g_m R'_L = -g_m R_D // R_L$$

输入电阻

$$R_i = R_G + R_{G1} // R_{G2}$$

输出电阻

$$R_0 \approx R_D$$

式中，跨导 g_m 可由特性曲线用作图法求得，或用公式 $g_m = -\frac{2I_{DSS}}{V_P}\left(1-\frac{V_{GS}}{V_P}\right)$计算。但要注意，计算 V_{GS}时要用静态工作点处的数值。

3. 输入电阻的测量方法

场效应管放大器的静态工作点、电压放大倍数和输出电阻的测量方法，与实验 1.3 中晶体管放大器的测量方法相同。从原理上讲，其输入电阻的测量也可采用实验 1.3 中所述的方法，但由于场效应管的 R_i 比较大，如直接测输入电压 v_s 和 v_i，则限于测量仪器的输入电阻有限，必然会带来较大的误差。因此为了减小误差，常利用被测放大器的隔离作用，通过测量输出电压 v_o 来计算输入电阻。测量电路如图 1.4.3 所示。

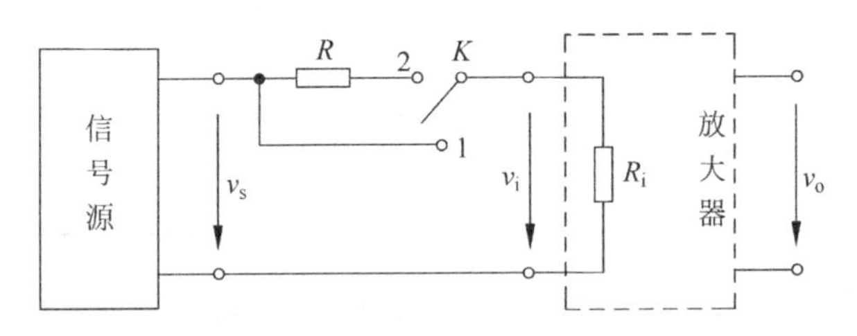

图 1.4.3 输入电阻测量电路

在放大器的输入端串入电阻 R，把开关 K 掷向位置 1(即使 $R=0$)，测量放大器的输出电压 $v_{o1}=A_v v_s$；保持 v_s 不变，再把 K 掷向 2(即接入 R)，测量放大器的输出电压 v_{o2}。由于两次测量中 A_v 和 v_s 保持不变，故

$$v_{o2} = A_v v_i = \frac{R_i}{R+R_i} v_s A_v$$

由此可以求出

$$R_i = \frac{v_{o2}}{v_{o1} - v_{o2}} R$$

式中 R 和 R_i 不要相差太大，本实验可取 R 值为 100kΩ～200kΩ。

三、实验内容及步骤

1. 静态工作点的测量和调整

(1) 按照图 1.4.2 连接电路，令 $v_i = 0$，接通 +12V 电源，用直流电压表测量 V_G、V_S 和 V_D。检查静态工作点是否在特性曲线放大区的中间部分，如合适则把结果记入表 1.4.2 中。

(2) 若不合适，则适当调整 R_{g2} 和 R_s，直到调好后再测量 V_G、V_S 和 V_D，记入表 1.4.2 中。

表 1.4.2　静态工作点的测量数据

测　量　值						计　算　值		
V_G/V	V_S/V	V_D/V	V_{DS}/V	V_{GS}/V	I_D/mA	V_{DS}/V	V_{GS}/V	I_D/mA

2. 电压放大倍数 A_v、输入电阻 R_i 和输出电阻 R_o 的测量

1) A_v 和 R_o 的测量

在放大器的输入端加 f=1kHz 的正弦信号，v_i 约 50～100mV，并用示波器监视输出电压 v_o 的波形。在输出电压 v_o 没有失真的条件下，用交流毫伏表分别测量 $R_L=\infty$ 和 R_L=10kΩ 时的输出电压 v_o（注意，保持 v_i 幅值不变），用示波器同时观察 v_i 和 v_o 的波形，描绘并分析它们的相位关系。将结果记入表 1.4.3 中。

表 1.4.3　A_v 和 R_o 的测量数据表

测　量　值					计　算　值		v_i 和 v_o 的波形
	v_i/V	v_o/V	A_v	R_o/kΩ	A_v	R_o/kΩ	
$R_L=\infty$							
R_L=10kΩ							

2) R_i 的测量

按图 1.4.3 改接实验电路，选择合适大小的输入电压 v_s（约 50～100mV），将开关 K 掷向 1，测出 R=0 时的输出电压 v_{o1}，然后将开关 K 掷向 2，（接入 R），保持 v_s 不变，再测出 v_{o2}，根据公式 $R_i=\frac{v_{o2}}{v_{o1}-v_{o2}}R$，求出 R_i，记入表 1.4.4 中。

表 1.4.4　R_i 的测量数据表

测　量　值			计　算　值
v_{o1}/V	v_{o2}/V	R_i/kΩ	R_i/kΩ

3. 最大不失真输出电压的测量

用示波器同时监测 v_i 和 v_o 的波形，逐渐增大输入电压 v_i，读出最大不失真输出电压值。

四、实验设备与器件

(1) 模拟电路实验箱：1 台。
(2) 函数信号发生器：1 台。
(3) 双踪示波器：1 台。

(4) 交流毫伏表：1 台。

(5) 万用表：1 块。

(6) 结型场效应管 3DJ6F 一个，电阻器、电容器若干。

五、实验报告要求

(1) 整理实验数据，将测得的 A_v、R_i、R_o和理论计算值进行比较。

(2) 将场效应管放大器与晶体管放大器进行比较，总结场效应管放大器的特点。

(3) 分析测试中的问题，总结实验收获。

六、预习要求

(1) 复习结型场效应管的特点及特性曲线。

(2) 复习场效应管放大电路的工作原理，并分别用图解法与计算法估算管子的静态工作点(根据实验电路参数)，求出工作点处的跨导 g_m。

七、思考题

(1) 在测量场效应管静态工作电压 V_{GS}时，能否用直流电压表直接并在 G、S 两端测量？为什么？

(2) 场效应管放大器输入回路的电容 C_1 为什么可以取得小一些(可以取 $C_1=0.1\mu F$)？

(3) 为什么测量场效应管输入电阻时要用测量输出电压的方法？

实验 1.5 差动放大器的调试与测量

一、实验目的

(1) 加深对差动放大器性能特点的理解。

(2) 掌握差动放大器的调试方法。

(3) 掌握差动放大器的放大倍数及共模抑制比的测量方法。

二、实验原理

1. 差动放大器简介

1) 电路结构

图 1.5.1 所示是差动放大器的基本结构。它由两个元件参数相同的基本共射放大电路组成。当开关 K 拨向左边时，构成典型的差动放大器。调零电位器 R_W 用来调节 T_1、T_2 管的静态工作点，使得输入信号 $v_i=0$ 时，双端输出电压 $v_o=0$。R_e 为两管共用的发射极电阻，它对差模信号无负反馈作用，因而不影响差模电压放大倍数，但对共模信号有较强的负反馈作用，故可有效地抑制零漂，稳定静态工作点。

当开关 K 拨向右边时，构成具有恒流源的差动放大器。它用晶体管恒流源代替发射极

电阻 R_e，可以进一步提高差动放大器抑制共模信号的能力。

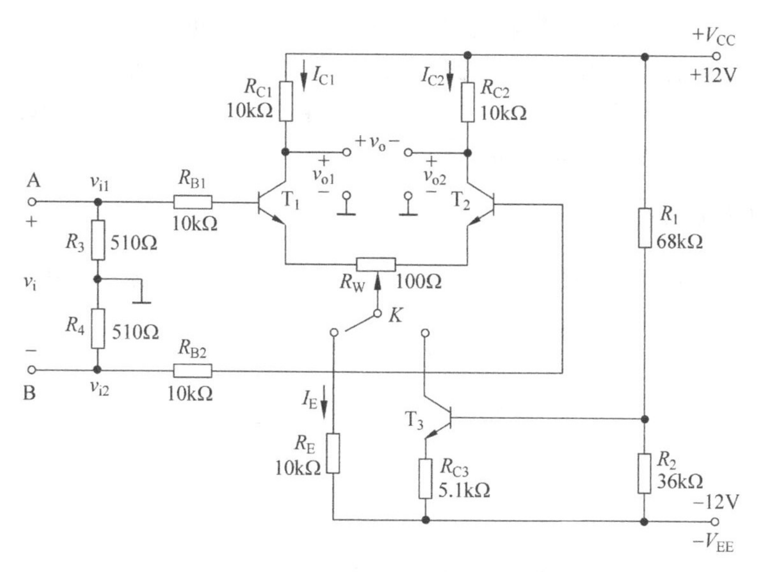

图 1.5.1 差动放大器实验电路

2) 静态工作点的估算

典型电路时

$$I_E \approx \frac{|V_{EE}| - V_{BE}}{R_E}（认为 V_{B1} = V_{B2} \approx 0）, \quad I_{C1} = I_{C2} = \frac{1}{2} I_E$$

恒流源电路时

$$I_{C3} \approx I_{E3} \approx \frac{\frac{R_2}{R_1 + R_2}(V_{CC} + |V_{EE}|) - V_{BE}}{R_{E3}}, \quad I_{C1} = I_{C2} = \frac{1}{2} I_{C3}$$

2. 输入信号的接法

1) 差模信号的双端输入

在图 1.5.1 中，当输入信号 v_i 加于 A、B 的两端，即信号发生器的输出端接放大器输入 A 端，地端接放大器输入 B 端，注意此时信号源浮地，由于均压电阻的作用，使得 $v_{i1} = v_i/2$，$v_{i2} = -v_i/2$，实现了差模信号的双端输入。

2) 差模信号的单端输入

当输入信号 v_i 加于 A、B 的两端，并将 B 端接地就实现了差模信号的单端输入。

3) 共模信号的输入

将差动放大器的两输入端 A、B 短接，并将输入信号 v_i 加于 A、B 短接端和公共端（接地）之间，就实现了共模信号的接入。

3. 输出信号的测量

1) 双端输出电压的测量

将电压表接在晶体管 T_1 的集电极和 T_2 的集电极之间进行测量时，测得的是差动放大器的双端输出电压 v_o。

2）单端输出电压的测量

当从晶体管 T_1 的集电极与“地”之间进行电压测量时，测得的是差动放大器的单端输出电压 v_{o1}；当从晶体管 T_2 的集电极与“地”之间进行电压测量时，测得的是差动放大器的单端输出电压 v_{o2}。对于输入电压 v_i 而言，v_{o1} 与 v_i 是反相的，故称 v_{o1} 端为反相输出端。而 v_{o2} 与 v_i 是同相的，故称 v_{o2} 端为同相输出端。

4. 差模电压放大倍数

当差动放大器的射极电阻 R_E 足够大，或采用恒流源电路时，差模电压放大倍数 A_d 由输出端方式决定，而与输入方式无关。

双端输出：$R_e=\infty$，R_W 在中心位置时，

$$A_d=\frac{\Delta v_o}{\Delta v_i}=\frac{\beta R_C}{R_{B1}+r_{BE}+\frac{1}{2}(1+\beta)R_W}$$

单端输出：

$$A_{d1}=\frac{\Delta v_{o1}}{\Delta v_i}=\frac{1}{2}A_d,\quad A_{d2}=\frac{\Delta v_{o2}}{\Delta v_i}=-\frac{1}{2}A_d$$

5. 共模电压放大倍数

若双端输出，在电路完全对称的情况下，

$$A_c=\frac{\Delta v_o}{\Delta v_i}=0$$

单端输出时，

$$A_{c1}=A_{c2}=\frac{\Delta v_{o1}}{\Delta v_i}=\frac{-\beta R_C}{R_{B1}+r_{BE}+(1+\beta)\left(\frac{1}{2}R_W+2R_E\right)}\approx-\frac{R_C}{2R_E}$$

6. 共模抑制比 K_{CMR}

为了表征差动放大器对有用信号（差模信号）的放大作用和对共模信号的抑制能力，通常用一个综合指标来衡量，即共模抑制比

$$K_{CMR}=\left|\frac{A_d}{A_c}\right| \quad 或 \quad K_{CMR}=20\lg\left|\frac{A_d}{A_c}\right|(\text{dB})$$

三、实验内容及步骤

1. 典型差动放大器性能测试

按图 1.5.1 连接电路，将开关 K 拨向左边构成典型的差动放大器。

1）测量静态工作点

(1) 调节放大器零点：信号源不接入，并将放大器输入端 A、B 与地短接，接通±12V 直流电源，用直流电压表测量输出电压 V_o。调节调零电位器 R_W 使 $V_o=0$。调节要仔细，力求准确。

(2) 测量静态工作点：零点调好以后，用直流电压表测量 T_1、T_2 两管各电极电压及射极电阻 R_E 两端的电压 V_{RE}，记入表 1.5.1 中。

表 1.5.1　差动放大器静态工作点

	V_{C1}	V_{B1}	V_{E1}	V_{C2}	V_{B2}	V_{E2}
测量值/V						
理论值/V						

2) 测量差模电压放大倍数

(1) 双端输入。将信号发生器接入差动放大器的 A、B 端，构成双端输入电路。调节信号发生器，使其输出频率 $f=1\text{kHz}$，$v_i=100\text{mV}$ 的正弦信号，用示波器观察晶体管 T_1、T_2 的输出波形。在输出无明显失真的情况下，用交流毫伏表分别测量输入电压 v_i、v_{i1}、v_{i2} 和输出电压 v_{o1}、v_{o2}。分别计算出该实验电路的双端输入、双端输出和双端输入、单端输出时的电压放大倍数，完成表 1.5.2。用示波器观察 v_i、v_{o1}、v_{o2} 之间的相位关系。

表 1.5.2　双端输入时差模电压放大倍数测量数据

测量值					计算值		
v_i	v_{i1}	v_{i2}	v_{o1}	v_{o2}	$v_o=\lvert v_{o1}\rvert+\lvert v_{o2}\rvert$	$A_{d1}=v_{o1}/v_i$	$A_d=v_o/v_i$
100mV							

(2) 单端输入。将信号发生器接在差动放大电路的输入端 A，将输入端 B 接地，构成单端输入电路。在输出无明显失真的情况下，测量输入电压 v_i、v_{i1}、v_{i2} 和输出电压 v_{o1}、v_{o2}。分别计算出该实验电路的单端输入双端输出和单端输入单端输出时的电压放大倍数，完成表 1.5.3。

表 1.5.3　单端输入时差模电压放大倍数测量数据

测量值					计算值		
v_i	v_{i1}	v_{i2}	v_{o1}	v_{o2}	$v_o=\lvert v_{o1}\rvert+\lvert v_{o2}\rvert$	$A_{d1}=v_{o1}/v_i$	$A_d=v_o/v_i$
100mV							

3) 测量共模电压放大倍数

将差动放大器的 A、B 短接，信号发生器接在 A 端与地之间，构成共模输入方式。调节信号发生器使其产生 $f=1\text{kHz}$，$v_i=1\text{V}$ 的正弦信号，在输出波形无明显失真的情况下，用交流毫伏表测量输出电压 v_{o1}、v_{o2}。分别计算出该实验电路双端输出和单端输出时的共模电压放大倍数，完成表 1.5.4。

表 1.5.4　共模电压放大倍数测量数据

测量值					计算值		
v_i	v_{i1}	v_{i2}	v_{o1}	v_{o2}	$v_o=\lvert v_{o1}\rvert-\lvert v_{o2}\rvert$	$A_{c1}=v_{o1}/v_i$	$A_c=v_o/v_i$
100mV							

4) 计算共模抑制比

根据共模抑制比定义，计算出该电路在双端输出和单端输出两种情况下的共模抑制比。

2. 具有恒流源的差动放大器性能测试

将图1.5.1电路中的开关 K 拨向右边，构成具有恒流源的差动放大器。重复步骤1中的2)、3)、4)，将测量结果记入自拟表格中。

四、实验设备与器件

(1) 差动放大器实验电路板：1块。
(2) 信号发生器：1台。
(3) 交流毫伏表：1台。
(4) 双踪示波器：1台。
(5) 数字万用表：1块。
(6) 直流稳压电源：1台。

五、实验报告要求

(1) 整理实验数据，列表比较静态工作点、差模电压放大倍数、共模抑制比等数据的实验结果和理论估算值，分析误差产生的原因。
(2) 比较 v_i、v_{o1} 和 v_{o2} 之间的相位关系。
(3) 根据实验结果，总结电阻 R_E 和恒流源的作用。

六、预习要求

(1) 根据实验电路参数，估算典型差动放大器和具有恒流源的差动放大器的静态工作点及差模电压放大倍数(取 $\beta_1=\beta_2=100$)。
(2) 测量静态工作点时，放大器的输入端A、B与地应如何连接？
(3) 静态调零点应如何进行？
(4) 实验中怎样获得双端和单端输入差模信号？怎样获得共模信号？画出差动放大器A、B端与信号源之间的连接图。

七、思考题

(1) 单端输入和双端输入方式对输出来说有无差异？
(2) 怎样测双端输出电压 v_o？
(3) 对于双端输出方式的差动放大电路，其共模抑制比具有怎样的特点？

实验1.6 模拟乘法器的使用

一、实验目的

(1) 深入了解模拟乘法器的工作原理及其特点。

(2) 学会正确使用集成模拟乘法器。

二、实验原理

1. 模拟乘法器

集成模拟乘法器是实现两个模拟量相乘的非线性电子器件,用来进行模拟信号的变换与处理。它不仅应用于模拟运算方面,而且广泛地应用于通信、测量系统、医疗仪器和控制系统,已成为模拟集成电路的重要分支之一。它的电路符号如图 1.6.1(a)或图 1.6.1(b)所示,它有两个输入端和一个输出端。

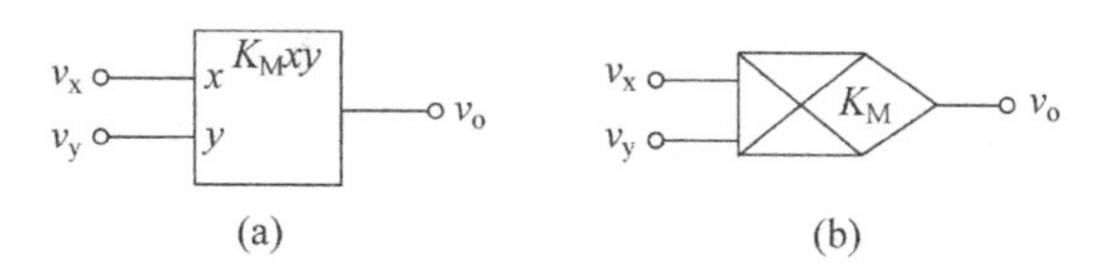

图 1.6.1　模拟乘法器的电路符号

当两个输入信号分别为 v_x 和 v_y 时,其输出 v_o 为

$$v_o = K_M v_x v_y$$

其中,K_M 为乘法器的乘积因子。

能够实现相乘作用的电路有很多,本实验选用单片集成模拟乘法器 F1596。

F1596 是一种可变互导型乘法器,它的内部电路如图 1.6.2 所示。

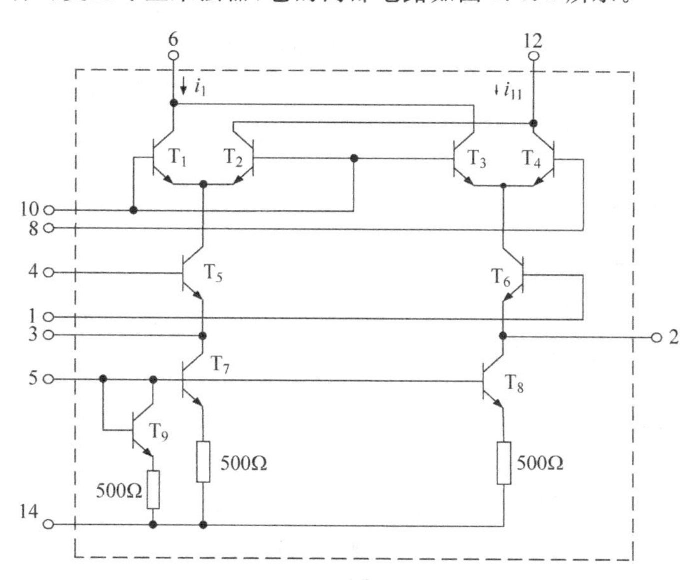

图 1.6.2　模拟乘法器 F1596 的内部电路

图中,引脚 8 和引脚 10 是被乘信号 v_x 的输入端。引脚 1 和引脚 4 是信号 v_y 的输入端。其中,晶体管 T_1、T_2和 T_3、T_4组成对于输入信号 v_x 的双差分对管输入电路。晶体管 T_5、T_6组成了输入信号 v_y 的差分输入电路。引脚 6 和引脚 12 是该器件的输出端。

由 T_1、T_2和 T_3、T_4组成双差分对管的发射极电流是由 T_5、T_6的集电极电流提供的,而 T_5、T_6的管发射极电流是由 T_7、T_8、T_9组成的镜像恒流源提供的,因而保证了整个电路工作的稳定性。

从图 1.6.2 中可以看到，F1596 乘法器的两组输入都要求以双端差动的方式输入。如果信号源是非平衡信号，要采用单端输入时，可通过变压器耦合或阻容耦合进行由单端输入向双端输入的转换。F1596 的输出也是双端平衡输出的。输出是由差分对管 T_1～T_4的集电极之间左右交叉互连在一起，从引脚 6 和引脚 12 之间平衡输出的，所以该器件又称为双平衡乘法器。和输入信号一样，如果要将双端输出改换为单端输出时，也要通过变压器或阻容耦合电路实现。只有这样，才能保证电路始终处于平衡状态，达到平衡抵消相乘输出中不需要的那些谐波分量。

2. 模拟乘法器的应用

利用模拟乘法器和运放相组合，通过各种不同的外接电路，可组成各种运算电路，如乘方、除法、开平方等，还可组成各种函数发生器、调制解调和锁相环等电路。本实验仅对它在调制、混频和倍频方面的应用进行研究。

1）调制

用乘法器实现幅度调制的原理框图如图 1.6.3 所示。

将载波信号 v_C 和 v_Ω 分别加在乘法器的 x 和 y 端时，输出端就可以直接得到调幅信号。设 v_C 和 v_Ω 的表达式为

$$v_C = V_{cm}\cos\omega_c t$$

$$v_\Omega = V_{\Omega m}\cos\Omega t$$

则输出为调幅波

$$v_o = K_M v_C v_\Omega = V_{om}\cos\omega_c t\cos\Omega t$$

图 1.6.3 中，通过电阻网络将乘法器的双端输出方式转换为单端输出方式。用乘法器实现调制的优点是电路简单，输出频谱强，且有一定的增益 K_M。

2）混频

用乘法器实现混频的原理框图如图 1.6.4 所示。

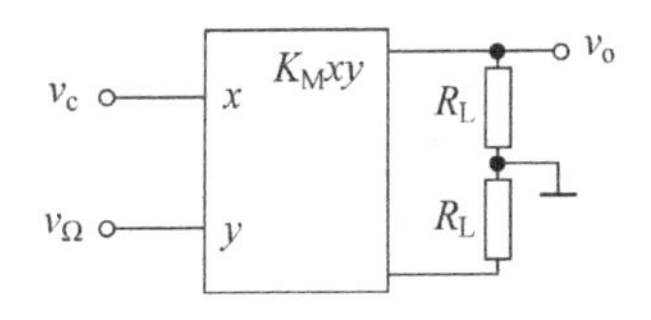

图 1.6.3 用乘法器实现幅度调制的原理框图

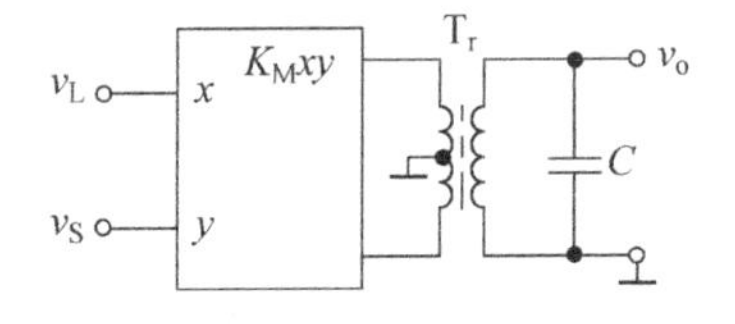

图 1.6.4 用乘法器实现混频的原理框图

将调幅信号 v_S 和本振信号 v_L 分别加在乘法器的 y 端和 x 端，并且通过具有中心抽头的变压器将乘法器的双端输出方式转换为单端输出方式。设调幅信号 v_s和本振信号 v_L 分别为

$$v_S = V_s\cos\omega_s t$$

$$v_L = V_L\cos\omega_L t$$

则乘法器输出端的电压 v_z为

$$v_z = K_M v_S v_L = K_M V_s V_L\cos\omega_s t\cos\omega_L t$$

$$= \frac{1}{2}K_M V_s V_L[\cos(\omega_L - \omega_s)t + \cos(\omega_L + \omega_s)t]$$

如果乘法器的输出端再接一个带通滤波器，并使该滤波器的中心频率为

$$\omega_0 = \omega_L - \omega_s$$

则经滤波器以后，该电路的输出 v_o 为

$$v_o = \frac{1}{2}K_M V_s V_L K_F \cos(\omega_L - \omega_s)t$$

实现了对两个信号的混频。式中，K_M 为乘法器的相乘系数；K_F 为滤波器的传输系数。

3）倍频

用乘法器实现倍频的原理框图如图 1.6.5 所示。

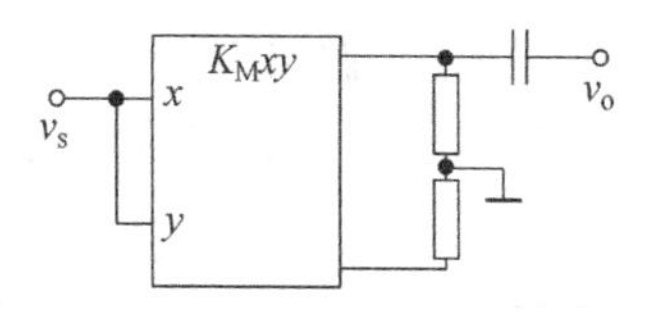

图 1.6.5　用乘法器实现倍频的原理框图

将被倍频信号 $v_s = V_{sm}\cos\omega_s t$ 同时加到乘法器的两个输入端，则乘法器的输出为

$$v_o = K_M v_s^2 = K_M V_{sm}^2 \cos^2\omega_s t = \frac{1}{2}K_M V_{sm}^2(1+\cos 2\omega_s t) = V_{om}(1+\cos 2\omega_s t)$$

如果在其输出端接一个高通滤波器滤除上述信号中直流分量，则输出的信号只有信号 v_s 的 2 倍频电压，即

$$v_o = V_{om}\cos 2\omega_s t$$

图中通过电阻网络将乘法器的双端输出方式转换为单端输出方式。

4）综合实验电路

实验电路如图 1.6.6 所示。利用它可以完成乘法器的调制、混频和倍频实验。

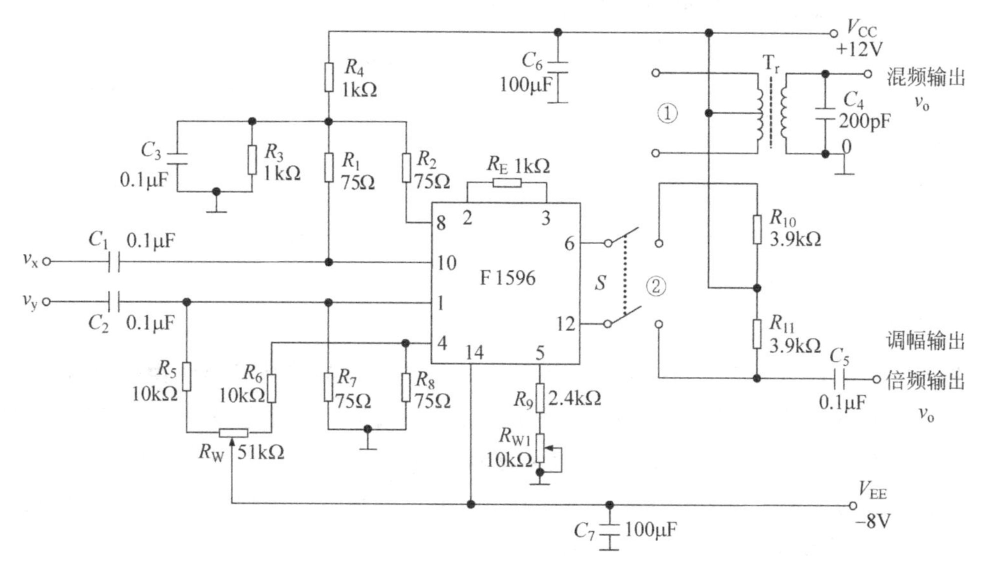

图 1.6.6　模拟乘法器的综合实验电路

三、实验内容及步骤

按图 1.6.6 连接实验电路或者使用实验电路板。检查无误后，接通正、负电源。

1. 调幅实验

将开关 S 置于位置②。这时，乘法器的输出端 6 和 12 通过电阻 R_{10}、R_{11} 将双端输出转

换为单端输出，以便能用示波器直接进行测量。电容 C_5 用来滤除直流分量。

用高频信号发生器输出一个主频为 $f_c=1\text{MHz}$，幅度 $v_c=20\text{mV}$ 的正弦信号，作为载波信号 v_c 加在乘法器输入 v_x 端；用低频信号发生器输出频率为 $f_\Omega=1\text{kHz}$，幅度 $v_\Omega=20\text{mV}$ 的正弦信号，作为调制信号 v_Ω 加在乘法器输入 v_y 端。用双踪示波器分别观察载波信号 v_c、调制信号 v_Ω 和输出信号 v_o 的波形。在观察 v_o 的波形时，可使用示波器的"X 扩展"观察调幅波中的载波信号。将波形记入表 1.6.1 中。

表 1.6.1　调幅实验信号波形

	v_c 波形	v_Ω 波形	v_o 波形
$v_\Omega=20\text{mV}$ 时			
$v_\Omega=$ 　mV 时			

改变调制信号的幅度 v_Ω，观察输出波形 v_o 的变化。将波形记入表 1.6.1 中。如果观察到的输出波形不理想，可以调节平衡电位器 R_w。

2. 倍频实验

开关 S 的位置不变，用高频信号发生器输出一个频率为 $f_s=1\text{MHz}$、幅度 $v_s=20\text{mV}$ 的正弦信号，同时加在乘法器的 v_x、v_y 两个输入端。用示波器观察输入 v_s 和输出 v_o 的波形，比较二者的频率关系。将结果记入表 1.6.2 中。

表 1.6.2　倍频实验数据表

v_s		v_o	
波形	频率	波形	频率

3. 混频实验

将开关 S 置于位置①。这时，中频变压器 T_r 将乘法器的双端输出转换为单端输出，以便利用示波器直接进行观察和测量。在乘法器的 v_x 端加入一个频率为 $f_L=1\text{MHz}$、幅度 $v_L=20\text{mV}$ 的正弦信号作为本振信号；在乘法器的 v_y 端加入一个频率为 $f_s=535\text{kHz}$、幅度为 $v_s=20\text{mV}$ 的正弦信号。用示波器观察输出波形 v_o。调节中频变压器 T_r 磁芯，并配合调节输入信号 v_s 的频率，使输出 v_o 最大，用示波器测量信号 v_L、v_s 和 v_o 的频率。比较这三个频率之间的关系。将结果记入表 1.6.3 中。

表 1.6.3　混频实验数据表

	v_L		v_s		v_o	
	波形	频率	波形	频率	波形	频率
$f_s=535\text{kHz}$ 时						
v_o 最大时						

四、实验设备与器件

(1) 高频信号发生器：1台。
(2) 低频信号发生器：1台。
(3) 双踪示波器：1台。
(4) 直流稳压电源：1台。
(5) 万用表：1块。
(6) 模拟乘法器实验电路板：1块。

五、实验报告要求

(1) 整理实验数据，并加以分析。
(2) 绘出有关波形。

六、预习要求

(1) 复习有关模拟乘法器的工作原理的相关内容。
(2) 了解模拟乘法器的应用。

七、思考题

(1) 模拟乘法器种类有很多，如何选择用于调制解调的模拟乘法器？
(2) 如何用模拟乘法器实现解调？

实验1.7　负反馈放大器的调试和测量

一、实验目的

(1) 学会调试和测量多级放大器静态工作点的方法。
(2) 验证和理解负反馈对放大器电压放大倍数、通频带、输入电阻和输出电阻等各项性能指标的影响。

二、实验原理

负反馈在电子电路中有着非常广泛的应用，虽然它使放大器的放大倍数降低，但能在多方面改善放大器的动态指标，如稳定放大倍数，改变输入、输出电阻，减小非线性失真和展宽通频带等。因此，几乎所有的实用放大器都有负反馈。

负反馈有4种组态，即电压串联、电压并联、电流串联、电流并联。本实验以电压串联负反馈为例，分析负反馈对放大器各项性能指标的影响。

1. 电压串联负反馈放大器的主要性能指标

图1.7.1所示为带有负反馈的两级阻容耦合放大电路。在电路中通过R_f把输出电压

v_o 引回到输入端，加在晶体管 T_1 的发射极上，在发射极电阻 R_{F1} 上形成反馈电压 v_f。根据反馈的判断法可知，它属于电压串联负反馈。

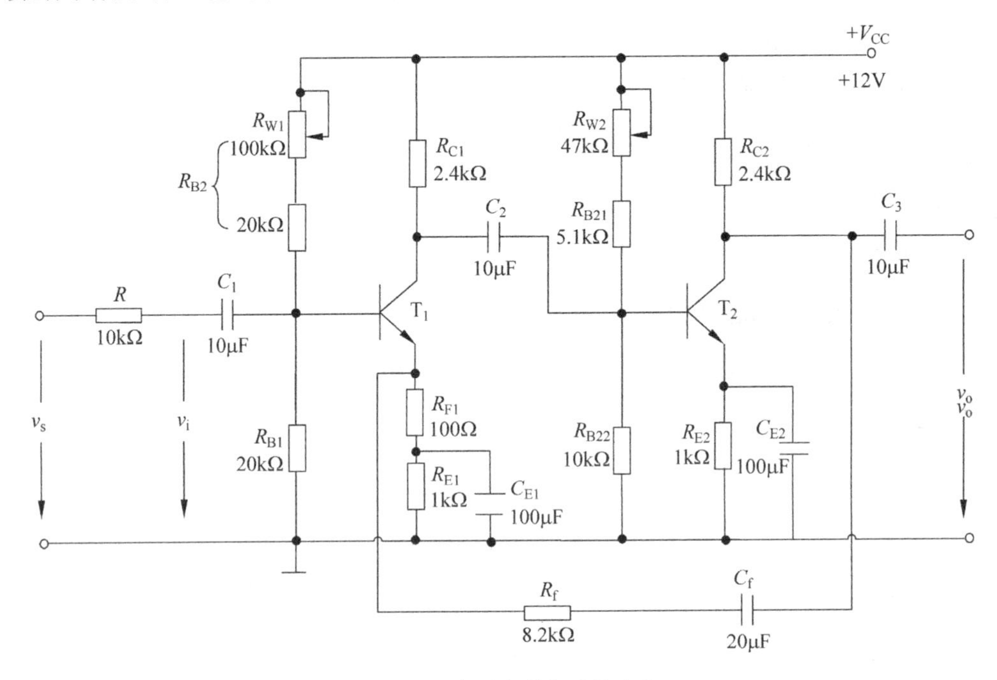

图 1.7.1 电压串联负反馈电路

电压串联负反馈放大器的主要性能指标如下：

1）闭环电压放大倍数

$$A_{vf}=\frac{A_v}{1+A_vF_v}$$

式中，$A_v=\frac{v_o}{v_i}$为基本放大器（无反馈）的电压放大倍数，即开环电压放大倍数。上式表明，引入电压串联负反馈使放大器的电压放大倍数下降为基本放大器的 $1/(1+A_vF_v)$。$1+A_vF_v$ 为反馈深度，它的大小决定了负反馈对放大器性能改善的程度。

2）反馈系数

$$F_v=\frac{R_{F1}}{R_f+R_{F1}}$$

3）增益稳定性

$$\frac{\Delta A_{vf}}{A_{vf}}=\frac{\Delta A_v}{A_v}\cdot\frac{1}{1+A_vF_v}$$

通常用放大倍数的相对变化量来评价放大器增益的稳定性。式中，$\frac{\Delta A_v}{A_v}$为基本放大器放大倍数的相对变化量。上式表明，引入电压串联负反馈使放大倍数的相对变化减小为基本放大器的 $1/(1+A_vF_v)$，因此，负反馈提高了放大器增益的稳定性，而且反馈深度越大，放大倍数稳定性越好。

4）输入电阻

$$R_{if}=(1+A_vF_v)R_i$$

式中，R_i 为基本放大器的输入电阻。这表明，电压串联负反馈放大器的输入电阻提高为基本放大器的 $1+A_vF_v$ 倍。

5）输出电阻

$$R_{of}=\frac{R_o}{A_{vo}F_v}$$

式中，R_o 为基本放大器的输出电阻；A_{vo} 为基本放大器在 $R_L=\infty$ 时的电压放大倍数。这表明，引入电压串联负反馈使放大器的输出电阻降低。

6）通频带

阻容耦合放大器的幅频特性，在中频范围内放大倍数较高，在高低频率两端放大倍数较低，开环通频带为 BW。引入负反馈后，放大倍数要降低，但是在各频段降低的程度不同。

在中频段，由于开环放大倍数较大，反馈到输入端的反馈电压也较大，所以闭环放大倍数减小很多。对于高、低频段，由于开环放大倍数较小，则反馈到输入端的反馈电压也较小，所以闭环放大倍数减小得较少。因此，负反馈放大器的整体幅频特性曲线都下降，但中频段降低较多，高低频段降低较少，相当于频带加宽了。从理论上讲，负反馈放大器的频带将会展宽为基本放大器的 $1+A_vF_v$ 倍。

2. 基本放大器

本实验还需要测量基本放大器的动态参数。然而，如何实现无反馈而得到基本放大器呢？不能简单地断开反馈支路，而是要去掉反馈作用，且又要把反馈网络的影响（负载效应）考虑到基本放大器中去。为此：

（1）在画基本放大器的输入回路时，因为是电压反馈，所以可将负反馈放大器的输出端短路，即令 $v_o=0V$，此时 R_f 相当于并联在 R_{F1} 上。由于 $R_f \gg R_{F1}$，因此可忽略 R_f 对输入回路的影响。

（2）在画基本放大器的输出回路时，由于输入端是串联负反馈，因此需将反馈电压的输入端（T_1 管的射极）开路，此时（R_f+R_{F1}）相当于并接在输出端，可近似认为 R_f 并接在输出端。

三、实验内容及步骤

1. 调试并测量静态工作点

按图 1.7.1 所示连接电路，取 $V_{CC}=+12V$，$v_i=0V$，用直流电压表分别测量第一级、第二级的静态工作点，记入表 1.7.1 中。

表 1.7.1 静态工作点测量数据

	V_B/V	V_E/V	V_C/V	I_C/mA
第一级				2
第二级				2

2. 测试基本放大器的各项性能指标

将图 1.7.1 电路改接为基本放大器，即 R_f 断开后并联在 R_L 上，其他连线不动。

1）测量动态性能指标

将 $f=1\text{kHz}$、$v_s=10\text{mV}$ 的正弦信号输入放大器，用示波器监视输出波形 v_o。在 v_o 不失真的情况下，测量基本放大器的中频电压放大倍数 A_v、电压放大倍数相对变化量 $\Delta A_v/A_v$、输入电阻 R_i 和输出电阻 R_o。取负载 $R_L=2.4\text{k}\Omega$，另外，测量 v_o'时，取电源电压 $V_{CC}=9\text{V}$。将数据记入表 1.7.2 中。

表 1.7.2　放大器动态指标测试

放大器类型	测　量　值					计　算　值			
基本放大器	v_s/mV	v_i/mV	v_o/V	v_o'/V	v_L/V	A_v	$\Delta A_v/A_v$	R_i/kΩ	R_o/kΩ
负反馈放大器	v_s/mV	v_i/mV	v_{of}/V	v_{of}'/V	v_{fL}/V	A_{vf}	$\Delta A_{vf}/A_{vf}$	R_{if}/kΩ	R_{of}/kΩ

2）测量通频带，绘制幅频特性曲线

接上 R_L，输入适当的 v_i 以确保输出不失真。用交流毫伏表测出输出电压 v_{om}。在确保 v_i 不变的情况下，降低输入信号的频率，或者增大输入信号的频率，分别使输出电压降至中频输出电压 v_{om} 的 70.7%，此时所对应的输入信号的频率分别为下限频率 f_L 和上限频率 f_H，由此算出放大器的通频带 $\Delta f=f_H-f_L$，将数据记入表 1.7.3 中。

表 1.7.3　放大器通频带测量

基本放大器	f_L(kHz)	f_H/kHz	Δf/kHz	A_v-f 曲线
负反馈放大器	f_{Lf}/kHz	f_{Hf}/kHz	Δf_f/kH	$A_{vf}-f$ 曲线

将输入信号 v_i 保持不变，在靠近 f_L 频率的左右各测几个点，并记录各自对应的 v_o 值。按同样的方法在 f_H 附近多测几个点，并记录各自对应的 v_o 值。求出 A_v，并绘制 A_v-f 曲线。

3. 测试负反馈放大器的各项性能指标

将图 1.7.1 接为负反馈放大器电路。输入 $f=1\text{kHz}$、$v_s=10\text{mV}$ 的正弦信号。在输出波形不失真的条件下，测量负反馈放大器的各项性能指标，记入表 1.7.2 中；测量其上下限频率及通频带，记入表 1.7.3 中，绘制其 $A_{vf}-f$ 曲线。

四、实验设备与器件

(1) 单管/负反馈两级放大器实验电路板：1 块。
(2) 信号发生器：1 台。
(3) 交流毫伏表：1 台。
(4) 双踪示波器：1 台。
(5) 万用表：1 块。
(6) 模拟电路实验箱：1 台。

五、实验报告要求

(1) 将基本放大器和负反馈放大器动态参数的实测值和理论估算值列表进行比较。
(2) 根据实验结果，总结电压串联负反馈对放大器性能的影响。

六、预习要求

(1) 复习有关负反馈放大器的内容。
(2) 按实验电路(图 1.7.1)估算放大器的静态工作点(取 $\beta_1=\beta_2=100$)。
(3) 怎样把负反馈放大器改接成基本放大器？为什么要把 R_f 并接在输入和输出端？
(4) 估算基本放大器的 A_v、R_i 和 R_o；估算负反馈放大器的 A_{vf}、R_{if} 和 R_{of}，并验算它们之间的关系。

七、思考题

(1) 负反馈放大器的反馈深度 $|1+A_vF_v|$ 决定了电路性能的改善程度。是否 $|1+A_vF_v|$ 越大越好，为什么？
(2) 负反馈为什么能改善放大电路的波形失真？
(3) 如按深负反馈估算，则闭环电压放大倍数 $A_{vf}=$？该值和测量值是否一致？为什么？
(4) 如输入信号存在失真，能否用负反馈来改善？
(5) 怎样判断放大器是否存在自激振荡？如何消振？

实验 1.8　集成运算放大器的基本应用(Ⅰ)——模拟运算电路

一、实验目的

(1) 掌握由集成运算放大器组成的反相比例、同相比例、加法、减法、积分、微分运算电路的原理、设计方法及测试方法；
(2) 能正确分析运算精度与运算电路各元件参数之间的关系，能正确理解“虚短”、“虚断”的概念。

二、实验原理

1. 关于集成运算放大器

集成运算放大器(简称“运放”)是一种高电压增益、高输入阻抗和低输出阻抗的多级直接耦合放大电路。在其输出端和输入端之间加上反馈网络，可以实现各种不同的电路功能。例如，当反馈网络为线性时，可组成比例、加法、减法、积分、微分等运算电路；如果反馈网络为非线性电路时，可实现对数、乘法和除法等运算功能；它还可组成各种波形产生电路，如正弦波、三角波等波形发生器。

在大多数情况下，将运放视为理想运放，就是将运放的各项技术指标理想化。满足下列条件的运放称为理想运放：

- 开环电压增益 $A_{vd}=\infty$；
- 输入阻抗 $R_i=\infty$；
- 输出阻抗 $R_o=0$；
- 带宽 $f_{BW}=\infty$；
- 失调与漂移均为零。

理想运放在线性应用时有两个重要特性：

(1) 输出电压 v_o 与输入电压之间满足关系式

$$v_o = A_{vd}(v_+ - v_-)$$

由于 $A_{vd}=\infty$，而 v_o 为有限值，因此，$(v_+ - v_-)\approx 0\text{V}$。即 $v_+\approx v_-$，称为“虚短”。

(2) 由于 $R_i=\infty$，故流进运放两个输入端的电流可视为零，即 $I_{iB}=0$，称为“虚断”。这说明运放对其前级吸取电流极小。

上述两个特性是分析理想运放应用电路的基本原则，可简化运放电路的计算。

2. 运放组成的基本运算电路

1) 反相比例运算电路

反相比例运算电路如图 1.8.1 所示。信号 v_i 由运算放大器的反相端输入，输出 v_o 与 v_i 相位相反。输出电压由 R_F 反馈到反相输入端，构成电压并联负反馈电路。根据“虚短”和“虚断”原理分析可知，该电路的输出电压与输入电压之间的关系为

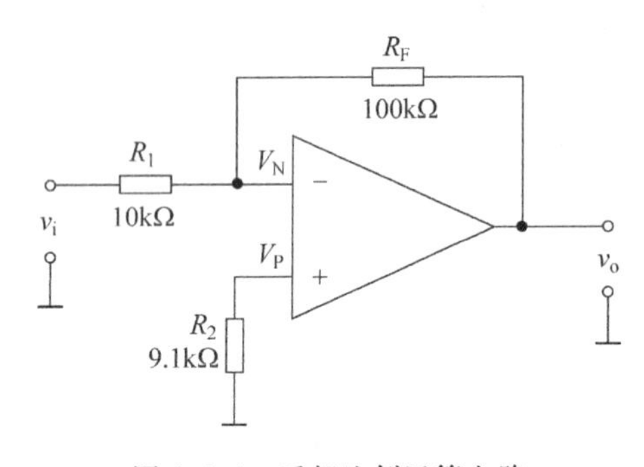

图 1.8.1 反相比例运算电路

$$v_o = -\frac{R_F}{R_1}v_i \tag{1.8.1}$$

为保证电路正常工作，应满足 $v_o < v_{om}$。v_{om} 为运放的最大输出电压幅度。

该电路的输入电阻为

$$R_i \approx R_1 \tag{1.8.2}$$

在选择元件时应注意，R_F 一般在几十千欧至几百千欧之间选取。R_F 太大，则由式(1.8.1)可知会使 R_1 也较大，这将会引起较大的失调温漂。若 R_F 太小，R_1 也较小，这时往往不能满足电路高输入阻抗的要求。如果输入阻抗一定，则可以先根据式(1.8.2)选 R_1，然后根据式(1.8.1)确定 R_F。为了减小输入级偏置电流引起的运算误差，在同相输入端应接入平衡电阻 $R_2=R_1//R_F$。

2) 同相比例运算电路

同相比例运算电路如图 1.8.2 所示。在理想条件下，其闭环电压放大倍数为

$$A_{vf} = 1 + \frac{R_F}{R_1} \tag{1.8.3}$$

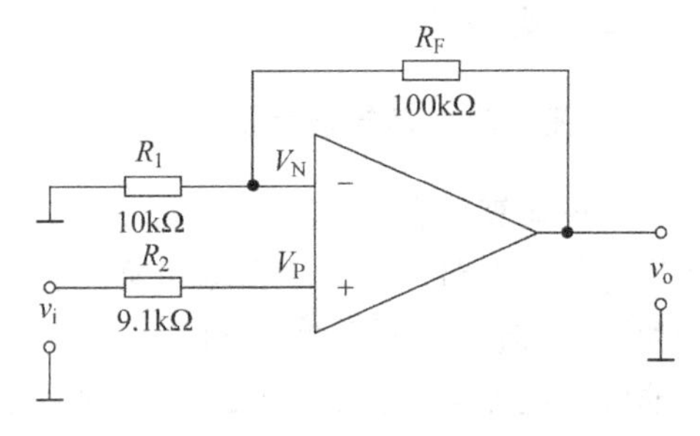

图 1.8.2 同相比例运算电路

同相比例运算电路属电压串联负反馈，具有

输入阻抗高，输出阻抗低的特点。在多级放大电路中，常作为缓冲或隔离级。

当 $R_1=\infty$ 或 $R_F=0$ 时，由式(1.8.3)可知，$A_{vf}=1$，即此时电路输出电压与输入电压大小相等相位相同，这种电路称为电压跟随器，它具有很大的输入电阻和很小的输出电阻，其用途与晶体管射极跟随器相似。电路如图1.8.3所示，其中，$R_2=R_F$，用以减小漂移和起保护作用，一般取 $R_F=10\text{k}\Omega$。R_F 太小起不到保护作用，太大则影响跟随性。

对于实际运放来说，同相比例运算电路加于两个输入端上的共模电压接近于输入电压 v_i，而运放的共模输入电压 v_{icm} 是有限的，所以同相输入时运放的输入电压受到限制，应满足 $v_i<v_{icm}$。另外应注意，共模输入信号将产生一个输出电压，这必然会引起运算的误差。

3) 加法运算电路

加法运算电路如图1.8.4所示，它实际上是两个反相比例运算电路的组合，该电路的输出电压为

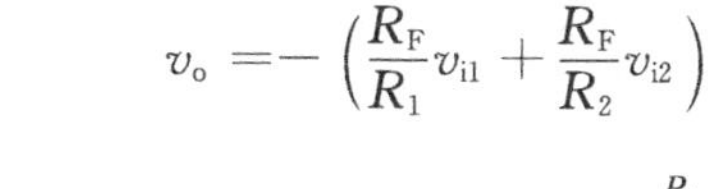

$$v_o=-\left(\frac{R_F}{R_1}v_{i1}+\frac{R_F}{R_2}v_{i2}\right)$$

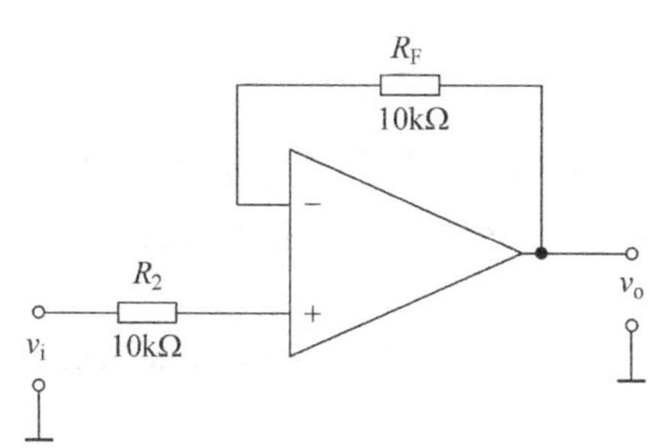

图1.8.3　电压跟随器电路图

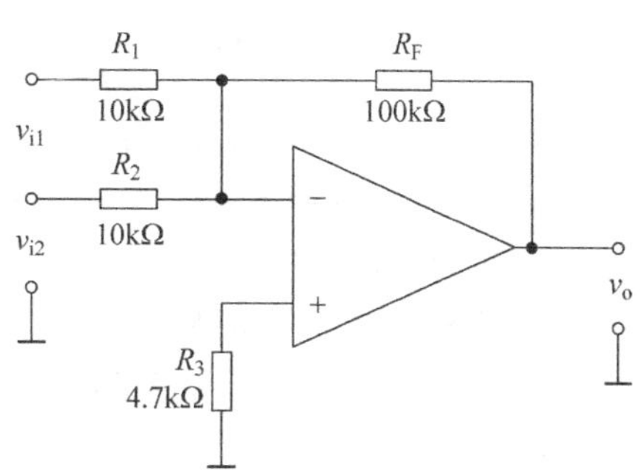

图1.8.4　加法运算电路

当 $R_1=R_2=R$ 时，电路的输出为

$$v_o=-\frac{R_F}{R}(v_{i1}+v_{i2})$$

加法电路实现了对两个信号 v_{i1} 和 v_{i2} 的加权相加。特别当 $R_1=R_2=R$ 时，就实现了对两个输入信号的直接相加。为了减小输入级偏置电流引起的运算误差，在同相输入端应接入平衡电阻 $R_3=R_1//R_2//R_F$。

4) 减法运算电路(差分放大器)

减法运算电路如图1.8.5所示，其输出为

$$v_o=\frac{R_3}{R_2+R_3}\left(1+\frac{R_F}{R_1}\right)v_{i2}-\frac{R_F}{R_1}v_{i1}$$

当 $R_1=R_2$，$R_3=R_F$ 时，该电路实际上是一个差动放大器，输出为

$$v_o=\frac{R_F}{R_1}(v_{i2}-v_{i1})$$

减法电路实现了对两个信号 v_{i1} 和 v_{i2} 的加权相减。特别地，当 $R_1=R_2=R_3=R_F$ 时，输出为

$$v_o=v_{i2}-v_{i1}$$

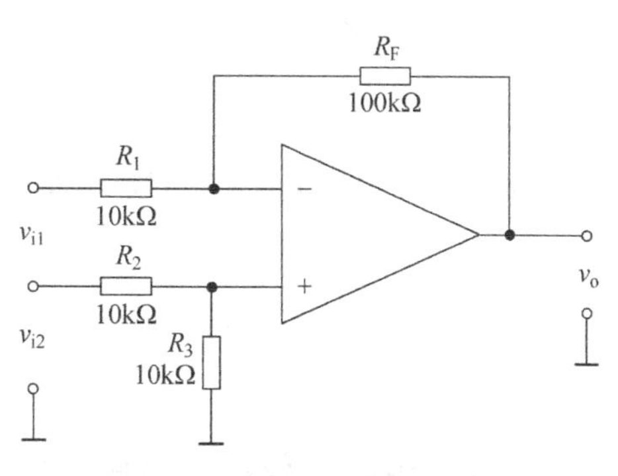

图1.8.5　减法运算电路

这时，电路实现了对两个输入信号 v_{i1} 和 v_{i2} 的直接相减。

注意： 运放的两个输入端上存在共模电压，对于实际运放而言，共模抑制比 K_{CMR} 为有限值，必将引起输出误差电压。所以，在实际电路中，要提高电路运算精度，必须选用高 K_{CMR} 的运算放大器。

5）积分运算电路

积分运算电路如图 1.8.6 所示。在理想条件下，输出电压为

$$v_o(t) = -\frac{1}{RC}\int_0^t v_i \mathrm{d}t + v_C(0)$$

式中，$v_C(0)$ 是 $t=0$ 时刻电容 C 两端的电压值，即初始值。

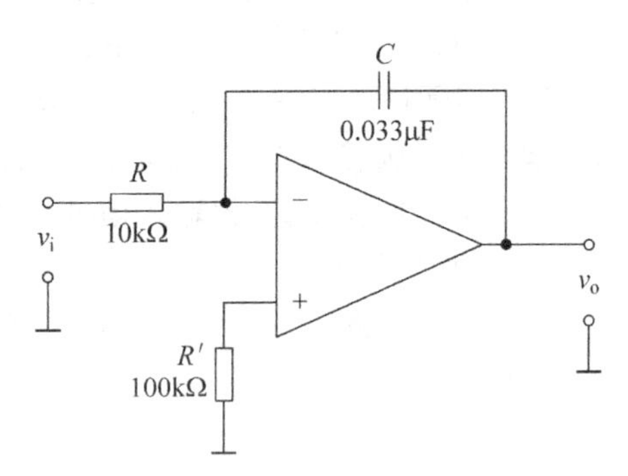

图 1.8.6 积分运算电路原理图

如果 $v_i(t)$ 是幅值为 E 的阶跃电压，并设 $v_C(0)=0$，则

$$v_o(t) = -\frac{1}{RC}\int_0^t E\mathrm{d}t = -\frac{E}{RC}t$$

即输出电压 $v_o(t)$ 随时间增长而线性下降。显然 RC 的数值越大，达到给定的 v_o 值所需的时间就越长。积分输出电压所能达到的最大值受集成运放最大输出范围的限制。

由于矩形波可以看成多个阶跃信号的组合，因此，根据叠加原理，当输入信号为矩形波时，积分器的输出波形为三角波，如图 1.8.7 所示。

实验中，可采用图 1.8.8 所示的改进的积分运算电路。其中的 K 一方面为积分电容放电提供通路，同时可实现积分电容初始电压 $v_C(0)=0\text{V}$；另一方面可控制积分起始点，即在加入信号 v_i 后，只要 K 一打开，电容就将被恒流充电，电路也就开始进行积分运算。

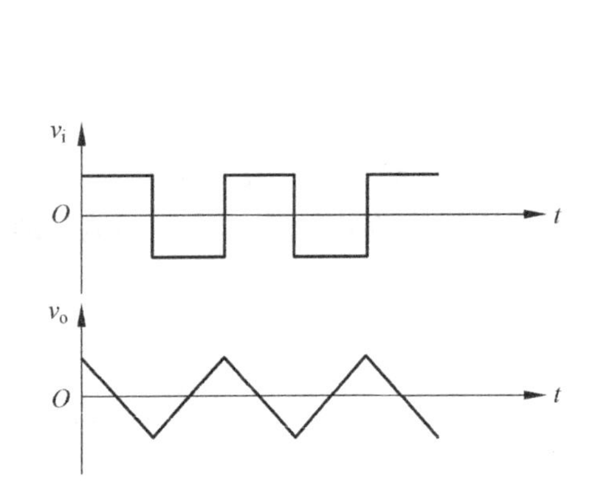

图 1.8.7 阶跃输入时积分器的输出波形

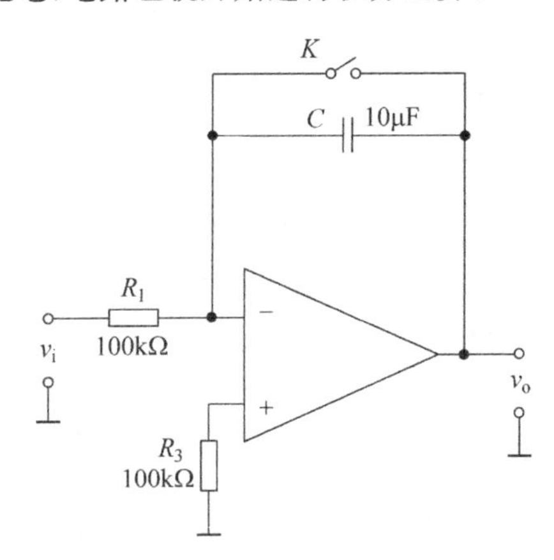

图 1.8.8 改进的积分运算电路图

6）微分运算电路

微分运算电路如图 1.8.9 所示，其输出为

$$v_o = -RC\frac{\mathrm{d}v_i(t)}{\mathrm{d}t}$$

图 1.8.9 所示的微分运算电路在高频时不稳定，很容易产生自激。在实验中可以采用如图 1.8.10 所示的电路消除自激并抑制电路的高频噪声。

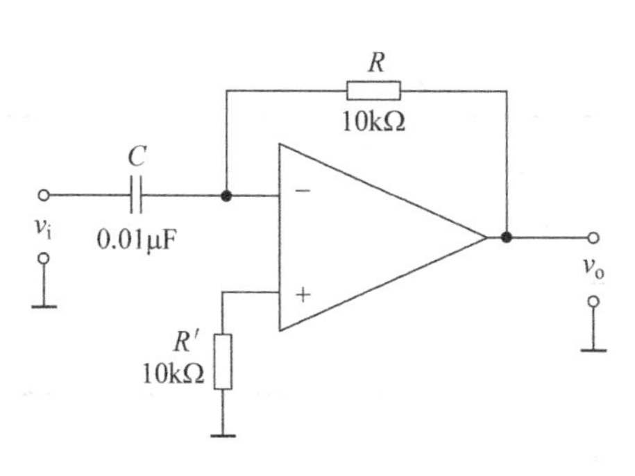

图 1.8.9　微分运算电路

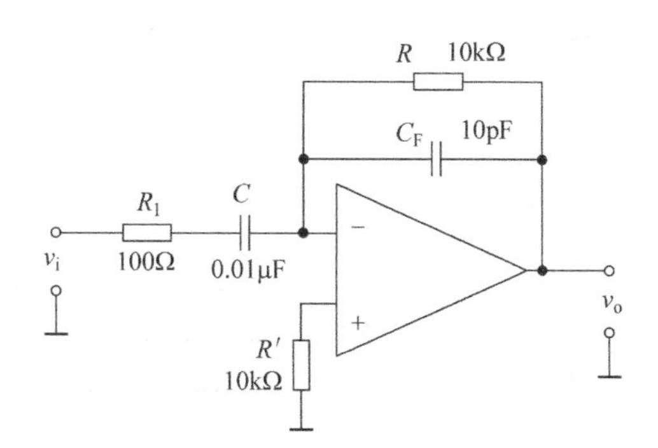

图 1.8.10　微分运算电路实验电路

当微分运算电路的输入为方波时，其输出为尖脉冲波，如图 1.8.11 所示；当输入为三角波时，其输出为方波，如图 1.8.12 所示。

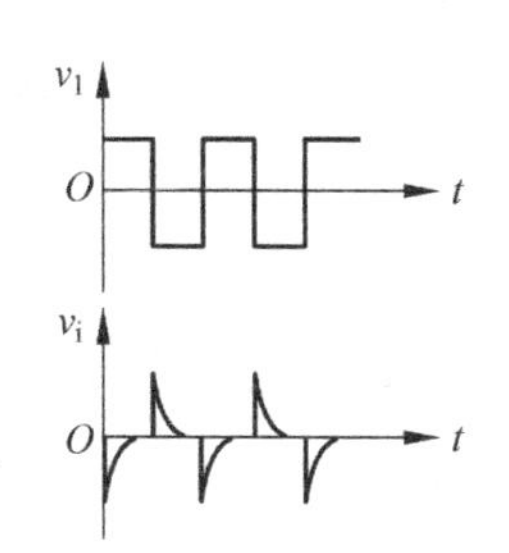

图 1.8.11　输入为方波时微分器的输出波形

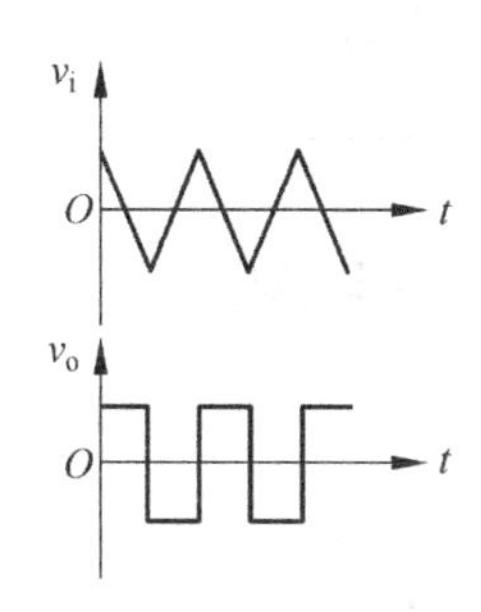

图 1.8.12　输入为三角波时微分器的输出波形

三、实验内容及步骤

实验前应熟悉所选用集成运放的性能指标，掌握其引脚功能。对于双电源供电的运放切忌正、负电源极性接反以及输出端短路，否则将会损坏集成块；对于需要外部调零和相位补偿的运放，则需要根据其引脚功能外接元件进行调零和相位补偿。图 1.8.13 所示是本实验所选用的运放 LM324 的引脚图。它不需要进行外部调零和相位补偿。

1. 反相比例运算电路

(1) 按图 1.8.1 连接反相比例运算电路，输入直流电压 v_i 可由图 1.8.14 所示的可调直流电压源提供。检查无误后，接通电路及芯片电源。

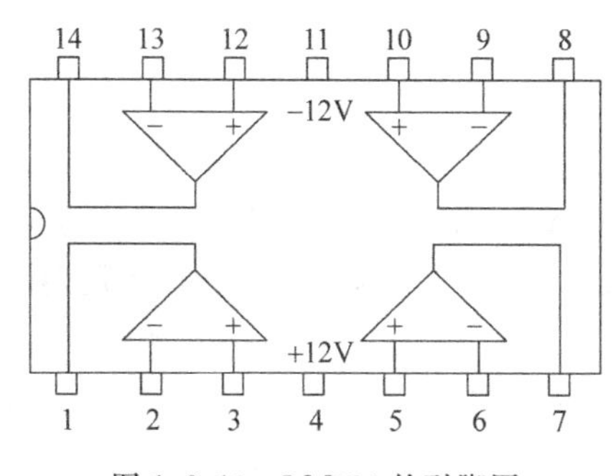

图 1.8.13　LM324 的引脚图

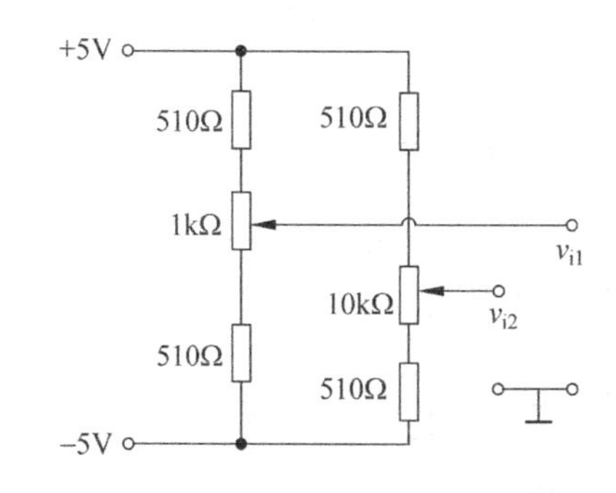

图 1.8.14　可调直流电压源

改变输入电压，进行相关测量，完成表1.8.1。

表1.8.1 输入直流电压时的实验数据表

V_i/V	0.2	0.5	−0.3	−0.6
V_o/V				
A_{Vf}/V				
V_N/mV				
V_P/mV				

(2) 输入 $f=1\text{kHz}$，$v_i=0.5\text{V}$ 的正弦信号，用毫伏表测量相应的输出电压 v_o，用示波器观察 v_i 和 v_o 的相位关系，完成表1.8.2。

表1.8.2 输入正弦信号时的实验数据表

v_i/V	v_o/V	v_i 和 v_o 的波形	A_v
0.5V			

2. 同相比例运算电路

按图1.8.2连接同相比例运算电路，实验步骤与反相比例运算电路相同，实验结果记入自拟表格。

3. 加法运算电路

按图1.8.4连接加法运算电路，完成表1.8.3。

表1.8.3 加法运算电路实验数据

V_{i1}/V	0.1	0.5	−0.3
V_{i2}/V	0.1/0.3	0.5/−0.1	−0.3/0.8
V_O 测量值/V			
V_O 理论值/V			

4. 积分运算电路

按图1.8.8连接积分运算电路，先闭合K，使 $v_c(0)=0$。输入 $f=1\text{kHz}$、$v_i=1\text{V}$ 的方波信号，再打开K，用示波器观察输出信号 v_o 的波形，在方格纸上分别绘制出输入和输出两个周期的波形。

5. 微分运算电路

按图1.8.10连接微分运算实验电路图，分别输入 $f=1\text{kHz}$、$v_i=1\text{V}$ 的方波信号和三角波信号，用示波器观察输出信号 v_o 的波形，在方格纸上对应绘制出输入和输出两个周期的波形。

四、实验设备与器件

(1) 信号发生器：1台。

(2) 数字万用表：1 块。
(3) 模拟电路实验箱：1 台。
(4) 双踪示波器：1 台。
(5) 电阻、电容若干。

五、实验报告要求

(1) 整理实验数据，画出波形图(注意波形间的相位关系)。
(2) 将理论计算结果和实测数据相比较，分析产生误差的原因。
(3) 根据实验数据，进一步理解运放的“虚短”和“虚断”的概念。
(4) 分析和讨论实验中出现的现象和问题。

六、预习要求

(1) 复习集成运放线性应用部分内容，并根据实验电路参数计算各电路输出电压的理论值。

(2) 在反相比例运算电路中，当考虑到运放的最大输出幅度(±12V)时，$|v_i|$的大小不应超过多少伏？

(3) 在积分电路中，如$R=100\text{k}\Omega$，$C=4.7\mu\text{F}$，求时间常数。假设$v_i=0.5\text{V}$，问要使输出电压v_o达到5V，需多长时间(设$v_C(0)=0\text{V}$)？

(4) 为了不损坏集成块，在实验中应注意什么问题？

七、思考题

(1) 理想运算放大器有哪些特点？

(2) 比例运算电路的运算精度与电路中哪些参数有关？如果运放已选定，如何减小运算误差？

(3) 实际应用中，积分器的误差主要与哪些因素有关？

实验 1.9　集成运算放大器的基本应用(Ⅱ)——RC 有源滤波器

一、实验目的

(1) 深刻理解 RC 有源滤波器的工作原理。
(2) 掌握有源滤波器的测量和调试技术。

二、实验原理

滤波器是一种能使有用频率的信号通过，同时对无用频率的信号进行抑制或衰减的电子装置。在工程上，滤波器常被用在信号的处理、数据的传送和干扰的抑制等方面。

滤波器按照组成的元件,可分为有源滤波器和无源滤波器两大类。由电阻、电容、电感等无源元件组成的滤波器称为无源滤波器;凡是由运放等有源元件与无源元件组成的滤波器称为有源滤波器。由运放和电阻、电容(不含电感)组成的滤波器称为RC有源滤波器。受运放频带限制,RC有源滤波器主要用于低频范围。

RC有源滤波器按照它所实现的传递函数的次数,可分为一阶、二阶和高阶RC有源滤波器。从电路结构上看,一阶RC有源滤波器含有一个电阻和一个电容,二阶RC有源滤波器含有两个电阻和两个电容。一般的高阶RC有源滤波器可以由一阶和二阶的滤波器通过级联来实现。

滤波器按照所允许通过的信号的频率范围可分为低通(LPF)、高通(HPF)、带通(BPF)和带阻(BEF)四种滤波器。其中,低通滤波器只允许低于某一频率的信号通过,而不允许高于该频率的信号通过。高通滤波器只允许高于某一频率的信号通过而不允许低于该频率的信号通过。带通滤波器只允许某一频率范围内的信号通过而不允许该频率范围以外的信号通过。带阻滤波器不允许(阻止)某一频率范围(频带)内的信号通过而只允许该频率范围以外的信号通过。它们的幅频特性如图1.9.1所示。

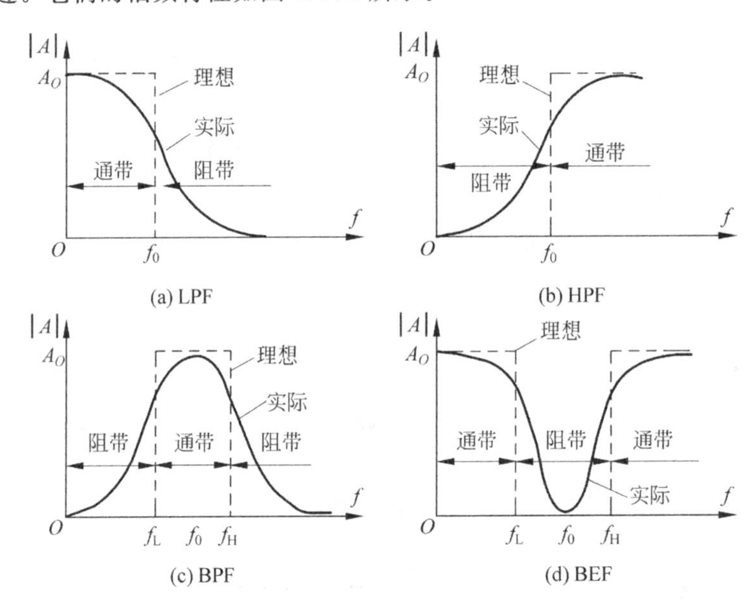

图1.9.1 各种滤波电路的幅频响应

具有理想幅频特性的滤波器是很难实现的,只能用实际的幅频特性去逼近理想的。一般来说,滤波器的幅频特性越好,其相频特性越差,反之亦然。滤波器的阶数越高,幅频特性衰减的速度越快,但RC网络的节数越多,元件参数计算越繁琐,电路调试越困难。任何高阶滤波器均可以用较低的二阶RC有源滤波器级联实现。因此本实验重点研究二阶RC有源滤波器。

1. 二阶低通滤波器

图1.9.2所示为典型的二阶低通滤波器。它由两级RC滤波环节与同相比例运算电路组成。其中第一级电容C接至输出端,引入适量的正反馈,以改善幅频特性。其幅频特性

可能会在 $f=f_0$ 处出现峰值，峰值的大小与电路的 Q 值有关。该滤波器的截止频率 f_0 为 $\frac{1}{2\pi RC}$。通常把 $f<f_0$ 的频率范围称为低通滤波器的通带，把 $f>f_0$ 的频率范围称为低通滤波器的阻带。也就是认为凡是频率低于 f_0 的信号能顺利通过该滤波器，而频率高于 f_0 的信号都被该滤波器衰减。

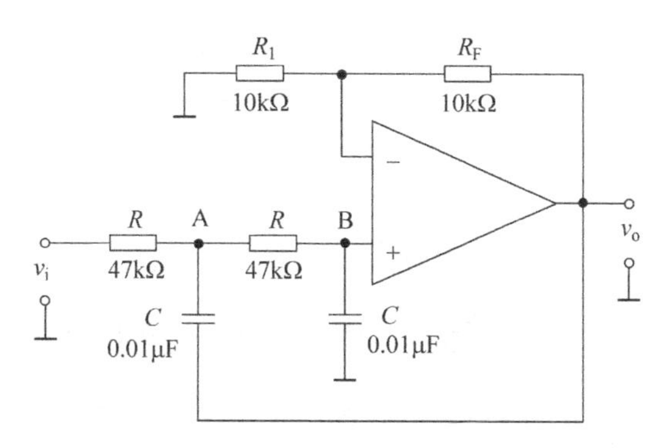

图 1.9.2　二阶 RC 低通滤波器

在图 1.9.2 中，令 $R_F=R_1(A_0-1)$，在复频域内，分别对电路的节点 A 和节点 B 列写节点电压方程：

$$\begin{cases} -\frac{1}{R}V_i(s)+\left(\frac{2}{R}+sC\right)V_A(s)-sCV_o(s)-\frac{1}{R}V_B(s)=0 \\ -\frac{1}{R}V_A(s)+\left(\frac{1}{R}+sC\right)V_B(s)=0 \\ V_B(s)=\frac{1}{A_o}V_o(s) \end{cases}$$

由此求得该电路的电压传输函数为

$$A(s)=\frac{V_o(s)}{V_i(s)}=A_0\frac{\omega_0^2}{s^2+s\omega_0/Q+\omega_0^2}$$

式中，$\omega_0=\frac{1}{RC}$，截止角频率；

$A_0=1+\frac{R_F}{R_1}$，它是二阶低通滤波器的通带增益。$A_0<3$ 时，电路才能正常工作；$A_0\geqslant3$ 时，电路将自激振荡；

$Q=\frac{1}{3-A_0}$，品质因数，它的大小影响低通滤波器在截止频率处幅频特性的形状。

2. 二阶高通滤波器

高通滤波器用来通过高频信号，衰减或抑制低频信号。图 1.9.3 所示为典型的二阶高通滤波器。由于高通滤波器性能与低通滤波器相反，其幅频特性和低通滤波器是“镜像”关系，从电路结构来看，只需将低通滤波器中起滤波作用的电阻和电容互换即为高通滤波器。

采用与图 1.9.2 所示低通滤波器相同的分析方法，可得图 1.9.3 所示高通滤波器的传递函数为

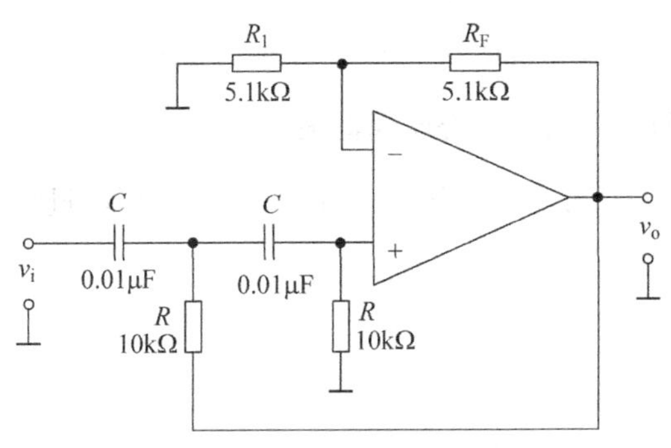

图 1.9.3　二阶 RC 高通滤波器

$$A(s)=\frac{V_o(s)}{V_i(s)}=A_0\frac{s^2}{s^2+s\omega_0/Q+\omega_0^2}$$

式中，$\omega_0=\frac{1}{RC}$；$A_0=1+\frac{R_F}{R_1}$；$Q=\frac{1}{3-A_0}$。各量的含义同二阶低通滤波器。

该电路的幅频特性如图 1.9.1(b)所示，其中截止频率为 $f_0=\frac{1}{2\pi RC}$。

3. 二阶带通滤波器

典型的带通滤波器可以将二阶低通滤波器中其中的一阶改成高通而成，如图 1.9.4 所示。

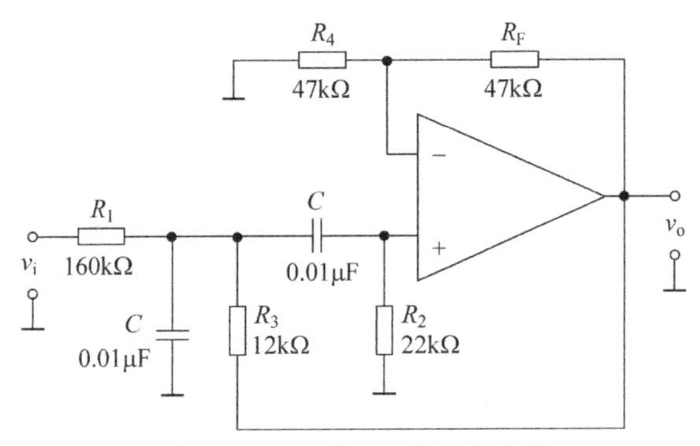

图 1.9.4　二阶 RC 带通滤波器

它的传递函数为

$$A(s)=\frac{V_o(s)}{V_i(s)}=A_0\frac{s\omega_0/Q}{s^2+s\omega_0/Q+\omega_0^2}$$

其中带通滤波器的截止角频率 ω_0、电路的品质因数 Q 和电路的增益 A_0 分别为

$$\omega_0=\sqrt{\frac{1}{R_2C^2}\left(\frac{1}{R_1}+\frac{1}{R_3}\right)}$$

$$Q=\frac{\sqrt{\frac{1}{R_2}\left(\frac{1}{R_1}+\frac{1}{R_3}\right)}}{\frac{1}{R_1}+\frac{2}{R_2}-\frac{R_F}{R_4R_3}}$$

$$A_0=\frac{R_F+R_4}{R_1R_4\left(\frac{1}{R_1}+\frac{2}{R_2}-\frac{R_F}{R_4R_3}\right)}$$

带通滤波器的 3dB 带宽可表示为

$$B=\frac{1}{C}\left(\frac{1}{R_1}+\frac{2}{R_2}-\frac{R_F}{R_4R_3}\right)$$

带通滤波器的截止角频率 ω_0、品质因数 Q 和带宽 B 之间的关系为

$$Q=\frac{\omega_0}{B}$$

在带通滤波器中，电路品质因数的 Q 值具有特殊的意义，它是衡量这个电路选择性的重要参数。在实验中，Q 值可以通过测出带通滤波器的截止角频率 ω_0（最高增益所对应的角频率）和 3dB 带宽 B（电路的增益由最大值下降 3dB 所对应的角频率 ω_H 和 ω_L 之差），从而由上式求出。

4. 二阶带阻滤波器

带阻滤波电路也叫陷波电路，经常用于电子系统的抗干扰。它通常有“带通相减”和“双 T 网络”两种实现方法。本实验研究的二阶带阻滤波器如图 1.9.5 所示，它是在双 T 网络后加一级同相比例运算电路构成的。

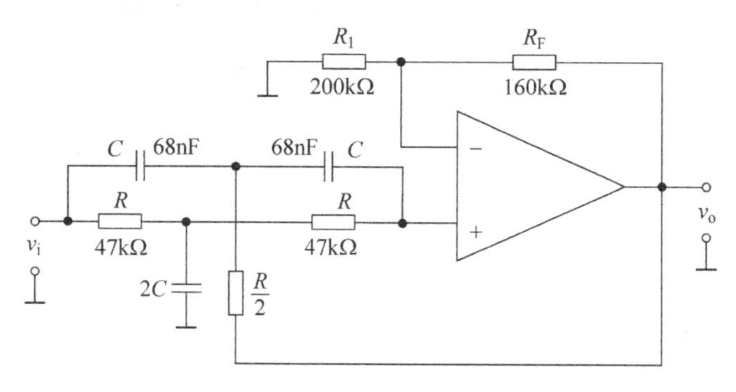

图 1.9.5　二阶带阻滤波器

二阶带阻滤波器的传递函数为

$$A(s)=\frac{V_o(s)}{V_i(s)}=A_0\frac{s^2+\omega_0^2}{s^2+s\omega_0/Q+\omega_0^2}$$

其中带阻滤波器的截止频率 f_0、品质因数 Q、通带增益 A_0 和阻带宽度 B 分别为

$$f_0=\frac{1}{2\pi RC}$$

$$Q=\frac{1}{2(2-A_0)}$$

$$A_0=1+\frac{R_F}{R_1}$$

$$B=2(2-A_0)f_0$$

三、实验内容及步骤

1. 二阶低通滤波器

按图 1.9.2 连接电路，检查无误后接通运放电源。

(1) 粗测。输入 $v_i=1V$ 的正弦信号。在滤波器截止频率附近改变输入信号频率，用示波器或交流毫伏表观察输出电压幅度的变化是否具备低通特性。如不具备，应排除电路故障。

(2) 逐点精测。在输出波形不失真和输入信号幅度不变化的条件下，逐点改变输入信号的频率，测量输出电压(注意，应在截止频率附近多测几组数据)，测量结果记入表 1.9.1 中，并在半对数坐标纸上描绘其幅频特性曲线。

表 1.9.1　幅频特性测试数据

f/Hz	
v_o/V	
$A_v=v_o/v_i$	

2. 二阶高通滤波器

按图 1.9.3 连接电路，检查无误后接通运放电源。按照步骤 1 的要求进行测量，结果记入表 1.9.2 中，并根据数据绘出该二阶高通滤波器的幅频特性曲线。

表 1.9.2　幅频特性测试数据

f/Hz	
v_o/V	
$A_v=v_o/v_i$	

3. 二阶带通滤波器

(1) 按图 1.9.4 连接电路，检查无误后接通运放电源。测量要求同步骤 1。注意，在曲线变化剧烈部分应多测几个点，并必须找到 3dB 频率 f_H 和 f_L，结果记入表 1.9.3 中，并绘出其幅频特性曲线。

表 1.9.3　幅频特性测试数据

f/Hz	
v_o/V	
$A_v=v_o/v_i$	

(2) 根据测量结果，找出该电路的 f_0、f_H 和 f_L，确定带宽 BW，并求出其品质因数。将上述结果与理论值进行比较，完成表 1.9.4。

表 1.9.4　电路参数测量

	f_0	f_H	f_L	B	Q
测量值					
理论值					

*4. 二阶带阻滤波器

按图 1.9.5 连接电路，检查无误后接通运放电源。测量要求同步骤 3。

四、实验设备与器件

(1) 信号发生器：1 台。
(2) 交流毫伏表：1 台。
(3) 双踪示波器：1 台。
(4) 模拟电路实验箱：1 台。
(5) 数字万用表：1 块。
(6) 运放 LM324×1。
(7) 电阻、电容：若干。

五、实验报告要求

(1) 整理实验数据。
(2) 根据实验数据，用坐标纸绘出放大器的幅频特性曲线，标出主要数据，如 f_0、f_H、f_L，带宽 B 等。
(3) 将实验结果与理论值进行比较。分析产生偏差的主要原因并提出调整的措施。

六、预习要求

(1) 复习有关滤波器的内容。
(2) 计算图 1.9.2、图 1.9.3 的截止频率，图 1.9.4、图 1.9.5 的中心频率。

七、思考题

(1) 在幅频特性曲线的测量过程中，改变信号的频率时，信号的幅值是否也要相应地改变？为什么？
(2) 高通滤波器的幅频特性为什么在频率很高时，其电压增益会随频率升高而下降？

实验 1.10　集成运算放大器的基本应用(Ⅲ)——电压比较器

一、实验目的

(1) 掌握电压比较器的电路构成及特点。
(2) 学会比较器的测试方法。

二、实验原理

电压比较器是集成运放的非线性应用电路，它将一个模拟量电压信号和一个参考电压相比较，在两者幅度相等的附近，输出电压将产生跃变，相应输出高电平或低电平。通常用于越限报警、模数转换和非正弦波形变换等场合。其幅度鉴别的精确性、稳定性以及快速输出反应是主要的技术指标。

图 1.10.1 所示为一最简单的电压比较器，V_R 为参考电压，加在运放的同相输入端，输入电压 v_i 加在反相输入端。

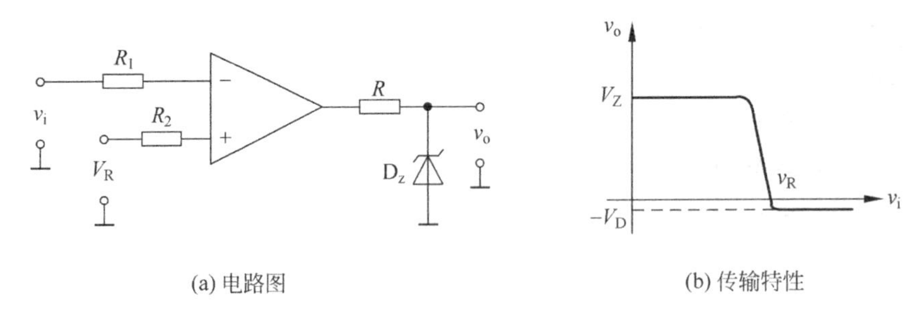

(a) 电路图　　(b) 传输特性

图 1.10.1　电压比较器

当 $v_i<V_R$ 时，运放输出高电平，稳压管 D_Z 反向稳压工作。输出端电位被其箝位在稳压管的稳定电压 V_Z，即

$$v_o = V_Z$$

当 $v_i>v_R$ 时，运放输出低电平，D_Z 正向导通，输出电压等于稳压管的正向压降 V_D，即

$$v_o = -V_D$$

因此，以 V_R 为界，当输入电压 v_i 变化时，输出端反映出两种状态：高电位和低电位。其电压传输特性如图 1.10.1(b)所示。这样，根据输出电压 v_o 是高或是低，就可以判断输入信号 v_i 是低于或高于基准电压 V_R。

常用的电压比较器有过零比较器、迟滞比较器、窗口比较器等。

1. 过零比较器

如果参考电压 $V_R=0$，则输入信号电压 v_i 每次过零时，输出就要产生突然的变化，这种比较器称为过零比较器。图 1.10.2(a)所示为加限幅电路的过零比较器，D_Z 为限幅稳压管。信号从运放的反相输入端输入，参考电压为零，从同相端输入。当 $v_i>0$ 时，输出 $v_o=-(V_Z+V_D)$，当 $v_i<0$ 时，$v_o=+(V_Z+V_D)$。其电压传输特性如图 1.10.2(b)所示。

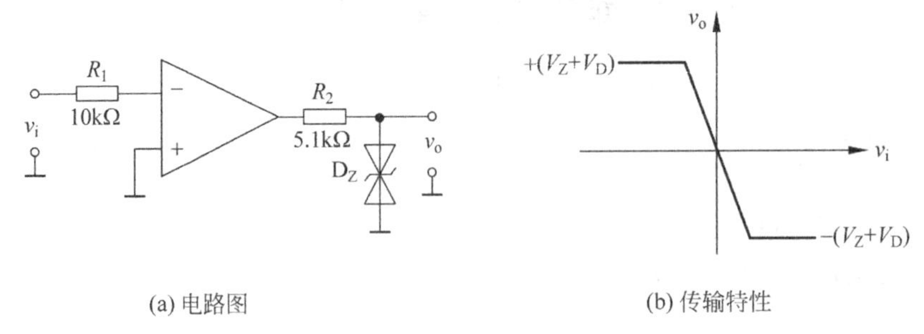

(a) 电路图　　(b) 传输特性

图 1.10.2　过零比较器

过零比较器结构简单，灵敏度高，但抗干扰能力差。

2. 迟滞比较器

过零比较器在实际工作时，如果 v_i 恰好在过零值附近，则由于零点漂移的存在，v_o 将不断由一个极限值转换到另一个极限值，导致比较器输出不稳定。如果用这个输出电压 v_o 去控制电机，将出现频繁的启停现象。这种情况是不允许的。提高抗干扰能力的一种方案是采用迟滞比较器，即具有迟滞回环传输特性的比较器。如图 1.10.3(a)所示，从输出端引入一个电阻分压正反馈支路到同相输入端，就构成了具有双门限值的反相输入迟滞比较器，该比较器的参考电压为 0，其上门限电压和下门限电压对称于纵轴，其传输特性如图 1.10.3(b)所示。

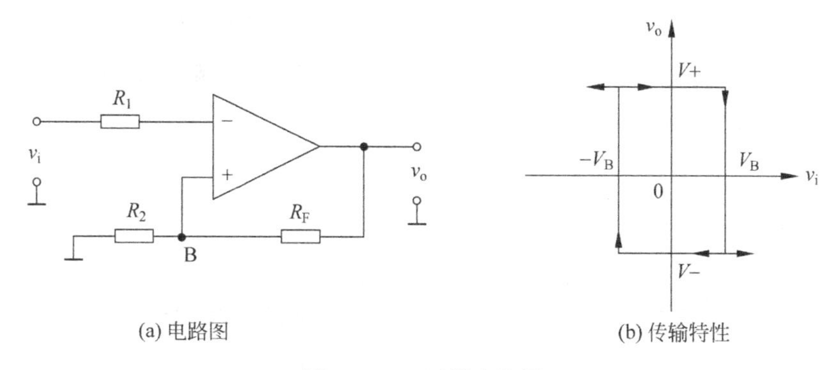

(a) 电路图　　(b) 传输特性

图 1.10.3　迟滞比较器

图 1.10.3(a)中，若 v_o 改变状态，B 点也随着改变电位，使过零点离开原来位置。当 v_o 为正(记为 $V+$)，$V_B=\dfrac{R_2}{R_F+R_2}V_+$，则当 $v_i>V_B$ 后，v_o 即由正变负，此时 V_B 变为 $-V_B$。故只有当 v_i 下降到 $-V_B$ 以下，才能使 v_o 再度回升到 V_+，于是出现图 1.10.3(b)所示的滞回特性。$-V_B$ 与 V_B 的差别称为回差，改变 R_2 的数值可以改变回差的大小。

如果将 v_i 与参考电压(此处为 0)位置互换，就可组成同相输入迟滞比较器。由于正反馈作用，迟滞比较器的门限电压是随输出电压 v_o 的变化而变化的。它的灵敏度低一些，但抗干扰能力却大大提高了。

3. 窗口(双限)比较器

简单的比较器仅能鉴别输入电压 v_i 比参考电压 V_R 高或低的情况。窗口比较电路是由两个简单比较器组成，如图 1.10.4(a)所示，它能指示出 v_i 值是否处于 V_R^+ 和 V_R^- 之间。如果 $V_R^-<v_i<V_R^+$，窗口比较器的输出电压 v_o 为高电平 V_{OH}；如果 $v_i<V_R^-$ 或 $v_i>V_R^+$，则输出电压 v_o 为低电平 V_{OL}。其电压传输特性如图 1.10.4(b)所示。

三、实验内容及步骤

1. 过零比较器

实验电路图按如图 1.10.2(a)所示连接，检查无误后接通运放电源。

(1) 测量 v_i 悬空时的 v_o 值。

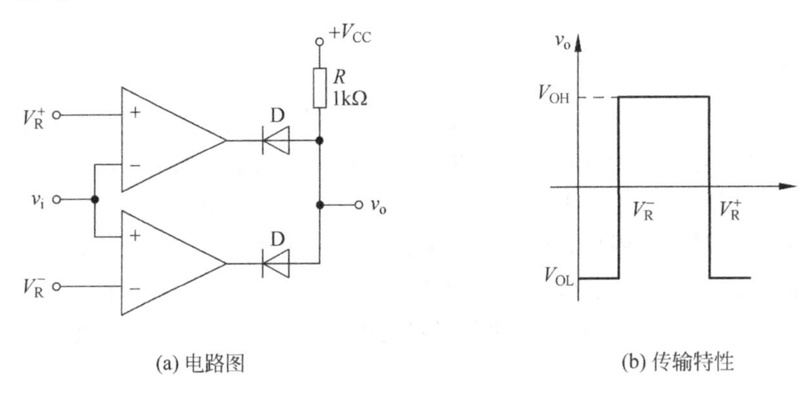

图 1.10.4　由两个简单比较器组成的窗口比较器

(2) v_i 接可调直流电压源，调节使其从+5V 到−5V 变化，测量相应的输出 v_o 电压，并根据数据画出传输特性曲线。

(3) v_i 输入 500Hz、幅值为 2V 的正弦信号，观察 $v_i \to v_o$ 的波形并记录。

2. 反相迟滞比较器

实验电路如图 1.10.5 所示连接，检查无误后接通运放电源。

(1) v_i 接+5V 可调直流电源，测出 v_o 由 $+V_{omax}$ 变化到 $-V_{omax}$ 时 v_i 的临界值。

(2) 同上，测出 v_o 由 $-V_{omax}$ 变化到 $+V_{omax}$ 时 v_i 的临界值。

(3) v_i 接 500Hz、幅值为 2V 的正弦信号，观察并记录 $v_i \to v_o$ 的波形。

(4) 将分压支路 100kΩ 电阻 R_f 改为 200kΩ，重复上述步骤，测定传输特性。

3. 同相迟滞比较器

实验电路如图 1.10.6 所示。

(1) 参照实验内容 2，自拟实验步骤及方法测定其传输特性。

(2) 将结果与反相迟滞比较器进行比较。

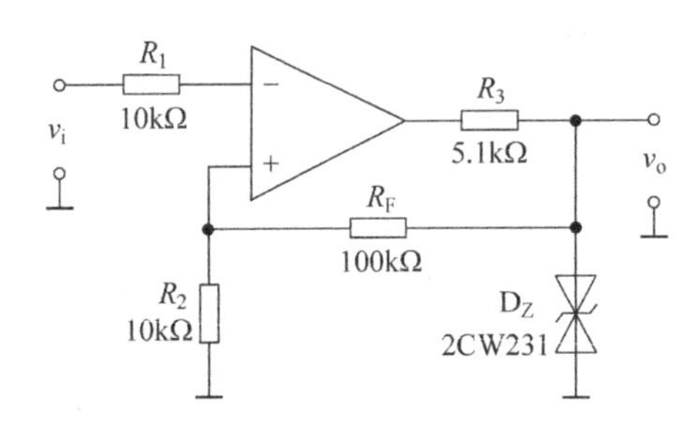

图 1.10.5　反相迟滞比较器

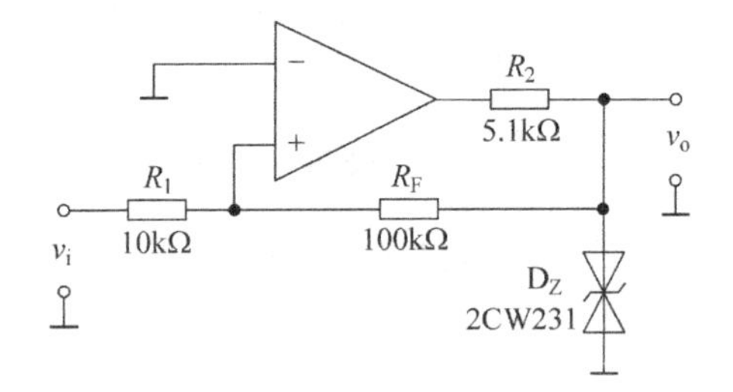

图 1.10.6　同相迟滞比较器

*4. 窗口比较器

参照图 1.10.4 自拟实验步骤和方法测定其传输特性。

四、实验设备与器件

(1) 模拟电路实验箱：1 台。

(2) 函数信号发生器：1 台。
(3) 双踪示波器：1 台。
(4) 交流毫伏表：1 台。
(5) 万用表：1 块。
(6) 直流稳压电源：1 台。
(7) 运算放大器 LM324×2，稳压管 2CW231×2，二极管 IN4148×2，电阻若干。

五、实验报告要求

(1) 整理实验数据，绘制各类电压比较器的传输特性曲线。
(2) 总结几种电压比较器的特点，阐明它们的应用。

六、预习要求

(1) 复习有关电压比较器的内容。
(2) 画出各类电压比较器的传输特性曲线。

七、思考题

(1) 为可靠工作，比较器输入端要有限幅功能，如何实现？为什么？
(2) 若要将图 1.10.4 窗口比较器的电压传输特性曲线高、低电平对调，应如何改动比较器的电路？

实验 1.11 集成运算放大器的基本应用(Ⅳ)——波形发生器

一、实验目的

(1) 进一步了解 RC 桥式振荡器的工作原理。
(2) 学习用集成运放构成正弦波、方波和三角波发生器的方法。
(3) 学习波形发生器的调整和主要性能指标的测试方法。

二、实验原理

由集成运放构成的正弦波、方波和三角波发生器有多种形式，本实验选用最常用的、线路较简单的几种电路加以分析。

1. RC 桥式正弦波振荡器

由集成运放构成的 RC 桥式正弦波振荡器（文氏电桥振荡器）原理如图 1.11.1 所示。由图可见，RC 桥式正弦波振荡器是由放大器和反馈网络组成的。反馈电路包括 R_1 和 R_F 组成的负反馈网络以及由 RC 串并联组成的具有选频特性的正反馈网络两部分。其中，引入正反馈是为了满足振荡的相位条件，形成振荡；引入负反馈是为了改善振荡器的性能。

正、负反馈网络的反馈元件正好组成一个电桥，接在运放的输入和输出各端口之间，故称为RC桥式振荡器。

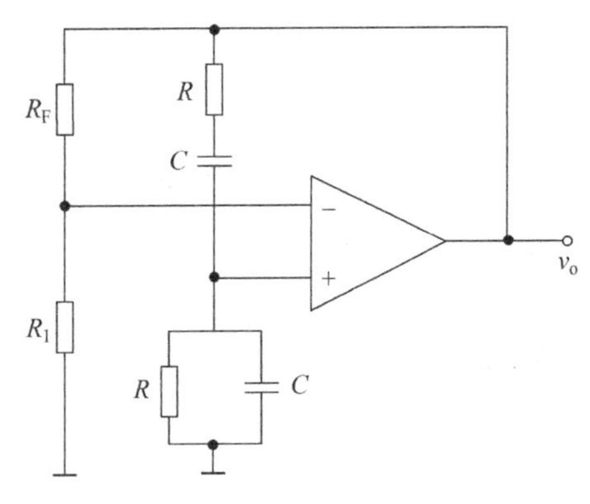

图 1.11.1 RC桥式振荡器原理图

电路的正反馈系数为

$$F_+ = \frac{1}{3 + j\left(\frac{\omega}{\omega_0} - \frac{\omega_0}{\omega}\right)} \tag{1.11.1}$$

其中，$\omega_0 = \frac{1}{RC}$。当 $\omega = \omega_0$ 时，$F_+ = \frac{1}{3}$，$\varphi_F = 0$，即有 $\varphi_F + \varphi_A = 2n\pi$，满足正弦波振荡的相位平衡条件。

由运放所组成的电压串联负反馈放大电路的放大倍数为

$$A_V = 1 + \frac{R_F}{R_1} \tag{1.11.2}$$

要使电路起振，A_V 应略大于3，即有

$$\frac{R_F}{R_1} \geqslant 2 \tag{1.11.3}$$

电路的振荡频率为

$$f_0 = \frac{1}{2\pi RC} \tag{1.11.4}$$

RC桥式振荡器的实验电路如图1.11.2所示。与图1.11.1相比，不同之处在于：①该电路在负反馈回路中增加了由二极管 D_1、D_2 和电阻 R_3 构成的稳幅环节，以稳定电路的输出幅度，同时 R_3 的接入也是为了削弱二极管非线性的影响，以改善波形失真；②增加了电位器 R_W，通过调节该电位器可以改变负反馈的深度，以满足振荡的振幅条件，并且可以改善振荡器的输出波形。

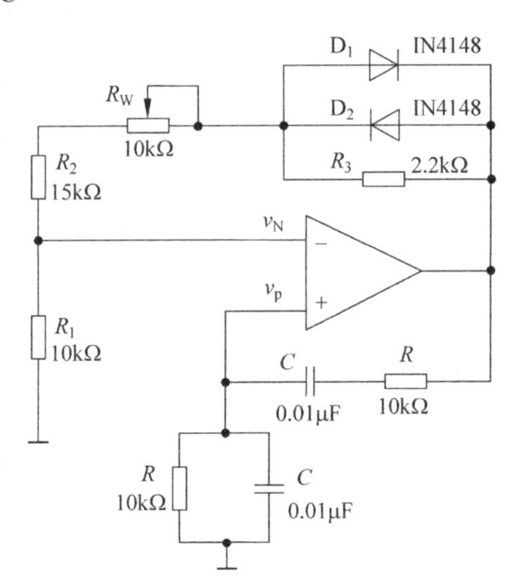

图 1.11.2 RC桥式振荡器实验电路图

由式(1.11.3)可知，该电路起振的幅值条件为 $\frac{R_F}{R_1} \geqslant 2$，式中 $R_F = R_W + R_2 + (R_3 \parallel r_D)$，$r_D$ 为二极管的正向导通电阻。

调整反馈电阻 R_F（即 R_W）可以使电路起振，且失真波形最小。如不能起振，则说明负反馈太强，应适当加大 R_F；如波形失真严重，则应适当减小 R_F。

由式(1.11.4)可知，改变选频网络的参数 R 或 C，即可调整振荡频率。一般采用改变电容 C 做频率量程切换，而调节 R 做量程内的频率微调。

2. 方波发生器

方波产生器电路如图1.11.3所示。它由一个运放及其反馈网络构成的具有迟滞特性的电压比较器和一个电阻、电容构成的积分电路组成。通过电压比较器和积分电路的巧妙

组合，使得迟滞电压比较器周期性地工作在开关状态，从而能周期性地输出方波。

其主要工作过程是：运算放大器通过 R_2、R_W 组成的正反馈网络将电路接成电压比较器的形式。电容 C 两端的电压 v_A 和运放同相端的电压进行比较，从而确定电路输出电压 v_o 的正负。v_o 的正负又决定了电容 C 是充电还是放电，从而决定电容电压 v_A 是上升还是下降。v_A 的高低再一次决定电路输出 v_o 的正负。当电容 C 反复进行充、放电时，在电路的输出端就产生了周期性的方波。v_A 和 v_o 的波形如图 1.11.4 所示。

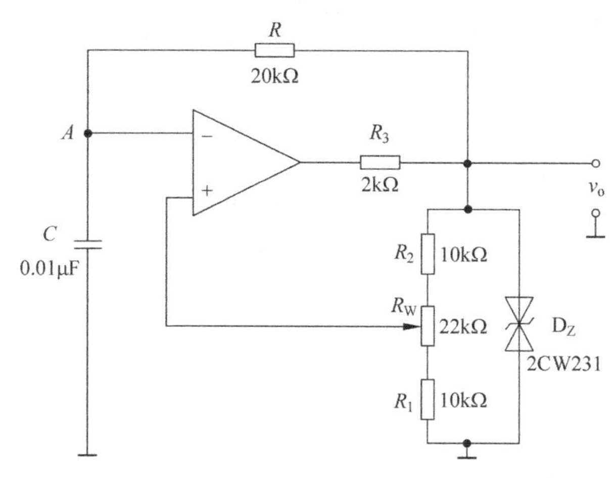

图 1.11.3　方波发生器电路图

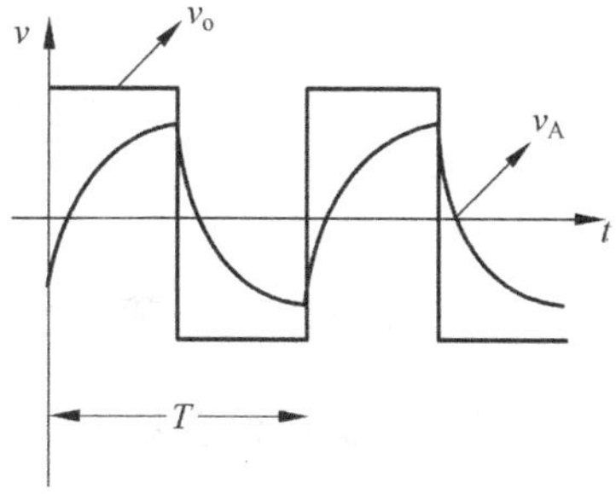

图 1.11.4　方波发生器工作波形图

电路振荡频率

$$f_0 = \frac{1}{2RC\ln\left(1+2\dfrac{R_1'}{R_2'}\right)}$$

式中，$R_1'=R_1+R_W'$，$R_2'=R_2+R_W''$。可见，调节电位器 R_W，或改变 R(或 C)值均可实现振荡频率的调节。

方波输出幅度

$$v_o = \pm v_Z$$

图 1.11.3 中 A 点的位置也可作为三角波的输出端，但该电路产生的三角波线性度较差。

3. 三角波和方波发生器

如把迟滞比较器和积分器首尾相接则形成正反馈闭环系统，如图 1.11.5 所示，比较器 A_1 输出的方波经积分器 A_2 积分可得到三角波，三角波又触发比较器自动翻转形成方波，这样即可构成三角波、方波发生器。由于采用运放组成了积分电路，因此可实现恒流充电，使三角波线性大大改善。

电路振荡频率

$$f_0 = \frac{R_2}{4R_1(R_4+R_W)C}$$

方波幅度

$$v_{o1} = \pm v_Z$$

三角波幅度

$$v_o = \frac{R_1}{R_2} v_Z$$

可见，调节 R_W 可以改变振荡频率，改变比值$\frac{R_1}{R_2}$可调节三角波的幅值。

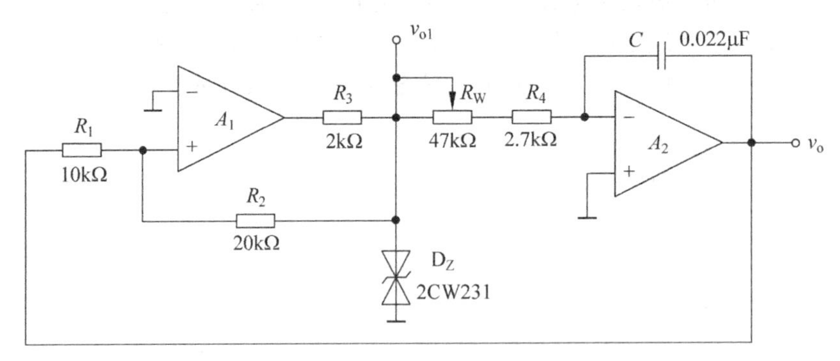

图 1.11.5　三角波、方波发生器电路

三、实验内容及步骤

1. RC 桥式正弦波振荡器

按图 1.11.2 连接实验电路，实验步骤如下：

(1) 接通运放电源，调节电位器 R_W，使输出波形从无到有，从正弦波到出现失真。绘制 v_o 的波形，记下临界起振、正弦输出及失真情况下的 R_W 值，完成表 1.11.1。

表 1.11.1　振荡过程记录

	临界起振	正弦输出	失　　真
R_W			
输出 v_o 的波形			

(2) 调节电位器 R_W，使输出电压 v_o 幅值最大而不失真，用交流毫伏表分别测量输出电压 v_o、反馈电压 v_+ 和 v_-，计算电路的正反馈系数 F_+ 和负反馈系数 F_-，验证它们是否满足振荡的幅值平衡条件，完成表 1.11.2。

表 1.11.2　验证幅值平衡条件

测　量　值			计　算　值	
v_o/V	v_+/V	v_-/V	F_+	F_-

(3) 用示波器或频率计测量振荡频率 f_0，然后在选频网络的两个电阻 R 上并联同一阻值电阻，观察并记录振荡频率 f'，并与理论值进行比较，完成表 1.11.3。

表 1.11.3　振荡频率的测量

	测　量　值	理　论　值
f_0		
f'		

(4) 断开二极管 D_1、D_2，重复(2)的内容，将测试结果与(2)进行比较，并分析 D_1、D_2 的稳幅作用。

2. 方波发生器

按图 1.11.3 连接电路，实验步骤如下：

(1) 将电位器 R_W 调至中心位置，用双踪示波器观察并描绘方波 v_o 的波形，测量其幅值及频率，并记录之。

(2) 改变 R_W 动点的位置，观察 v_o 幅值及频率变化情况；把动点调至最上端和最下端，测出频率范围，并记录之。

(3) 将 R_W 恢复至中心位置，将一只稳压管短接，观察 v_o 的波形，分析 D_Z 的限幅作用。

3. 三角波和方波发生器

按图 1.11.5 连接电路，实验步骤如下：

(1) 将电位器 R_W 调至合适位置，用双踪示波器观察并描绘三角波输出 v_o 及方波输出 v_{o1}，测其幅值、频率及 R_W 值，并记录之。

(2) 改变 R_W 的位置，观察对 v_o、v_{o1} 幅值及频率的影响。

(3) 改变 R_1(或 R_2)，观察对 v_o、v_{o1} 幅值及频率的影响。

四、实验设备与器件

(1) 模拟电路实验箱：1 台。

(2) 交流毫伏表：1 台。

(3) 双踪示波器：1 台。

(4) 数字万用表：1 块。

(5) 集成运算放大器 LM324×2。

(6) 电阻、电容、稳压二极管：若干。

五、实验报告要求

1. 正弦波发生器

(1) 列表整理实验数据，画出波形，比较实测频率与理论值。

(2) 根据实验分析 RC 桥式振荡器的起振条件。

(3) 讨论二极管 D_1、D_2 的稳幅作用。

2. 方波发生器

(1) 列表整理实验数据，在同一张坐标纸上按比例画出方波和三角波的波形图，并标出时间和电压幅值。

(2) 分析 R_W 变化对 v_o 波形的幅值及频率的影响。

(3) 讨论 D_Z 的限幅作用。

3. 三角波和方波发生器

(1) 整理实验数据，比较实测频率与理论值。

(2) 在同一张坐标纸上按比例画出方波和三角波的波形图，并标出时间和电压幅值。

(3) 分析电路参数变化(R_1、R_2 和 R_W)对输出波形的频率及幅值的影响。

六、预习要求

复习有关 RC 桥式振荡器、三角波及方波发生器的工作原理，并估算图 1.11.2、图 1.11.3、图 1.11.5 所示电路的振荡频率。

七、思考题

(1) 为什么在 RC 正弦波振荡电路中要引入负反馈支路？为什么要增加二极管 D_1、D_2？它们是怎样稳幅的？

(2) 电路参数变化对图 1.11.3、图 1.11.5 产生的方波和三角波频率及电压幅值有什么影响？(或者说，怎样改变图 1.11.3、图 1.11.5 电路中方波及三角波的频率及幅值?)

(3) 怎样测量非正弦波电压的幅值？

实验 1.12 LC 正弦波振荡器

一、实验目的

(1) 掌握变压器反馈式 LC 正弦波振荡器的调整和测试方法。

(2) 研究电路参数对 LC 振荡器起振条件及输出波形的影响。

二、实验原理

LC 正弦波振荡器是用电感和电容元件组成选频网络的振荡器，一般可以产生 1MHz 以上的高频正弦信号。根据 LC 调谐回路的连接方式不同，LC 正弦波振荡器可分为变压器反馈式(或称互感耦合式)、电感三点式和电容三点式三种。

1. 变压器反馈式 LC 正弦波振荡电路

1) 电路结构

如图 1.12.1 所示是用晶体管组成的变压器反馈式 LC 振荡电路。晶体管 T 构成共射极放大电路，L 和 L_F 组成变压器，原绕组 L 作为振荡线圈，副绕组 L_F 为反馈线圈，用来构成正反馈。L、C 并联谐振回路作为放大器的负载，构成选频放大器。电阻 R_{B1}、R_{B2}、R_E 用于稳定管子的静态

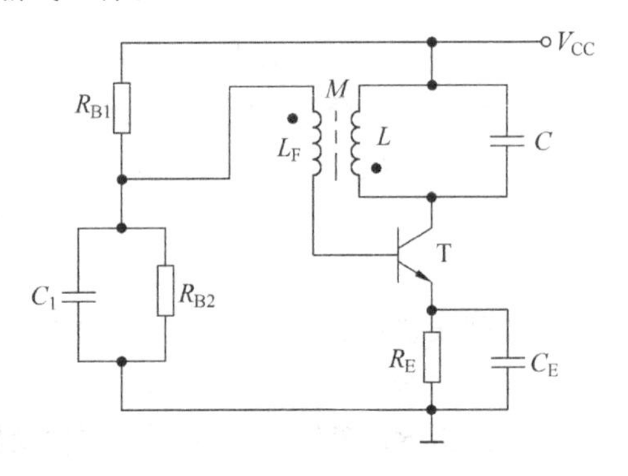

图 1.12.1 变压器反馈式 LC 振荡器电路

工作点，C_1 和 C_E 均为交流旁路电容。

2）振荡条件

(1) 相位平衡条件。为满足相位平衡条件，变压器的原、副绕组之间同名端必须正确连接。假设某一瞬间晶体管基极对地电压信号极性为"+"，由于共射电路的倒相作用，晶体管集电极的瞬时极性为"—"，即 $\varphi_a=180°$；同时根据图中标出的变压器的同名端符号"·"，副绕组又引入了 180°的相位移，即 $\varphi_f=180°$；这样，整个闭合环路的相位移为 $\varphi_a+\varphi_f=360°$，满足了相位平衡条件。

(2) 振幅条件。为了满足振幅平衡条件 $|\dot{A}\dot{F}|\geqslant1$，需要选用 β 值较大的管子，或增加线圈 L_F 的匝数，或增加它与 L 之间的耦合程度，以得到足够强的反馈量。

3）电路优缺点

变压器反馈式 LC 正弦波振荡电路具有易起振、输出电压较大、阻抗易匹配、调频方便等优点，但其输出波形不理想，含有较多高次谐波成分。

2. 电感三点式 LC 正弦波振荡电路

1）电路结构

图 1.12.2 是电感三点式 LC 振荡电路的原理图。图中，晶体管 T 构成共射极放大电路。电感 L_1、L_2 和电容 C 构成正反馈选频网络。电感的 1、2、3 端分别与放大电路的集电极、发射极(地)和基极相连，反馈信号取自电感 L_2 上的电压。

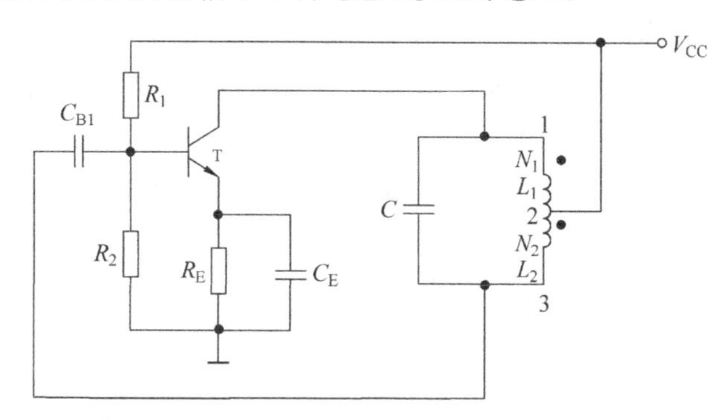

图 1.12.2 电感三点式 LC 振荡器电路

2）振荡条件

(1) 相位平衡条件。假设某一瞬间晶体管基极对地电压信号极性为"+"，由于共射电路的倒相作用，晶体管集电极的瞬时极性为"—"；由于电感 2 端交流接地，因此 3 端的瞬时电位极性为"+"，反馈电压由 3 端引至晶体管的基极，因此是正反馈，满足相位平衡条件。

(2) 振幅条件。由于 A_v 较大，只要适当选取 L_2/L_1 的值，就可实现起振。当加大 L_2（或减小 L_1）时，有利于起振。

3）电路优缺点

由于 L_1、L_2 之间耦合很紧，因此该振荡电路易起振、输出电压大，同时，若电容 C 用可变电容器，就能获得较大的频率范围，但其输出波形不理想，含有较多高次谐波成分。

3. 电容三点式 LC 正弦波振荡电路

1）电路结构

图 1.12.3 是电容三点式 LC 振荡电路的原理图。图中，电容 C_1、C_2 和电感 L 构成选频网络。C_{B1}、C_{B2} 为耦合电容。

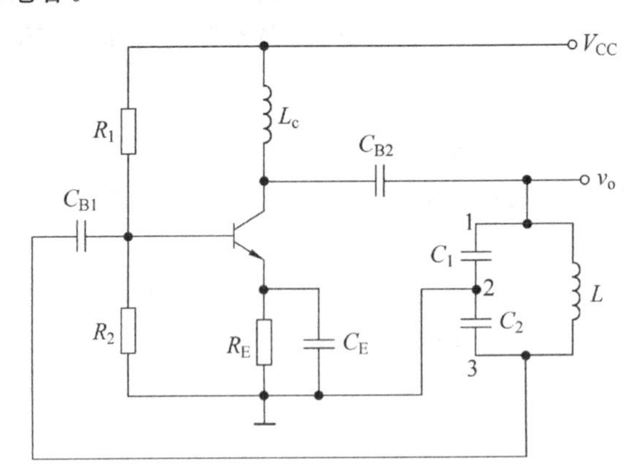

图 1.12.3 电容三点式 LC 振荡器原理图

2）振荡条件

(1) 相位平衡条件。电容 C_1、C_2 中三个端点的相位关系与电感三点式中 L_1、L_2 相似。反馈电压由 3 端引至晶体管的基极，是正反馈，满足相位平衡条件。

(2) 振幅条件。选用 β 值较大的管子，或适当选取 C_2/C_1 的值，就有利于起振。

3）电路优缺点

该电路由于反馈电压是从电容(C_2)两端取出，对高次谐波阻抗小，所以输出波形好，且易起振，振荡频率高，可达 100MHz 以上，但 C_1、C_2 的大小既与振荡频率有关，也与反馈量有关，改变它们会影响反馈电压的大小，造成工作性能不稳定，调频不方便。

4. 实验电路

本实验仅对变压器反馈式 LC 振荡器进行研究。图 1.12.4 为变压器反馈式 LC 正弦波振荡器的实验电路。其中晶体三极管 T_1 组成共射放大电路；变压器 M 的原绕组 L_1(振荡线圈)与电容 C 组成调谐回路，它既作为放大器的负载，又起选频作用；副绕组 L_2 为反馈线圈，L_3 为输出线圈。输出端增加一级由 T_2 构成的射极跟随器，用以提高电路的带负载能力。

该电路是靠变压器原、副绕组同名端的正确连接(如图 1.12.4 所示)，来满足自激振荡的相位条件，即满足正反馈条件。在实际调试中可以通过把振荡线圈 L_1 或反馈线圈 L_2 的首、末端对调，来改变反馈的极性。而振幅条件的满足，首先是靠合理选择参数，使放大器建立合适的静态工作点；其次是改变线圈 L_2 的匝数，或它与 L_1 之间的耦合程度，以得到足够强的反馈量。稳幅作用是利用晶体管的非线性来实现的。由于 LC 并联谐振回路 Q 值高，选频性能好，即使电流有失真，输出电压也基本为正弦波。

振荡器的振荡频率由谐振回路的电感和电容决定：

$$f_0 = \frac{1}{2\pi\sqrt{LC}}$$

式中 L 为并联谐振回路的等效电感(即考虑其他绕组的影响)。

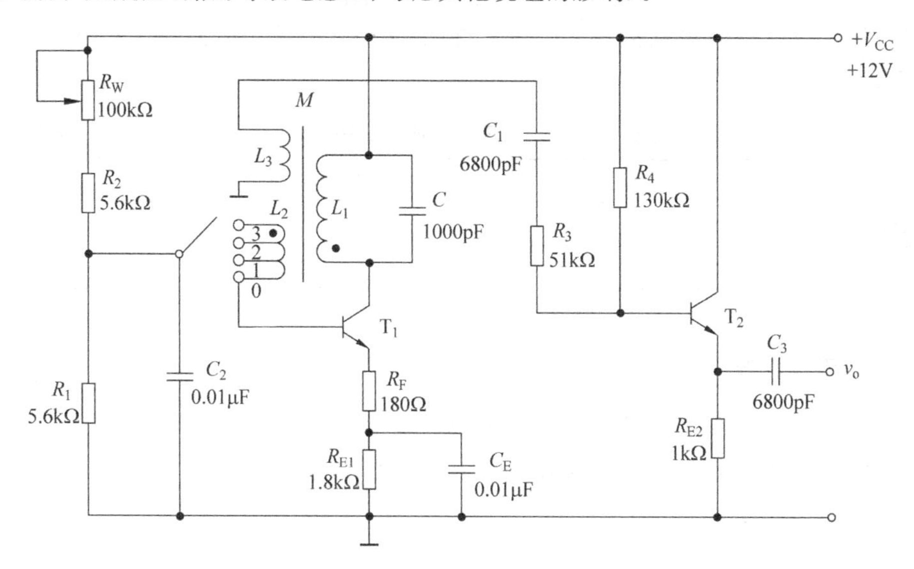

图 1.12.4 变压器反馈式 LC 正弦波振荡器

三、实验内容及步骤

按图 1.12.4 连接实验电路。电位器 R_W 置最大位置,电路的输出端接示波器。

1. 静态工作点的测量

(1) 接通 $V_{CC}=+12V$ 电源,调节电位器 R_W,使输出端得到不失真的正弦波形,如不起振,可改变 L_2 的首末端位置,使之起振。测量 T_1、T_2 两管的静态工作点及输出正弦波的有效值 v_o。将结果记入表 1.12.1 中。

表 1.12.1 静态工作点测量数据表

调节 R_W 值		V_B/V	V_E/V	V_C/V	I_C/mA	v_o/V	v_o 波形
v_o 不失真	T_1						
	T_2						
R_W 调小	T_1						
	T_2						
R_W 调大	T_1						
	T_2						

(2) 把 R_W 值调小,观察输出波形的变化,测量有关数据,记入表 1.12.1 中。

(3) 调大 R_W 值,使振荡波形刚好消失,测量有关数据,记入表 1.12.1 中。

根据以上三组数据,分析静态工作点对电路起振、输出波形幅度和失真的影响。

2. 观察反馈量大小对输出波形的影响

分别将反馈线圈 L_2 置于位置 0(无反馈)、1(反馈量不足)、2(反馈量合适)、3(反馈量过强)时,调节 R_W,观察电路的振荡情况;将 R_W 居中,测量相应的输出电压波形,记入表 1.12.2 中。

表 1.12.2 反馈量不同时的输出波形

L_2 位置	0	1	2	3
能否起振				
v_o 波形				

3. 验证相位条件

(1) 改变线圈 L_2 的首、末端位置,观察停振现象。

(2) 恢复 L_2 的正反馈接法,改变 L_1 的首末端位置,观察停振现象。

4. 测量振荡频率

调节 R_W 使电路正常起振,用示波器或频率计测量以下两种情况下的振荡频率 f_0,记入表 1.12.3 中。谐振回路电容:

(1) $C=1000\text{pF}$;

(2) $C=100\text{pF}$。

表 1.12.3 振荡频率测量数据表

C/pF	1000	100
f/kHz		

5. 观察谐振回路 Q 值对电路工作的影响

谐振回路两端并入 $R=5.1\text{k}\Omega$ 的电阻,观察 R 并入前后振荡波形的变化情况。

四、实验设备与器件

(1) 模拟电路实验箱:1 台。

(2) 双踪示波器:1 台。

(3) 交流毫伏表:1 只。

(4) 数字万用表:1 块。

(5) 频率计:1 台。

(6) 振荡线圈×1,晶体三极管×2。

(7) 电阻、电容:若干。

五、实验报告要求

(1) 整理实验数据，按要求绘制波形。

(2) 根据实验数据对实验内容中相关的问题进行分析讨论。

六、预习要求

(1) 复习关于三种 LC 振荡器的内容。

(2) 熟悉变压器反馈式 LC 振荡器的电路结构及各元件作用。

七、思考题

(1) 变压器反馈式 LC 振荡器是怎样进行稳幅的？在不影响起振的条件下，晶体管的集电极电流是大一些好，还是小一些好？

(2) 为什么可用测量停振和起振两种情况下晶体管的 V_{BE} 的变化来判断振荡器是否起振？

实验 1.13　低频功率放大器(Ⅰ)——OTL 功率放大器

一、实验目的

(1) 熟悉 OTL 功率放大器的工作原理。

(2) 学会 OTL 电路静态工作点的调整和主要性能指标的测试方法。

(3) 了解自举电路的原理及其对改善功率放大器性能所起的作用。

二、实验原理

1. OTL 功率放大器的工作原理

图 1.13.1 所示为 OTL 功率放大器。其中，由晶体管 T_1 组成推动级(也称前置放大级)，T_2、T_3 是一对参数对称的 NPN 和 PNP 型晶体三极管，组成了互补推挽 OTL 功率放大电路。由于每一个管子都接成射极输出器形式，因此具有输出电阻低，负载能力强等优点，适合作为功率输出级。T_1 管工作于甲类状态，它的集电极电流 I_{C1} 由电位器 R_{W1} 进行调节。I_{C1} 的一部分流经电位器 R_{W2} 及二极管 D，给 T_2、T_3 提供偏压。调节 R_{W2}，可以使 T_2、T_3 得到合适的静态电流而工作于甲乙类状态，以克服交越失真。

当输入正弦信号 v_i 时，在信号的负半周，信号经 T_1 管反向放大后加到 T_2 管和 T_3 管的基极，使 T_2 管导通、T_3 管截止。电源 V_{CC} 通过 T_2 管和 R_L 给电容 C_3 充电，从而在负载电阻 R_L 上形成输出电压波形 v_o 的正半周。在输入信号 v_i 的正半周，v_i 经 T_1 管反向放大后，使 T_3 管导通、T_2 管截止。电容 C_3 通过 T_3 和 R_L 放电，在负载电阻 R_L 上形成输出电压波形 v_o 的负半周。当输入电压连续变化时，T_2、T_3 交替工作，在负载上得到完整的正弦波。

图中，C_2、R 构成自举电路。静态时，A 点电位 $V_A=V_{CC}/2$，B 点电位 $V_B=V_{CC}-I_RR$，电容 C_2 两端电压 $V_{C2}=V_B-V_A=V_{CC}/2-I_RR\approx V_{CC}/2$。这样，当 T_2 管导通，V_A 由 $V_{CC}/2$ 向正

的方向变化时，V_B 随之自动增加，从而能给 T_2 管提供足够的基极电流，使输出电压的幅度增加。同时，由于 T_1 管的直流偏置电阻 R_{W1} 与 A 点相连，因此在电路中引入了交、直流电压负反馈，一方面稳定了放大器的静态工作点，另一方面也改善了非线性失真。

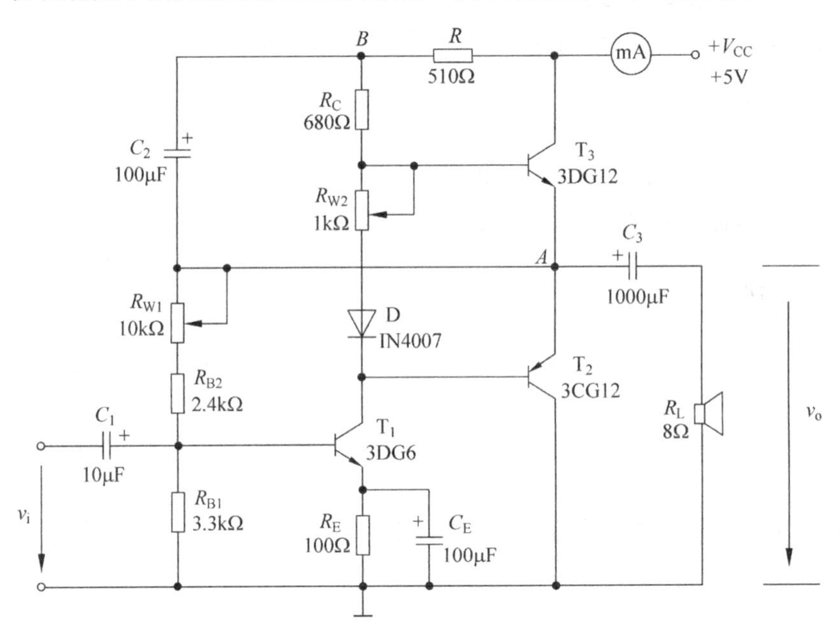

图 1.13.1　OTL 功率放大器实验电路

2. OTL 电路的主要性能指标及测量方法

1）最大输出功率 P_{om}

在理想情况下，OTL 功率放大器的最大输出功率为

$$P_{om}=\frac{v_{om}^2}{2R_L} \tag{1.13.1}$$

测量方法：给放大器输入频率 1kHz 的正弦信号，用示波器观察输出电压波形并用毫伏表测量输出电压的有效值。逐渐增大输入电压幅值，用示波器观察输出波形，直至输出波形达到临界削波时，读出的此时毫伏表读数 v_o 即为该电路最大不失真输出电压的有效值 v_{om}（若配有失真度仪，v_{om} 应为失真度小于 10%情况下的测量值）。根据式（1.13.1）可求出最大输出功率 P_{om}。

2）电源供给的功率 P_V

OTL 功率放大器电源供给的功率 P_V 为

$$P_V=V_{CC}I \tag{1.13.2}$$

测量方法：在测量最大不失真输出电压 v_{om} 的同时，读出直流毫安表的电流值，此电流就是直流电源供给的平均电流 I。根据式（1.13.2）可计算出电源供给的功率 P_V。

3）效率 η

OTL 功率放大器的效率 η 为

$$\eta=\frac{P_{om}}{P_V} \tag{1.13.3}$$

根据求出的 P_{om} 和 P_V 值，可计算出放大器最大不失真输出时的效率。

4) 晶体管的管耗 P_T

OTL 功率放大器的管耗 P_T 为

$$P_T = P_V - P_{om} \tag{1.13.4}$$

根据所求出的 P_{om} 和 P_V 值，可求出功放管的管耗 P_T。

5) 失真度系数 γ

非线性失真度系数 γ 定义为，被测电压信号中各次谐波电压总有效值与基波电压有效值的百分比，即

$$\gamma = \frac{\sqrt{v_2^2 + v_3^2 + \cdots + v_n^2}}{v_1} \times 100\%$$

式中，v_1 为基波电压有效值，v_2，v_3，…，v_n 分别为二次、三次、n 次谐波电压有效值。

测量方法：用失真度仪即可进行测量。

三、实验内容及步骤

按照实验电路图 1.13.1 接线，熟悉各元器件的作用。检查接线无误后，接通电源。在整个测试过程中，电路不应有自激现象。

1. 静态工作点的调试和测试

(1) 调节输出端中点电位 V_A：调节电位器 R_{W1}，使 A 点的电位为 $V_A = V_{CC}/2$。

(2) 调整输出级静态电流及测试各级静态工作点。

调节 R_{W2}，使 T_2、T_3 管的 $I_{C2} = I_{C3} = 5 \sim 10mA$。从减小交越失真的角度而言，应适当加大输出级静态电流，但该电流过大，会使效率降低，所以一般以 5～10mA 左右为宜。由于毫安表是串联在电源进线中，因此测得的是整个放大器的电流，但一般 T_1 的集电极电流 I_{C1} 较小，因此可以把测得的总电流近似当作输出级的静态电流。如果要准确得到输出级的静态电流，则可从总电流中减去 I_{C1} 的值。

调整输出级静态电流的另一种方法是动态测试。先使 $R_{W2} = 0$，在输入端接入 $f = 1kHz$ 的正弦信号 v_i。逐渐增大输入信号的幅值，此时，输出波形应出现较严重的交越失真(注意，没有饱和及截止失真)，然后缓慢增大 R_{W2}，当交越失真刚好消失时，停止调节 R_{W2}，恢复 $v_i = 0$，此时直流毫安表读数即为输出级静态电流。一般数值也应在 5～10mA 左右，如过大，则要检查电路工作是否正常。

注意：R_{W2} 不要调得过大，更不能使其开路，以免损坏输出管。

输出级电流调好之后，测量各级静态工作点，记入表 1.13.1 中。

表 1.13.1　静态工作点测量数据

晶 体 管	V_B/V	V_C/V	V_E/V
T_1			
T_2			
T_3			

2. 测量有关参数

(1) 根据实验原理中关于最大输出功率 P_{om} 和电源供给功率 P_V 的测量方法，测量出实验电路在最大不失真输出时的输出电压 v_{om}、电源平均电流 I、电源电压 V_{CC}，并分别根据式(1.13.1)～式(1.13.4)求出该实验电路的最大输出功率 P_{om}、电源供给的功率 P_V、效率 η、晶体管的管耗 P_T，将结果记入表1.13.2中。

表 1.13.2 主要性能指标测量数据

	测量值			计算值			
参数名称	v_i	V_{om}	I	P_{om}	P_V	η	P_T
接入自举电容							
断开自举电容							

(2) 失真度系数 γ 的测量。在负载与输入信号频率一定的条件下，改变输出电压幅值，用失真度仪测出相应的失真度系数填入表1.13.3中，根据表1.13.3的数据，绘制 $\gamma—v_o$ 关系曲线。

表 1.13.3 失真度系数 γ 的测量数据

测量条件	$R_L=()\Omega, f_i=()$Hz
v_o	
γ	

3. 观察自举电路的作用

将电容 C_2 从 B 点断开，这时电路没有自举作用。重复步骤2的内容，测量无自举功能的OTL功率放大器的最大不失真输出电压 v_{om}，计算最大不失真输出功率 P_{om}，将结果记入表1.13.2中，并与有自举功能的实验结果相比较，从而理解自举电路的作用。

4. 噪声电压的测试

测量时将输入端短路($v_i=0$)，观察输出噪声的波形，并用交流毫伏表测量输出电压，即为噪声电压 v_N。本电路若 $v_N<15$mV 即满足要求。

5. 检验对音频信号的放大作用

将电容 C_2 接入电路，电路恢复正常。将8Ω的负载电阻 R_L 换成阻抗为8Ω的扬声器，将一个音频信号加到功率放大电路的输入端，试听从放大器的扬声器中播放出来的信号，并观察音频信号的输出波形。

四、实验设备与器件

(1) 双踪示波器：1台。

(2) 低频信号发生器：1台。

（3）失真度测试仪：1台。
（4）交流毫伏表：1台。
（5）直流稳压电源：1台。
（6）万用表：1块。
（7）直流毫安表：1台。
（8）电阻、电容、三极管、扬声器：若干。

五、实验报告要求

（1）整理实验数据，计算有关参数。
（2）分析自举电路的作用。

六、预习要求

（1）复习有关OTL功率放大器工作原理部分的内容，能够区分功率放大器的甲类、乙类、甲乙类工作状态；了解交越失真。
（2）复习功率放大器的主要性能指标及其测试方法。

七、思考题

（1）为了不损坏输出管，调试中应注意什么问题？
（2）如果电路有自激现象，应如何消除？
（3）为什么引入自举电路能够扩大输出电压的动态范围？

实验1.14　低频功率放大器（Ⅱ）——集成功率放大器

一、实验目的

（1）熟悉低频集成功率放大器的工作原理和使用特点。
（2）掌握低频集成功率放大电路的主要性能指标及测试方法。

二、实验原理

1. 电路原理

集成功率放大器由集成功放芯片和一些外部阻容元件构成。它具有线路简单，性能优越，工作可靠，调试方便等特点，已经成为音频领域应用十分广泛的功率放大器。

电路中最主要的组件为集成功放，它的内部电路与一般分立元件功率放大器不同，通常包括前置级、推动级和功率级等几部分，有些还具备有一些特殊功能（消除噪声、短路保护等）的电路。其电压增益较高（不加负反馈时，电压增益达70～80dB，加典型负反馈时电压增益在40dB以上）。

集成功放的种类很多，例如DG4100、LA4112和LM386等。前两种集成功率放大器的内部电路、基本功能和外部接线基本相同。下面以 DG4100 为例说明低频集成功率放大器的基本原理和使用方法。DG4100 的内部电路如图 1.14.1 所示。

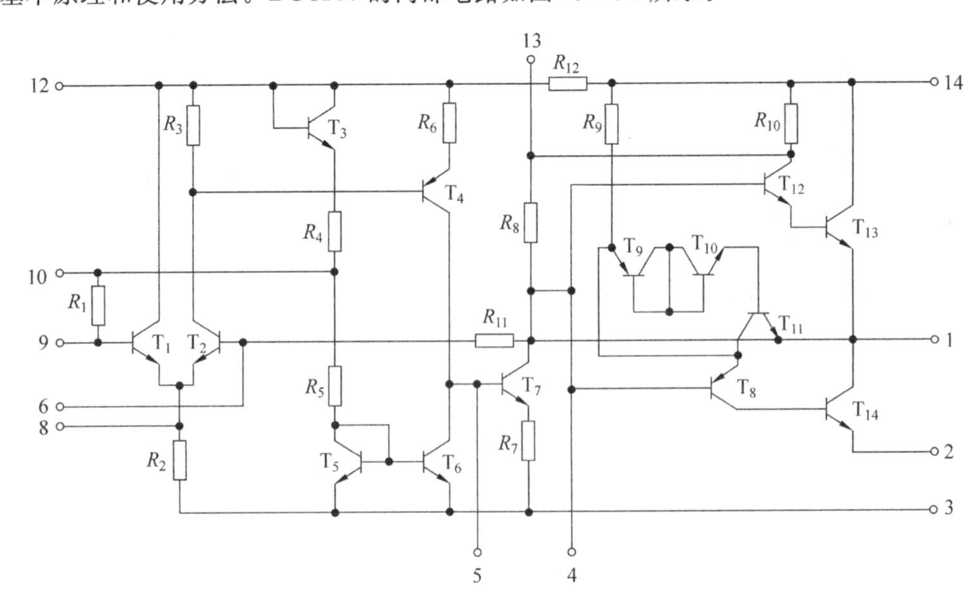

图 1.14.1　DG4100 内部电路

由图 1.14.1 可见，该集成块内部包括三级电压放大器和一级互补对称功率输出级。

第一级是由 T_1、T_2 组成的单端输入、单端输出的差动放大器。

第二级是由 T_4 组成的电流串联负反馈放大器。该级的负载是以 T_5、T_6 组成的镜像恒流源电路作为有源负载，因而该级具有较高的电压增益。同时该级采用 PNP 管，兼有电平移动的作用。

第三级是由 T_7 组成的电流串联负反馈放大器。为提高该级的输出电压，在使用时应在 13 端与 1 端之间外接一个自举电容 C_8；为防止整个放大器自激，使用时应在 4 端与 5 端之间外接一个补偿电容。

功率输出级由 $T_8 \sim T_{14}$ 组成。其中 T_{12}、T_{13} 组成一个 NPN 型复合管。T_8、T_{14} 组成一个 PNP 型复合管。为了克服交越失真，由 R_8 为这两个复合管提供了基极静态偏置电压。$T_9 \sim T_{11}$ 和 R_8 构成 T_8 发射级偏置电路，其作用是抬高 T_8 的发射极静态电位，从而通过 T_8 给 T_{14} 提供所需的静态电流。

该电路内部有一个负反馈电阻 R_{11}，在使用时，还要在放大器的 6 端和地之间外接一个由 R_r、C_r 组成的网络，以便与 R_{11} 一起构成深度交流电压串联负反馈，如图 1.14.2 所示。外接 R_r、C_r 以后，放大器总的电压增益为

$$|A_{vf}| = 1 + \frac{R_{11}}{R_r} \approx \frac{R_{11}}{R_r}$$

这样，通过改变外接电阻 R_r 的值，可以很方便地调整整个放大器的电压增益，以适应不同的应用场合。

2. 外引脚排列及功能

由 DG4100 构成的实验电路如图 1.14.2 所示。其各引脚的功能及用法如下：

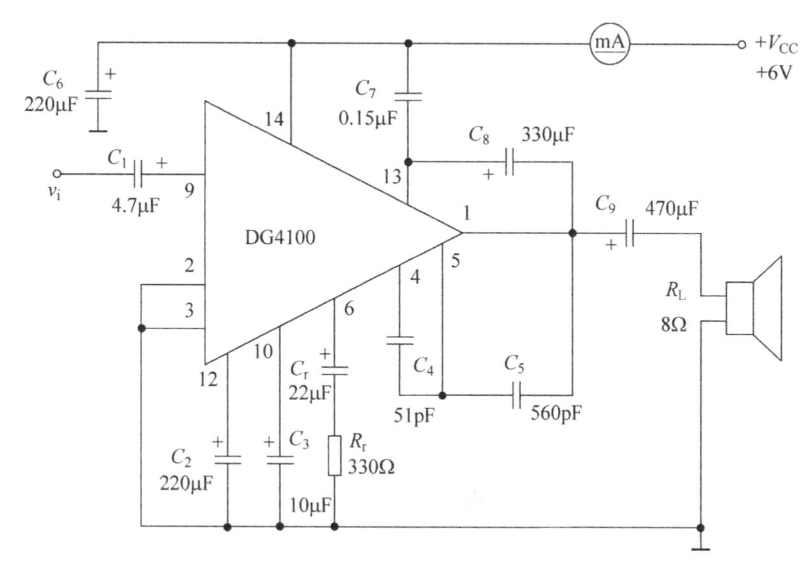

图 1.14.2 DG4100 构成的实验电路

引脚 1：输出端。使用时该端要外接一个大电容和负载电阻，以构成 OTL 功率放大器。

引脚 2、3：使用时这两个管脚接通，作为公共接地端。

引脚 4、5：补偿端。使用时需外接 51pF 的补偿电容。

引脚 6：差动输入级的一个输入端。使用时在该引脚与地之间接入一个由 R_r、C_r 组成的网络，构成深度负反馈。

引脚 7、8、11 为空脚。

引脚 9：信号输入端。

引脚 10：纹波旁路端。使用时可根据需要接入旁路电容。

引脚 12：去耦端，可接去耦电容。

引脚 13：自举端。使用时在该端与 1 脚之间接入自举电容，以使该电容具有自举功能。

引脚 14：电源端。使用时，该端接电源正极，并需外接一只滤波电容。

3. 放大器的带宽

对低频功率放大器来说，放大器的带宽是一个重要的指标，它直接影响着放大器的输出音质。在实验中，主要测量放大器的上限截止频率 f_H 和下限截止频率 f_L，从而确定放大器的 3dB 带宽 BW。

$$BW = f_H - f_L$$

实验电路及技术指标

本实验所采用的电路如图 1.14.2 或图 1.14.3 所示。若采用图 1.14.2 进行实验，应达到的技术指标为：

(1) 输出功率 $P_o > 0.5W(V_{CC}=6V)$

(2) 失真度：≤10%

(3) 输入电压(有效值)：$V_i \leq 15mV$

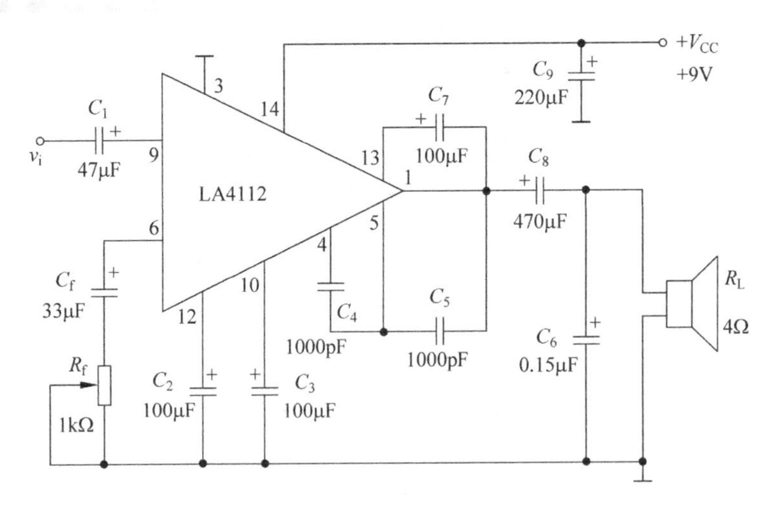

图 1.14.3　由 LA4112 构成的实验电路

(4) 上、下限截止频率：$f_H \geqslant 10\text{kHz}$，$f_L \leqslant 50\text{Hz}$

三、实验内容及步骤

下面以采用图 1.14.2 进行实验为例，说明本实验的实验内容及步骤。

1. 连接电路，消除振荡

按图 1.14.2 连接实验电路，将放大器的输入端对地短路，用示波器观察输出有无振荡。如有振荡，改变电容 C_5 的数值，使振荡消除。然后将输入端接函数信号发生器，输出端接负载电阻 R_L 或扬声器。

2. 静态测试

将输入信号旋钮旋至零，测量静态总电流及集成电路各引脚对地电压，将结果记入表 1.14.1 中。

表 1.14.1　静态测试数据

参数名称	I	V_1	V_2	V_3	V_4	V_5	V_6	V_9	V_{10}	V_{12}	V_{13}	V_{14}
测量值												

3. 测量最大不失真输出时的参数

(1) 接入自举电容 C_8 时：在放大器的输入端输入 1kHz 的正弦信号，用示波器观察 R_L 两端的输出电压 v_o 的波形，并用失真度仪测量输出信号的失真度。逐渐增大输入信号电压，直至输出电压刚出现失真且其失真度为 10%时为止。此时的输出电压即为最大不失真输出电压 v_{om}。测量并记录此时的输出电压 v_{om} 和电源平均电流 I。描绘并记录输出电压 v_{om} 的波形，计算有关参数，完成表 1.14.2。

(2) 断开自举电容 C_8，观察输出电压波形变化情况，计算电路有关参数，完成表 1.14.2。

表 1.14.2　最大不失真输出时的参数测量数据

参数名称	测量值			计算值		
	v_i	v_o	I	P_{om}	P_V	η
接入自举电容						
断开自举电容						

4. 用示波法测量上、下限截止频率 f_L 和 f_H

将电容 C_8 接入电路，电路恢复正常。保持输入信号 v_i 的频率不变，稍微减小输入信号的幅度，使输出信号在示波器上的高度正好为 5 格。此后保持输入信号的幅度不变(用毫伏表检测)，使输入信号的频率由 1kHz 开始逐渐升高，这时输出波形的幅度会逐渐减小。当输出波形的幅度下降到原来的 0.707 倍(即示波器上的高度为 3.5 格)时，所对应的输入信号频率即为放大器的上限截止频率 f_H。用同样的方法，在保持输入信号幅度不变的条件下，将信号频率由 1kHz 逐渐降低，这时输出信号的幅度也会逐渐减小。当输出信号在示波器上的幅度为 3.5 格时对应的输入信号的频率即为放大器的下限截止频率 f_L。计算出放大器的带宽 BW，将结果记入表 1.14.3 中。

表 1.14.3　放大器通频带测量

f_L/kHz	f_H/kHz	BW

5. 检验放大器的放音效果

将 8Ω 的负载电阻 R_L 换成阻抗为 8Ω 的扬声器，将一个音频信号加到功率放大电路的输入端，试听从放大器的扬声器中播放出来的信号并观察音频信号的输出波形。

四、实验设备与器件

(1) 双踪示波器：1 台。
(2) 低频信号发生器：1 台。
(3) 失真度测试仪：1 台。
(4) 交流毫伏表：1 台。
(5) 直流稳压电源：1 台。
(6) 万用表：1 块。
(7) 集成功放：1 块。
(8) 电阻、电容、扬声器：若干。

五、实验报告要求

(1) 整理实验数据，计算有关参数。
(2) 计算出放大器的带宽 BW，并与设计指标比较。

(3) 讨论实验中发生的问题及解决办法。

六、预习要求

(1) 复习有关集成功放部分的内容。
(2) 复习功率放大器的主要性能指标及其测试方法。
(3) 若将电容 C_8除去，将会出现什么现象？

七、思考题

(1) 如果电路有自激现象，应如何消除？
(2) 如何由+12V 电源获得+6V 电源？
(3) 集成功放的使用需要注意哪些问题？

实验 1.15 直流稳压电源

一、实验目的

(1) 熟悉直流稳压电源的工作原理。
(2) 掌握集成稳压器的使用方法。
(3) 掌握直流稳压电源的主要技术指标及测量方法。

二、实验原理

1. 直流稳压电源基本原理

1) 电路结构

电子设备一般都需要用直流电压供电，这些直流电除了少数直接用于电池或直流发电机获得外，大多数是利用把交流电(市电)转变为直流电的直流稳压电源来实现的。直流稳压电源由电源变压器、整流、滤波、稳压电路 4 部分组成，其原理框图如图 1.15.1 所示。

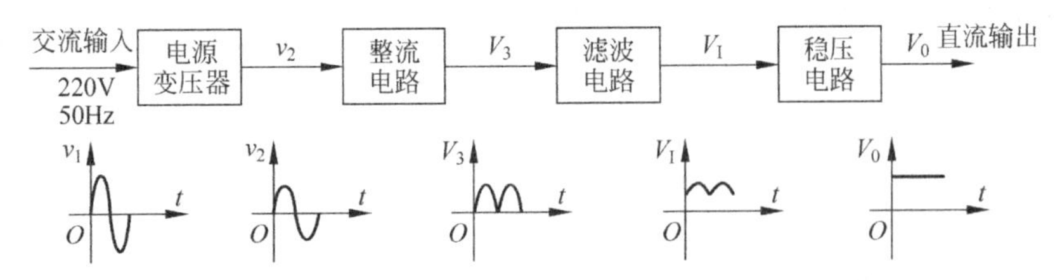

图 1.15.1　直流稳压电源原理框图

电网供给的交流电压 v_1(220V,50Hz)经电源变压器降压后，得到符合电路需要的交流电压 v_2，然后由整流电路变换成方向不变、大小随时间变化的脉动电压 V_3，再用滤波器滤去其交流分量，就可得到比较平直的直流电压 V_I。但这个直流输出电压还会随交流电网电压的波动或负载的变动而变化，因此在对直流供电要求较高的场合，还需要使用稳压电路，以保证输出直流电压更加稳定。

2）变压、整流电路

整流电路的任务是将经过变压器降压以后的交流电压变换为直流电压。变压器的选择，除了应满足功率要求外，它的次级输出电压的有效值 v_2 应略高于要求稳压电路输出的直流电压值。对于高质量的稳压电源，其整流电路一般都选用桥式整流电路。桥式整流电路输出电压的平均值为

$$V_3 = 0.9v_2$$

3）滤波电路

对于一般要求的稳压电源，多采用电容滤波或 π 型滤波。桥式整流电路经电容滤波后，其输出电压为

$$V_I = (1.1 \sim 1.2)v_2$$

4）稳压电路

随着半导体工艺的发展，稳压电路也制成了集成器件。由于集成稳压器具有体积小，外接线路简单，使用方便，工作可靠和通用性好等优点，因此在各种电子设备中应用十分普遍，基本上取代了由分立元件构成的稳压电路。集成稳压器的种类很多，应根据设备对直流电源的要求进行选择。对于大多数电子仪器、设备和电子电路来说，通常选用串联线性集成稳压器。而在这种类型的器件中，又以三端式稳压器应用最为广泛。

CW317 是一种常用的可调式三端集成稳压器，图 1.15.2 是它的内部结构框图。该集成块有输入端 V_I、输出端 V_o 和可调端 ADJ 三个端子。它的组成和分立元件稳压电路一样，主要由恒流源电路、基准电压电路、比较放大电路、调整管及保护电路组成。

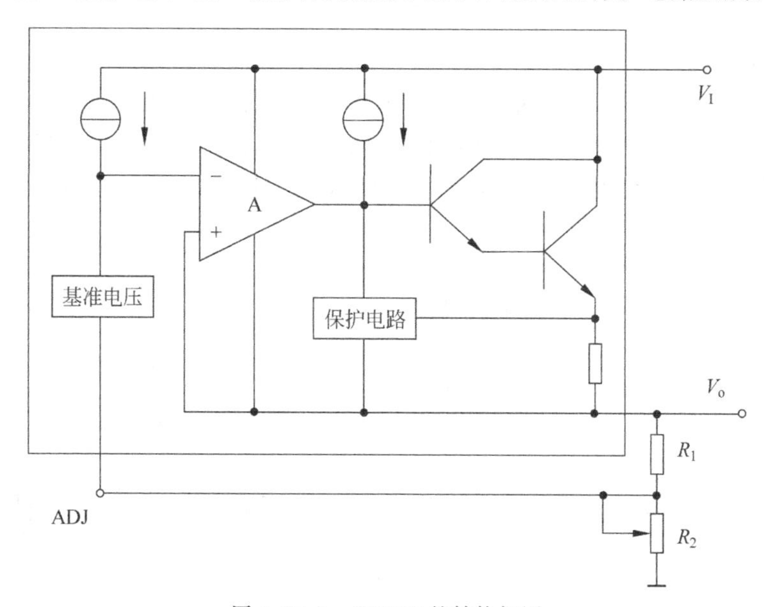

图 1.15.2　CW317 的结构框图

图 1.15.3 为 CW317 的外形及接线图。在实际应用中，只要外接电阻 R_1 和可调电阻 R_2 就可以实现输出电压可调的稳压电源。其输出电压为

$$V_o \approx 1.25\left(1 + \frac{R_2}{R_1}\right)$$

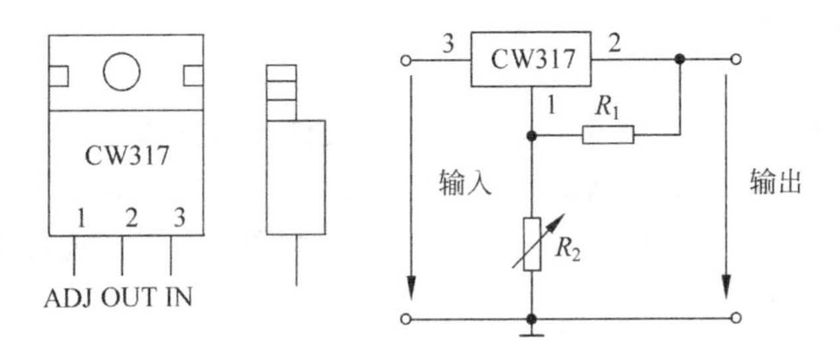

图 1.15.3 CW317 的外形及接线图

W78××、W79××系列三端式集成稳压器的输出电压是固定的，在使用中不能进行调整。W78××系列三端式集成稳压器输出正极性电压，一般有 5V、6V、9V、12V、15V、18V 和 24V 七个挡位，最大输出电流可到达 1.5A(加散热片)。同类型 78M 系列稳压器的输出电流为 0.5A，78L 系列稳压器的输出电流为 0.1A。若要求负极性输出电压，则可选用 W79××系列稳压器。图 1.15.4 为 W78××、W79××的外形和接线图。

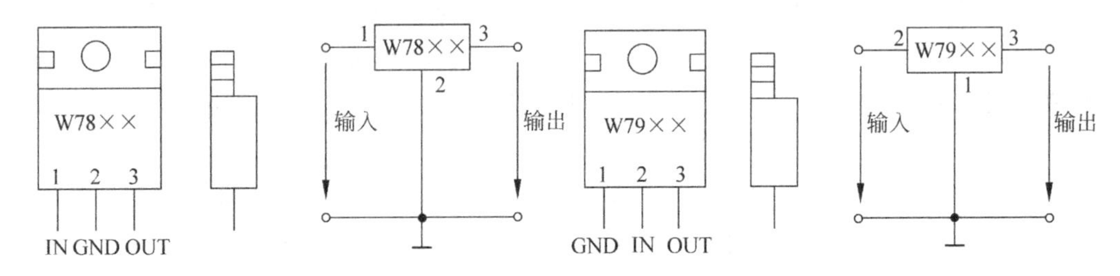

图 1.15.4 W78××、W79××系列外形及接线图

5) 实验电路图

图 1.15.5 是由可调式三端集成稳压器 CW317 构成的稳压电源的实验电路图，其中整流部分选用桥式整流电路。滤波电容 C_1、C_2 一般取几百～几千微法。当稳压器距离整流滤波电路较远时，在输入端必须接入电容 C_3，以抵消线路的电感效应，防止产生自激振荡。

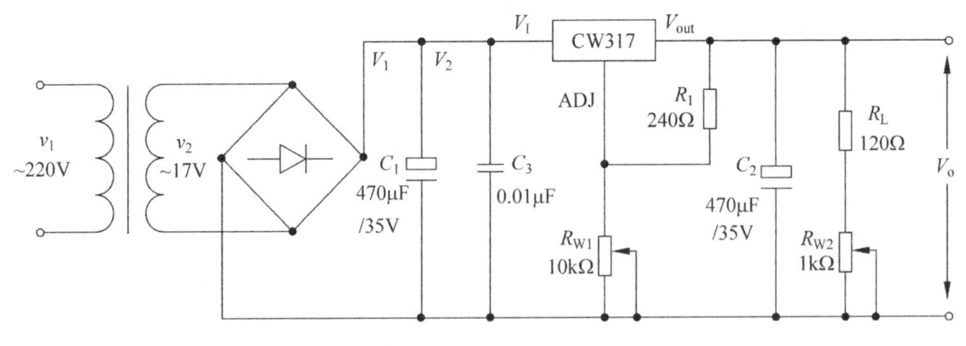

图 1.15.5 直流稳压电源实验电路

2. 直流稳压电源的主要性能指标

(1) 电压调节范围：是指可调式稳压电源的最大输出电压 V_{omax} 与最小输出电压 V_{omin} 之

间的范围。

(2) 稳压系数 γ：是指环境温度和负载不变时，由电网电压的变化所引起的输出电压的变化程度，通常用输出电压的相对变化量与相应输入电压的相对变化量之比来表示，即

$$\gamma = \left.\frac{\Delta V_O/V_O}{\Delta V_I/V_I}\right|_{R_L=\text{常数}}$$

由于工程上常把电网电压波动10%作为极限条件，因此也可将此时输出电压的相对变化作为衡量指标，称为电压调整率 S_V，即

$$S_V = \frac{\Delta V_O}{V_O} \times 100\%$$

(3) 电流调整率 S_I：是指输入电压不变而负载变化时，负载电流 I_O 在规定的范围内变化而引起的输出电压的相对变化量，即

$$S_I = \left.\frac{\Delta V_O}{V_O}\right|_{\Delta I_O} \times 100\%$$

(4) 输出电阻 r_O：就是稳压电源的内阻。它可以通过测量电源空载时的输出电压 V_O 和接入负载时的输出电压 V_L 而求得，即

$$r_O = \left(\frac{V_O}{V_L} - 1\right) \times R_L$$

(5) 纹波抑制比 S_{rip}：是指稳压电源对交流纹波的抑制能力。定义为电源的输入纹波电压 $V_{I\sim}$ 与输出纹波 $V_{O\sim}$ 之比，常用dB表示，即

$$S_{rip} = 20\log\frac{V_{I\sim}}{V_{O\sim}}$$

输入纹波电压值 $V_{I\sim}$ 和输出纹波电压值 $V_{O\sim}$ 可以用示波器或毫伏表测量。

3. 集成稳压器性能扩展

当集成稳压器本身的输出电压和输出电流不能满足要求时，可通过外接电路来进行性能扩展。

1) 正负双电压输出电路

电路如图1.15.6所示。例如需要 $V_{O1}=+12V$，$V_{O2}=-12V$ 的电压，则可选用W7812和W7912三端稳压器，这时的 V_I 应为单端输出电压时的两倍。

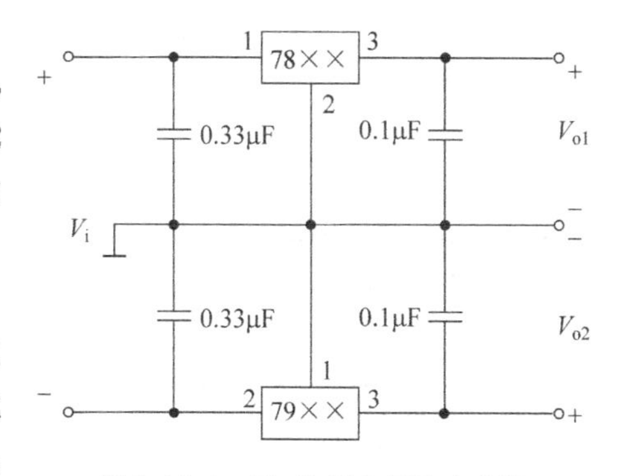

图1.15.6 正、负双电压输出电路

2) 输出电压扩展电路

图1.15.7是一种简单的输出电压扩展电路，如W7812的3、2端间输出电压为12V，因此只要适当选择 R 值，使稳压管 D_Z 工作在稳压区，则输出电压 $V_O=12V+V_Z$，可以高于稳压器本身的输出电压。

3) 输出电流扩展电路

图1.15.8是外接晶体管T及电阻 R_1 来进行电流扩展的电路。电阻 R_1 的阻值由外接晶体管的发射结导通电压 V_{BE}、三端式集成稳压器的输入电流 I_i（近似等于三端稳压器的输

出电流 I_{O1})和 T 的基极电流 I_B 决定，即

$$R_1=\frac{V_{BE}}{I_R}=\frac{V_{BE}}{I_i-I_B}=\frac{V_{BE}}{I_{O1}-\frac{I_C}{\beta}}$$

式中，I_C 为晶体管 T 的集电极电流，且 $I_C=I_O-I_{O1}$；β 为晶体管的电流放大倍数，对于锗管 V_{BE} 可按 0.3V 估算，对于硅管 V_{BE} 可按 0.7V 估算。

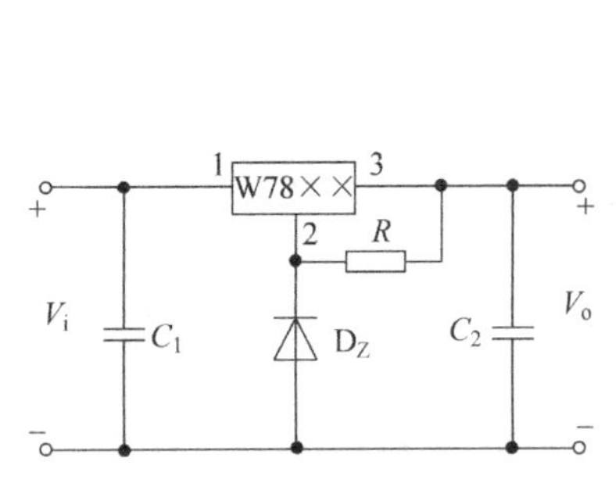

图 1.15.7　输出电压扩展电路

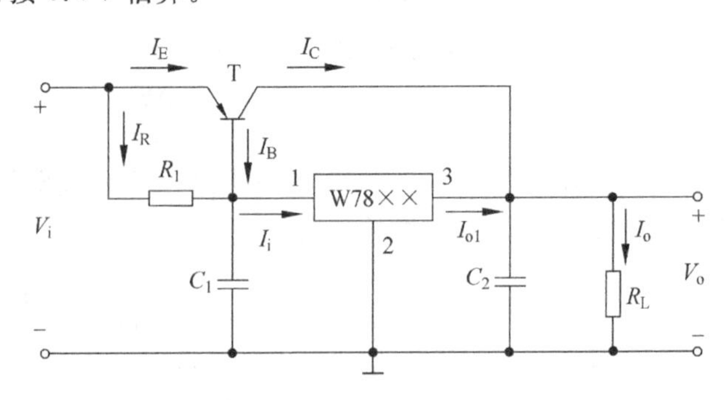

图 1.15.8　输出电流扩展电路

三、实验内容及步骤

1. 整流滤波电路测试

按图 1.15.9 连接电路，取可调工频电源 17V 电压作为整流电路的输入电压 v_2。

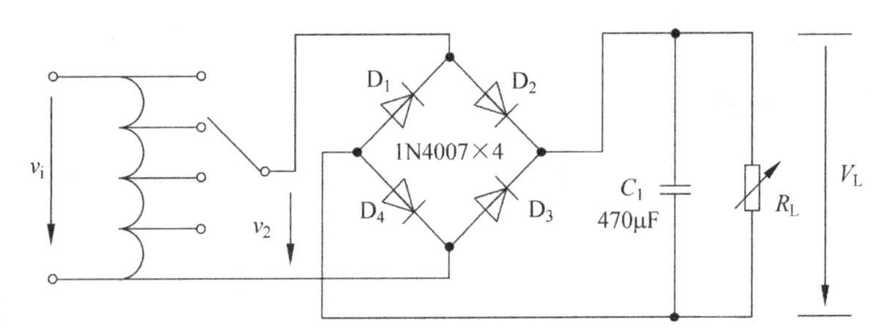

图 1.15.9　整流滤波电路

(1) 取 $R_L=240\Omega$，不加滤波电容，测量输出端直流电压 V_L 及纹波电压 $\widetilde{V}_L$，用示波器观察 v_2、V_L 的波形，并记入表 1.15.1 中。

表 1.15.1　整流滤波电路测试结果

电 路 形 式		V_L/V	$\widetilde{V}_L$/V	V_L 波形
$R_L=240\Omega$	~ R_L			V_L O

续表

电路形式		V_L/V	$\widetilde{V_L}$/V	V_L 波形
$R_L=240\Omega$，$C=470\mu F$	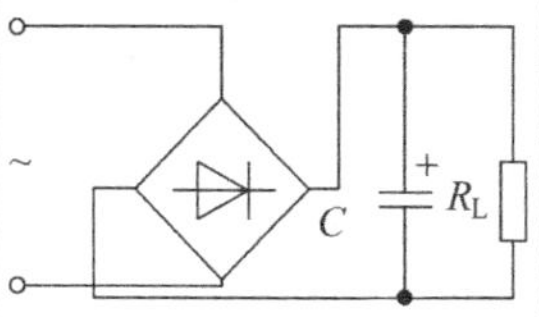 ~ C + R_L			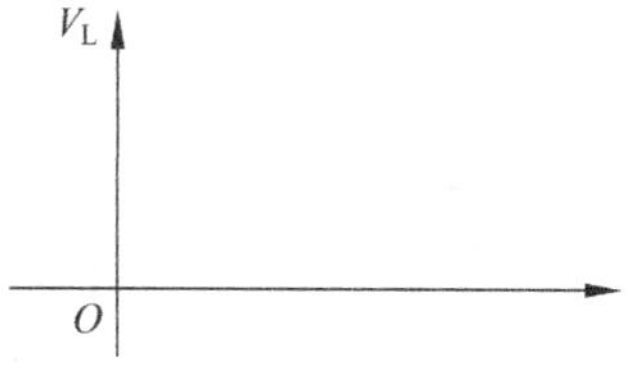 V_L O
$R_L=120\Omega$，$C=470\mu F$	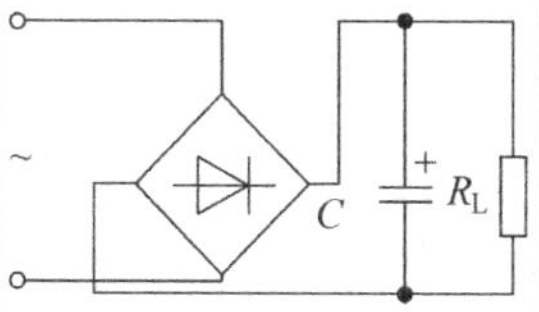 ~ C + R_L			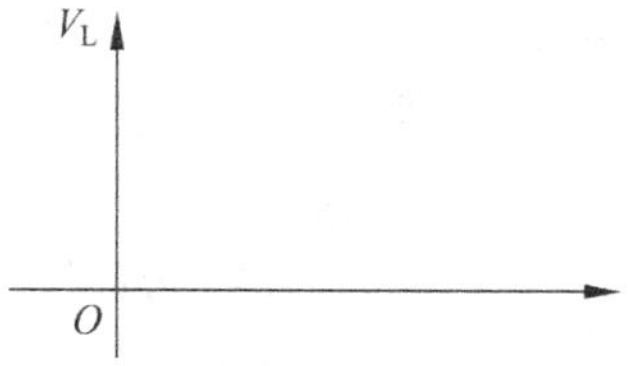 V_L O

(2) 取 $R_L=240\Omega$，$C=470\mu F$，重复内容(1)的要求，并记入表 1.15.1 中。

(3) 取 $R_L=120\Omega$，$C=470\mu F$，重复内容(1)的要求，并记入表 1.15.1 中。

2. 直流稳压电源性能测试

按图 1.15.5 连接电路，检查无误后接通电源。

1) 消除振荡

不接入负载，用示波器观察输出电压 V_O 的波形，看是否有振荡。如发现有振荡，应通过改变电容 C_3 的值来消除振荡。在没有振荡的情况下，调节电位器 R_{W1}，若输出电压有变化，说明电路工作正常。

2) 测量电压调节范围

不接入负载电阻，取 $v_2=17V$，调节 R_{W1}，分别测出稳压电路的最小输出电压 V_{omin} 和最大输出电压 V_{omax}，确定输出电压的调节范围 $V_{omin}\sim V_{omax}$。

3) 测量稳压系数 γ

不接入负载电阻，按表 1.15.2 改变整流电路输入电压 v_2(模拟电网电压波动)，分别测出相应的稳压器输入电压 V_I 及输出直流电压 V_O，记入并完成表 1.15.2。

表 1.15.2　稳压系数的测量

测试值			计算值
v_2/V	V_I/V	V_O/V	γ
14			
17			

4) 测量电流调整率 S_I

取 $v_2=17V$，调节 R_{W1} 将输出电压 V_O 调为某一固定值并保持该电压不变。改变负载电位器 R_{W2} 的阻值，使负载电流 I_O 在 50～120mA 范围内变化，测量相应的输出电压，计算该稳压电源的电流调整率 S_I，完成表 1.15.3。

表 1.15.3 电流调整率的测量

V_o/V	测 量 值	计 算 值
	$V_{o1}\|_{I_{o1}=50mA}=$	$S_{I12}=$
	$V_{o2}\|_{I_{o2}=90mA}=$	
	$V_{o3}\|_{I_{o3}=120mA}=$	$S_{I13}=$

5）输出电阻 r_O 的测量

取 $v_2=17V$，先不接入负载电阻，调节 R_{W1} 将输出电压 V_O 调为某一固定值并保持该电压不变。之后接入 $R_L=120\Omega$ 的负载电阻，测量对应的输出电压 V_L，计算输出电阻 r_O。

6）纹波抑制比 S_{rip} 的测量

输入纹波电压值 $V_{I\sim}$ 和输出纹波电压值 $V_{O\sim}$ 可以用示波器测量，也可以在图 1.15.5 所示电路中标 V_I 和 V_O 的相应位置处用毫伏表直接测得。测量 $V_{I\sim}$ 和 $V_{O\sim}$，并带入公式计算该稳压电源的纹波抑制比 S_{rip}。

*3. 集成稳压器性能扩展

根据实验电路，选取图 1.15.5～图 1.15.7 中各元器件并自拟测试方法与表格，记录实验结果。

四、实验设备与器件

(1) 交流毫伏表：1 台。
(2) 双踪示波器：1 台。
(3) 数字万用表：2 块。
(4) 模拟电路实验箱：1 台。
(5) 三端稳压器 CW317、W78××、W79××。
(6) 电阻、电容：若干。

五、实验报告要求

(1) 整理实验数据。
(2) 分析讨论实验中发生的现象和问题。

六、预习要求

(1) 复习有关直流稳压电源和集成稳压器的内容。
(2) 列出实验内容中所要求的各种表格。

七、思考题

实验中使用稳压器应注意什么？

数字电子技术实验

实验 2.1 TTL 与非门参数测试

一、实验目的

(1) 了解 TTL 与非门的主要参数。

(2) 掌握 TTL 与非门电路的主要参数和传输特性的测试方法。

(3) 熟悉 TTL 门电路的逻辑功能的测试方法。

二、实验原理

TTL 门电路是最简单、最基本的数字集成电路元件，利用其通过适当的组合便可以构成任意复杂的组合电路。因此，掌握 TTL 门电路的工作原理，熟练、灵活地使用 TTL 门电路是数字技术工作者必备的基本功之一。

本实验采用四与非门 74LS00，其引脚排列如图 2.1.1 所示，它共有四组独立的与非门，每组有两个输入端，一个输出端。各组的逻辑构造和功能相同，现以其中的一组加以说明。TTL 与非门的电路结构如图 2.1.2 所示，A 和 B 为输入端，Y 为输出端。与非门逻辑表达式为 $Y=\overline{AB}$。当 A、B 均为高电平 1 时，Y 为低电平 0；A，B 中有一个为低电平或二者均为低电平时，Y 为高电平 1。下面介绍四与非门 74LS00 的主要参数。

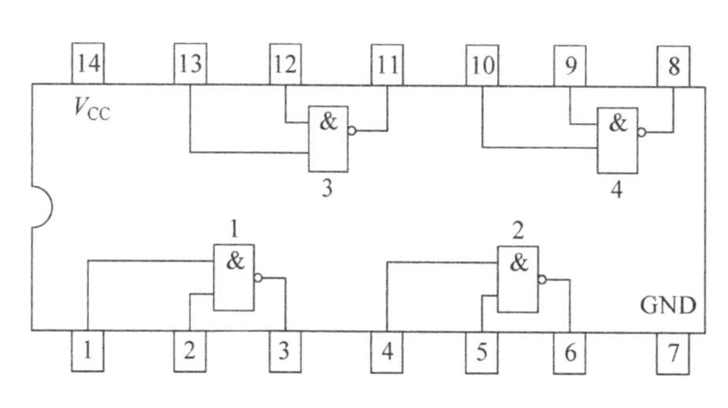

图 2.1.1　74LS00 的引脚图

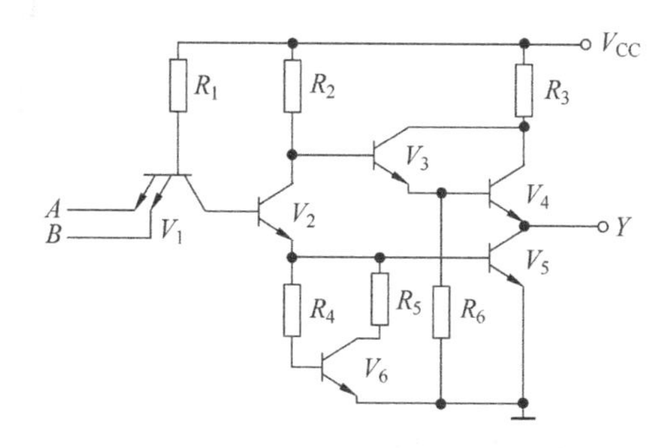

图 2.1.2　74LS TTL 与非门内部电路(一组)

1. 低电平输出电源电流 I_{CCL} 和高电平输出电源电流 I_{CCH}

与非门处于不同的工作状态，电源提供的电流是不同的。I_{CCL} 是指所有输入端悬空，输出端空载时，电源提供给器件的电流。I_{CCH}是指输出端空载，每个门各有一个以上的输入端接地，其余输入端悬空，电源供给器件的电流。

2. 输出高电平和输出低电平

输出高电平一般 $V_{OH} \geqslant 2.4V$，输出低电平一般 $V_{OL} \leqslant 0.4V$。

3. 低电平输入电流 I_{IL}和高电平输入电流 I_{IH}

低电平输入电流 I_{IL}（或输入短路电流 I_{RD}）：指当一个输入端接地，而其他输入端悬空时低电平输入端流向地的电流。

高电平输入电流 I_{IH}：指当一个输入端接高电平，而其他输入端接地时从电源流过高电平输入端的电流。

4. 扇出系数 N_O

扇出输出系数 N_O是指门电路能驱动同类门的个数，它是衡量门电路负载能力的一个参数。TTL 与非门有两种不同性质的负载，即灌电流负载和拉电流负载，因此有两种扇出系数，即低电平扇出系数 N_{OL}和高电平扇出系数 N_{OH}。通常 $I_{IH} < I_{IL}$，则 $N_{OH} > N_{OL}$，故常以 N_{OL}作为门的扇出系数。

5. 电压传输特性

门电路的输出电压 V_o随输入电压 V_i变化的曲线 $V_o = f(V_i)$称为门的电压传输特性，如图 2.1.3 所示。使输出电压刚刚达到规定低电平时的最低输入电压称为开门电平 V_{ON}；使输出电压刚刚达到规定高电平时的最高输入电压称为关门电平 V_{OFF}。

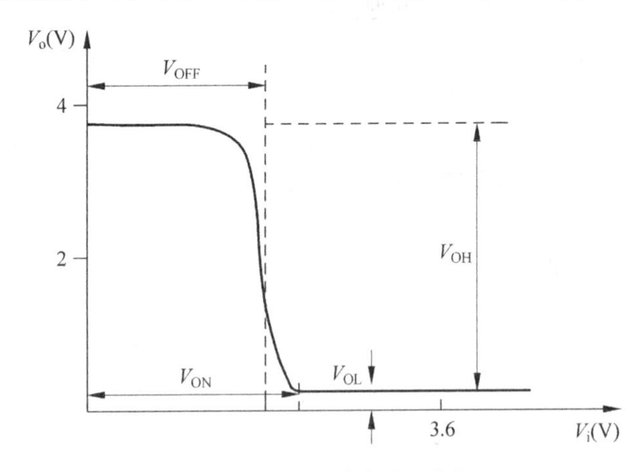

图 2.1.3 电压传输特性曲线

6. 噪声容限

电路能够保持正确的逻辑关系所允许的最大抗干扰电压，称为噪声容限。输入低电平时的噪声容限为 $V_{OFF} - V_{IL}$，输入高电平时的噪声容限为 $V_{IH} - V_{ON}$。通常 TTL 门电路的 V_{IH}取其最小值 2.0V，V_{IL}取其最大值 0.8V。

7. 平均传输延迟时间 t_{pd}

它是与非门的输出波形相对输入波形的时间延迟，是衡量开关电路速度的重要指标。一般情况下，低速组件的 t_{pd} 约为 40ns～60ns，中速组件的约为 15ns～40ns，高速组件的为 8ns～15ns，超高速组件 t_{pd} 小于 8ns。TTL 电路的 t_{pd} 一般在 10ns～40ns 之间。与非门的平均传输延迟时间可以通过下式近似计算：

$$t_{pd} = T/6 \tag{2.1.1}$$

其中，T 为用三个门电路组成振荡器的周期。

8. 四与非门 74LS00 主要电参数规范(见表 2.1.1)

表 2.1.1　四与非门 74LS00 主要电参数规范

参数名称和符号			标称值/单位	测试条件
直流参数	通导电源电流	I_{CCL}	<4.4mA	$V_{CC}=5.25$V，输入端悬空，输出端空载
	截止电源电流	I_{CCH}	<1.6mA	$V_{CC}=5.25$V，输入端接地，输出端空载
	低电平输入电流	I_{IL}	<0.36mA	$V_{CC}=5.25$V，被测输入端接地，其他输入端悬空，输出端空载
	高电平输入电流	I_{IH}	$<20\mu$A	$V_{CC}=5.25$V，被测输入端 $V_{IN}=2.7$V，其他输入端接地，输出端空载
			<0.1mA	$V_{CC}=5.25$V，被测输入端 $V_{IN}=7$V，其他输入端接地，输出端空载
	输出高电平	V_{OH}	$\geqslant 2.7$V	$V_{CC}=4.75$V，被测输入端 $V_{IN}=0.8$V，其他输入端悬空，$I_{OH}=400\mu$A
	输出低电平	V_{OL}	<0.4V	$V_{CC}=4.75$V，输入端 $V_{IN}=2$V，$I_{OL}=8$mA
交流参数	平均传输延迟时间	t_{pd}	$\leqslant 15$ns	$V_{CC}=5$V，$R_L=2$kΩ，$C_L=50$pF

三、实验内容及步骤

1. 低电平输出电源电流 I_{CCL} 和高电平输出电源电流 I_{CCH} 的测试

按图 2.1.4 和图 2.1.5 连接电路，则电流表上的示数就是与非门的低电平输出电源电流 I_{CCL} 和高电平输出电源电流 I_{CCH}。

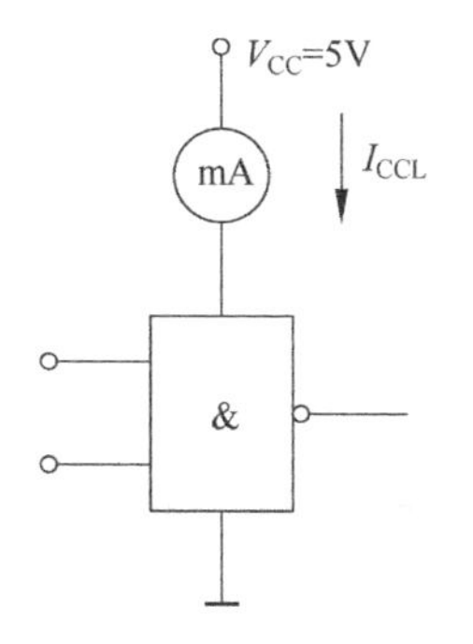

图 2.1.4　I_{CCL} 测试电路

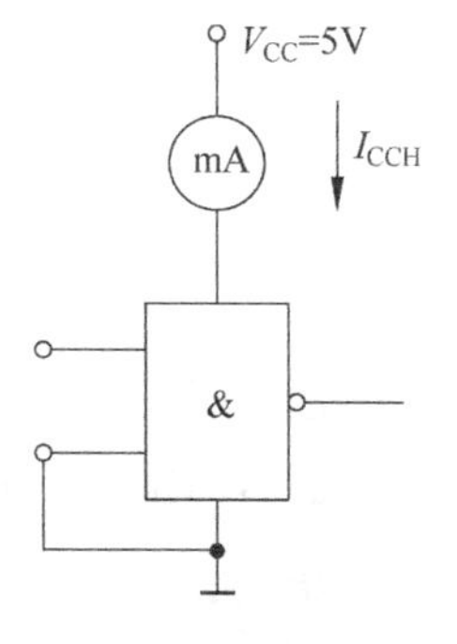

图 2.1.5　I_{CCH} 测试电路

2. 输出高电平 V_{OH} 和输出低电平 V_{OL} 的测试

TTL 与非门输出高电平 V_{OH} 的测试电路如图 2.1.6 所示。把与非门两输入端中的一个或者两个全部接地，用万用表测量输出端电压即为 V_{OH}。在测量中如果电压值≥2.4V，记为 1；若测量值≤0.4V，记为 0。测出四组数据，将其填入表 2.1.3 中。

测试 TTL 与非门输出低电平 V_{OL} 的测试电路如图 2.1.7 所示，输入端全部悬空，用万用表测量输出端电压即为 V_{OL}。测出四组数据，将其填入表 2.1.2 中。

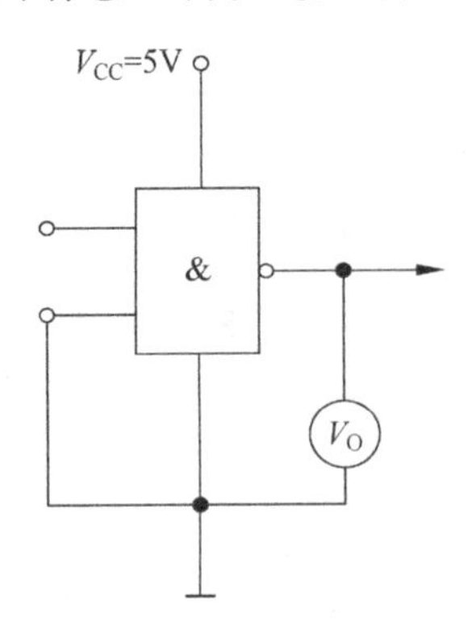

图 2.1.6　V_{OH} 测试电路

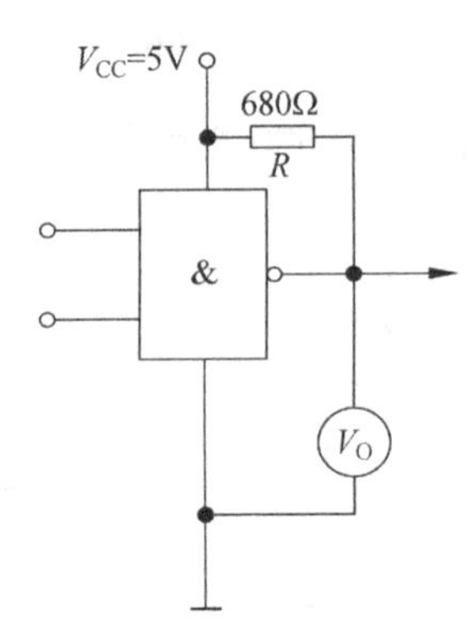

图 2.1.7　V_{OL} 测试电路

表 2.1.2　V_{OH} 和 V_{OL} 测量结果

与　非　门	1	2	3	4
V_{OH}				
V_{OL}				

3. 低电平输入电流 I_{IL} 和高电平输入电流 I_{IH} 测试

按图 2.1.8 连接电路，则从电流表测量的值就是与非门的低电平输入电流 I_{IL}。用万用表分别测出集成电路 74LS00 中各与非门不同输入端接地时的电流 I_{IL}，并将其测量的结果填入表 2.1.3 中。

表 2.1.3　I_{IL} 和 I_{IH} 的测试结果

引　　脚	1	2	4	5	9	10	12	13
I_{IL}/mA								
I_{IH}/mA								

按图 2.1.9 连接电路，测量并记录与非门的高电平输入电流 I_{IH}。

4. 扇出系数的测试

N_{OL} 的测试电路如图 2.1.10 所示，门的输入端全部悬空，输出端接灌电流负载 R_{LP}，调

R_{LP}节使 I_{OL}增大，V_{OL}随之增高。当 V_{OL}达到 V_{OLm}(手册规定低电平规范值 0.4V)时的 I_{OL}就是允许灌入的最大负载电流，则 $N_{OL}=\frac{I_{OL}}{I_{IL}}$。通常 $N_{OL}\geqslant8$。

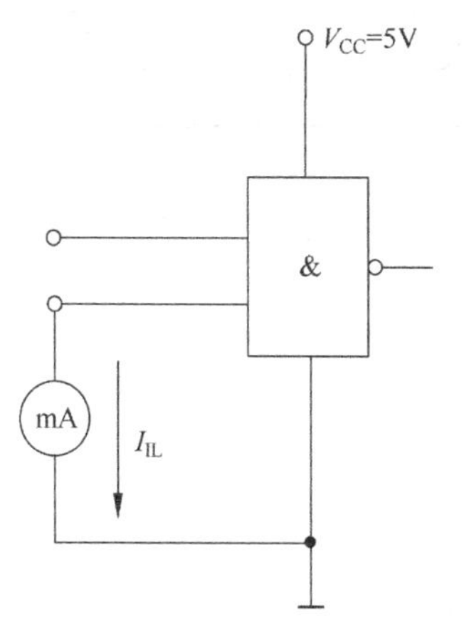

图 2.1.8　I_{IL}测试电路

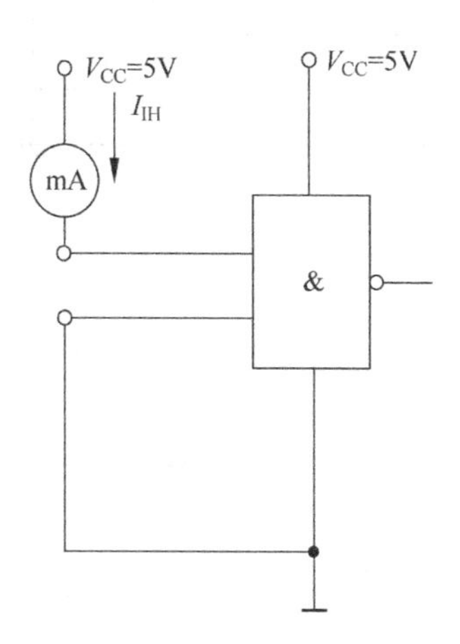

图 2.1.9　I_{IH}测试电路

5. 与非门传输特性的测试

测量与非门传输特性的电路图如图 2.1.11 所示，调节 R_W使 V_i从 0～4.8V 变化，分别测出对应的输出电压 V_O，并将结果填入表 2.1.4 中。

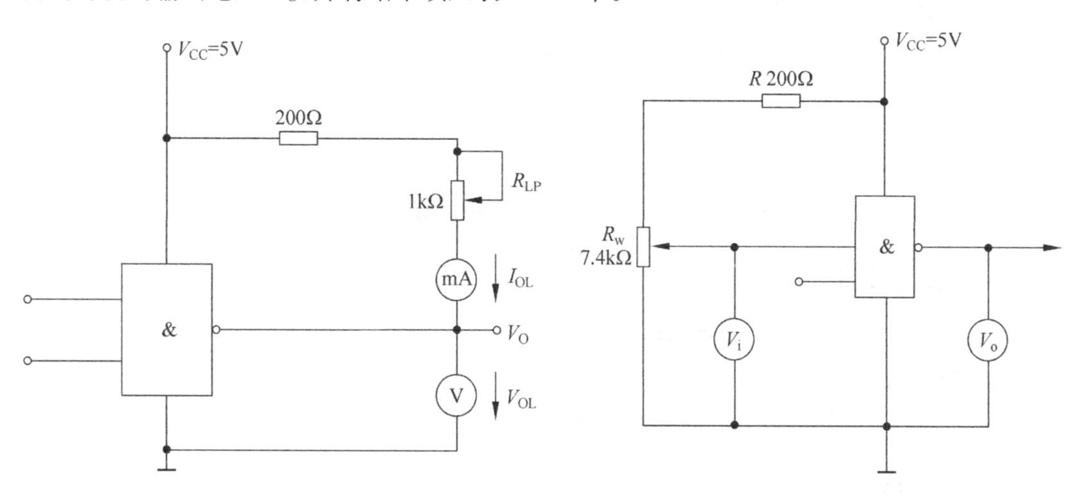

图 2.1.10　扇出系数测试电路

图 2.1.11　电压传输特性测试电路

根据上述实验数据，在坐标纸上绘制 V_O-V_i的曲线，即被测与非门的传输特性曲线。由图求出 V_{ON}，并求出使输出处下降到规定高电平 90%所对应的输入电压即关门电平 V_{OFF}，由此估算输入低电平噪声容限，输入高电平噪声容限。

6. 平均传输延迟时间 t_{pd}的测试

按图 2.1.12 连接电路，用 74LS00 的三个与非门组成环形振荡器，从示波器读出振荡周期 T，然后依据式(2.1.1)估算出该与非门的平均传输延迟时间 t_{pd}。

表 2.1.4 传输特性的测试结果

V_i/V	0	0.3	0.6	0.9	1.0	1.1	1.2	1.3	1.4	1.5	1.6
V_O/V											
V_i/V	2.0	2.5	3.0	3.5	4.0	4.4	4.8				
V_O/V											

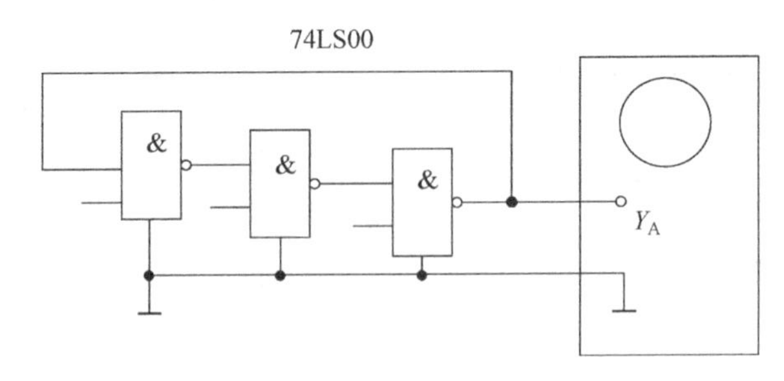

图 2.1.12 t_{pd}测量电路

四、实验设备与器件

(1) 数字电路实验箱：1 台。
(2) 集成电路 74LS00：1 块。
(3) 双踪示波器：1 台。
(4) 数字万用表：1 块。
(5) 电阻：680Ω，200Ω，1kΩ 各 1 只；电位器：1kΩ，10kΩ 各 1 只。

五、实验报告要求

(1) 整理实验数据，并与标准值进行比较。
(2) 用坐标纸绘出 TTL 与非门的电压传输特性曲线。

六、预习要求

(1) 如何识别集成芯片型号与引脚？
(2) 复习数字万用表与示波器的使用方法。
(3) 熟悉各测试电路，了解测试原理和方法。

七、思考题

(1) 如何正确处理集成芯片闲置输入引脚？
(2) 输出端引脚可否直接接地或电源，为什么？

实验 2.2 基本门电路逻辑功能的测试

一、实验目的

(1) 掌握常用 TTL、CMOS 基本门电路的逻辑功能。

（2）验证三态门的逻辑功能。

（3）学会用与非门实现与门、非门、或门功能。

二、实验原理

1. TTL 门电路

TTL 集成电路的工作特点是工作速度高，输出幅度大，种类多，不易损坏。其中 74LS 系列应用最为广泛，其工作电源电压为 4.5～5.5V，输出逻辑高电平为 1 时 $V_{OH}\geqslant 2.4V$，输出逻辑低电平为 0 时 $V_{OL}\leqslant 0.4V$。要求输入逻辑高电平不低于 2V，输入逻辑低电平不大于 0.8V。

图 2.2.1 为 2 输入与门、2 输入或门、非门和 2 输入与非门的逻辑符号图，它们的集成芯片的型号分别为四与门 74LS08、四或门 74LS32、六反向器 74LS04 和四与非门 74LS00，用它们可以组成复杂的组合逻辑电路。它们的逻辑表达式为：与门 $Q=AB$，或门 $Q=A+B$，反向器 $Q=\overline{A}$，与非门 $Q=\overline{AB}$。

74LS00 2 输入端四与非门的管脚排列和对应的内部逻辑符号见图 2.2.2，74LS32 的引脚图和 74LS08 及 74LS00 的引脚图类似。

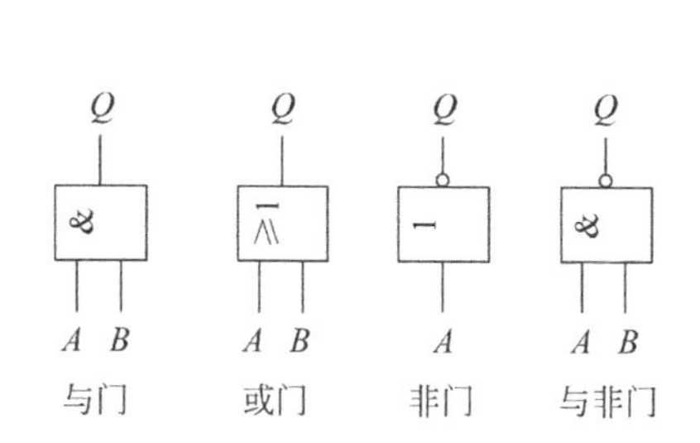

图 2.2.1　TTL 基本门电路的逻辑图

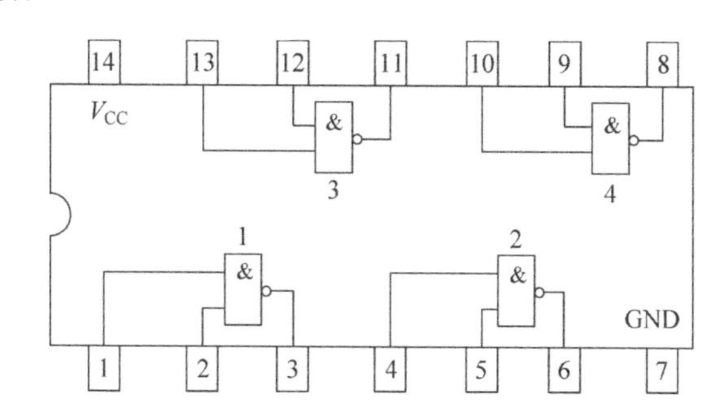

图 2.2.2　74LS00 2 输入端 4 与非门的引脚图

2. CMOS 电路

CMOS 集成电路的特点是功耗极低，输出幅度大，噪声容限大，扇出能力强。它的电源电压范围宽，例如常用的 CC4000(CD4000)系列，其工作电压为 3～18V。当工作电源为 5V 时，它的输出逻辑高电平约为 4.95V，输出逻辑低电平约为 0.05V。输入逻辑高电平不低于 3.5V，输入逻辑低电平不大于 1.5V。CMOS 集成电路的逻辑符号、逻辑关系均与 TTL 电路相同。

3. 三态门

三态门有三种状态，即输出高电平状态、输出低电平状态和高阻状态。处于高阻状态时，电路与负载门之间相当于开路。图 2.2.3 是三态门的逻辑符号，它有一个控制端$\overline{EN}$。当$\overline{EN}=1$ 时为禁止工作状态，Q 端呈高阻状态；$\overline{EN}=0$ 为正常工作状态，$Q=A$。三态门最主要的用途是起隔离作用，形成总线。它可以用选

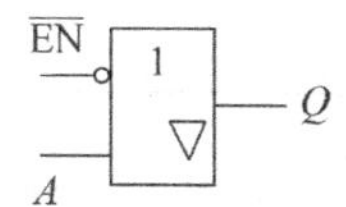

图 2.2.3　三态门的逻辑符号

通的方式使用一个传输通道传送多路信号，因此，三态门常作为计算机的接口电路。图 2.2.4 是集成 2 输入 4 三态门 74LS125 的引脚图。

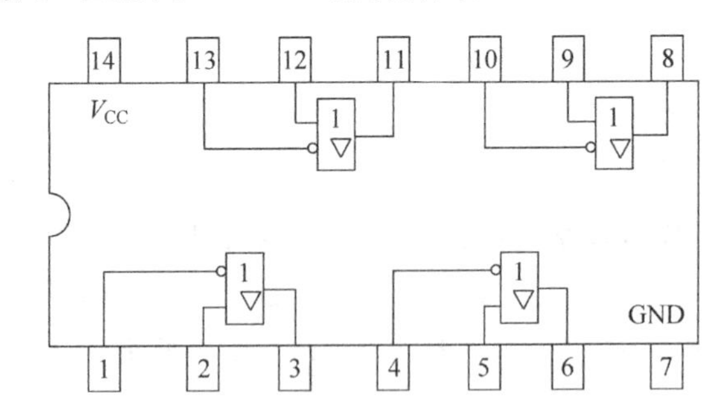

图 2.2.4　三态门 74LS125 的引脚图

4. 用与非门实现其他门电路

经逻辑抽象、化简以及公式转换，可使用与非门实现其他门电路功能，如或门、与门、非门等。化简经常使用的逻辑公式如下：

$$A \cdot 1 = A \tag{2.2.1}$$

$$A \cdot A = A \tag{2.2.2}$$

$$\overline{\overline{A}} = A \tag{2.2.3}$$

$$\overline{A \cdot B} = \overline{A} + \overline{B} \tag{2.2.4}$$

$$\overline{A + B} = \overline{A} \cdot \overline{B} \tag{2.2.5}$$

三、实验内容及步骤

1. 验证 TTL 门电路的逻辑功能

(1) 将与门 74LS08 的输入端接实验箱上的逻辑开关，输出端接发光二极管，注意集成门电路的电源和地必须正确连接。

(2) 按表 2.2.1 中的输入要求，通过实验箱上的逻辑开关改变输入端的状态，通过输出端的发光二极管 LED 观察输出结果。将测试结果填入表 2.2.1 中。

表 2.2.1　门电路逻辑功能测试结果

输　入		输　出 Q			
A	**B**	与非门	与门	或门	非门
0	0				
0	1				
1	0				
1	1				

(3) 按同样的方法，验证与非门 74LS00，或门 74LS32，非门 74LS04 的逻辑功能，并把结果填入表 2.2.1 中。

2. 验证CMOS门电路的逻辑功能

CMOS门电路逻辑功能的验证方法与TTL门电路相同。下面只验证CC4001集成2输入或非门的逻辑功能,CC4001的引脚图如图2.2.5所示。

(1) 注意CC4001不用的输入端需要可靠的接地。

(2) CMOS集成块的工作电压定为5V,采用与TTL门电路相同的方法对CC4001测试,将测试结果填入表2.2.2中。

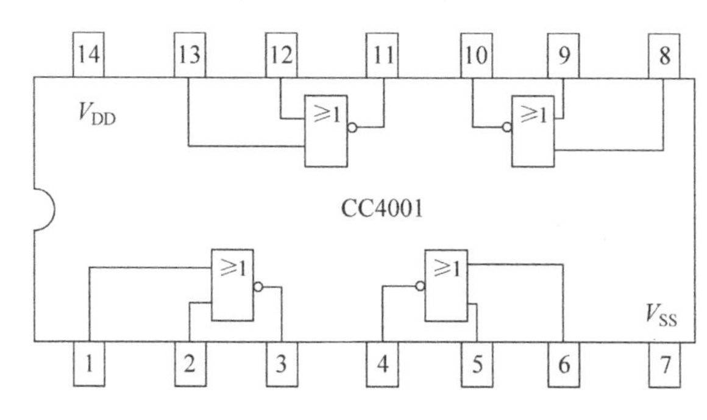

图2.2.5 CC4001的引脚图

表2.2.2 CMOS或非门逻辑功能

输入		输出
B	A	或非门 $Q=\overline{A+B}$
0	0	
0	1	
1	0	
1	1	

(3) 对上面的实验电路,用万用表测试并记录CMOS门电路CC4001的输出逻辑低电平和逻辑高电平所对应的输出电压。

3. 三态门实验

(1) 通过LED观察并验证三态门的逻辑功能。在图2.2.3中,三态门选用74LS125中的任意一个,A和$\overline{EN}$端接实验箱上的逻辑开关,输出Q接一个发光二极管。先使$\overline{EN}=1$,改变A的状态,观察LED和输出逻辑电平的变化,并用万用表测量门电路的输出逻辑电平。再使$\overline{EN}=0$,重复上述步骤,得出结论。

(2) 按图2.2.6连接电路,先使$A=1$,改变B的状态,观察LED和输出逻辑电平的变化。再使$A=0$,重复上述步骤,记录实验结果。

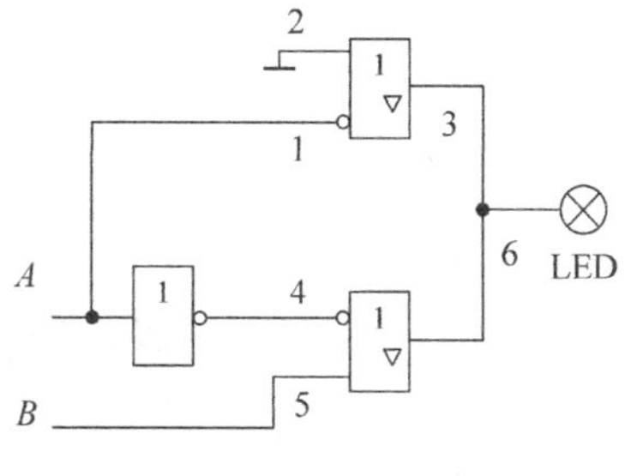

图2.2.6 三态门实验

4. 用与非门组成与门、或门、非门

通过真值表和公式转换,使用与非门实现与门、或门、非门的逻辑功能,完成表2.2.3(写出相应的表达式,画出电路图),并在实验箱上搭建电路验证。

表2.2.3 用与非门实现与门、或门、非门

门电路	逻辑图	与非表达式	用与非门实现的逻辑电路图
与门			
或门			
非门			

四、实验设备与器件

(1) 数字电路实验箱：1台。
(2) 万用表：1块。
(3) 集成电路：74LS00、74LS04、74LS08、74LS32、74LS125、CC4001(或者 CD4001)各1片。

五、实验报告要求

(1) 画出实验逻辑电路图，写出表达式。
(2) 按表格要求整理实验数据。
(3) 比较 TTL 门电路和 CMOS 门电路的逻辑电平对应的电压值。

六、预习要求

(1) 复习常用的逻辑化简公式。
(2) 熟悉常用逻辑门电路的引脚排列图。

七、思考题

思考 TTL 门电路和 CMOS 门电路的主要区别以及在实验中应该注意的事项。

实验 2.3　TTL 电路与 CMOS 电路的互连

一、实验目的

(1) 熟悉 TTL 和 CMOS 的逻辑电平。
(2) 掌握两种集成电路之间的互连方法。

二、实验原理

1. 互连的原则

在实际的数字电路系统中总是将一定数量的集成逻辑电路按需要前后连接起来。这时，前级电路的输出将与后级电路的输入相连并驱动后级电路工作。因此需要妥善考虑电路的电平配合和负载能力。常见 TTL 和 CMOS 门电路的输入、输出特性参数如表 2.3.1 所示。不管是 TTL 驱动 CMOS，还是 CMOS 驱动 TTL，必须满足表 2.3.2 所要求的条件。

2. TTL 驱动 CMOS

设 TTL 电路的电源电压为 V_{CC}，CMOS 电路的工作电压为 V_{DD}。下面分两种情况讨论。

表 2.3.1 TTL、CMOS 电路的输入、输出特性参数

参数 \ 电路	TTL T1000	TTL T4000	CMOS CC4000	CMOS 54/74HC
V_{OH}/V	2.4	2.7	4.95	4.95
V_{OL}/V	0.4	0.5	0.05	0.05
I_{OH}/mA	0.4	0.4	0.51	4
I_{OL}/mA	16	8	0.51	4
V_{IH}/V	2	2	3.5	3.5
V_{IL}/V	0.8	0.8	1.5	1
I_{IH}/μA	40	20	0.1	1
I_{IL}/mA	−1.6	−0.4	-0.1×10^{-3}	-0.1×10^{-3}

1) $V_{CC}=V_{DD}=5V$

表 2.3.2 TTL 与 CMOS 互连原则

驱 动 门	关 系	负 载 门
V_{OH}	≥	V_{IH}
V_{OL}	≤	V_{IL}
I_{OH}	≥	nI_{IH}
I_{OL}	≤	nI_{IL}

TTL 电路的输出电流可以驱动多个 CMOS 门，TTL 的 $V_{OL}=0.4V$，而 CMOS 的 $V_{IL}=1.5V$，故低电平满足要求；而 TTL 的输出高电平 V_{OH} 为 2.4V，CMOS 要求的输入高电平 V_{IH} 为 3.5V，不满足要求。所以，需要在 TTL 的输出端接一个上拉电阻 R，如图 2.3.1 所示，R 一般选 3.3kΩ～4.7kΩ。

另外一种选择是利用 54/74HC 系列集成电路，它的输入为 TTL 电平，输出为 CMOS 逻辑电平，而且它的功耗与 CMOS 电路相当，而驱动能力又与 TTL 门电路相当。

2) $V_{DD}>V_{CC}$

例如 CMOS 的电源电压 $V_{DD}=10V$，TTL 的 $V_{CC}=5V$ 就是这种情况。这时，就不能采用上拉电阻的方法解决它们之间的连接。通常 TTL 电路采用集电极开路门(OC)，就可以用 TTL 驱动 CMOS 电路。一般 OC 门输出三极管的耐压可达 30V 以上，图 2.3.2 是这种连接的示意图。另外的一种解决方案是使用带电平偏移的 CMOS 集成门电路实现电平转换，例如 CC40109 就是这种类型的 CMOS 门电路，它有 V_{CC} 和 V_{DD} 两个电源输入端。

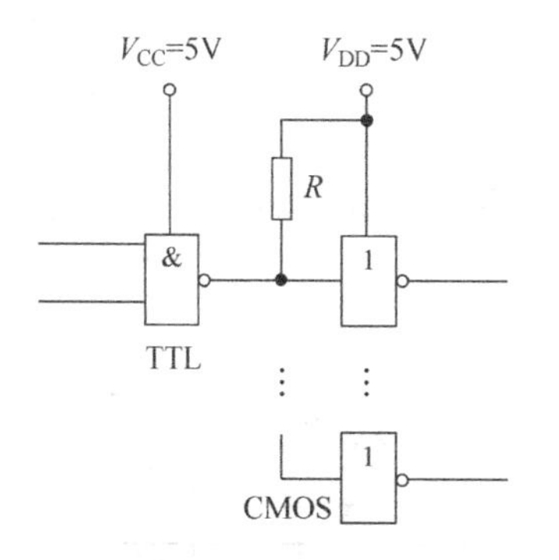

图 2.3.1 采用上拉电阻使 TTL 驱动 CMOS

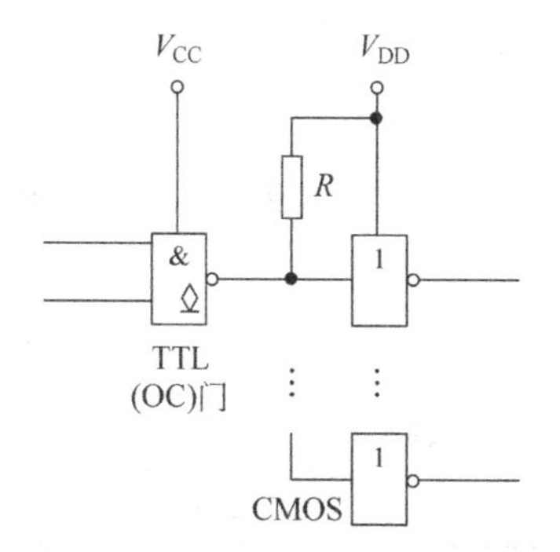

图 2.3.2 采用 OC 门使 TTL 驱动 CMOS

3. CMOS 驱动 TTL

1) CC4000 系列驱动 TTL 电路

当 $V_{CC}=V_{DD}=5V$ 时，CC4000 系列的输出逻辑电平满足要求，但输出电流只能驱动一个 74LS TTL 门。在使用时，通常需要将几个 CMOS 门并联使用，或者在 CMOS 电路的输出端增加一级 CMOS 驱动器。例如 CC4010 的 I_{OL} 为 3.2mA，而 CC40107 的负载能力 I_{OL} 可达 16mA。也可以在 CMOS 门后面接三极管，驱动 TTL 门。该方法适合于 $V_{CC}=V_{DD}$，或 $V_{CC}>V_{DD}$ 的情况。

2) 74HC 系列 CMOS 门驱动 TTL

在 $V_{CC}=V_{DD}=5V$ 这种情况下，CMOS 门电路可以直接驱动 TTL 门电路。但注意它的输出电流能驱动 10 个 74LS TTL 门。需要指出的是，随着工艺的发展，某些公司生产的 74HC 类 CMOS 电路的驱动能力已经与 74LSTTL 相当，要进一步增加 74HC 类 CMOS 门的驱动能力，或者解决 $V_{DD}>V_{CC}$ 情况下的驱动问题，最好在 CMOS 与 TTL 门之间接一个三极管。

三、实验内容及步骤

1. TTL 驱动 CMOS 门电路

按照图 2.3.3 连接电路，74LS01 是四 2 输入与非门（输出级为 OC 门），它的引脚排列如图 2.3.4 所示。CD4069 是 CMOS 6 非门，它的引脚排列与 74LS04 相同。注意 CD4069 接入端需要保护。例如，只使用 1 和 2 脚之间的反相器，则需将 3、5、9、11、13 引脚连到一起，再接地（或逻辑低电平）。

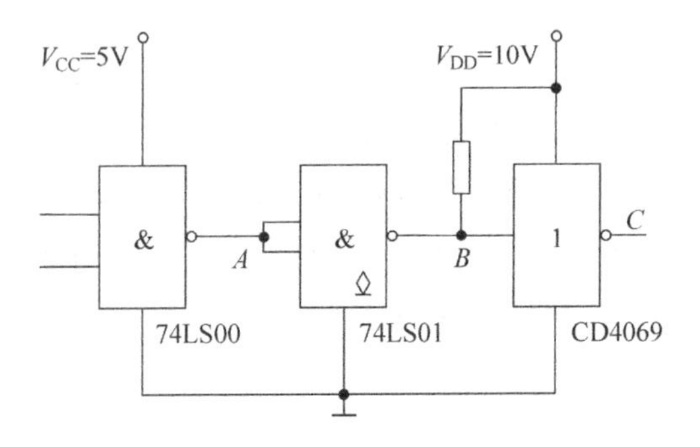

图 2.3.3　TTL 驱动 CMOS 的实验电路

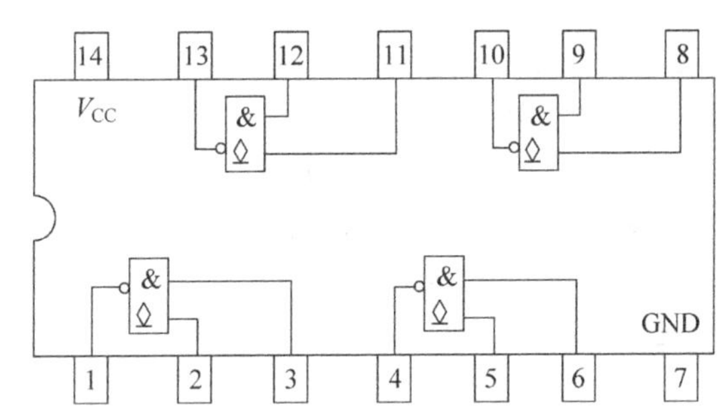

图 2.3.4　74LS01 的引脚排列图

接通电源，改变输入逻辑电平，用万用表测量 A、B、C 点对地电压，将测量结果填入表 2.3.3。

表 2.3.3　电平测量数据表

输　入		输出/V		
B	**A**	**A**	**B**	**C**
0	1			
1	1			

2. CMOS 驱动 TTL

按图 2.3.5 连接电路,在输入端加上 100kHz 的脉冲信号,用示波器观察 V_1、V_2、V_3 各点的波形。

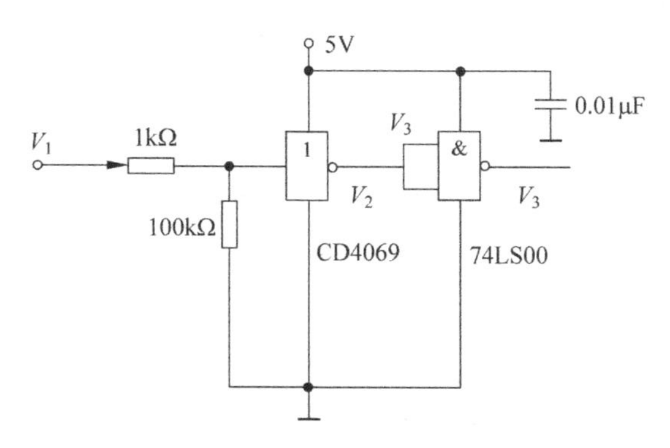

图 2.3.5 CMOS 驱动 TTL

3. 设计与验证

如图 2.3.6 所示,在 CMOS 反相器 CD4069 后接一个三极管,虚线部分先不要和三极管的输出连接,在输入端加上 100kHz 的脉冲信号,用示波器观察 V_1、V_2、V_3 和 V_4 各点的波形。要求能带 10 个 TTL 负载门(即扇出系数为 10)。

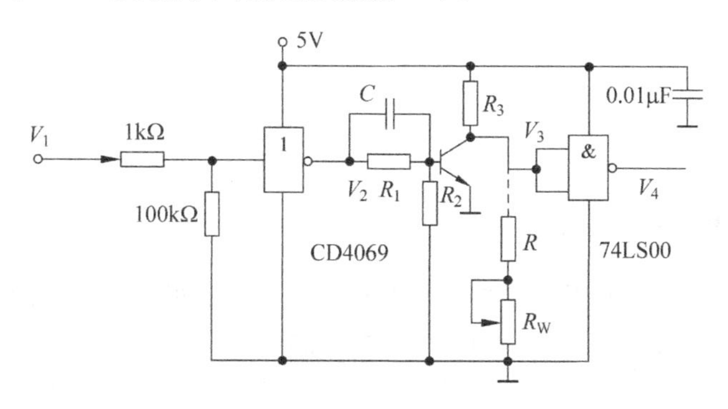

图 2.3.6 接入三极管使 CMOS 驱动 TTL

将虚线部分和三极管的输出连接,用电阻 R 和电位器模拟 10 个 TTL 负载,三极管 T 的型号为 3DK2,它的 $\beta>20$,加速电容 $C=100\text{pF}$。设计电阻 R_1、R_2 和 R_3 的数值,并通过实验验证是否满足要求。

四、实验设备与器件

(1) 数字电路实验箱:1 台。

(2) 双踪示波器:1 台。

(3) 万用表:1 块。

(4) 集成电路:74LS00,CD4069,74LS01 各 1 片。

(5) 三极管:3DK2,1 只。

(6) 电阻、电容：若干。

五、实验报告要求

(1) 画出设计电路图。
(2) 对所设计的电路进行验证，并记录测试结果。

六、预习要求

(1) 复习有关 TTL、CMOS 电路互连基本理论知识。
(2) 熟悉实验所用各集成芯片引脚排列。

七、思考题

(1) 总结 TTL 电路与 CMOS 电路互连方法。
(2) 74HC 系列芯片与 74LS 系列芯片的主要技术指标有何不同?

实验 2.4　组合逻辑电路的设计

一、实验目的

(1) 掌握组合逻辑电路的设计方法。
(2) 学会用基本门电路实现组合逻辑电路。

二、实验原理

1. 组合逻辑电路设计流程

组合逻辑电路的设计流程图如图 2.4.1 所示。先根据实际的逻辑问题进行逻辑抽象，

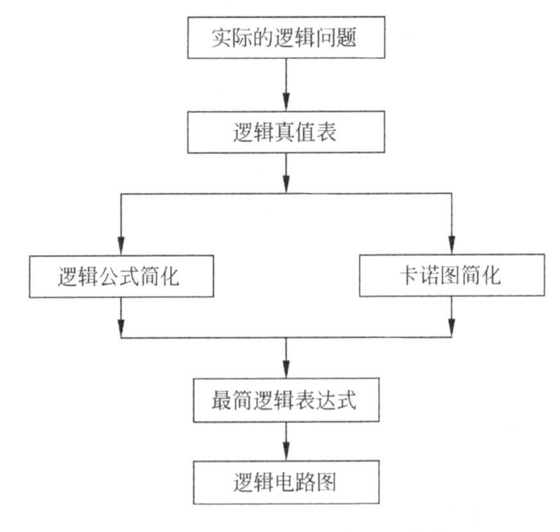

图 2.4.1　组合逻辑电路的设计流程

定义逻辑状态的含义，再按照要求给出事件的因果关系，列出真值表。然后用代数法或卡诺图简化，求出最简的逻辑表达式。按照给定的逻辑门电路实现简化后的逻辑表达式，画出逻辑电路图。最后验证逻辑功能。

2. 组合逻辑电路设计举例

设计一个密码锁，锁上有三个按键 A、B、C，当 A 或 B 单独按下，或 A、B 同时按下，或三个键同时按下时，锁能被打开。当不符合上述条件时，将使电铃发出警报；无按键按下时，不报警。列出真值表，画出卡诺图、电路图，写出表达式。

设计步骤如下：

(1) 列写真值表。用 A、B、C 三变量分别表示三个按键状态，当键按下时用高电平 1 表示，未按下时用低电平 0 表示。用变量 P 表示锁的状态。高电平 1 表示密码正确，锁被打开；低电平 0 表示密码不正确，锁未被打开。用变量 Q 表示报警状态。高电平 1 表示密码不正确，输出报警信号；低电平 0 不输出报警信号。根据题意列出如表 2.4.1 所示真值表。

表 2.4.1　真值表

A	B	C	P	Q
0	0	0	0	0
0	0	1	0	1
0	1	0	1	0
0	1	1	0	1
1	0	0	1	0
1	0	1	0	1
1	1	0	1	0
1	1	1	1	0

(2) 将真值表 2.4.1 填入卡诺图，如图 2.4.2 所示，并进行化简，写出表达式。

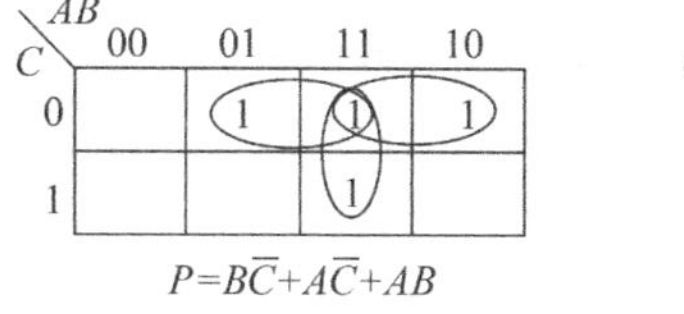

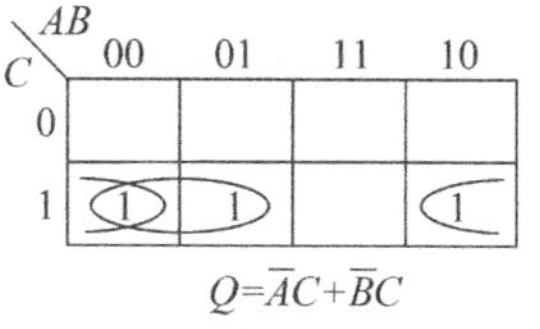

图 2.4.2　卡诺图化简

(3) 根据化简表达式画出逻辑电路图，如图 2.4.3 所示。如题目指定器件，还需依据已有器件对表达式进行相应的转换。

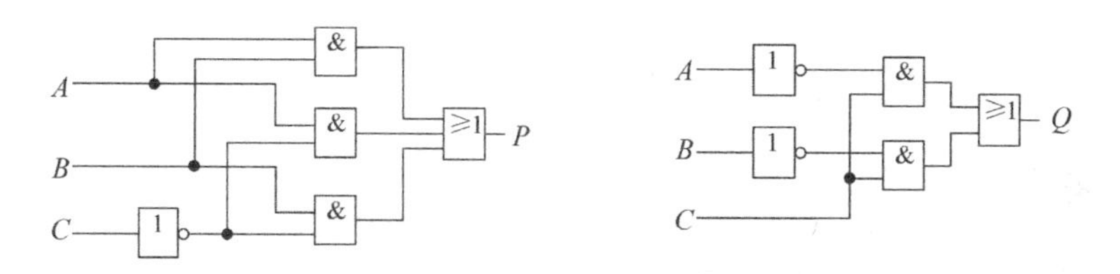

图 2.4.3　电路逻辑图

(4) 输入变量 A、B、C 分别接逻辑开关，输出变量 P、Q 分别接发光二极管，用以表示锁的打开与报警信号输出。根据步骤(3)的逻辑电路图在实验箱上搭建电路验证。

三、实验内容及步骤

(1) 设计一个三变量的表决器，多数人同意的提议即获通过，否则不通过。用与非门和或门实现。列出真值表，画出卡诺图、电路图，写出表达式。

(2) 水箱由两个水泵 M_L、M_S供水，A、B、C 为水位感应元件，水位低于感应元件时元件为高电平，否则为低电平。要求：

① 水位超出 C，水泵不供水；

② 水位在 B、C 之间，M_S单独供水；

③ 水位在 A、B 之间，M_L单独供水；

④ 水位低于 A 时，M_L、M_S同时供水。用与非门实现。列出真值表，画出卡诺图、电路图，写出表达式。

(3) 人类有四种血型，A、AB、B、O 型，输血者和受血者必须符合下述规则：

① O 型血可以输给任意血型，但只能接受 O 型；

② A 型能输给 AB 型和 A 型，只能接受 A 型和 O 型；

③ B 型能输给 AB 型和 B 型，只能接受 B 型和 O 型；

④ AB 型只能输给 AB 型，但能接受所有血型。

试设计一个电路判断输血者与受血者的血型是否符合上述规定。A 用 00 表示，AB 用 01 表示，B 用 10 表示，O 用 11 表示；血型一致用 1 表示，不一致用 0 表示。列出真值表，画出卡诺图、电路图，写出表达式。

四、实验设备与器件

(1) 数字电路试验箱：1 台。

(2) 集成电路：74LS00、74LS04、74LS08、74LS32 各 2 片。

五、实验报告要求

(1) 列写实验任务的设计过程，画出设计电路图。

(2) 对所设计的电路进行验证，并记录测试结果。

六、预习要求

(1) 复习代数法或卡诺图化简法。

(2) 复习组合逻辑电路设计的理论知识。

七、思考题

(1) 在实验设计过程中，如何正确处理无关项？

(2) 如何快速验证实验所用集成芯片逻辑功能是否完好？

实验 2.5 译码与显示电路

一、实验目的

(1) 掌握二进制译码器的逻辑功能和特点。

(2) 掌握译码器和数码管显示器的原理和应用。

二、实验原理

1. 译码器

1) 二进制译码器

二进制译码器有 n 个输入，2^n 个输出，常常作为计算机存储器和接口的地址译码器。常用的集成译码器有 74LS139(双 2-4 线)，74LS138(3-8 线)，74LS154(4-16 线)。本实验选用 74LS139 双 2-4 线译码器。

74LS139 的电路符号如图 2.5.1 所示。图中 B、A 为译码输入码，B 是高位。Y_0～Y_3 是译码输出端，$\bar{E}$ 为使能端。$\bar{E}=1$ 时，译码器输出全为高电平；$\bar{E}=0$ 时，输出低电平的位置与 A、B 的二进制取值相对应。

2) 显示译码器

74LS248(74LS48)是 BCD 码到七段码的显示译码器，它可以直接驱动共阴极数码管。它的引脚图如图 2.5.2 所示，其逻辑功能见表 2.5.1。

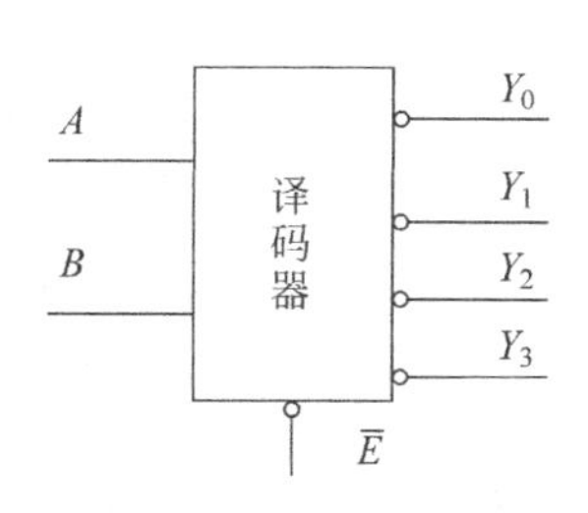

图 2.5.1 译码器的逻辑符号

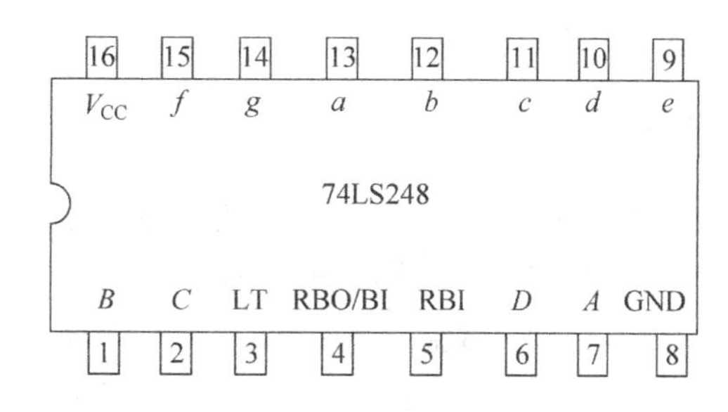

图 2.5.2 74LS248 的引脚图

74LS248 在使用时要注意以下几点：

(1) 要求从 D、C、B、A 译码输入端输入数字 0～15 时“灭灯输入端”BI 必须开路或保持高电平。

(2) 当灭灯输入端 BI 接低电平时，不管其他输入为何种电平，所有各段输出均为低电平。

(3) 当“动态灭灯输入端”RBI 和 D、C、B、A 输入为低电平而“灯测试端”LT 为高电平时，所有各段输出均为低电平，并且“动态灭灯输出端”RBO 处于低电平。

(4) “灭灯输入/动态灭灯输出端”BI/RBO 开路或保持高电平而“灯测试端”LT 为低电平时，所有各段输出均为高电平(若接上显示器，则显示数字 8，可以利用这一点检查 74LS248 和显示器的好坏)。

表 2.5.1　74LS248(74LS48)的逻辑功能表

输　入						BI/RBO	输　出							十进制或功能
LT	RBI	*D*	*C*	*B*	*A*		*a*	*b*	*c*	*d*	*e*	*f*	*g*	
1	1	0	0	0	0	1	1	1	1	1	1	1	0	0
1	×	0	0	0	1	1	0	1	1	0	0	0	0	1
1	×	0	0	1	0	1	1	1	0	1	1	0	1	2
1	×	0	0	1	1	1	1	1	1	1	0	0	1	3
1	×	0	1	0	0	1	0	1	1	0	0	1	1	4
1	×	0	1	0	1	1	1	0	1	1	0	1	1	5
1	×	0	1	1	0	1	1	0	1	1	1	1	1	6
1	×	1	1	1	1	1	1	1	1	0	0	0	0	7
1	×	1	0	0	0	1	1	1	1	1	1	1	1	8
1	×	1	0	0	1	1	1	1	1	1	0	1	1	9
1	×	1	0	1	0	1	0	0	0	1	1	0	1	10
1	×	1	0	1	1	1	0	0	1	1	0	0	1	11
1	×	1	1	0	0	1	0	1	0	0	0	1	1	12
1	×	1	1	0	1	1	1	0	0	1	0	1	1	13
1	×	1	1	1	0	1	0	0	0	1	1	1	1	14
1	×	1	1	1	1	1	0	0	0	0	0	0	0	15
×	×	×	×	×	×	0	0	0	0	0	0	0	0	灭灯
1	0	0	0	0	0	0	0	0	0	0	0	0	0	灭零
0	×	×	×	×	×	1	1	1	1	1	1	1	1	灯测试

(5) BI/RBO 是线与逻辑，既是“灭灯输入端”BI 又是“动态灭灯输出端”RBO。

2. 数码显示器

在数字电路中，常用的显示器是数码显示器。LC5011-11 就是一种共阴极数码显示器，它的管脚排列如图 2.5.3 所示，*X* 为共阴极，DP 为小数点。其内部是八段发光二极管的负极连在一起的电路。当在它的 *a*,*b*,*c*,…,*g*,DP 加上正向电压时，各段发光二极管就点亮，例如当 *a*、*b* 和 *c* 段为高电平，其他各段为低电平时就显示数码 7。

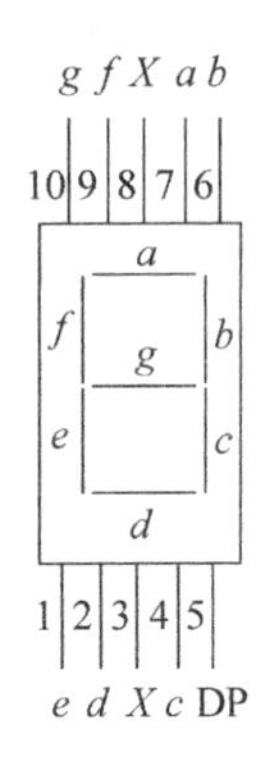

图 2.5.3　LC5011-11 引脚图

三、实验内容及步骤

1. 译码器实验

1) 译码器功能的验证

译码器 74LS139 的实验电路如图 2.5.4 所示。按图连接电路，按照表 2.5.2 的要求在输入端 $\bar{E}$、*A*、*B* 加上逻辑信号，观察 LED 的输出 $Y_0 \sim Y_3$ 状态并将实验结果填入表 2.5.2 中。

2) 译码器的扩展

用 74LS139 的两个 2-4 线译码器可以扩展为一个 3-8 线译码器。按图 2.5.5 连接逻辑电路，K_1、K_2和K_3是逻辑电平开关，通过输出端的LED观察输出结果，并将结果填入表2.5.3中。

表 2.5.2　74LS139 功能验证

输　入			输　出			
$\overline{E}$	B	A	Y_0	Y_1	Y_2	Y_3
1	×	×				
0	0	0				
0	0	1				
0	1	0				
0	1	1				

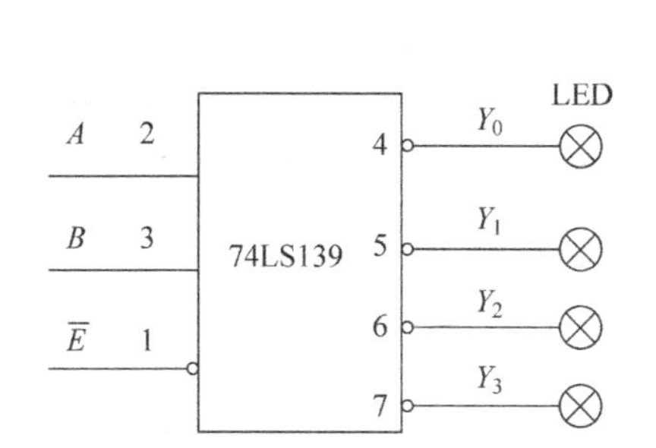

图 2.5.4　译码器实验电路

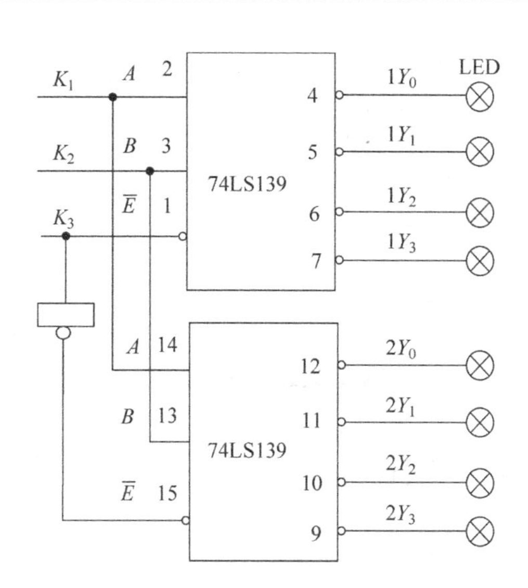

图 2.5.5　译码器扩展

表 2.5.3　译码器扩展后功能表

输　入			输　出							
K_3	K_2	K_1	$1Y_0$	$1Y_1$	$1Y_2$	$1Y_3$	$2Y_0$	$2Y_1$	$2Y_2$	$2Y_3$
0	0	0								
0	0	1								
0	1	0								
0	1	1								
1	0	0								
1	0	1								
1	1	0								
1	1	1								

2. 译码显示电路实验

(1) 译码显示的实验电路如图2.5.6所示，74LS248的译码输出端接共阴极数码管对应的段。为检查数码管的好坏，使 LT＝0，其余为任意状态，这时数码管各段应全部点亮，否则数码管是坏的。再用一根导线将 BI/RBO 接地，这时如果数码管全灭，说明译码显示是好的。

(2) 在图 2.5.6 中将 74LS248 的 D、C、B、A 分别接数据开关，LT、RBI 和 BI/RBO 分别接逻辑高电平，改变数据开关的逻辑电平，在不同的输入状态下，将从数码管观察到的字型填入表 2.5.4 中。

(3) 使 LT＝1，BI/RBO 接一个发光二极管，在 RBI 为 1 和 0 的情况，使数码开关的输出为 0000，观察灭零功能。

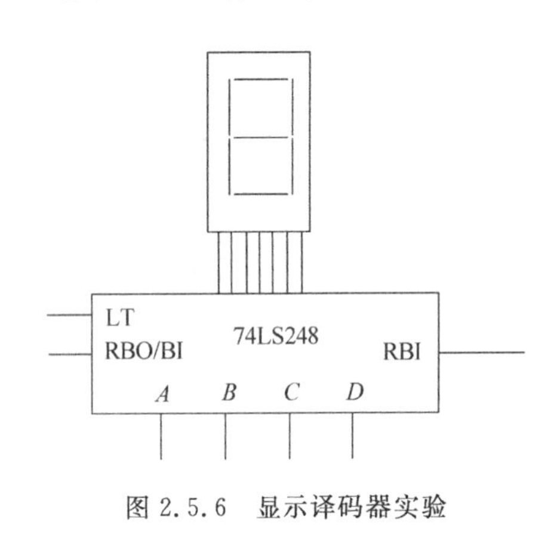

图 2.5.6 显示译码器实验

表 2.5.4 译码显示电路实验结果

输入				输出字型
D	***C***	***B***	***A***	

四、实验设备与器件

(1) 数字电路实验箱：1 台。

(2) 集成电路：74LS139，2 片；74LS248，1 片；共阴极数码管，1 片。

五、实验报告要求

(1) 画出实验逻辑电路图。

(2) 按表格要求整理实验数据。

六、预习要求

(1) 复习译码器相关原理。

(2) 复习数码管显示器工作原理与显示方法。

七、思考题

(1) 如何选择合适的显示译码器，实现在共阳极数码管上显示数字？

(2) 如果不使用显示译码器，如何在数码管上显示数字或字母？

(3) 如何利用 74LS138 将其扩展为 4-16 线译码器？

实验 2.6　集成触发器及应用

一、实验目的

(1) 掌握基本 RS、D 和 JK 触发器的逻辑功能及测试方法。

(2) 熟悉 D 和 JK 触发器的触发方法。

(3) 了解触发器的相互转换。

二、实验原理

触发器是基本的逻辑单元，它具有两个稳定状态。在一定的外加信号作用下可以由一种稳定态转变为另一稳定态；无外加信号作用时，将维持原状态不变。因为触发器是一种具有记忆功能的二进制存储单元，所以是构成各种时序电路的基本逻辑单元。

1. RS 触发器

由两个与非门构成一个 RS 触发器如图 2.6.1(a)所示，其逻辑功能如下：

(1) 当 $\overline{S}=\overline{R}=1$ 时，触发器保持原先的 1 或 0 状态不变。

(2) 当 $\overline{S}=1,\overline{R}=0$ 时，触发器被复位到 0 状态。

(3) 当 $\overline{S}=0,\overline{R}=1$ 时，触发器被复位到 1 状态。

(4) 当 $\overline{S}=\overline{R}=0$ 时，若 $\overline{S}$ 和 $\overline{R}$ 同时再由 0 变成 1，则 Q 的状态有可能为 1，也可能为 0，完全由各种偶然因素决定其最终状态，所以说此时触发器状态不确定。

基本 RS 触发器的特性方程为

$$Q^{n+1}=S+\overline{R}Q^{n} \tag{2.6.1}$$

图 2.6.1(b)是一个由基本 RS 触发器构成的防抖动开关，可以用它构成单脉冲发生器。

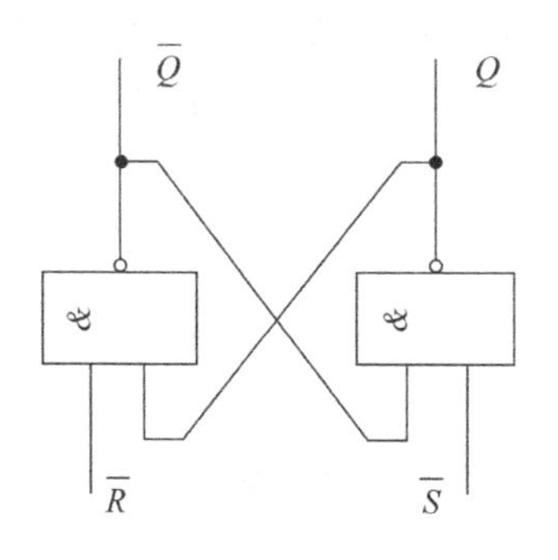

(a) 两个与非门构成一个RS触发器

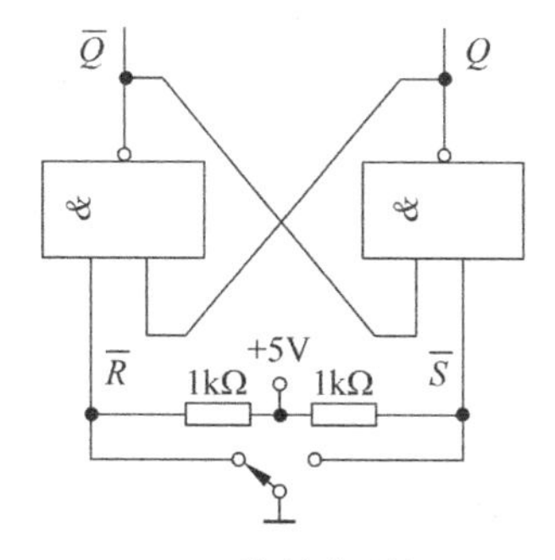

(b) 防抖动开关

图 2.6.1　基本 RS 触发器

2. D 触发器

D 触发器是由 RS 触发器演变而成的，其逻辑符号如图 2.6.2 所示，其功能见表 2.6.1，

由功能表可得

$$Q^{n+1} = D \tag{2.6.2}$$

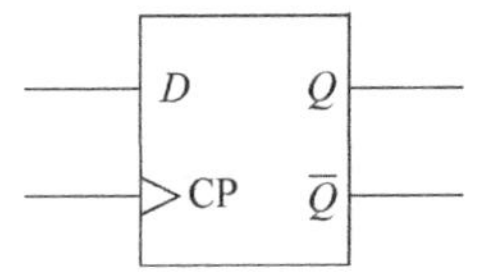

图 2.6.2 D触发器的逻辑符号

表 2.6.1 D触发器功能表

D	Q^{n+1}
0	0
1	1

常见的D触发器型号很多，TTL型的有74LS74(双D)、74LS175(四D)、74LS174(六D)、74LS374(八D)等。CMOS型的有CD4013(双D)、CD4042(四D)等。本实验中采用维持-阻塞式双D触发器74LS74，图2.6.3所示为其引脚排列图，$\overline{R}_D$和$\overline{S}_D$是异步置0端和异步置1端，D为数据输入端，Q为输出端，CP为时钟脉冲输入端。

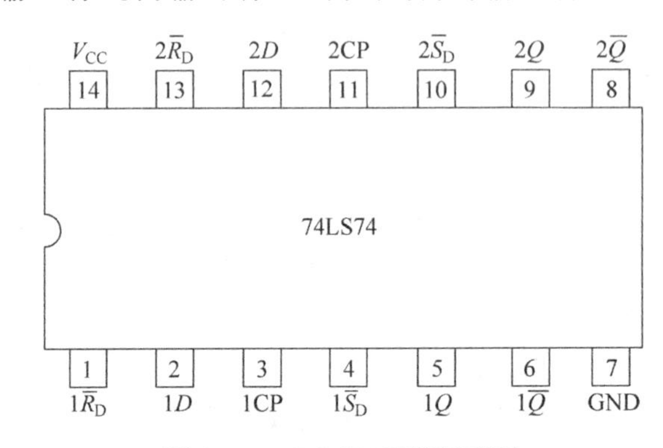

图 2.6.3 74LS74引脚排列图

3. JK触发器

JK触发器逻辑功能较多，可用它构成寄存器、计数器等。图2.6.4所示是JK触发器的逻辑符号。常见的TTL型双JK触发器有74LS76、74LS73、74LS112、74LS109等，CMOS型的有CD4027等。图2.6.5为双JK触发器74LS76的引脚排列图，其中J、K是控制输入端，Q为输出端，CP为时钟脉冲端。$\overline{R}_D$和$\overline{S}_D$分别是异步置0端和异步置1端。

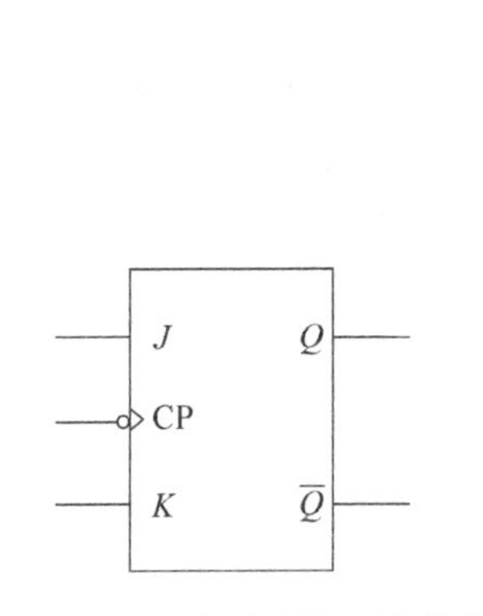

图 2.6.4 JK触发器的逻辑符号

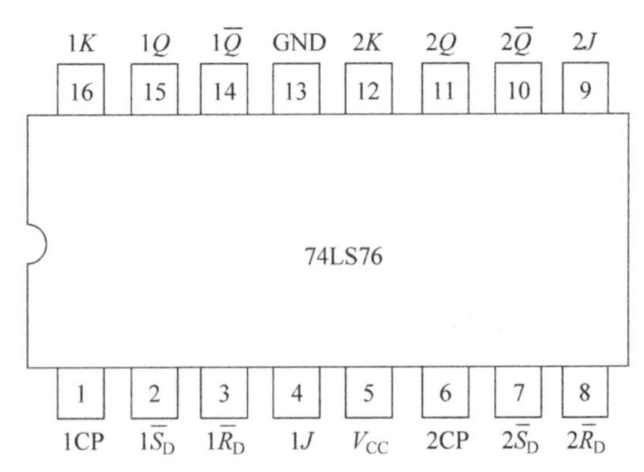

图 2.6.5 74LS76引脚排列图

当 $\overline{R}_D=1$，$\overline{S}_D=0$ 时，无论 J、K 及 CP 为何值，输出 Q 均为 1；当 $\overline{R}_D=0$，$\overline{S}_D=1$ 时，无论 J、K 及 CP 之值如何，输出 Q 状态均为 0，所以 $\overline{R}_D$ 和 $\overline{S}_D$ 用来将触发器预置到特定的起始状态（0 或 1）。预置完成后 $\overline{R}_D$ 和 $\overline{S}_D$ 应保持在高电平（即 1 电平），使 JK 触发器处于工作状态。

当 $\overline{R}_D=\overline{S}_D=1$ 时，触发器的工作状态如下：

- 当 J、K 分别为 0、0 时，触发器保持原状态。
- 当 J、K 分别为 0、1 时，在 CP 脉冲的下降沿到来时，$Q=0$，即触发器置 0。
- 当 J、K 分别为 1、0 时，在 CP 脉冲的下降沿到来时，$Q=1$，即触发器置 1。
- 当 J、K 同时为 1 时，在 CP 脉冲的作用下，触发器状态翻转。

由上述关系可以得到 JK 触发器的特征方程如式（2.6.3）所示：

$$Q^{n+1}=J\overline{Q^n}+\overline{K}Q^n \quad (\text{CP 下降沿有效}) \tag{2.6.3}$$

4. T 触发器

T 触发器可以看成是 JK 触发器在 $J=K$ 条件下的特例，它只有一个控制输入端 T。其特性方程如式（2.6.4）所示：

$$Q^{n+1}=T\overline{Q^n}+\overline{T}Q^n \tag{2.6.4}$$

三、实验内容及步骤

1. 验证基本 RS 触发器的逻辑功能

按图 2.6.1(a)用 74LS00 组成基本 RS 触发器，在 Q 端和 $\overline{Q}$ 端接两只发光二极管，输入端 $\overline{S}$ 和 $\overline{R}$ 分别接逻辑开关。接通＋5V 电源，按照表 2.6.2 的要求改变 $\overline{S}$ 和 $\overline{R}$ 的状态，观察输出端的状态，并将结果填入表 2.6.2 中。

表 2.6.2 RS 触发器功能

$\overline{S}$	$\overline{R}$	Q^{n+1}	
		$Q^n=0$	$Q^n=1$
1	1		
1	0		
0	1		

2. 验证 D 触发器逻辑功能

将 74LS74 的 $\overline{R}_D$、$\overline{S}_D$、D 连接到逻辑开关，Q 端和 $\overline{Q}$ 端分别接两只发光二极管，CP 接单次脉冲，接通电源，按照表 2.6.3 中的要求，改变 $\overline{R}_D$、$\overline{S}_D$、D 和 CP 的状态。在 CP 从 0～1 跳变时，观察输出端 Q^{n+1} 的状态，将测试结果填入表 2.6.3 中。

3. 验证 JK 触发器逻辑功能

将 74LS76 的 $\overline{R}_D$、$\overline{S}_D$、J 和 K 连接到逻辑开关，Q 端和 $\overline{Q}$ 端分别接两只发光二极管，CP 接单次脉冲，接通电源，按照表 2.6.4 的要求，改变 $\overline{R}_D$、$\overline{S}_D$、J、K 和 CP 的状态。在 CP 从 1～0 跳变时，观察输出端 Q^{n+1} 的状态，将测试结果填入表 2.6.4 中。

表 2.6.3 D 触发器的逻辑功能

$\bar{R}_D$	$\bar{S}_D$	D	CP	Q^{n+1}	
				$Q^n=0$	$Q^n=1$
0	1	×	×		
1	0	×	×		
1	1	0	↓		
1	1	0	↑		
1	1	1	↓		
1	1	1	↑		

表 2.6.4 JK 触发器的逻辑功能

$\bar{R}_D$	$\bar{S}_D$	J	K	CP	Q^{n+1}	
					$Q^n=0$	$Q^n=1$
0	1	×	×	×		
1	0	×	×	×		
1	1	0	0	↓		
1	1	0	0	↓		
1	1	1	0	↓		
1	1	1	1	↓		

4. 不同触发器之间的转换

(1) 将 JK 触发器转换成 D 触发器，自行画出转换逻辑图，检验转换后电路是否具有 D 触发器的逻辑功能。

(2) 将 D 触发器转换成 JK 触发器和 T 触发器，自行分别画出转换逻辑图，检验其逻辑功能。

*5. 乒乓球练习电路

要求模拟两名运动员在练球时，乒乓球的往返运动过程。

设计提示：可采用 74LS74 设计实验电路，两个 D 触发器的 CP 脉冲分别由两个运动员操控，D 触发器输出端接发光二极管，用以模拟乒乓球的运动过程。

四、实验设备与器件

(1) 数字电路实验箱：1 台。

(2) 集成电路：与非门 74LS00、双 D 触发器 74LS74、双 JK 触发器 74LS76 各 1 片。

五、实验报告要求

(1) 按表格要求整理实验结果。

(2) 画出触发器相互转换的逻辑电路图。

六、预习要求

(1) 复习有关触发器的内容。

(2) 按实验内容 5 的要求设计实验方案。

七、思考题

(1) 总结异步置位、复位端的作用。

(2) 总结 D 触发器、JK 触发器的状态变化与时钟的关系。

(3) 利用普通的机械开关组成的数据开关产生的信号是否可作为触发器的时钟脉冲信号？为什么？是否可以用作触发器的其他输入端信号？又是为什么？

实验 2.7　计数器

一、实验目的

(1) 掌握由集成触发器构成的二进制计数电路的工作原理。

(2) 掌握中规模集成计数器的使用方法。

(3) 学习运用上述组件设计简单计数器的技能。

二、实验原理

计数是最基本的逻辑运算，计数器不仅用来计算输入脉冲的数目，而且还用作定时电路、分频电路和实现数字运算等，因而它是一种十分重要的时序电路。

计数器的种类很多。按计数的数制，可分为二进制、十进制及任意进制；按工作方式可分为异步和同步计数器两种；按计数的顺序又可分为加法(正向)、减法(反向)和加减(可逆)计数器。

计数器通常从零开始计数，所以应该具有清零功能。有些集成计数器还有置数功能，可以从任意数开始计数。

1. 异步二进制减法计数器

用 D 触发器或 JK 触发器可以构成异步二进制减法计数器。图 2.7.1(a)是用四个 D 触发器构成的二进制减法计数器，其中每个 D 触发器作为二分频器。在 $\bar{R}_D$作用下计数器清零。当第一个 CP 脉冲上升沿到来时，Q_0由 0 变成 1，当第二个脉冲到来后，Q_0由 1 变成 0，这又使得 Q_1由 0 变为 1，以此类推，实现二进制的计数。其时序图如图 2.7.1(b)所示。

2. 中规模十进制计数电路

CC40192 是同步十进制可逆计数器，具备双时钟输入，并具有清零和置数等功能。其引脚及逻辑排列符号如图 2.7.2 所示，逻辑功能如表 2.7.1 所示。其中：$\overline{LD}$为置数端；

CP_U为加计数端；CP_D为减计数端；$\overline{CO}$为非同步进位输出端；$\overline{BO}$为非同步借位输出端；D_0、D_1、D_2、D_3为计数器输入端；Q_0、Q_1、Q_2、Q_3为数据输出端；CR为清零端。

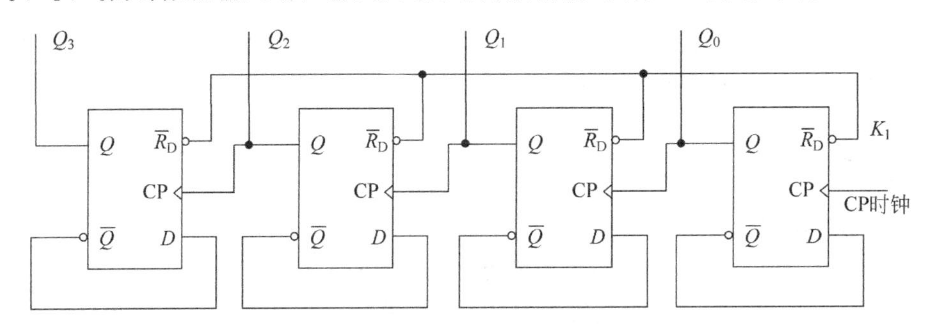

(a) 异步二进制减法计数器

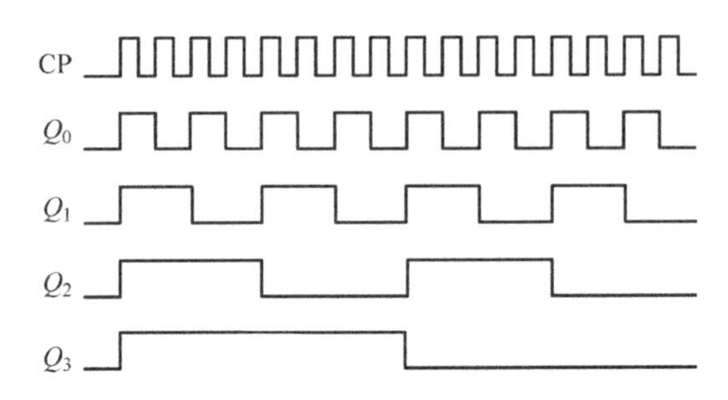

(b) 异步二进制减法计数器时序图

图 2.7.1 二进制减法计数器

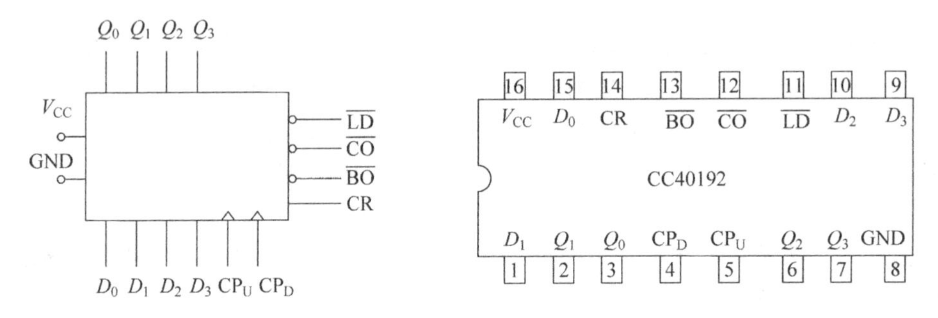

图 2.7.2 CC40192 引脚排列及逻辑符

表 2.7.1 CC40192 逻辑功能表

输入								输出			
CR	$\overline{LD}$	CP_U	CP_D	D_0	D_1	D_2	D_3	Q_3	Q_2	Q_1	Q_0
1	×	×	×	×	×	×	×	0	0	0	0
0	0	×	×	d	c	b	a	d	c	b	a
0	1	↑	1	×	×	×	×	加计数			
0	1	1	↑	×	×	×	×	减计数			

当清零端 CR 为高电平 1 时，计数器直接清零；当 CR 置低电平时则执行其功能。

当 CR 为低电平且$\overline{LD}$为高电平时，执行计数功能。执行加计数时，减计数端 CP_D 接高电平，计数脉冲由 CP_U 输入，在计数脉冲上升沿进行 8421 码十进制加法计数。执行减计数时，加计数端接 CP_U 高电平，计数脉冲由减计数端 CP_D 输入。

3. 计数器的级联使用

一个十进制计数器只能表示 0～9 十个数，为了扩大计数器范围，常用多个十进制计数器级联使用。同步计数器往往设有进位（或借位）输出端，故可选用其进位（或借位）输出信号驱动下一级计数器。图 2.7.3 是由 CC40192 利用进位输出$\overline{CO}$控制高一位的 CP_U 端构成的加计数级联图。

4. 实现任意进制计数

（1）用复位法获得任意进制计数器：假定已有 N 进制计数器，而需要得到一个 M 进制计数器时，只要 $M<N$，用复位法使计数器计数到 M 时置 0，即获得 M 进制计数器。如图 2.7.4 所示为一个由 CC40192 十进制计数器连接而成的六进制计数器。

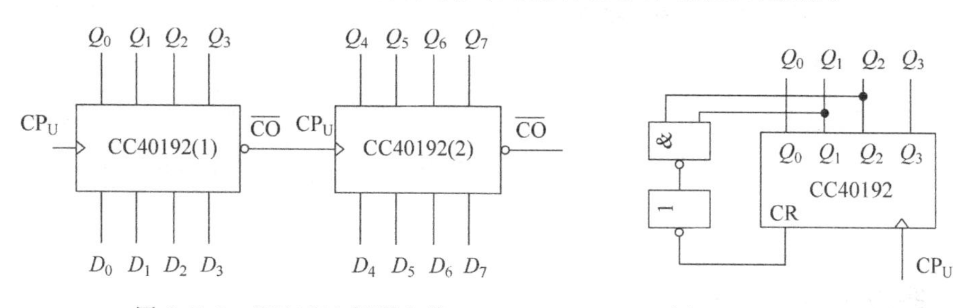

图 2.7.3 CC40192 级联电路　　图 2.7.4 六进制计数器

（2）利用预置功能获 M 进制计数器：图 2.7.5 是一个特殊的十二进制的计数器电路方案。在数字钟里，对“时”位的计数序列是 1，2，…，11，12，1……是十二进制的，且无 0 数。如图 2.7.5 所示，当计数到 13 时，通过与非门产生一个置位信号，使 CC40192（Ⅱ），即“时”的十位，直接置成 0000，而 CC40192（Ⅰ），即“时”的个位直接置成 0001，从而实现了 1～12 的计数。

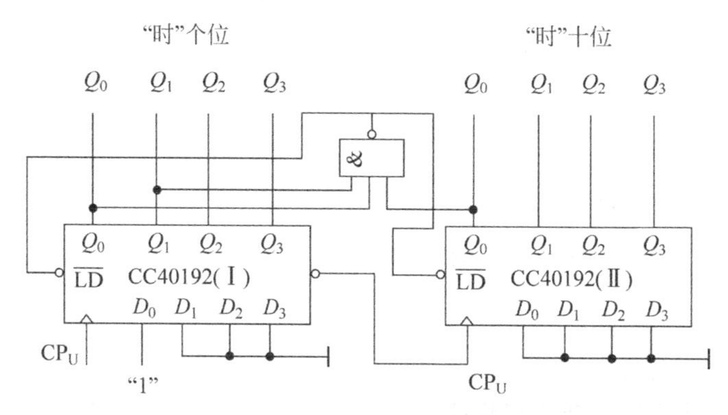

图 2.7.5 特殊的十二进制计数器

三、实验内容及步骤

(1) 按图 2.7.1(a)所示，利用两片 74LS74 接成一个四位异步二进制减法计数器，其中输出端接发光二极管，时钟端接单次脉冲，观察并记录 Q_3、Q_2、Q_1、Q_0 的输出状态，验证二进制计数功能。

从 CP 端输入 1kHz 的连续脉冲，用示波器观察记录各输出端波形，并与图 2.7.1(b)进行比较。

(2) 验证 CC40192 同步十进制可逆计数器的逻辑功能。

清零端 CR、置数端 $\overline{LD}$、数据输入端 D_0、D_1、D_2、D_3 分别接逻辑开关，数据输出端 Q_0、Q_1、Q_2、Q_3 分别接实验箱译码显示模块输入插口 A、B、C、D；$\overline{CO}$、$\overline{BO}$ 分别接发光二极管，CP_U、CP_D 根据加减计数功能分别接单次脉冲或逻辑开关。按表 2.7.1 逐项验证 CC40192 逻辑功能并记录之。

(3) 按图 2.7.3 所示，利用两片 CC40192 组成十进制加法计数器，时钟端 CP_U 接单次脉冲，数据输出端 Q_0、Q_1、Q_2、Q_3 分别接实验箱译码显示模块输入插口 A、B、C、D，进行 0～100 计数，记录实验结果。

(4) 利用两片 CC40192 设计一个六十进制加法计数器，时钟端 CP_U 接单次脉冲，数据输出端 Q_0、Q_1、Q_2、Q_3 分别接实验箱译码显示模块输入插口 A、B、C、D，进行 0～59 计数，记录实验结果。

四、实验设备与器件

(1) 数字电路实验箱：1 台。

(2) 集成电路：74LS00、74LS04 各 1 片；74LS74、CC40192 各 2 片。

五、实验报告要求

(1) 画出实验逻辑电路图，按表格要求记录实验数据并画出所要求的时序图。

(2) 总结使用集成计数器的体会。

六、预习要求

(1) 复习有关计数器部分的内容。

(2) 熟悉实验所用各集成芯片引脚排列。

七、思考题

(1) 如果要实现两位十进制减法计数，如何更改图 2.7.3 电路连接？

(2) 思考如何设计一个电子时钟，要求具有显示时、分、秒的功能。

实验 2.8　移位寄存器

一、实验目的

（1）熟悉集成双向移位器寄存器 74LS194 的逻辑功能和使用方法。

（2）掌握移位寄存器的应用——实现数据串/并转换、环形计数器。

二、实验原理

1. 移位寄存器的工作原理

具有移位功能的寄存器称为移位寄存器。移位功能是由触发器串联同步时序电路实现的。图 2.8.1 是由 D 触发器组成的四位右移移位寄存器。

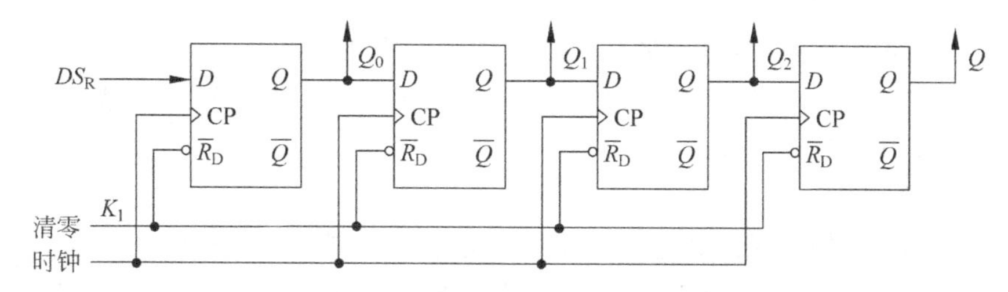

图 2.8.1　D 触发器构成的移位寄存器

移位寄存器有多种用途，可以实现数据的串-并或并-串转换，可以存储或延迟输入/输出信息。用移位寄存器还可以实现二进制的乘 2 和除 2 的功能。

集成移位寄存器的类型较多，各有特点，功能也有所差别。

本实验选用的四位双向通用移位寄存器，型号为 CC40194 或 74LS194，两者功能相同，可互换使用。其逻辑符号及引脚排列如图 2.8.2 所示，其逻辑功能如表 2.8.1 所示。

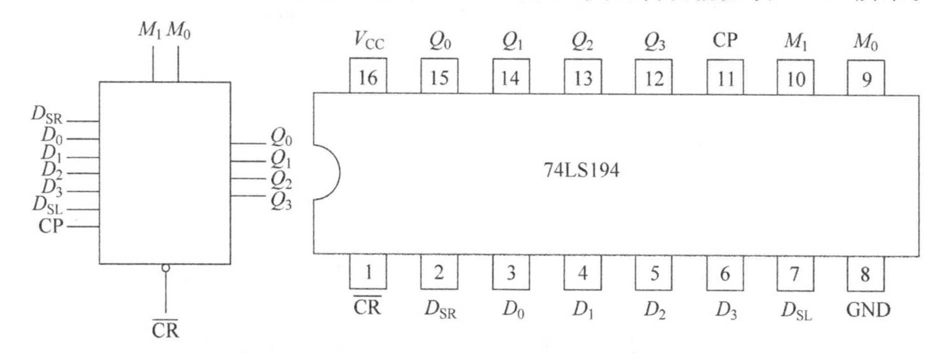

图 2.8.2　74LS194 的逻辑符及引脚排列

当$\overline{CR}$为低电平时，输出清零。移位工作时，$\overline{CR}$为高电平。$M_1M_0=00$ 或时钟 CP 为低电平时，输出保持不变。$M_1M_0=11$ 为置数方式，可以对输出并行置数。当 $M_1M_0=01$，数据从 D_{SR} 输入，在 CP 脉冲作用下，实现右移。当 $M_1M_0=10$，数据从 D_{SL} 输入，在 CP 脉冲作用下，实现左移。

表 2.8.1 74LS194 逻辑功能表

功能	输入										输出			
	$\overline{CR}$	M_1	M_0	CP	D_{SL}	D_{SR}	D_0	D_1	D_2	D_3	Q_0	Q_1	Q_2	Q_3
清零	0	×	×	×	×	×	×	×	×	×	0	0	0	0
保持	1	×	×	0	×	×	×	×	×	×	保持			
	1	0	0	×	×	×	×	×	×	×				
置数	1	1	1	↑	×	×	d_0	d_1	d_2	d_3	d_0	d_1	d_2	d_3
右移	1	0	1	↑	×	1	×	×	×	×	1	Q_{0n}	Q_{1n}	Q_{2n}
	1	0	1	↑	×	0	×	×	×	×	0	Q_{2n}	Q_{3n}	Q_{2n}
左移	1	1	0	↑	1	×	×	×	×	×	Q_{1n}	Q_{2n}	Q_{3n}	1
	1	1	0	↑	0	×	×	×	×	×	Q_{1n}	Q_{2n}	Q_{3n}	0

2. 移位寄存器的应用

移位寄存器的应用很广，可构成移位寄存器型计数器、顺序脉冲发生器、串行累加器；可用作数据转换，即把串行数据转换为并行数据，或把并行数据转换为串行数据等。本实验研究移位寄存器用作环形计数器和数据串、并行转换。

1) 环形计数器

把移位寄存器的输出反馈到它的串行输入端，就可以进行循环移位。如图 2.8.3 所示，把输出端 Q_3 和右移串行输入端 D_{SR} 相连接，设初始状态 $Q_0Q_1Q_2Q_3=1000$，在时钟脉冲 CP 的作用下，$Q_0Q_1Q_2Q_3$ 输出状态如图 2.8.4 所示，可见它是一个具有 4 个有效状态的计数器，这种类型的计数器通常称为环形计数器。在图 2.8.3 的电路中，可在各个输出端输出在时间上有先后顺序的脉冲，因此也可称为顺序脉冲发生器。

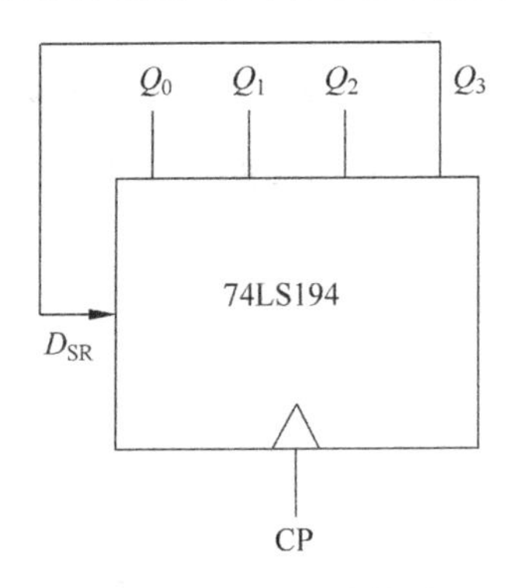

图 2.8.3 环形计数器

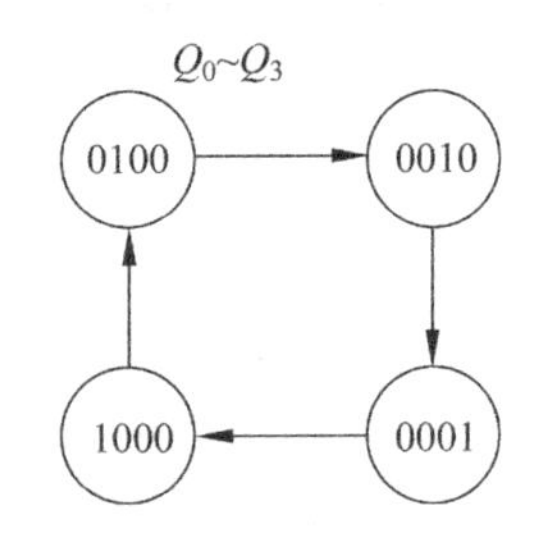

图 2.8.4 环形计数器状态图

如果将输出 Q_0 与左移串行输入端 D_{SL} 相连接，即可得左循环移位。

2) 实现数据串/并行转换

(1) 串行/并行转换器：串行/并行转换是指串行输入的数码，经转换电路之后转换成并行输出。

使用两二片 74LS194 四位双向移位寄存器组成七位串/并行数据转换电路，如图 2.8.5 所示。

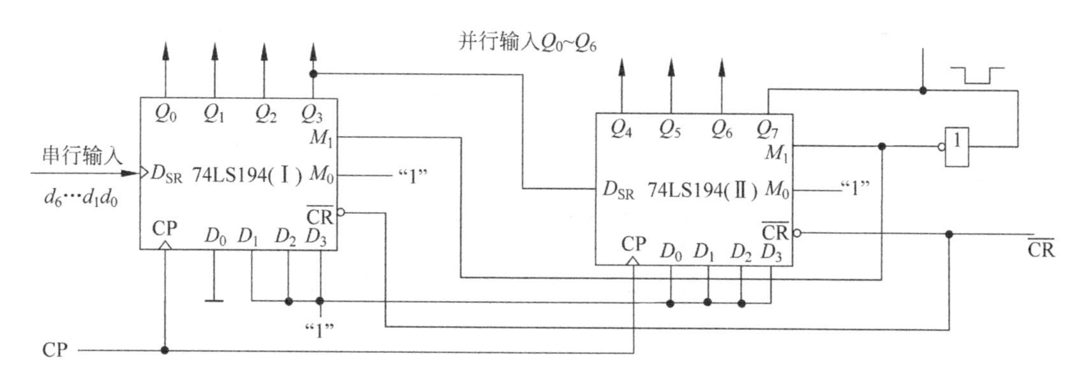

图 2.8.5 七位串/并行数据转换器

电路中 M_0 端接高电平 1，M_1 受 Q_7 控制，74LS194 连接成串行输入右移工作模式，Q_7 是转换结束标志。当 $Q_7=1$ 时，M_1 为 0，使其成为 $M_1M_0=01$ 的串入右移工作方式；当 $Q_7=0$ 时，$M_1=1$，有 $M_1M_0=11$，则串行送数结束，标志着串行输入的数据已转换成并行输出了。

串行/并行转换的具体过程如下：

转换前，$\overline{CR}$端为低电平，使 74LS194(Ⅰ)、74LS194(Ⅱ)两片输出端清零，此时 $M_1M_0=11$，74LS194 处于并行输入工作方式。当第一个 CP 脉冲到来后，输出状态 $Q_0\sim Q_7$ 为 01111111，此时 $M_1M_0=01$，转换电路处于串入右移工作方式，串行输入数据由 74LS194(Ⅰ)片的 D_{SR} 端输入。随着 CP 脉冲的依次加入，输出状态的变化可列成如表 2.8.2 所示。

表 2.8.2 串/并行数据转换状态表

CP		Q_0	Q_1	Q_2	Q_3	Q_4	Q_5	Q_6	Q_7	说明
$\overline{CR}=0$	0	0	0	0	0	0	0	0	0	清零
$\overline{CR}=1$	1	0	1	1	1	1	1	1	1	置数
	2	d_0	0	1	1	1	1	1	1	右移操作七次
	3	d_1	d_0	0	1	1	1	1	1	
	4	d_2	d_1	d_0	0	1	1	1	1	
	5	d_3	d_2	d_1	d_0	0	1	1	1	
	6	d_4	d_3	d_2	d_1	d_0	0	1	1	
	7	d_5	d_4	d_3	d_2	d_1	d_0	0	1	
	8	d_6	d_5	d_4	d_3	d_2	d_1	d_0	0	
$\overline{CR}=0$	9	0	1	1	1	1	1	1	1	置数

由表 2.8.2 可见，移位操作 8 次之后，Q_7 变为 0，M_1M_0 又变为 11，说明串行输入结束。这时串行输入的数据已经转换为并行输出。

当再来一个 CP 脉冲时，电路又重新执行一次并行输入，为第二组串行数据转换做好准备。

(2) 并行/串行转换器：并行/串行转换器是指并行输入的数据经转换电路之后，换成串行输出。使用两片 74LS194 组成的七位并行/串行转换电路如图 2.8.6 所示。

74LS194 输出清零后，加一个转换启动信号(负脉冲或低电平)。此时，由于方式控制位 $M_1M_0=11$，转换电路处于并行输入操作。当第一个 CP 脉冲到来后，$Q_0Q_1Q_2Q_3Q_4Q_5Q_6Q_7=$

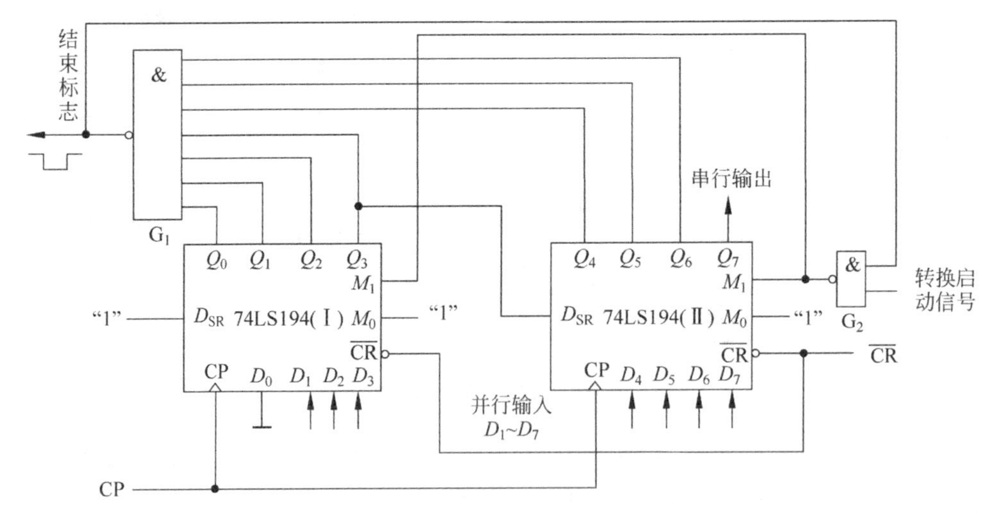

图 2.8.6 七位并行/串行数据转换器

$0D_0D_1D_2D_3D_4D_5D_6$，执行置数操作，因此门 G_1 输出为 1，G_2 输出为 0。此时 $M_1M_0=01$，转换电路随着 CP 脉冲的加入，开始执行右移串行输出。经过 8 个 CP 脉冲之后，$Q_0\sim Q_6$ 的状态都为 1，门 G_1 输出为 0，G_2 门的输出为 1，$M_0M_1=11$，表示并/串行转换结束，并为第二次并行输入创造了条件。输出状态的变化可列成如表 2.8.3 所示。

表 2.8.3 并/串行数据转换状态表

CP		Q_0	Q_1	Q_2	Q_3	Q_4	Q_5	Q_6	Q_7	串行输出
$\overline{CR}=0$	0	0	0	0	0	0	0	0	0	
$\overline{CR}=1$	1	0	D_1	D_2	D_3	D_4	D_5	D_6	D_7	
	2	0	1	D_1	D_2	D_3	D_4	D_5	D_6	D_7
	3	1	1	0	D_1	D_2	D_3	D_4	D_5	D_6D_7
	4	1	1	1	0	D_1	D_2	D_3	D_4	$D_5D_6D_7$
	5	1	1	1	1	0	D_1	D_2	D_3	$D_4D_5D_6D_7$
	6	1	1	1	1	1	0	D_1	D_2	$D_3D_4D_5D_6D_7$
	7	1	1	1	1	1	1	0	D_1	$D_2D_3D_4D_5D_6D_7$
	8	1	1	1	1	1	1	1	0	$D_1D_2D_3D_4D_5D_6D_7$
	9	0	D_1	D_2	D_3	D_4	D_5	D_6	D_7	

三、实验内容及步骤

1. 移位寄存器实验

(1) 按图 2.8.1 所示采用两片双 D 触发器 74LS74 连接电路，串行数据输入端 D_{SR} 和清零端分别连接实验箱逻辑开关 K_2、K_1，CP 接单次脉冲，$Q_0\sim Q_3$ 接发光二极管。

(2) 实验箱上电，置 K_1 为低电平对 D 触发器输出清零，然后置 K_1 为高电平，使 74LS74 处于正常工作状态。

(3) 置串行数据输入 $D_{SR}=1$，按动单次脉冲，观察并记录移位情况。

(4) 交替改变串行数据输入 D_{SR} 的逻辑电平，按动单次脉冲，观察并记录移位情况。

2. 集成移位寄存器

将 74LS194 接入实验箱，输出 $Q_0 \sim Q_3$ 分别接发光二极管，工作方式 M_0、M_1 分别接逻辑开关 K_1、K_2，清零端接复位开关，CP 接单次脉冲，数据输入端 $D_0 \sim D_3$ 分别接逻辑开关。对 74LS194 的基本功能进行验证。

(1) 清零：实验箱上电，按复位开关，使 $\overline{CR}=0$，此时 $Q_0 \sim Q_3$ 全为零，输出端所接发光二极管全灭。

(2) 保持：使 $\overline{CR}=1$，CP=0，改变控制方式 M_0、M_1，输出状态保持不变。或者使 $M_0=M_1=0$，$\overline{CR}=1$，按动单次脉冲，这时输出状态仍然保持不变。

(3) 置数(并行输入、并行输出)：使 $M_0=M_1=1$，$\overline{CR}=1$，数据输入端为 1010，按动单次脉冲，在 CP 的上升沿，观察输出端发光二极管是否为 1010。改变数据开关使输入数据分别为 0000 和 1111，按动单次脉冲，观察输出结果。

(4) 右移：把输出端 Q_3 和右移串行输入端 D_{SR} 相连接，先按上述方法置数，使得 $Q_0 \sim Q_3 = 0001$。再使 $M_0=1$，$M_1=0$，重复按动单次脉冲，观察输出结果，并记录状态转换图。

(5) 左移：把 Q_0 与左侧串行输入端 D_{SL} 相连接，先按上述方法置数，使得 $Q_0 \sim Q_3 = 0001$。再使 $M_0=0$，$M_1=1$，重复按动单次脉冲，观察输出结果，并记录状态转换图。

3. 数据的串行/并行转换

按照图 2.8.5 连接电路，实现数据的串行/并行转换。要求输入串行数据为 $d_6 \sim d_0 = 101011$，串行数据输入端接逻辑开关，并行输出端接发光二极管，重复按动单次脉冲，观察记录实验结果。

4. 数据的并行/串行转换

按照图 2.8.6 连接电路，实现数据的并行/串行转换。要求输入并行数据为 $D_7 \sim D_1 = 101010$，并行数据输入端分别接逻辑开关，串行输出端接发光二极管，重复按动单次脉冲，观察记录实验结果。

四、实验设备与器件

(1) 数字电路试验箱：1 台。

(2) 集成电路：74LS74、74LS194 各 2 片；74LS00、74LS04、74LS30 各 1 片。

五、实验报告要求

(1) 画出实验的逻辑电路图，并以表格形式整理数据。

(2) 分析串行/并行、并行/串行转换器数据转换的过程。

六、预习要求

(1) 复习有关移位寄存器及串行、并行转换器的有关内容。

(2) 熟悉 74LS194 逻辑功能及其引脚排列。

七、思考题

(1) 在对 74LS194 置数后，若要重新置数，是否一定要对 74LS194 清零？

(2) 要使 74LS194 清零，除采用复位端复位外，可否采用左移、右移或置数的方法？如何操作？

(3) 在进行数据串、并转换过程中，图 2.8.5 和图 2.8.6 中 74LS194 都是按照右移的方式进行转换，如若要求按照左移的方式进行数据转换，如何更改电路？

实验 2.9 脉冲信号产生电路

一、实验目的

(1) 掌握用基本门电路构成多谐振荡器的方法。

(2) 熟悉单稳态触发器的工作原理和参数选择。

(3) 熟悉施密特触发器的脉冲整形和应用。

二、实验原理

脉冲信号产生电路是数字系统中必不可少的单元电路，如同步信号、时钟信号和时基信号等都由它产生。产生脉冲信号的电路通常称为多谐振荡器，它无需信号源，只要加上直流电源，就可以自动产生信号。脉冲的整形通常用单稳态触发器或施密特触发器实现。

脉冲信号的产生与整形可以用基本门电路来实现。现在已经有集成单稳态触发器、集成施密特触发器。另外用 555 定时器也可以产生脉冲或实现脉冲整形。本实验主要研究用基本门电路组成的脉冲产生和整形电路。

1. 多谐振荡器

1) TTL 门电路构成的多谐振荡器

由于 TTL 门电路速度快，它适合用于产生中频段脉冲。图 2.9.1 是由 TTL 反向器构成的全对称多谐振荡器。若取 $C_1=C_2=C$，$R_1=R_2=R$，则电路完全对称，电容充放电时间相等，其振荡周期 T 近似为 $1.4RC$。一般 R_1、R_2 的取值不超过 1kΩ，若取 $R_1=R_2=500\Omega$，$C_1=C_2=100\text{pF}\sim100\mu\text{F}$，则其振荡频率的范围为几十赫兹到几十兆赫兹。

2) 环形多谐振荡器

图 2.9.2 是用 TTL 与非门构成的环形多谐振荡器，图中取 $R_1=100\Omega$，R_W 在 $2\text{k}\Omega\sim50\text{k}\Omega$ 之间变化，可调电容 C 的变化范围是 $100\text{pF}\sim50\mu\text{F}$，则振荡频率可从数千赫兹到数兆赫兹间变化。电路的振荡周期为 $T=2.2RC$，其中 $R=R_1+R_W$。

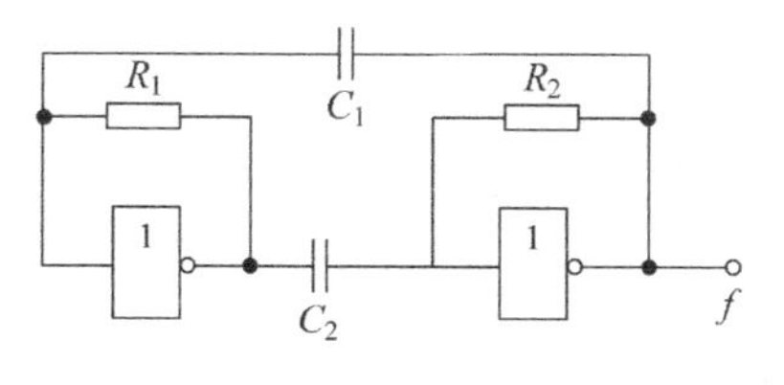

图 2.9.1 TTL 非门构成的全对称多谐振荡器

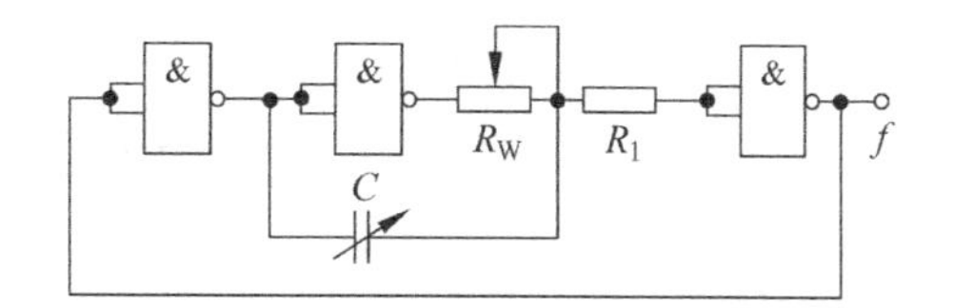

图 2.9.2 TTL 与非门构成的环形多谐振荡器

3）晶体振荡器

用 TTL 或 CMOS 门电路构成的振荡器幅度稳定性较好，但频率稳定性较差，一般只能达到 $10^{-2}\sim10^{-3}$数量级。在对频率的稳定度、精度要求高的场合，选用石英晶体组成的振荡器较为适合。其频率稳定度可达 10^{-5}以上。图 2.9.3 是用 CMOS 芯片 CD4069 和晶体构成的多谐振荡器，C_O一般取 20pF。C_S取 10pF～30pF，其输出频率取决于晶体的固有频率。

2. 单稳态触发器

单稳态触发器的特点是它只有一个稳定状态，在外来脉冲的作用下，能够由稳定状态翻转到暂稳态。暂稳态维持一段时间 T_W以后，将自动返回到稳定状态。T_W大小与触发脉冲无关，仅取决于电路本身的参数。单稳态触发器一般用于定时、整形及延时等。单片集成的单稳态触发器有 74LS122、CC4098 等。图 2.9.4 是用与非门构成的微分型单稳态触发器，其输出脉冲宽度为 $T_W=0.8RC$。

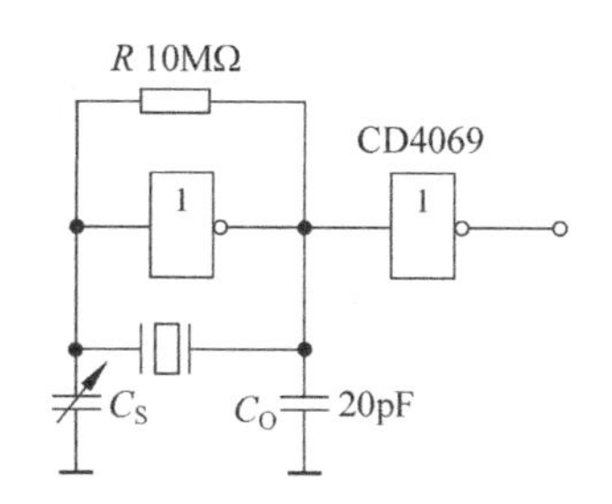

图 2.9.3 晶体振荡器

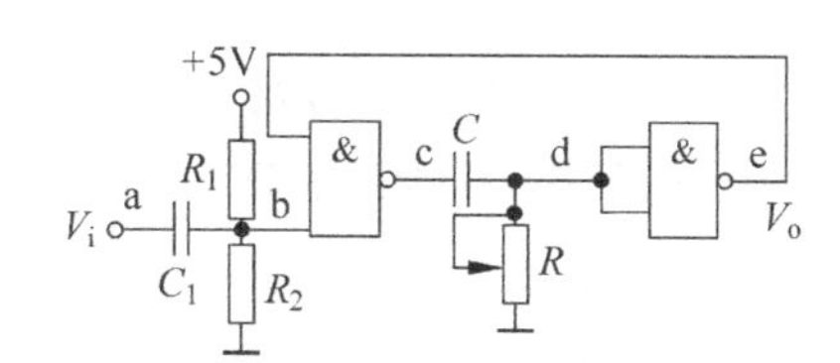

图 2.9.4 微分型单稳态触发器

3. 施密特触发器

施密特触发器的特点是：电路有两个稳定状态，电路状态的翻转依靠外触发电平来维持，一旦外触发电平下降到一定电平后，电路立即恢复到初始稳态。其工作原理是施密特触发器有两个触发电平 V_{TH}和 V_{TL}，当输入信号大于 V_{TH}时，V_o状态翻转；一直到输入信号下降到低于 V_{TL}时，V_o又恢复到初始状态。电路的回差电压为 $V_T=V_{TH}-V_{TL}$。

集成施密特触发器由于性能好，触发电平稳定，得到了广泛应用。例如 CMOS 集成块 CD4093 是 2 输入 4 与非门施密特触发器。图 2.9.5 是 CD4093 的引脚图。

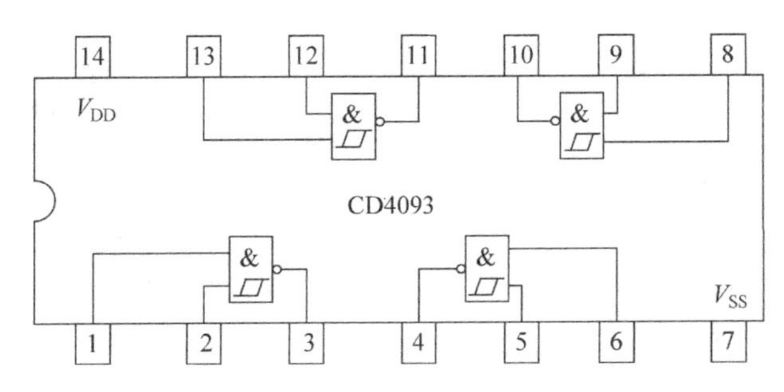

图 2.9.5　CD4093 的引脚排列

三、实验内容及步骤

1. 多谐振荡器实验

分别按图 2.9.1 和图 2.9.2 所示连接振荡电路，使其振荡，并用示波器观察记录波形，计算振荡周期以及频率，并与理论值比较。

2. 单稳态电路实验

(1) 按图 2.9.4 所示连接电路，R 可选择电位器以调节振荡频率。选取 $R_1=5.1\text{k}\Omega$，$R_2=2.5\text{k}\Omega$，电容 $C=0.01\mu\text{F}$，$C_1=200\text{pF}$。

(2) 当输入信号 $V_i=0$ 时接通 5V 电源，用万用表测量并记录 b,c,d,e 点的电位。

(3) 输入频率为 10kHz，幅度>4V 的方波 V_i，用示波器观察并记录 a,d,e 点的波形。

(4) 改变 R 的值，记录脉宽的变化。

3. 施密特触发器实验

(1) 按图 2.9.6 连接电路，在输入信号分别为正弦波、三角波的情况下，用示波器观察 V_o 的波形。

(2) 如果在实验多谐振荡器或单稳态触发器时得到的波形不是矩形波，将其输出连接到图 2.9.6 中的 V_i，再观察输出波形。

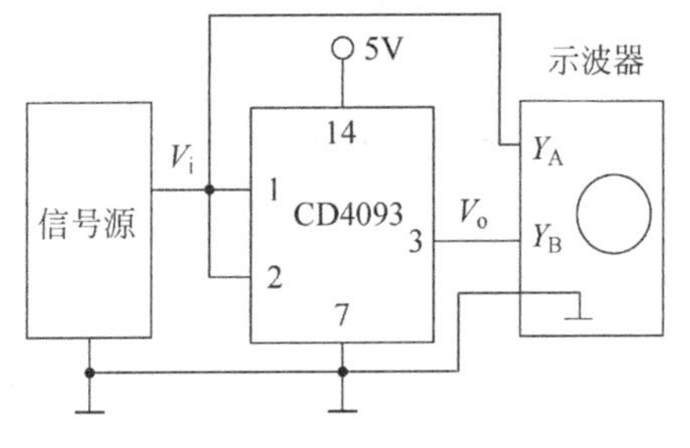

图 2.9.6　施密特触发器实验图

4. 选作实验

(1) 用施密特触发器实现多谐振荡器。按图 2.9.7 的原理图设计并连接电路，改变 R、C 值，用示波器观察输出波形。

(2) 秒脉冲输出电路。图 2.9.8 是产生秒脉冲的电路原理图。采用 32768Hz 的石英晶体作为振荡器，$R=10\text{M}\Omega$，C_S 范围为 0～50pF，CD4060 由一振荡器和 14 级二进制串行计数器位组成，振荡器的结构可以是 RC 或晶振电路。按图 2.9.8 搭建实验电路，通过示波器观察输出波形，并记录。

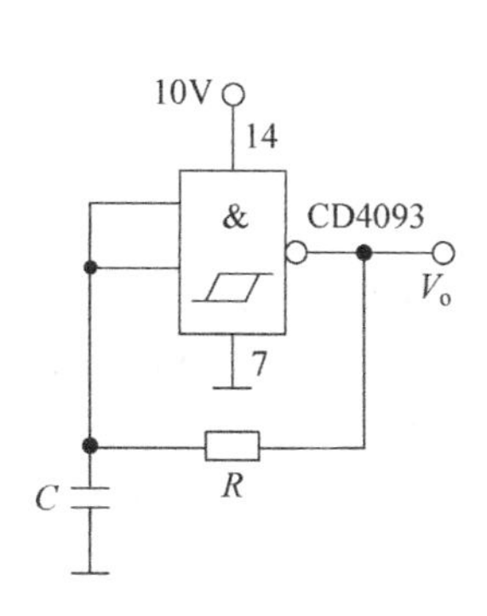

图 2.9.7　施密特触发器实现的多谐振荡器

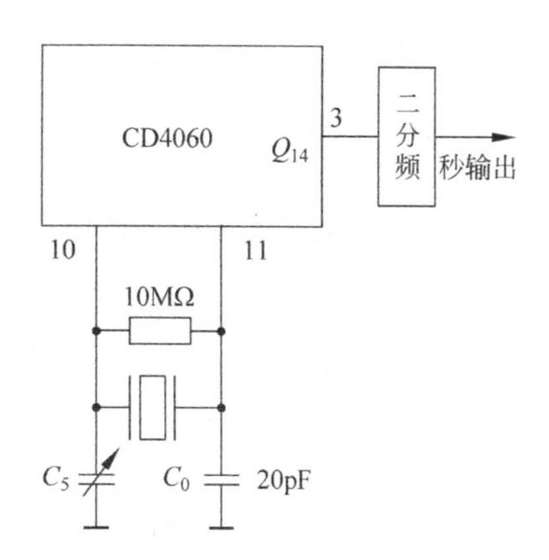

图 2.9.8　秒脉冲产生电路

四、实验设备与器件

(1) 数字电路实验箱：1 台。
(2) 万用表：1 块。
(3) 双踪示波器：1 台。
(4) 集成电路：74LS00、74LS04、CD4069、CD4093、CD4060 各 1 片。
(5) 石英晶体振荡器 32768Hz：1 个。
(6) 电容、电阻或电位器：若干。

五、实验报告要求

(1) 画出实验的逻辑电路。
(2) 整理实验表格。
(3) 按要求绘制示波器输出波形。

六、预习要求

(1) 复习有关自激多谐振荡器的工作原理。
(2) 复习有关单稳态触发器和施密特触发器的内容。
(3) 熟悉实验所用各集成芯片引脚图及功能。

七、思考题

(1) 总结单稳态触发器和施密特触发器的特点及其应用。
(2) 试分析图 2.9.8 所示秒脉冲产生电路的工作原理并思考其中的二分频电路如何设计。

实验 2.10　555 定时器

一、实验目的

(1) 熟悉 555 型集成定时器的工作原理及其特点。

(2) 掌握 555 型集成定时器的基本应用。

二、实验原理

1. 555 型集成定时器的工作原理

555 定时器是一种模拟和数字功能相结合的中规模集成器件。一般用双极性工艺制作的称为 555，用 CMOS 工艺制作的称为 7555，除单定时器外，还有对应的双定时器 556/7556。555 定时器的电源电压范围宽，可在 4.5～16V 工作，7555 可在 3～18V 工作，输出驱动电流约为 200mA，因而其输出可与 TTL、CMOS 或者模拟电路电平兼容。

555 定时器成本低，性能可靠，只需要外接几个电阻、电容就可以实现多谐振荡器、单稳态触发器及施密特触发器等脉冲产生与变换电路。它也常作为定时器广泛应用于仪器仪表、家用电器、电子测量及自动控制等方面。555 定时器的内部电路框图和外引脚排列图分别如图 2.10.1(a)和图 2.10.1(b)所示。其内部包括两个电压比较器、三个等值串联电阻、一个 RS 触发器和一个放电管 T 及功率输出级。它提供两个基准电压 $V_{CC}/3$ 和 $2V_{CC}/3$，它的功能表如表 2.10.1 所示。

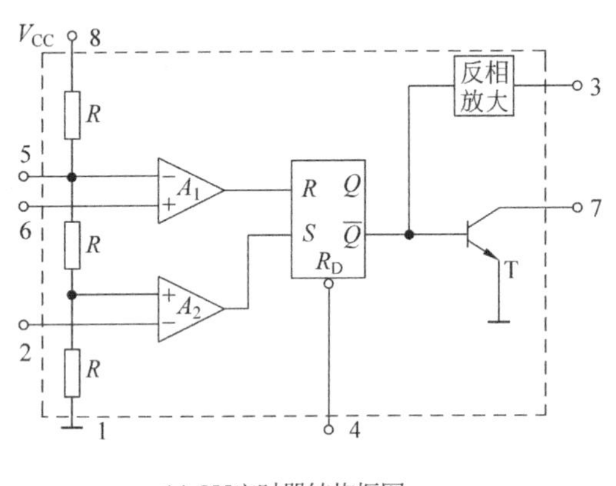

(a) 555定时器结构框图

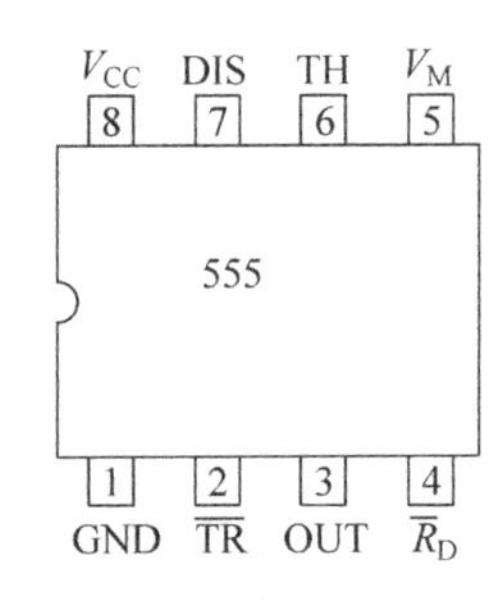

(b) 555定时器引脚排列

图 2.10.1 555 定时器

表 2.10.1 555 定时器功能表

输入端			输出端	
复位 $\overline{R}_D$	触发 $\overline{TR}$	阈值 TH	放电管 T	输出 OUT
0	×	×	导通	0
1	$<V_{CC}/3$	$<2V_{CC}/3$	截止	1
1	$>V_{CC}/3$	$>2V_{CC}/3$	导通	0
1	$>V_{CC}/3$	$<2V_{CC}/3$	不变	原状态

555 定时器的功能主要由两个比较器决定。两个比较器的输出电压控制 RS 触发器和放电管的状态。在电源与地之间加上电压，当 5 脚悬空时，则电压比较器 A_1 的反相输入端的电压为 $2V_{CC}/3$，A_2 的同相输入端的电压为 $V_{CC}/3$。若触发输入端 $\overline{TR}$ 的比较电压小于 $V_{CC}/3$，则比较器 A_2 的输出为 1，可使 RS 触发器置 1，使输出端 OUT=1。如果阈值输入端

TH 的电压大于 $2V_{CC}/3$，同时 $\overline{TR}$ 端的电压大于 $V_{CC}/3$，则 A_1 的输出为 1，A_2 的输出为 0，可将 RS 触发器置 0，使输出为 0 电平。

2. 555 定时器的应用

1）多谐振荡器

图 2.10.2(a)是用 555 定时器组成的多谐振荡器。令 $R_1=R_0+R_W$，则 R_1、R_2 和 C 为定时元件，C_1 是滤波电容，通常 R_1、R_2 大于 1kΩ。接通电源时，555 内部的放电管 T 截止，$V_0=1$。此时电源通过 R_1、R_2 向电容 C 充电，当电容上电压大于 $2V_{CC}/3$ 时，比较器 1 翻转，输出 $V_0=0$，同时放电管 T 导通，电容 C 通过 R_2 放电；当电容上电压小于 $V_{CC}/3$ 时，比较器 2 翻转，使输出电压 $V_0=1$，C 放电终止，又开始充电。电容电压 V_C 和输出电压 V_0 的波形如图 2.10.2(b)所示，此过程重复，形成振荡。

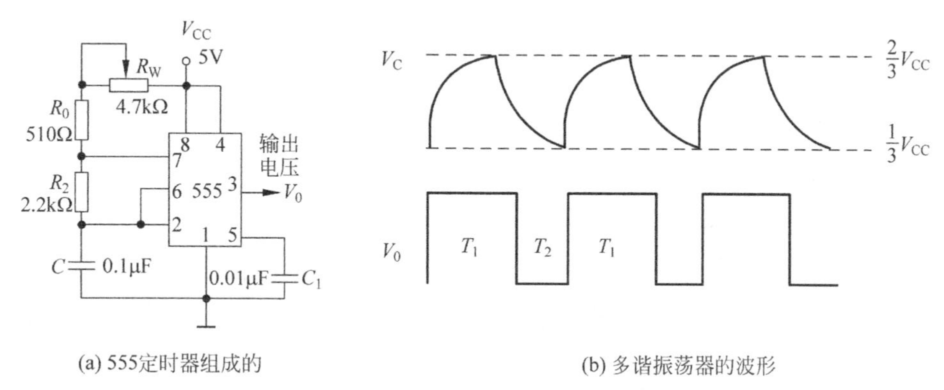

(a) 555定时器组成的　　(b) 多谐振荡器的波形

图 2.10.2　多谐振荡器

充电时间　　$T_1=0.693(R_1+R_2)C$

放电时间　　$T_2=0.693R_2C$

振荡周期　　$T_1=T_1+T_2=0.693(R_1+2R_2)C$

占空比　　$D=\dfrac{T_1}{T}$

2）单稳态触发器和施密特触发器

单稳态电路的组成如图 2.10.3(a)所示。$R=R_1+R_W$，当电源接通后，V_{CC} 通过电阻 R 向电容 C 充电，待电容 V_C 上升到 $2V_{CC}/3$ 时 RS 触发器置 0，即输出 V_o 为低电平，同时电容 C 通过 555 内部的放电管 T 放电。当触发端的外接输入信号电压 $V_i<V_{CC}/3$ 时，RS 触发器置 1，即输出 V_o 为高电平，同时放电管 T 截止，电源 V_{CC} 再次通过电阻 R 向电容 C 充电。输出维持高电平的时间取决于 RC 的充电时间，输出电压的脉宽 $T_W=RC\ln 3\approx 1.1RC$，一般 R 取 1kΩ～10MΩ，$C>1000$pF。图 2.10.3(b)是触发电压 V_i、电容电压 V_C 和输出电压 V_o 的波形。

图 2.10.4(a)为用 555 定时器实现的施密特触发器，它的电压传输特性见图 2.10.4(b)，其中 $V_{TH}=2V_{CC}/3$，$V_{TL}=V_{CC}/3$，其回差电压 $V_T=2V_{CC}/3$。

三、实验内容及步骤

1. 多谐振荡器

(1) 按图 2.10.2(a)接线，组成一个占空比可调的多谐振荡器。

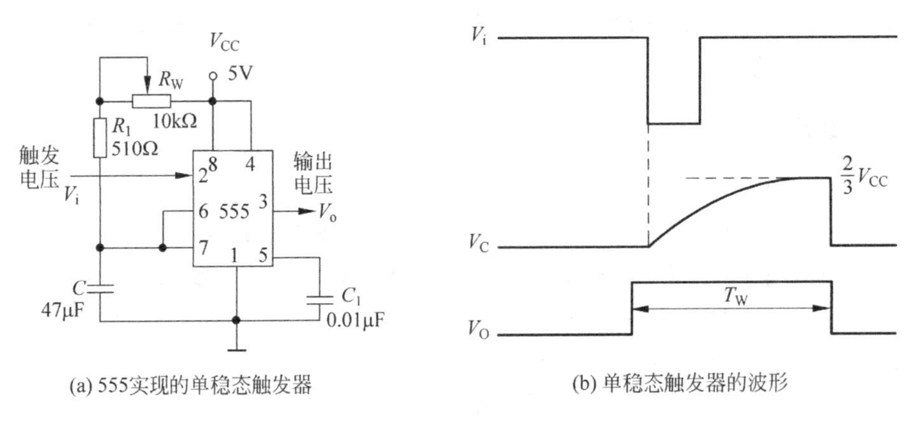

(a) 555实现的单稳态触发器　　(b) 单稳态触发器的波形

图 2.10.3　单稳态触发器

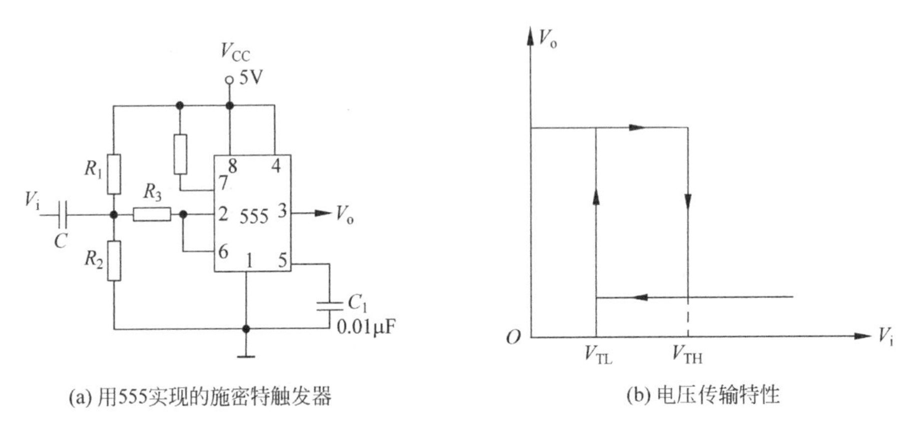

(a) 用555实现的施密特触发器　　(b) 电压传输特性

图 2.10.4　施密特触发器

(2) $C=10\mu F$，调节电位器 R_W，用示波器观察输出信号的波形和占空比。

2. 单稳态触发器

(1) 按图 2.10.3(a)连接电路，组成一个单稳态触发器。

(2) 将频率为 1kHz，幅度为 4V 的矩形波信号加到 V_i 端，用示波器测量输出脉冲宽度。

(3) 改变输入信号的占空比，观察对输出脉冲有无影响。

(4) 改变输入信号的频率，测量输出频率的最大值。

(5) 取 $R=500k\Omega$，$C=10\mu F$，555 的输出端接一个 LED，触发输入端接单次脉冲，用秒表记录 LED 点亮的时间。

3. 施密特触发器

(1) 按图 2.10.4(a)连接电路，取 $R_1=R_2=51k\Omega$，$R_3=1k\Omega$，$C=1\mu F$ 组成施密特触发器。

(2) 将频率为 1kHz，幅度为 4V 的锯齿波信号加到 V_i，观察输出脉冲波形，记录上限触发电平和下限触发电平，计算出回差电压。

4. “叮咚”门铃电路

图 2.10.5 为“叮咚”门铃的电路。555 定时器与 R_1、R_2、R_3 和 C_2 组成多谐振荡器，按钮 AN 未按下时，555 的复位端通过 R_4 接地，因而 555 处于复位的状态，扬声器不发声。当按下 AN 后，电源通过二极管 D_1 使得 555 的复位端为高电平，振荡器起振。因为 R_1 被短路，所以振荡频率较高，发出“叮”声。当松开按钮，电容 C_1 上的电压继续维持高电平，振荡器继续震荡，但此时 R_1 已经接入定时电路，因此振荡频率较低，发出“咚”声。同时 C_1 通过 R_4 放电，当 C_1 上的电压下降到低电平时，555 复位，振荡器停止振荡，扬声器停止发声。电路元件的参数为：电源电压 $+5V$；电阻 $R_1=39k\Omega$，$R_2=R_3=30k\Omega$，$R_4=4.7k\Omega$；电容 $C_1=47\mu F$，$C_2=0.01\mu F$，$C_3=22\mu F$，扬声器阻抗为 8Ω，二极管采用 2CZ 系列。通过实验调试，使该电路工作，并计算该振荡器的两个不同的振荡频率 f_1 和 f_2。

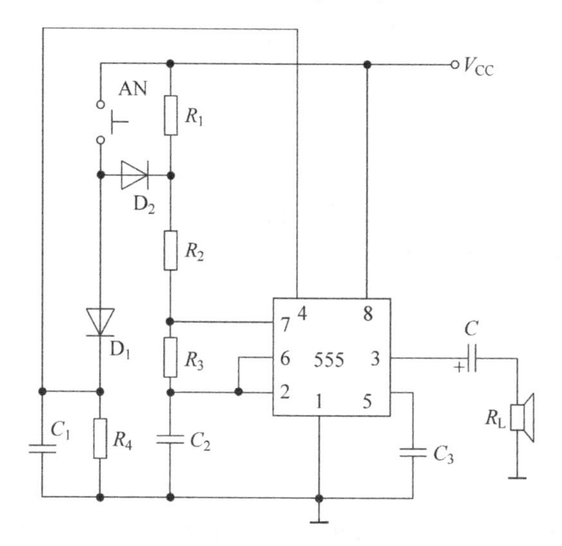

图 2.10.5　“叮咚”门铃电路

四、实验设备与器件

(1) 数字电路实验箱：1 台。
(2) 双踪示波器：1 台。
(3) 脉冲信号发生器：1 台。
(4) 集成电路：555 定时器，1 片。
(5) 电阻、电容：若干。

五、实验报告要求

(1) 画出实验逻辑电路图。
(2) 按要求记录实验波形。

六、预习要求

(1) 复习有关555定时器的工作原理及其应用。
(2) 复习如何用示波器测定施密特触发器的电压传输特性曲线。

七、思考题

(1) 如图2.10.2(a)所示的多谐振荡器中，可否通过改变电容 C 的大小调整振荡器输出信号的占空比？

(2) 考虑采用555定时器设计一个楼梯路灯控制电路，要求按下开关灯马上亮，延时2分钟后自动熄灭。

实验2.11 A/D和D/A转换器

一、实验目的

(1) 熟悉A/D和D/A转换器的基本工作原理及其特点。
(2) 掌握大规模集成A/D和D/A转换器的基本应用。

二、实验原理

1. A/D转换

模数转换器(A/D)的类型和集成芯片有很多，本实验采用的是ADC0809，它是8位的逐次逼近式模数转换器。它有8路模拟输入，由3位数字信号 C、B、A 控制8选1模拟开关来选通某一路模拟输入。集成块的内部电路中有对这三位数字信号的锁存和译码电路，并以ALE控制。当CBA=000～111时，在ALE的控制下，分别选通 IN_0～IN_7。

ADC0809的模数转换由信号START的下降沿启动，由EOC的状态可以得知A/D转换是否结束。当EOC=0时，表明A/D转换正在进行；EOC=1表明本次A/D转换结束。

转换结束后的数据由输出锁存器锁存并经过三态门缓冲后输出。三态缓冲器由OE控制，当OE=1时，允许输出；OE=0时，禁止输出。

ADC0809可以进行8路A/D转换，这种器件使用时不需要调零和满量程调节，当输入时钟频率为640kHz时，转换速度为100μs，转换速度和精度属中挡，价格较便宜，所以在测量与控制中应用较多。

输入ADC0809的模拟信号是单极性的(0～5V)。在输入信号是双极性(−5～+5V)的场合，需要附加电路。

ADC0809采用CMOS工艺，工作电源为+5V，其外引脚为28脚，ADC0809逻辑框图及引脚排列如图2.11.1所示。

2. D/A转换

数模转换器(D/A)能把数字量信号转换为模拟量信号，其类型和集成芯片也有很多。

本实验选用8位的数模转换器DAC0832，它的内部逻辑框图如图2.11.2(a)所示，其主体部分为由T型电阻网络和标准电源构成的全电流式8位D/A转换电路。它由输入的数字量决定模拟开关的状态，而模拟开关控制标准电源在T型电阻网络所产生的电流。输入的数字量通过两级缓冲器送到D/A转换电路。通过对这两级缓冲器进行控制，可以实现直通、单缓冲、双缓冲三种工作方式。如果控制信号使得两级缓冲器一直处于选通状态，则DAC0832工作在直通方式；当输入寄存器、DAC寄存器中有一个直接选通，另一个受控制，

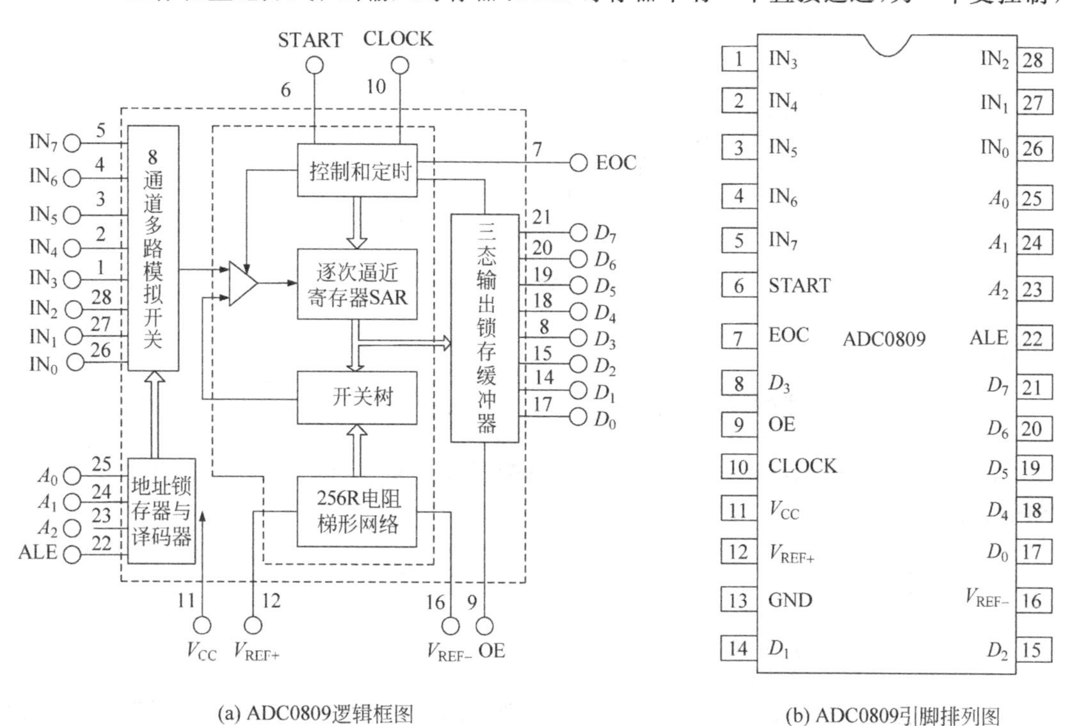

(a) ADC0809逻辑框图　　(b) ADC0809引脚排列图

图2.11.1　ADC0809逻辑框图及引脚排列

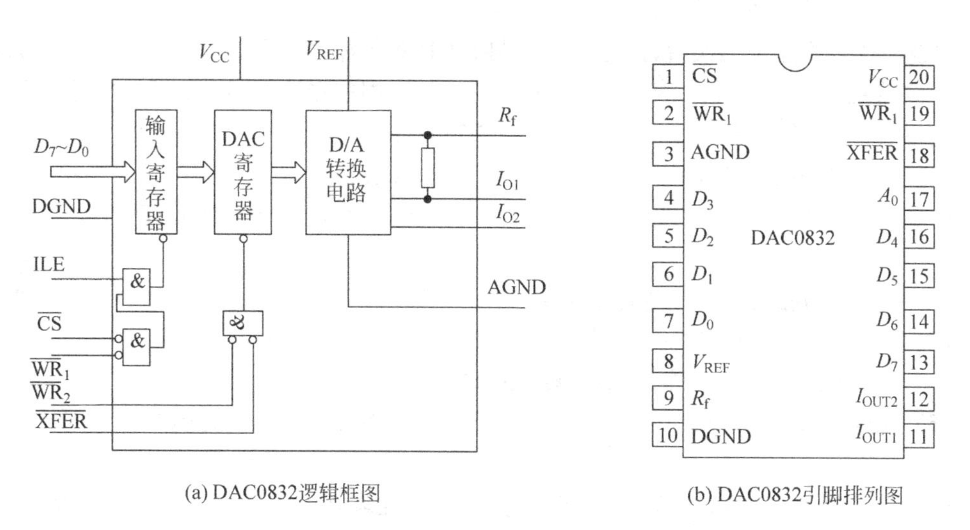

(a) DAC0832逻辑框图　　(b) DAC0832引脚排列图

图2.11.2　DAC0832逻辑框图及引脚排列

则它工作在单缓冲方式；当输入寄存器、DAC 寄存器都受控制时，它工作在双缓冲方式。DAC0832 属于电流型输出的 D/A 转换器。这些电流经外部运算放大器实现 *I-V* 变换输出模拟电压。模拟电压根据不同的外接电路又可分为单极性和双极性。

器件的核心部分采用倒 T 形电阻网络的 8 位 D/A 转换器，如图 2.11.3 所示。它是由倒 T 形 R-2R 电阻网络、模拟开关、运算放大器和参考电压 V_{REF} 共 4 部分组成。

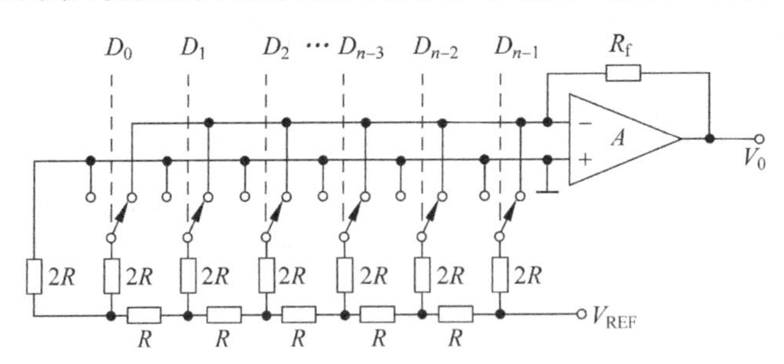

图 2.11.3 倒 T 形电阻网络 D/A 转换

运放的输出电压为

$$V_O = \frac{V_{REF} \cdot R_f}{2^n R}(D_{n-1} \cdot 2^{n-1} + D_{n-2} \cdot 2^{n-2} + \cdots + D_0 \cdot 2^0) \qquad (2.11.1)$$

由式(2.11.1)可见，输出电压 V_O 与输入的数字量成正比，这就实现了从数字量到模拟量的转换。

三、实验内容及步骤

1. A/D 实验内容和步骤

(1) 在实验箱中插入 ADC0809 集成块，按图 2.11.4 所示的电路接线，用发光二极管 LED 观察 A/D 转换的结果和 A/D 转换的状态，CLK 接实验箱的连续脉冲，地址码 *C*、*B*、*A* 和输出允许端 OE 接逻辑开关。

(2) 检查电路连接无误后，接通电源。调节 CP 的脉冲频率大于 1kHz、小于 100kHz(可以用示波器观察波形，并估计频率)，START 和 ALE 端接单次脉冲，注意单次脉冲平时处于低电平，只有在启动 A/D 转换时才发出一个正脉冲。

(3) 用逻辑开关置 *CBA*＝000，即选择模拟输入通道 IN_0、开关 K_3 置为高电平，调节 R_W，并用万用表测量使得 V_{IN} 为 4.5V，依次按动单次脉冲，观测并根据 LED 的状态，记录输出 $D_7 \sim D_0$ 的值。

(4) 按上述方法分别调节 V_{IN} 为 3.5V、2.5V、1.5V、1V、0.5V、0.2V、0.1V、0V 进行实验，观测并记录每次输出 $D_7 \sim D_0$ 的值。

(5) 调节 R_W 使 $D_7 \sim D_0$ 全部为 1，测量此时的 V_{IN}。

(6) 改变开关 $K_0 \sim K_2$，分别将 V_{IN} 接通到 IN_1、IN_3、IN_5、IN_7，每次重复步骤(2)～步骤(5)。

(7) 置 *CBA*＝010，V_{IN}＝2.5V 接至 IN_2，在输出允许开关分别为 0 和 1 的情况下，观察 $D_7 \sim D_0$ 的结果有何不同，说明为什么？

(8) 断开单次脉冲与 START 的连接，并将 EOC 端与 START 相连。选择 $IN_0 \sim IN_7$ 中的

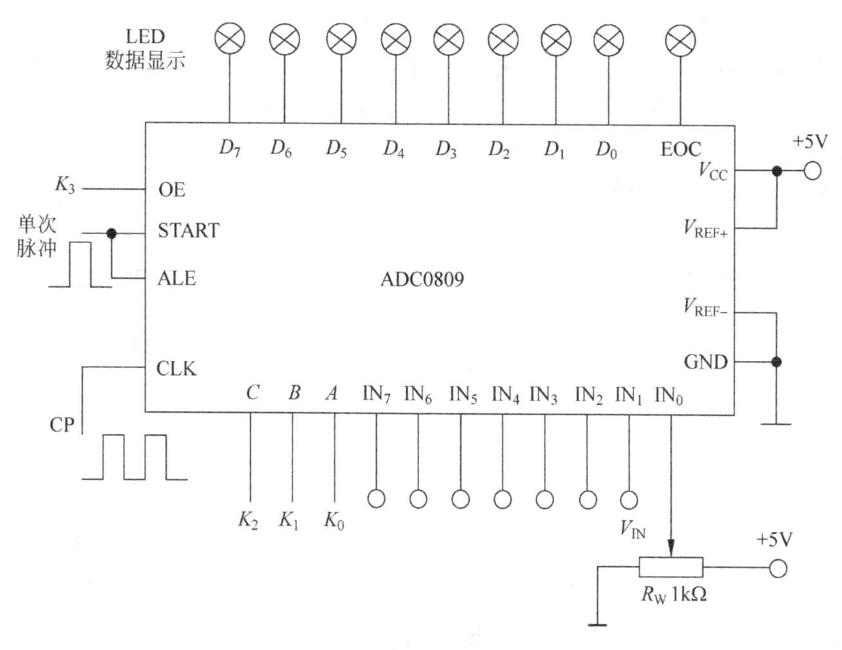

图 2.11.4　A/D 转换实验电路

任一通道，调节 R_W，改变电压 V_{IN}，观察 $D_7 \sim D_0$ 的结果。并用示波器观察 START 的波形。

2. D/A 实验内容和步骤

(1) 按图 2.11.5 接线，但数字信号输入端 $D_7 \sim D_0$ 全部悬空。DAC0832 接成直通方式，单极性电压输出。

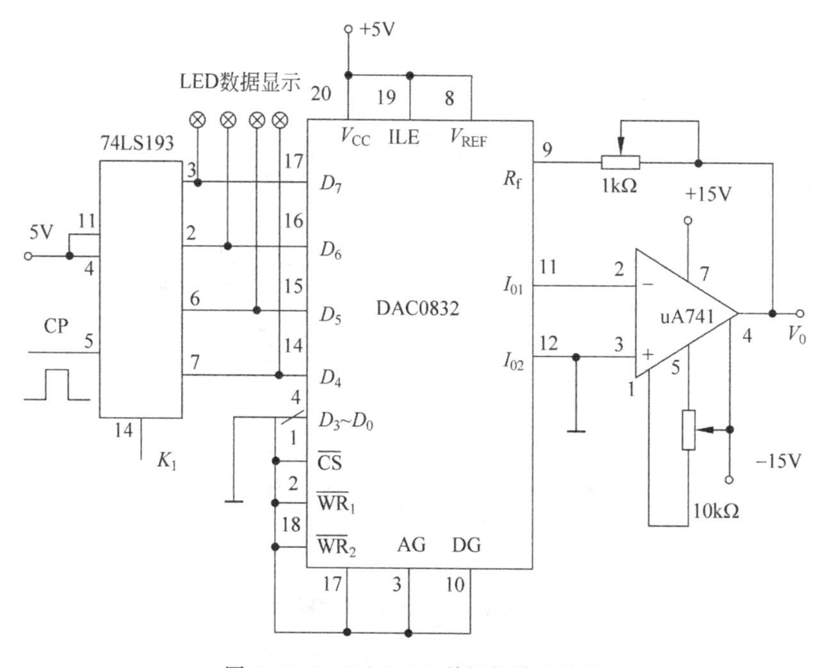

图 2.11.5　DAC0832 单极性输出接法

(2) 在输入数字信号全为0的情况下，调节运算放大器的调零电阻，使输出电压为0。

(3) 在输入数字信号全为1的情况下，调节反馈电阻 R_f，使输出电压为满量程。

(4) 将DAC0832的输入数字信号 $D_0 \sim D_3$ 接地，数字输入端 $D_4 \sim D_7$ 接计数器74LS193的输出端，用 K_1 对计数器74LS193清零。按动单次脉冲，根据LED的显示结果记录数据，用万用表测量输出电压。将结果填入表2.11.1中。

表 2.11.1　D/A 转换器的实验结果

输入数字量				输出模拟电压	
D_7	D_6	D_5	D_4	实测值	理论值
0	0	0	0		
0	0	0	1		
0	0	1	0		
0	1	0	0		
1	0	0	0		
1	1	1	1		

(5) 将计数器74LS193的CP端接实验箱的连续脉冲，用示波器观察 V_o 的波形。

(6) 程控放大器：要求放大器的放大倍数可以数控，至少有15挡可选。按图2.11.6示意设计电路，DAC0832接成直通方式，单极性电压输出。数字输入 $D_7 \sim D_4$ 接地，$D_3 \sim D_0$ 接逻辑开关 $K_3 \sim K_0$。改变数字输入 $D_3 \sim D_0$ 的组合，用万用表测量并记录输入和输出电压，验证是否满足公式：

$$V_0 = -\left(\frac{D}{256}\right)V_{IN}$$

式中，D 是输入的数字量；V_{IN} 是输入电压；V_0 是输出电压。

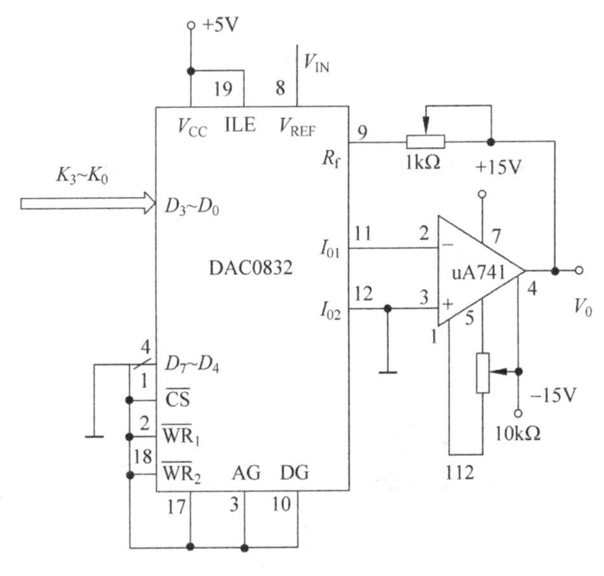

图 2.11.6　程控放大器

四、实验设备与器件

(1) 数字电路实验箱：1 台。

(2) 万用表：1 块。

(3) 双踪示波器：1 台。

(4) 集成电路：DAC0832、DAC0809、74LS193 各 1 片，uA741，2 片。

(5) 电阻、电容：若干。

五、实验报告要求

(1) 画出实验逻辑电路图。

(2) 按要求记录实验波形，并进行比较和分析。

六、预习要求

(1) 复习有关 A/D 和 D/A 转换的相关原理。

(2) 复习由集成运算放大器组成放大电路的有关内容。

(3) 熟悉实验所用各集成芯片引脚排列。

七、思考题

(1) 在 A/D 转换中，如果输入模拟电压大于 5V，实验电路应如何改变？

(2) 分析理论值与实际测量值之间的误差来源。

(3) 在图 2.11.6 的程控放大器中，如果要求放大倍数为 2、8、16、32、64，数字量 $D_7 \sim D_0$ 应如何取值？

第3篇 模拟电子技术设计性实验

实验 3.1 单级阻容耦合晶体管放大电路的设计

一、实验目的

(1) 掌握单级阻容耦合晶体管放大电路的设计方法。

(2) 掌握晶体管放大电路静态工作点的设置与调整方法。

(3) 熟悉测量放大电路的方法,了解共射极电路的特性及放大电路动态性能对电路的影响。

(4) 学习放大电路的安装与调试技术。

二、实验原理

1. 放大电路的组成原则

(1) 放大电路的核心元件是有源元件,即晶体管三极管。

(2) 直流电源的电压数值、极性与其他电路参数应保证晶体管工作在放大区,即建立起合适的静态工作点,保证电路不失真。

(3) 输入信号应能够有效地作用于有源元件的输入回路,即晶体管的 b-e 回路,输出信号能够作用于负载之上。

设计电路可参考图 3.1.1。

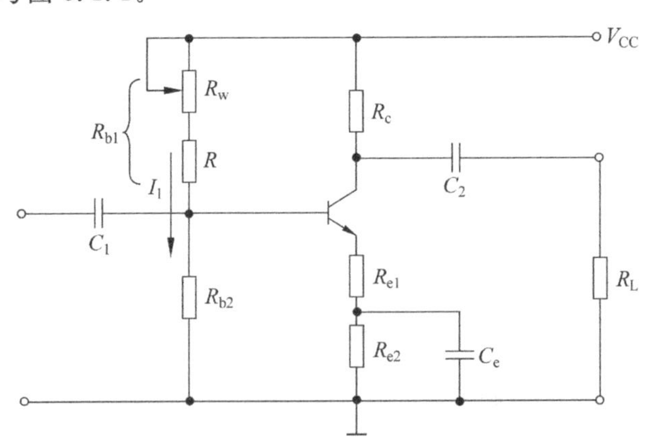

图 3.1.1 单级阻容耦合晶体管放大电路

2. 晶体管放大电路的设计方法

1) 选择电路形式

(1) 单管放大电路有三种可能的接法：共射、共基、共集。其中以共发射极放大电路应用最广。

(2) 根据稳定性、经济性的要求，最常用的是工作点稳定的电路，即分压式偏置电路。

(3) 根据负载的要求及信号内阻的情况来考虑采用什么反馈方式。如果输入电阻较小，可采用串联反馈方式，以增加输入电阻。对于单管放大电路常采用电流反馈，这样电路比较简单。

2) 选择静态工作点

晶体管正常工作状态，应综合以下因素加以考虑。

(1) 晶体管工作在放大区。

(2) 为减少电源耗电，Q 点应选在小电流、低电压处。

(3) I_C和 U_{CE}不宜太小，也不宜太大，以免出现截止失真或饱和失真。

各级静态工作点一般选择在下列范围：$I_C=1\sim3\text{mA}$，$U_{CE}=2\sim5\text{V}$。

3) 元件参数的选择

一般工程设计时，硅管取 $I_1=(5\sim10)I_B$，$U_B=(3\sim5)\text{V}$；锗管取 $I_1=(10\sim20)I_B$，$U_B=(1\sim3)\text{V}$；$I_C=(1\sim3)\text{mA}$。

(1) 确定电阻 R_e。电阻 R_e可由下面关系式得到

$$R_e=\frac{U_E}{I_c}=\frac{U_B-U_{BE}}{I_c} \tag{3.1.1}$$

(2) 确定偏置电阻 R_{b2}、R_{b1}。电阻 R_{b1}、R_{b2}可由下面关系式得到

$$R_{b2}=\frac{U_B}{I_1} \tag{3.1.2}$$

$$R_{b1}=\frac{V_{CC}}{I_1}-R_{b2} \tag{3.1.3}$$

(3) 选择集电极电阻 R_c。选择集电极电阻 R_c应考虑两方面的问题，一是要满足 A_u的要求，即

$$\frac{\beta R'_L}{r_{be}}>|A_u| \tag{3.1.4}$$

式中，$r_{be}=r'_{bb}+(1+\beta)\dfrac{V_T(\text{mV})}{I_E(\text{mA})}$，$V_T$ 为温度的电压当量，在室温(300K)时，其值为 26mV；$R'_L=R_L\parallel R_c$(R_L 已知)。二要避免产生非线性失真，为此，在满足式 $U_{CE}>U_{omax}+U_{CES}$的条件下($U_{omax}=A_u\cdot\sqrt{2}U_i$，$U_{CES}$饱和压降一般可取 1V)，先确定晶体管压降 U_{CE}，再由电路求出 R_c。

$$R_c=\frac{V_{CC}-U_{CE}-U_E}{I_c} \tag{3.1.5}$$

(4) 耦合电容 C_1、C_2和射极旁路电容 C_e的选择。耦合电容 C_1、C_2和射极旁路电容 C_e决定放大电路的下限频率 f_L。如果放大器的下限频率 f_L已知，可按下列表达式估算耦合电容 C_1、C_2和射极旁路电容 C_e。

$$C_1 \geqslant (3 \sim 10)/2\pi f_L(R_s + r_{be}) \tag{3.1.6}$$

$$C_2 \geqslant (3 \sim 10)/2\pi f_L(R_c + R_L) \tag{3.1.7}$$

$$C_e \geqslant (1 \sim 3)/2\pi f_L\{R_e \parallel [(R_s + r_{be})/(1+\beta)]\} \tag{3.1.8}$$

R_s为信号源内阻，电容 C_1、C_2和 C_e均为电解电容，一般 C_1、C_2选用 4.7μF～10μF，C_e选用 33μF～200μF。

三、实验内容及步骤

(1) 按设计任务与要求设计具体电路。

(2) 根据已知条件及性能指标要求，确定元器件(晶体管可以选择硅管或锗管)型号，设置静态工作点，计算电路元件参数(以上两步要求在实验前完成)。

(3) 在实验板上安装电路。检查实验电路接线无误之后接通电源。

(4) 测量直流工作点。测试并记录 U_{BEQ}、I_{CQ}和 U_{CEQ}的值，将实测值与理论计算值进行比较、分析。

(5) 调整元件参数，使其满足设计要求，将修改后的元件参数值标在设计的电路图上。

(6) 测量放大电路的电压放大倍数。

接入 $f=1$kHz，$U_i=10$mV(有效值)的输入信号，用示波器观察输入电压波形和负载电阻上的输出电压波形，在波形不发生失真的条件下，用毫伏表测出电压的有效值 U_o，计算出电压放大倍数。

(7) 观察负载电阻对放大倍数的影响。

更换负载电阻，重新测量放大电路的电压放大倍数，记录数据(自拟表格)。

(8) 测量最大不失真输出电压幅值。

调节信号发生器，逐渐增大输入信号，同时观察输出电压波形变化，然后测出波形无明显失真的最大允许输入电压和输出电压的有效值，最后计算出最大输出电压幅值。

四、实验任务及要求

1. 实验任务

设计一个能够稳定静态工作点的单级阻容耦合晶体管放大电路。

已知条件如下：

(1) 电压放大倍数：$A \geqslant 40$。

(2) 工作频率范围：20Hz～200kHz。

(3) 电源电压：$V_{CC}= +12$V。

(4) 负载电阻：$R_L= 3$kΩ。

(5) 输入信号：$U_i= 8$mV(有效值)。

2. 实验要求

(1) 根据设计任务和已知条件，确定电路设计方案，计算并选取各电路元件。

(2) 设置合适的静态工作点，满足电路不失真的条件。

(3) 电压增益 A_u等主要性能指标满足设计要求。

(4) 电路稳定,无故障。

五、实验报告要求

(1) 写出设计原理、设计步骤及计算公式,画出电路图,并标注元件参数值。
(2) 整理实验数据,计算实验结果,画出波形。
(3) 进行误差分析。
(4) 总结提高电压放大倍数采取的措施。
(5) 分析输出波形失真的原因及性质,并提出消除失真的方法。

六、预习要求

(1) 根据设计任务和已知条件,确定电路方案。
(2) 按设计任务与要求设计电路图。
(3) 对设计电路中的有关元器件进行参数计算和选择。

七、思考题

(1) 放大电路在小信号下工作时,电压放大倍数取决于哪些因素? 为什么加上负载后放大倍数会变化? 与什么有关?
(2) 为什么必须设置合适的静态工作点?
(3) 如何调整交流放大电路的静态工作点? 它在哪一点为好(即 U_{CE}应是多大才合适)?
(4) 尽管静态工作点合适,但输入信号过大,放大电路将产生何种失真?
(5) 电路中电容的作用是什么? 电容的极性应怎样正确连接?

实验 3.2 多级负反馈放大电路的设计

一、实验目的

(1) 学习多级放大电路的设计方法。
(2) 掌握多级放大电路的安装、调试与测量。
(3) 研究负反馈对放大电路性能的影响。

二、实验原理

1. 多级负反馈放大电路的组成原则

(1) 如果需要组成具有较宽频带的交流放大电路,应选择宽带集成放大器,并使其处于深度负反馈。

(2) 若要得到较高增益的宽带交流放大电路,可用两个或两个以上的单级交流放大电路级联组成。

(3) 在设计小信号多级宽带交流放大电路时,输入到前级运算放大电路的信号幅值较小，为了减小动态误差，应选择宽带运算放大电路，并使它处于深度负反馈。

(4) 加大负反馈深度，降低电压放大倍数，从而达到扩展频带宽度的目的。

(5) 由于输入到后级运算放大电路的信号幅度较大，因此，后级运算放大电路在大信号的条件下工作时，影响误差的主要因素是运算放大电路的转换速率。运算放大电路的转换速率越大，误差越小。设计电路可参考图 3.2.1。

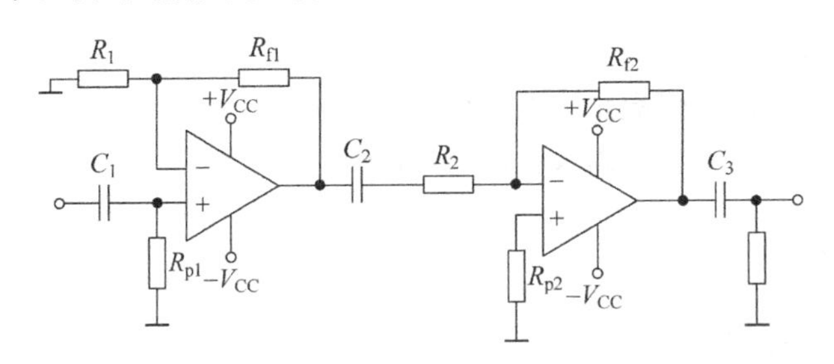

图 3.2.1 两级交流放大电路参考电路

2. 多级放大电路的设计方法

1) 确定放大电路的级数 n

根据多级放大电路的电压放大倍数 A_u 和所选用的每级放大电路的放大倍数 A_{ui}，确定多级放大电路的级数 n。

一般同相放大电路的电压放大倍数在 1～100 之间，反相放大电路的电压放大倍数在 0.1～100 之间。因此，在此范围内的放大电路采用两级就可以满足设计要求。

2) 选择电路形式

由于同相放大电路的输入电阻比较高，在不接同相端的平衡电阻时，同相放大电路的输入电阻在 10MΩ～100MΩ 之间，接了同相端的平衡电阻后，输入电阻主要由平衡电阻的值决定。反相放大电路的输入电阻 $R_i=R_2$，R_2 的取值一般在 1kΩ～1MΩ 之间。

3) 最大不失真输出电流

可根据交流放大电路所要求的最大不失真输出电压 U_{omax} 计算。对于普通运算放大器，其输出电流一般都在十几毫安左右。

4) 选择集成运算放大器

首先初步选择一种类型的运算放大器，然后根据所选运算放大器的单位增益带宽 BW 计算出每级放大器的带宽 f_{Hi}。

$$f_{Hi}=\frac{BW}{A_{Vi}} \tag{3.2.1}$$

按上式算出 f'_{Hi}

$$f'_{Hi}=f_{Hi}\sqrt{2^{\frac{1}{n}}-1} \tag{3.2.2}$$

多级放大电路的总带宽 f_H 必须满足 $f_H\leqslant f'_{Hi}$，若不能满足技术指标提出的带宽要求，此时可再选择增益带宽积更高的运算放大器。当所选用的运算放大器满足带宽要求后，对末级放大器所选用的运算放大器，其转换速率 S_R 必须满足

$$S_R\geqslant 2\pi f_{max}\cdot U_{omax} \tag{3.2.3}$$

否则会使输出波形严重失真。

此设计电路的第一级可选用 uA741，第二级可选用 LF347。

5）选择供电方式

在交流放大器中的运算放大器可以采用单电源供电或正负双电源供电方式。单电源供电与正负双电源供电的区别是：单电源供电的电位参考点为负电源端（此时负电源端接地）；而正负双电源供电的参考电位是总电源的中间值（当正负电源的电压值相等时，参考电位为零）。

6）计算各电阻值

根据性能指标要求，输入电阻 R_i 为已知，因此第一级放大电路的输入电阻既是平衡电阻，也是放大电路的输入电阻。因此取 $R_{P1}=R_i$，由 $R_{P1}=R_{f1}\parallel R_1$ 和 $A_{uF1}=1+R_{f1}/R_1$ 可得 R_1、R_{f1} 值。对于第二级放大电路，可先确定 R_2，根据 $A_{uF2}=-R_{f2}\parallel R_2$ 求出 R_{f2}。$R_{p2}=R_2\parallel R_{f2}$，$R_{i2}=R_2$。

7）计算耦合电容

交流同相放大器耦合电容为

$$C_1=\frac{(1\sim10)}{2\pi f_L R_i} \tag{3.2.4}$$

第一级放大器与第二级放大器之间的耦合电容为

$$C_2=\frac{(1\sim10)}{2\pi f_L R_{i2}} \tag{3.2.5}$$

第二级放大器输出的耦合电容为

$$C_3=\frac{(1\sim10)}{2\pi f_L R_L} \tag{3.2.6}$$

三、实验内容及步骤

(1) 按设计任务与要求设计具体的多级负反馈放大电路。

(2) 根据已知条件及性能指标要求，计算出有关参数，确定所用的运算放大器、电阻和电容（以上两步要求在实验前完成）。

(3) 将设计电路在实验板上进行连接，确定连接无误后接上电源。

(4) 调整第一级放大电路。从第一级放大电路的输入端输入频率为 1kHz，幅度 U_{im} 为 5mV 的交流信号，用示波器在第一级放大电路的输出端测出输出电压的幅值 U_{om1}，根据 U_{im} 和 U_{om1} 算出该级的电压放大倍数 A_{uF1}。

将输入信号的频率改为 20Hz，输入信号的幅度保持 5mV 不变，测出对应的输出电压 U'_{om1}。若 $U'_{om1}=0.707U_{om1}$，说明已达到指标要求；若 $U'_{om1}<0.707U_{om1}$，说明 C_1、C_2 的值取得太小，应加大 C_1 的值，同时观察对应的输出电压 U'_{om1}，然后再改变 C_2 的值，一直调到 $U'_{om1}=0.707U_{om1}$ 为止；若 $U'_{om1}>0.707U_{om1}$，说明 C_1、C_2 的值取得太大，应减小 C_1 的值，同时观察对应的输出电压 U'_{om1}，然后再改变 C_2 的值，一直调到 $U'_{om1}=0.707U_{om1}$ 为止。

(5) 调整第二级放大电路。从第二级放大电路的输入端输入频率为 1kHz，幅度 U_{im} 为 50mV 的交流信号，用示波器在第二级放大器的输出端测出输出电压的幅值 U_{om2}，根据 U_{im} 和 U_{om2} 算出该级的电压放大倍数 A_{uF2}。

将输入信号的频率改为 20Hz，输入信号的幅度保持 50mV 不变，测出对应的输出电压

U'_{om2}。若$U'_{om2}=0.707U_{om2}$，说明已达到指标要求；若$U'_{om2}<0.707U_{om2}$，说明C_2、C_3的值取得太小，应加大C_2的值，同时观察对应的输出电压U'_{om2}，然后再改变C_3的值，一直调到$U'_{om2}=0.707U_{om2}$为止；若$U'_{om2}>0.707U_{om2}$，说明C_2、C_3的值取得太大，应减小C_2的值，同时观察对应的输出电压U'_{om2}，然后再改变C_3的值，一直调到$U'_{om2}=0.707U_{om2}$为止。

(6) 两级联调。在以上两级分别调试好的情况下，就可以将两级放大电路连接起来调试。

从放大电路的输入端输入频率为1kHz，幅度U_{im}为5mV的交流信号，用示波器在放大电路的输出端测出输出电压的幅值U_{om}，根据U_{im}和U_{om}算出该级的电压放大倍数$A_{u\Sigma}$。

然后将输入信号的频率改为20Hz，保持输入信号的幅度5mV不变，测出对应的输出电压U'_{om}。若$U'_{om}=0.707U_{om}$，说明已达到指标要求；若$U'_{om}<0.707U_{om}$，可适当加大C_1的值，同时观察对应的输出电压U'_{om}，然后再改变C_2与C_3的值，一直调到$U'_{om}=0.707U_{om}$为止；若$U'_{om}>0.707U_{om}$，可适当减小C_1的值，同时观察对应的输出电压U'_{om}，然后再改变C_2与C_3的值，一直调到$U'_{om}=0.707U_{om}$为止。

(7) 将修改后的元件参数值标在设计的电路图上，并对照计算值与实验值进行比较。

四、实验任务及要求

1. 实验任务

设计一个由运算放大器构成的两级负反馈放大电路。

已知条件如下：

(1) 闭环时中频电压放大倍数：$A_{uF}=1000$。

(2) 输入电阻：$R_i=20k\Omega$。

(3) 负载电阻：$R_L=2k\Omega$。

(4) 上限频率：$f_H\leqslant 20kHz$。

(5) 下限频率：$f_L\leqslant 10kHz$。

(6) 最大不失真输出电压：$U_{omax}=5V$。

2. 实验要求

(1) 确定负反馈放大电路的级数。

(2) 选择合适的反馈形式。

(3) 根据设计要求选择集成运算放大器，计算所用的电阻值、耦合电容值。

(4) 测量中频电压放大倍数、下限频率f_L与上限频率f_H。

五、实验报告要求

(1) 根据已知条件及性能指标要求，计算电路元件参数。

(2) 画出电路图。

(3) 列出设计步骤和电路中各参数的计算结果。

(4) 详细说明性能指标的测试过程。

(5) 整理实验数据，将实验值与理论值比较，分析产生误差的原因。

六、预习要求

（1）参考有关集成电路负反馈放大电路的工作原理，理解集成负反馈放大电路的基本特点。

（2）掌握集成电路负反馈放大电路的主要性能指标及基本分析方法。

（3）根据设计任务，估算电路闭环时的性能指标，拟定实验方案，准备所需的实验记录表格。

七、思考题

（1）如何确定放大电路的级数？

（2）如何选择集成运算放大器？

（3）单电源供电与双电源供电有什么区别？

（4）多级放大电路的总带宽必须满足什么条件？

（5）为什么要单独对两级放大电路分别进行调试？

实验 3.3　模拟运算电路设计

一、实验目的

（1）掌握反相比例运算、同相比例运算、加法和减法运算电路的原理、设计及测量方法。

（2）能正确分析运算精度与运算电路中各元件参数之间的关系，能正确理解“虚断”、“虚短”的概念。

二、实验原理

在应用集成运算放大器时，必须注意以下问题：①集成运算放大器是由多级放大电路组成的，将其闭环构成深度负反馈时，可能会在某些频率上产生附加相移，造成电路工作不稳定，甚至产生自激振荡，使运算放大器无法正常工作，所以必须在相应运算放大器规定的引脚端接上相位补偿网络。②在需要放大含直流分量信号的应用场合，为了补偿运算放大器本身失调的影响，保证在集成运算放大器闭环工作后，输入为零时输出为零，必须考虑调零问题。③为了消除输入偏置电流的影响，通常让集成运算放大器两个输入端对地直流电阻相等，以确保其处于平衡对称的工作状态。

1. 反相比例运算电路

电路如图 3.3.1 所示。信号 U_i 由反相端输入，输出 U_o 与 U_i 相位相反。输出电压经 R_f 反馈到反相输入端，构成电压并联负反馈电路。在设计电路时应注意，R_f 也是集成运算放大器的一个负载，为保证电路正常工作，应满足 $U_o < U_{omax}$，另外应选择 $R_b = R_1 \parallel R_f$，其中 R_1 为闭环输入电阻，R_b 为输入平衡电阻。由“虚短”、“虚断”原理可知，该电路的闭环电压

放大倍数为 $A_{uF}=-\frac{R_f}{R_1}$，输入电阻为 $R_{if}=R_1$。

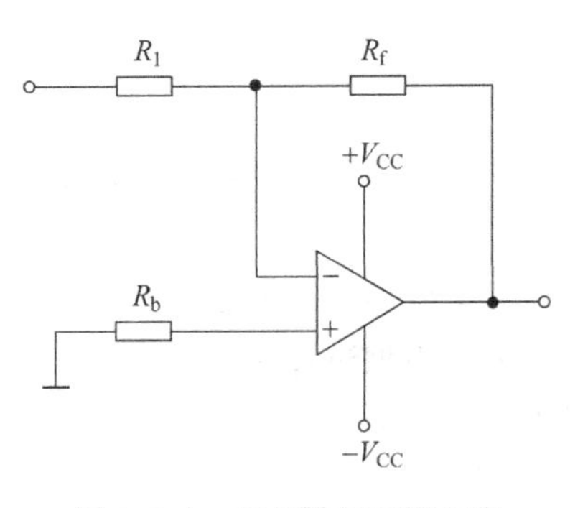

图 3.3.1 反相比例运算电路

2. 同相比例运算电路

电路如图 3.3.2 所示，属电压串联负反馈电路，其输入阻抗高，输出阻抗低，具有放大及阻抗变换作用，通常用于隔离或缓冲级。其闭环电压放大倍数为 $A_{uF}=1+\frac{R_f}{R_1}$。当 $R_f=0$（或 $R_1=\infty$），$A_{uF}=1$，即输出电压与输入电压大小相等，相位相同，这种电路称为电压跟随器。它具有很大的输入电阻和很小的输出电阻，其作用与晶体管射极跟随器相似。

同相输入比例电路必须考虑共模信号问题。对于实际运算放大器来说，加于两个输入端上的共模电压接近于信号电压 U_i，差模放大倍数 A_{uD} 不是无穷大，共模放大倍数 A_{uC} 也不是零，共模抑制比 K_{CMR} 为有限值，那么共模输入信号将产生一个输出电压，这必然引起运算误差。另外，同相输入必然在集成运算放大器输入端引入共模电压，而集成运算放大器的共模输入电压范围是有限的，所以同相输入时运算放大器输入电压的幅度受到限制。

3. 加法运算电路

加法运算电路根据输入信号是从反相端输入还是从同相端输入，分为反相加法电路与同相加法电路两种。反相加法电路如图 3.3.3 所示（其中 R_b 表示电路平衡电阻）。

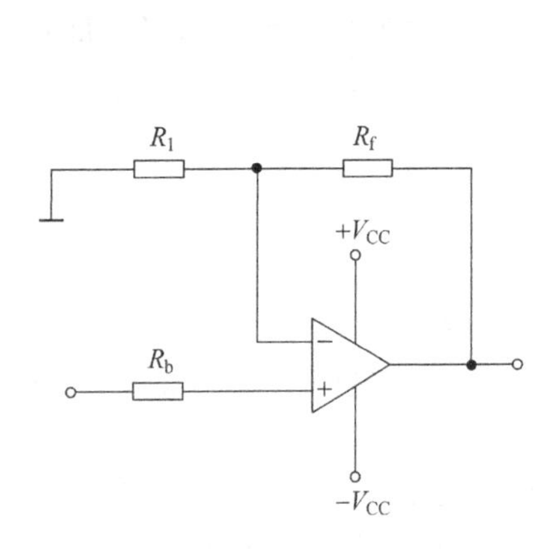

图 3.3.2 同相比例运算电路

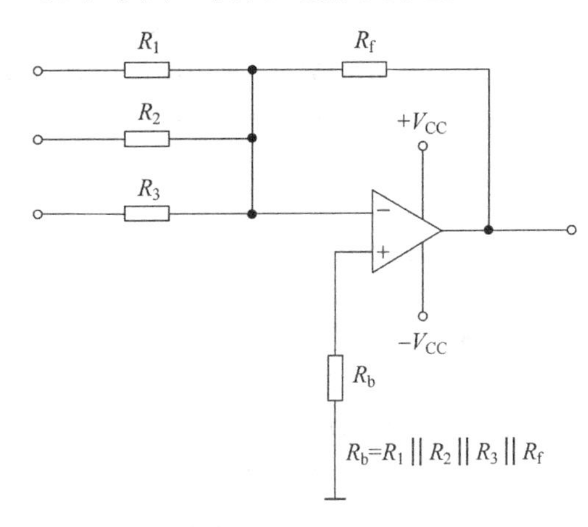

图 3.3.3 反相加法运算电路

在理想条件下，图 3.3.3 所示反相加法电路的输入电压与输出电压的关系为

$$u_o=-\left(\frac{R_f}{R_1}u_{i1}+\frac{R_f}{R_2}u_{i2}+\frac{R_f}{R_3}u_{i3}\right)=(A_{uF1}u_{i1}+A_{uF2}u_{i2}+A_{uF3}u_{i3}) \qquad (3.3.1)$$

由上面推导可知，R_b 与每个回路的电阻有关，因此要满足一定比例系数时，电阻的选配比较困难，调节不大方便。一般都用反相加法运算电路进行设计。

4. 减法运算电路

电路如图 3.3.4 所示，当 $R_1=R_3$，$R_2=R_4$ 时，该电路实际上是一个差动放大电路。根

据叠加原理得

$$u_o = -\frac{R_2}{R_1}(u_{i1} - u_{i2}) \qquad (3.3.2)$$

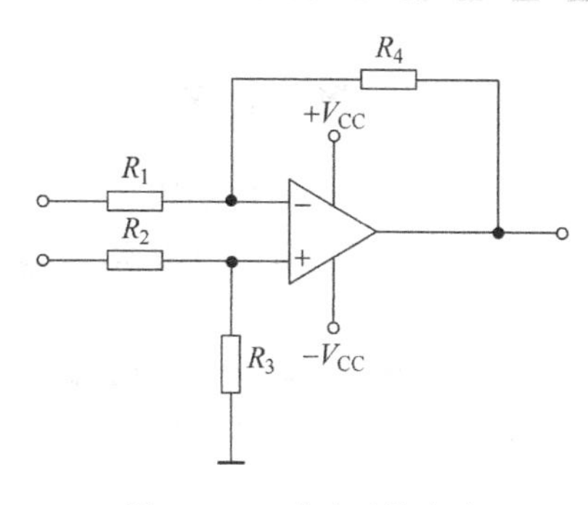

图 3.3.4　减法运算电路

上式是在满足 $R_1 = R_3$，$R_2 = R_4$ 的条件下得到的，所以实验中必须严格地选配电阻 R_1、R_3、R_2、R_4 的值。而 $\frac{u_o}{u_{i1} - u_{i2}}$ 表示的是这个电路的差模电压放大倍数，即

$$A_{uD} = \frac{u_o}{u_{i1} - u_{i2}} = \frac{R_2}{R_1} \qquad (3.3.3)$$

当输入共模信号时，有 $u_{i1} = u_{i2}$，所以这个电路的共模电压放大倍数为 0。利用虚短的概念，可以得到这个差动放大器的输入电阻 $R_i = 2R_1$。另外，在实际电路中，要提高电路运算精度，必须选用高 K_{CMR} 的运算放大器。

三、实验内容及步骤

(1) 根据已知条件和设计要求，选定设计电路方案。

(2) 画出设计原理图，并计算已选定各元器件的参数。

(3) 在实验电路板上安装所设计的电路，检查实验电路，接线无误之后接通电源。

(4) 调整元件参数，使其满足设计计算值要求，并将修改后的元件参数值标在设计的电路图上。

(5) 按表 3.3.1 所示的输入数据测量输出电压值，并与理论值比较。

表 3.3.1　输出电压测量

输入信号 u_{i1}	−0.5V	−0.3V	0V	0.3V	0.5V	0.7V	1V	1.2V
输入信号 u_{i2}	−0.2V	0V	0.3V	0.2V	0.3V	0.4V	0.5V	0.6V
输入信号 u_{i3}	1.2V	−0.2V	0.5V	0V	0.1V	0V	0.2V	0.3V
实际测量 u_o								
理论计算 u_o								

四、实验任务及要求

1. 实验任务

(1) 设计一个能实现下列运算关系的运算电路：

$$u_o = -(1.5u_{i1} + 2.5u_{i2} + u_{i3}) \qquad (3.3.4)$$

(2) 技术要求：输出失调电压 $u_o \leqslant \pm 5\text{mV}$。

2. 实验要求

(1) 确定电路方案，计算并选取电路的元件参数。

(2) 电路稳定，无自激振荡。

五、实验报告要求

(1) 画出设计方案的原理图。
(2) 计算主要元器件参数。
(3) 选择的元器件。
(4) 记录、整理实验数据,画出输入与输出电压的波形,分析结果。
(5) 定性分析产生运算误差的原因。
(6) 回答思考题。
(7) 写出心得体会。

六、预习要求

(1) 预习集成运算放大器基本运算电路的工作原理。
(2) 根据实验内容,自拟实验方法和调试步骤。

七、思考题

(1) 理想运算放大器具有哪些特点?
(2) 运算放大器用作模拟运算电路时,“虚短”、“虚断”能永远满足吗?在什么条件下“虚短”、“虚断”将不再存在?

实验 3.4 有源滤波器设计

一、实验目的

(1) 学习有源滤波器的设计方法。
(2) 熟悉用运算放大器和电阻、电容构成的有源滤波器。
(3) 了解电阻、电容和 Q 值对滤波器性能的影响。
(4) 掌握有源滤波器的调试方法。

二、实验原理

在实际的电子系统中,输入信号往往包含一些不需要的信号成分,必须设法将它衰减到足够小的程度,或者采用滤波器把有用的信号挑选出来。滤波器是一种选频电路,它是一种能使有用信号通过,而同时抑制无用频率信号的电子装置。这里讨论的是由运算放大器和电阻、电容等组成的有源模拟滤波器。由于集成运算放大器的带宽有限,目前有源滤波器的最高工作频率只能达到 1MHz(参考电路略)。

有源滤波器的形式有几种,下面对巴特沃斯二阶有源低通滤波器的设计进行介绍。

1. 求传递函数

可以证明巴特沃斯二阶有源低通滤波器的幅频特性为

$$\left|\frac{A(\mathrm{j}\omega)}{A_{\mathrm{uF}}}\right| = \frac{1}{\left[1-\left(\frac{\omega}{\omega_{\mathrm{o}}}\right)^2\right]^2+\frac{\omega^2}{\omega_{\mathrm{o}}^2Q^2}} \quad n=1,2,3,\cdots \tag{3.4.1}$$

式中，$A_{\mathrm{uF}}=1+\frac{R_{\mathrm{f}}}{R_1}$，$\omega_{\mathrm{o}}=\frac{1}{RC}$，$Q=\frac{1}{3-A_{\mathrm{uF}}}$。

特征角频率 $\omega_{\mathrm{o}}=\frac{1}{RC}$就是 3dB 截止角频率。因此，上限截止频率为

$$f_{\mathrm{H}}=\frac{1}{2\pi RC} \tag{3.4.2}$$

当 $Q=0.707$ 时，这种滤波器称为巴特沃斯滤波器。

2. 根据阻带衰减速率要求，确定滤波器的阶数 n

任何高阶滤波器都可由一阶和二阶滤波器级联而成。对于 n 为偶数的高阶滤波器，可以由 $n/2$ 节二阶滤波器级联而成，而 n 为奇数的高阶滤波器可以由$(n-1)/2$ 节二阶滤波器和一节一阶滤波器级联而成，因此一阶滤波器和二阶滤波器是高阶滤波器的基础。

当 $\omega\gg\omega_{\mathrm{o}}$时，二阶有源低通滤波器的幅频特性为

$$\left|\frac{A(\mathrm{j}\omega)}{A_{\mathrm{uF}}}\right| \approx \frac{1}{\left(\frac{\omega}{\omega_{\mathrm{o}}}\right)^n} \tag{3.4.3}$$

两边取对数，得

$$20\lg\left|\frac{A(\mathrm{j}\omega)}{A_{\mathrm{uF}}}\right| \approx -20n\lg\frac{\omega}{\omega_{\mathrm{o}}} \tag{3.4.4}$$

此时阻带衰减速率为：$-20n$dB/十倍频或$-6n$dB/倍频，该式称为衰减估算式。

3. 选择电容 C

(1) 当 $A_{\mathrm{uF}}=1$ 时，先取 $R_1=R_2=R$，然后再计算 C_1和 C_2。

(2) 当 $A_{\mathrm{uF}}\neq1$ 时，取 $R_1=R_2=R$，$C_1=C_2=C$。

$$C_1=C_2=C=\frac{10}{f_{\mathrm{H}}}\mu\mathrm{F} \tag{3.4.5}$$

4. 计算电阻 R_1、R_2的阻值

由于当 $A_{\mathrm{uF}}\neq1$ 时，可取 $R_1=R_2=R$，$C_1=C_2=C$。因为 $C_1=C_2=C=\frac{10}{f_{\mathrm{H}}}\mu\mathrm{F}$，所以

$$R_1=R_2=R=\frac{1}{\omega_{\mathrm{H}}C} \tag{3.4.6}$$

5. 计算 R_3、R_{f}

$$R_{\mathrm{f}}=A_{\mathrm{uF}}(R_1+R_2),\quad R_3=\frac{R_{\mathrm{f}}}{A_{\mathrm{uF}}-1} \tag{3.4.7}$$

三、实验内容及步骤

(1) 按设计要求设计、安装电路。

(2) 仔细检查安装好的电路,确定元器件与导线连接无误后,接通电源。

(3) 在电路的输入端加 $U_i=1V$ 的正弦信号,用毫伏表观察输出电压的变化。在滤波器的截止频率附近,观察电路是否具有滤波特性。若没有滤波特性,应检查电路,找出故障原因并排除。

(4) 若电路具有滤波特性,观察其截止频率是否满足设计要求,若不满足设计要求,根据有关公式,确定调整哪一个元器件才能使截止频率既能达到设计要求,又不会对其他的指标参数产生影响。然后观测电压放大倍数是否满足设计要求,若达不到要求,根据相关的公式调整有关元器件,使其达到设计要求。

(5) 当各项指标都满足设计要求后,保持 $U_i=1V$ 不变,改变输入信号的频率,分别测量滤波器的输出电压,根据测量结果画出幅频特性曲线,并将测量的截止频率 f_H、通带电压放大倍数 A_{uF} 与设计值进行比较。

四、实验任务及要求

1. 实验任务

设计一个巴特沃斯二阶有源低通滤波器,具体要求如下:

(1) 截止频率:$f_H=200Hz$。

(2) 通带电压放大倍数:$A_{uF}=2$。

(3) 在 $f=10f_H$ 时,要求幅度衰减大于 30dB。

2. 实验要求

(1) 根据设计任务和已知条件,选定设计电路方案,计算并选取电路中的各元器件参数。

(2) 测试二阶有源低通滤波器的幅频响应。

五、设计实验报告要求

(1) 根据给定的指标要求,计算出元器件参数。

(2) 绘出所设计的电路图,并标明元器件的参数。

(3) 用表格形式列出实验结果。以频率的对数为横坐标,电压增益的分贝数为纵坐标,绘出低通滤波器的幅频特性。

(4) 简要说明测试结果与理论值有一定差异的主要原因。

六、预习要求

(1) 复习有关有源滤波器的工作原理。

(2) 根据设计任务和要求,选用滤波器电路,计算电路中各元件的数值,设计出满足技术指标的滤波器。

(3) 根据设计与计算的结果,写出预习报告。

(4) 拟订出实验步骤与实验方案。

七、思考题

(1) 若截止频率不满足设计要求，应该调整哪一个元器件才能使截止频率达到要求？
(2) 若 $A_{uF}=3$，当 $\omega=\omega_o$ 时电路将出现怎样的情况？

实验 3.5　直流稳压电源设计

一、实验目的

(1) 通过实验进一步掌握整流与稳压电路的工作原理。
(2) 学会电源电路的设计与调试方法。
(3) 熟悉集成稳压器的特点，学会合理选择使用。

二、实验原理

集成稳压器在各种电子设备中应用十分普遍，它的种类很多，应根据设备对直流电源的要求来进行选择。对于大多数电子仪器、设备和电子电路来说，已获广泛应用的是三端式稳压器，它仅有三个引出端：输入端、输出端和公共端。目前常用的有最大输出电流 $I_{omax}=100mA$ 的 W78L××(W79L××)系列，$I_{omax}=500mA$ 的 W78M××(W79M××)系列和 $I_{omax}=1.5A$ 的 W78××(W79××)系列。型号中 78 表示输出为正电压，79 表示输出为负电压，型号中最后两位数表示输出电压值。W78××系列外形及电路符号如图 3.5.1 所示。

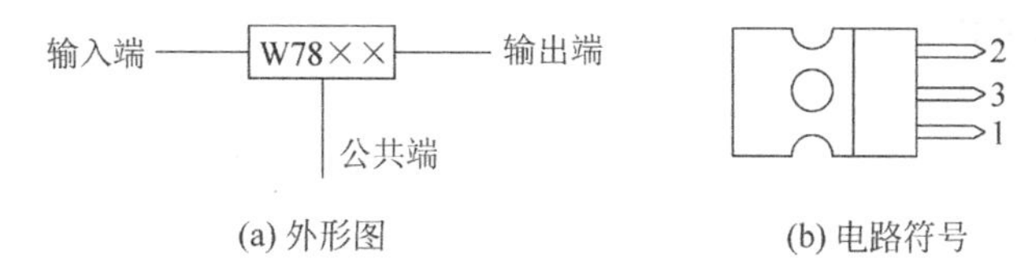

(a) 外形图　　(b) 电路符号

图 3.5.1　三端式稳压器

1. 固定输出电压的稳压电路

如图 3.5.2 所示电路是固定输出电压的稳压电路，其输出电压 U_o 即为三端式稳压器标称的输出电压。图中电容 C_1 可以进一步减小输入电压的纹波，并能消除自激振荡；电容 C_2 可以消除输出高频噪声。在选择三端稳压器时，首先应根据所设计的输出电流选择稳压器系列，例如，输出电流小于 100mA 时可选用 W78L××系列；输出电流小于 500mA 时可选用 W78M××系列；输出电流小于 1.5A 时可选用 W78××系列。然后根据输出电压要求选择合适型号的三端稳压器。例如，稳压电源设计要求为+12V，1.2A，可选用 W7812 三端稳压器。

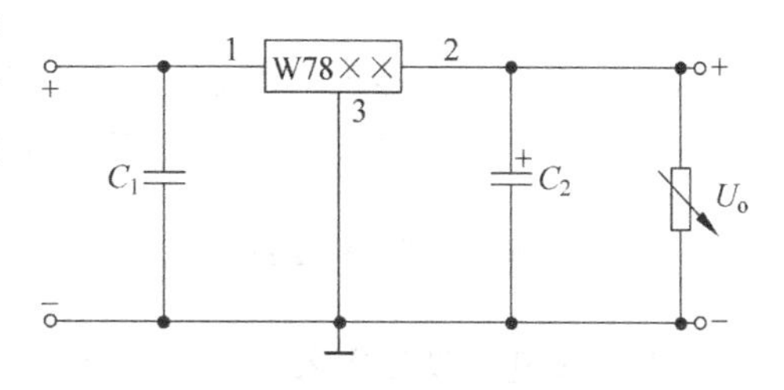

图 3.5.2　固定输出电压的稳压电路

2. 输出电压可调的稳压电路

若希望输出电压可调时，可接成如图 3.5.3

所示电路。R_1、R_2和R_3为取样电路,集成运算放大器接成电压跟随器。运算放大器输入电压就是U_o与稳压器标称电压U'_o之差。该稳压电路的电压调节范围

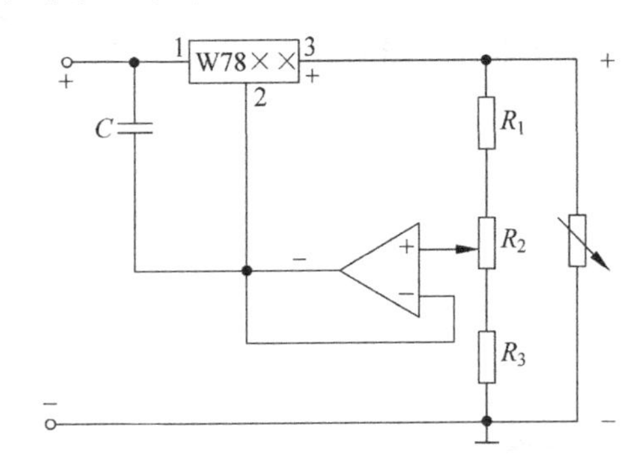

图 3.5.3 输出电压可调的稳压电路

$$U_{o\max} = \frac{R_1 + R_2 + R_3}{R_1} U'_o \quad (3.5.1)$$

$$U_{o\min} = \frac{R_1 + R_2 + R_3}{R_1 + R_2} U'_o \quad (3.5.2)$$

3. 确定稳压电路输入电压 U_i

为保证稳压器在低电压输入时仍处于稳压状态,要求

$$U_i \geqslant U_{o\max} + (U_i - U_o)_{\min} \quad (3.5.3)$$

式中,$(U_i - U_o)_{\min}$为稳压器的最小输入、输出电压的差,典型值为3V。考虑到输入220V交流电压的正常波动±10%,则U_i的最小值为

$$U_i \approx (U_{o\max} + (U_i - U_o))/0.9 \quad (3.5.4)$$

另外,为保证稳压器安全工作,要求

$$U_i \leqslant U_{o\min} + (U_i - U_o)_{\max} \quad (3.5.5)$$

式中,$(U_i - U_o)_{\max}$为稳压器的最大输入、输出电压之差,典型值为35V。

但在实际应用时,应考虑防止稳压器输入、输出电压差过大而损坏稳压器。稳压电路输入电压U_i可由单相桥式整流电容滤波电路获得,如图3.5.4所示,且有

$$U_i = (1.1 \sim 1.4) U_2 \quad (3.5.6)$$

从而可确定变压器负边电压。

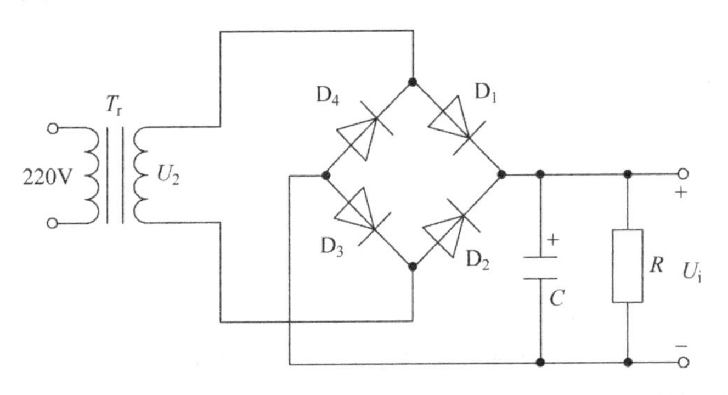

图 3.5.4 单相桥式整流电容滤波电路

4. 纹波电压的测量

纹波电压是指输出电压交流分量的有效值,一般为毫伏数量级。测量时,保持输出电压和输出电流为额定值,用交流电压表直接测量即可。

三、实验内容及步骤

(1) 按基本设计要求设计电路及参数,按相应的电路图组装电路。

(2) 使电路输出直流电压为+9V,测量纹波电压与负载电流。

(3) 根据实验要求设计出具体的电路图,并标注元器件参数值。在实验仪上完成实验,调整电路使输出直流电压在+9~+12V范围内连续可调,选择其中五个测试点进行测量,测量纹波电压与负载电流,并记录。

四、实验任务及要求

1. 实验任务

(1) 设计一个直流稳压电源。具体技术指标如下:

① 输出直流电压:+9V。

② 最大输出电流:$I_{omax}=500mA$。

③ 纹波电压≤5mV。

(2) 扩大输出电压调节范围为+9~+12V,提高最大输出电流值,要求在实验仪上完成。

2. 实验要求

(1) 根据设计任务和已知条件确定电路方案,计算并选取放大电路的各元器件参数。

(2) 制定出实验方案,选择实验用的仪器、仪表。

(3) 测量出各项技术指标。

五、实验报告要求

(1) 写出设计原理及步骤,画出电路图,标明参数值。

(2) 分析、整理实验数据。

(3) 分析实验现象及可能采取的措施。

六、预习要求

(1) 复习稳压电源的工作原理。

(2) 制定出实验方案,选择实验用的仪器、仪表。

(3) 根据各项技术指标要求测量各参数值。

(4) 按设计任务与要求设计出电路图。

七、思考题

(1) 如何测量稳压电源的输出电阻?

(2) 实验中使用稳压器应注意什么?

数字电子技术设计性实验

实验4.1 波形发生器的设计和实验

一、实验目的

(1) 学习数字电路的综合应用。
(2) 熟悉集成芯片的综合使用。
(3) 掌握波形发生器的工作原理与设计方法。

二、设计要求

(1) 设计4种波形信号发生器,这些波形包括正弦波、三角波、锯齿波和方波。
(2) 要求输出量为8位的数字量分辨率。
(3) 输出波形可选择。
(4) 输出波形的幅值和频率可调。

三、实验原理

1. 存储式波形发生器

存储式波形发生器的组成框图如图4.1.1所示。时钟源产生计数脉冲,计数器作为地址产生器输出波形数据存储器的地址信号,波形数据存储器存储波形数据;从选中的波形数据存储器的某一单元读出8位数字量送往D/A,经过D/A转换器后,以模拟量的形式输出。改变时钟源脉冲的周期,就可以调节输出波形的频率。输出波形的幅值可用一个电位器来调节。

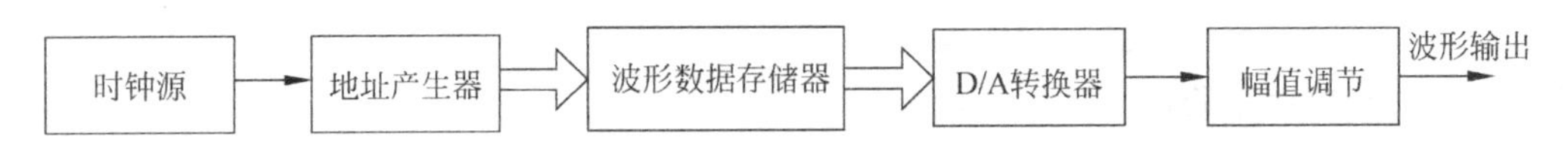

图4.1.1 波形发生器框图

2. 设计举例

1) 电路设计

如图4.1.2所示为一个波形发生器的参考电路。计数器可使用CC40192中规模十进制计数器，它的计数脉冲 CP 可利用实验箱上的连续脉冲。如果要求信号发生器的频率能在较大的范围内变化，可以由石英晶体产生较高的频率，然后用一个分频电路产生所需要的 CP 脉冲。波形数据存储可选用 EPROM 或非易失性 RAM。本实验选择非易失性 RAM DS1220。数模转换器 DAC0832 工作在单缓冲方式，采用双极性输出，并可通过输出电位器调节波形的幅度。S_1 和 S_2 为波型开关，当 S_1S_2 为 00、01、10、11 时，分别产生方波、锯齿波、三角波和正弦波。

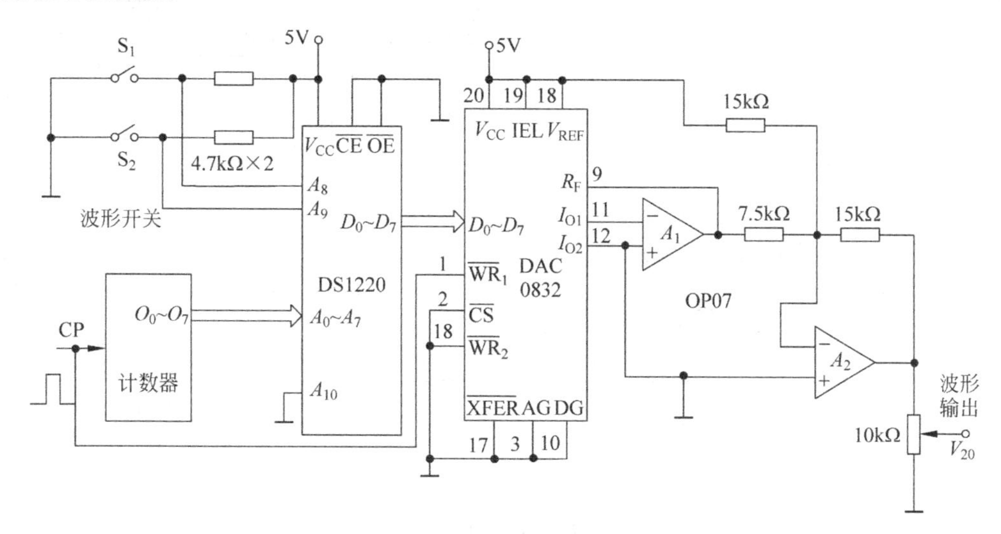

图 4.1.2　波形发生器参考电路

2）波形数据设计

方波数据占用 0～0xFF 的 256 个存储单元，其中 0～0x7F 为 0xFF，0x80～0xFF 为 0x00。

锯齿波形数据占用 0x100～0x1FF 的 256 个存储单元，数据从 0x00 增加到 0xFF，其增量为 0x01。

三角波数据占用 0x200～0x2FF 的 256 个存储单元。其中，0x200～0x27F 的数据从 0x00 增加到 0xFE，增量为 0x02；0x280～0x2FF 的数据从 0xFE 递减到 0x00，每步减小 0x02。

正弦波数据占用 0x300～0x3FF 的 256 个存储单元，其中数据如表 4.1.1 所示。

四、实验设备与器件

（1）数字电路实验箱：1 台。

（2）双踪示波器：1 台。

（3）集成电路：CC40192、DS1220、DAC0832 各 1 片；OP07，2 片。

（4）电阻、电位器若干。

五、实验报告要求

（1）画出实验逻辑电路图。

（2）按要求记录实验波形。

表 4.1.1　正弦波数据表

0x300	80	83	86	89	8D	90	93	96	99	9C	9F	A2	A5	A8	AB	AE
0x310	B1	B4	B7	BA	BE	BF	C2	C5	C7	CA	CC	CF	D1	D4	D6	D8
0x320	DA	DD	DF	E1	E3	E5	E7	E9	EA	EC	EE	EF	F1	F2	F4	F5
0x330	F6	F7	F8	F9	FA	FB	FC	FE	FD	FD	FE	FF	FF	FF	FF	FF
0x340	FF	FF	FF	FF	FF	FF	FE	FD	FD	FC	FB	FA	F9	F8	F7	F6
0x350	F5	F4	F2	F1	EF	EE	EF	EA	E9	E7	E5	E3	E2	DF	DD	DA
0x360	D8	D6	D4	D1	CF	CC	CA	C7	C5	C2	BF	BC	BA	B7	B4	B1
0x370	AE	AB	A8	A5	A2	9F	9C	99	96	93	90	8D	89	86	83	80
0x380	80	7C	79	76	72	6F	6C	69	66	63	60	5D	5A	57	55	51
0x390	4E	4C	48	45	43	40	3D	3A	38	35	33	30	2E	2B	29	27
0x3A0	25	22	20	1E	1C	1A	18	16	15	13	11	10	0E	0D	0B	0A
0x3B0	09	08	07	06	05	04	03	02	02	01	00	00	00	00	00	00
0x3C0	00	00	00	00	00	00	01	02	02	03	04	05	06	07	08	09
0x3D0	0A	0B	0D	0E	10	11	13	15	16	18	1A	1C	1E	20	22	25
0x3E0	27	29	2B	2E	30	33	35	38	3A	3D	40	43	45	48	4C	4E
0x3F0	51	55	57	5A	5D	60	63	66	69	6C	6F	72	76	79	7C	80

六、预习要求

(1) 复习有关存储器以及 D/A 转换的工作原理及其应用。
(2) 非易失性 RAM、EEPROM 有何区别？如何将数据存入非易失性 RAM？

七、思考题

(1) 总结计数器的计数脉冲频率与输出波形的关系。
(2) 如果需要增加输出波形的数目，如何改变电路？要使输出波形更加平滑，电路又该如何改变？

实验 4.2　智力竞赛抢答器

一、实验目的

(1) 提高数字电路的应用能力。
(2) 熟悉集成芯片的综合使用。
(3) 掌握智力竞赛抢答器的工作原理和设计方法。

二、设计要求

本实验要求完成的智力竞赛抢答器具有以下功能：
(1) 具有 8 路抢答功能，能显示优先抢答者的序号，并封锁其他抢答者的序号。
(2) 节目主持人可以预置抢答时间为 5s、10s 或 30s，到时报警。

(3) 节目主持人可以清除显示和解除报警。

三、实验原理

(1) 抢答器的组成框图如图4.2.1所示，它由定时与报警、门控、优先编码、锁存和显示电路等5个部分组成。当启动控制开关时，定时器开始工作，同时打开门控电路，编码器和锁存器可接受输入。在定时时间内，优先按动抢答键号的组号立即被锁存并显示在LED上，与此同时，门控电路锁存编码器。若定时到而无抢答者，定时电路立即关闭门控电路，输出无效，同时发出短暂的报警信号。

(2) 如图4.2.2所示是定时与报警参考电路。电路分为两部分，即抢答器部分和定时与报警部分。定时器的设计可参考555定时器实验。当开关S打开时，定时器工作，反之电路停止振荡。振荡器的频率约为

$$f = 1.443/[(R_1 + 2R_2)C] \tag{4.2.1}$$

改变电阻或电容的大小，就可以调节抢答时间。例如根据定时要求，采用固定电阻加旋转开关的方案，就很容易改变预置时间。

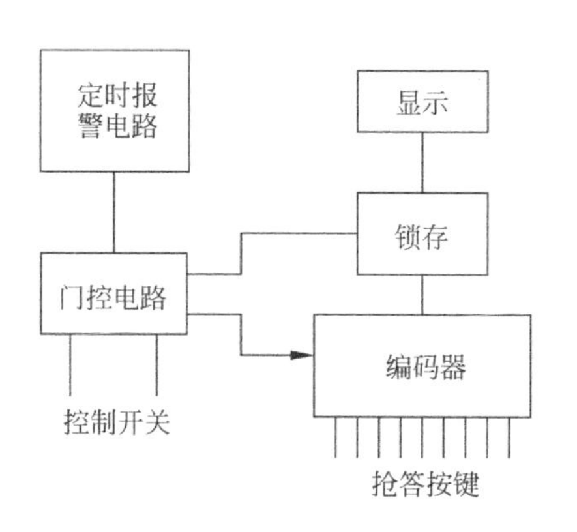

图4.2.1　数字抢答器的原理框图

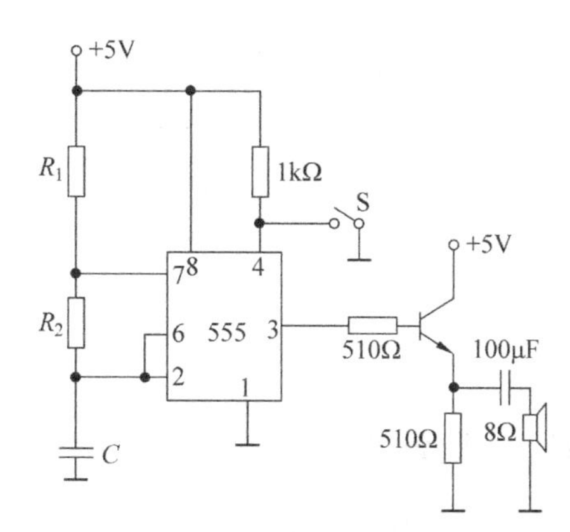

图4.2.2　定时与报警参考电路

图4.2.3为抢答器部分的参考电路。图中74LS148是8-3线的优先编码器，它的$\overline{EN}$、$\overline{Y}_{EX}$和$\overline{Y}_S$分别是输入、输出使能及优先标志端。当开关S闭合时，将RS型锁存器74LS279清零，由于74LS248的BI为0，所以LED不显示；同时74LS148的$\overline{EN}=0$，编码器使能，并使$\overline{Y}_{EX}=0$。开关S打开后，74LS279的R端为高电平，但74LS148的$\overline{EN}$仍然保持为0，抢答开始。如果此后按下任何一个抢答键，编码器输出相应的421码，经RS触发器锁存；与此同时，编码器的$\overline{Y}_{EX}$由0翻转为1，使得$\overline{EN}=1$，编码器禁止输入，停止编码；74LS148的$\overline{Y}_S$由1翻转为0，致使74LS248的$BI=1$，所以LED显示最先按动的抢答键对应的数字。

根据给出的实验参考电路，从集成电路手册查出所有集成块的管脚排列图和功能表，并计算出元件参数，画出具体的连线图。注意图4.2.3中的两个非门可用与非门实现，这样做可以节省一片集成块。将定时与报警电路、抢答器与电路进行联调，使其满足设计要求。

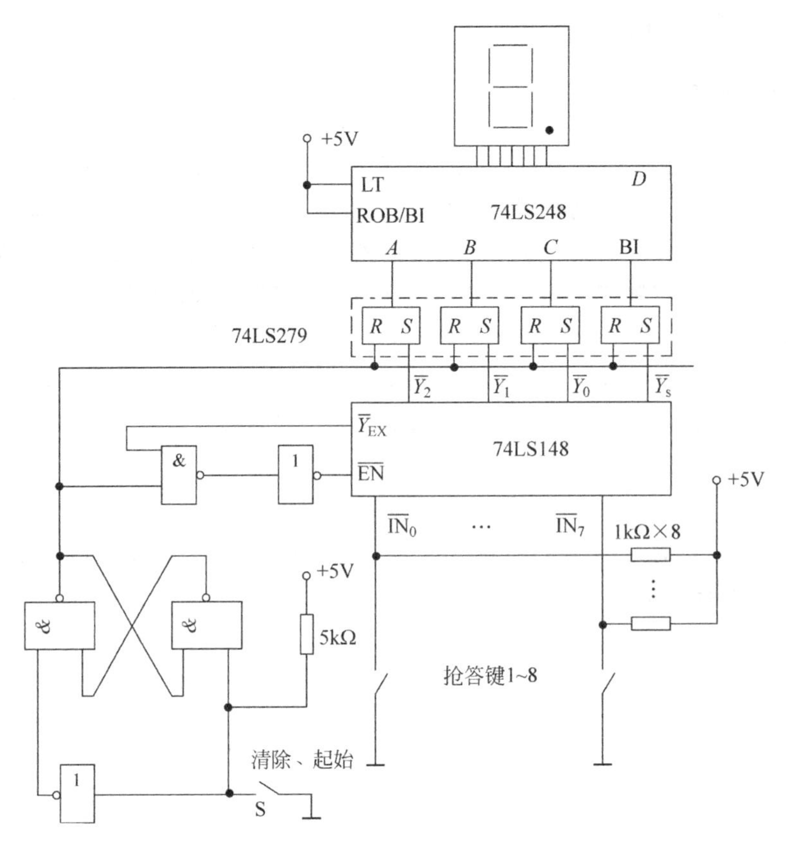

图 4.2.3 数字抢答器的参考电路

四、实验设备与器件

(1) 数字电路实验箱：1 台。
(2) 双踪示波器：1 台。
(3) 秒表：1 只。
(4) 扬声器：1 只。
(5) 数码显示器：1 只。
(6) 三极管 3DG12：1 只。
(7) 电阻、电容：若干。
(8) 集成门电路：NE555、74LS148、74LS248、74LS279、74LS00 各 1 片。

五、实验报告要求

(1) 画出实验逻辑电路图。
(2) 列表记录实验测量数据。
(3) 总结电路设计、调试心得。

六、预习要求

(1) 复习有关译码与显示的相关原理与应用。
(2) 复习 555 定时器原理与应用。
(3) 了解智力竞赛抢答器的工作原理。

七、思考题

(1) 若要求将定时电路和报警电路分开，如何改变电路？
(2) 试分析当第 1 路抢答键与第 8 路抢答键同时按下时，电路将显示哪一个抢答序号？为什么？

实验 4.3　汽车尾灯控制电路

一、实验目的

(1) 进一步掌握计数、显示、译码电路的原理。
(2) 掌握尾灯控制电路的工作原理和设计方法。

二、设计要求

本实验要求完成的汽车尾灯控制电路具有以下功能：
(1) 汽车尾部左右两侧各有 3 个指示灯(用发光二极管模拟)，在汽车正常运行时指示灯全灭。
(2) 在右转弯时，右侧 3 个指示灯按右循环顺序点亮。
(3) 在左转弯时，左侧 3 个指示灯按左循环顺序点亮。
(4) 在临时刹车时，所有指示灯同时点亮。

三、实验原理

(1) 汽车左转弯、右转弯以及临时停车可用两只开关 S_0、S_1 模拟表示。由于汽车左转弯或右转弯时，3 个指示灯循环点亮，所以用三进制计数器控制译码器电路顺序输出低电平，从而控制尾灯按要求点亮，由此得出在每种运行状态下，各指示灯与给定条件间的关系，如表 4.3.1 所示。

表 4.3.1　汽车尾灯和汽车运行状态表

S_0	S_1	汽车运行状态	右转尾灯 $R_0R_1R_2$	左转尾灯 $L_0L_1L_2$
0	0	正常运行	灯灭	灯灭
0	1	右转弯	按 $R_0R_1R_2$ 顺序循环点亮	灯灭
1	0	左转弯	灯灭	按 $L_0L_1L_2$ 顺序循环点亮
1	1	临时刹车	所有尾灯同时点亮	

(2) 电路总体设计框图如图 4.3.1 所示。由于汽车在左转弯或右转弯时，左转弯或右转弯 3 个指示灯循环点亮，因此只需用一个三进制计数器控制译码器电路按照要求顺序输出低电平，点亮发光二极管即可。三进制计数器可选择计数器 74LS90 或 CC40192 实现。计数器计数脉冲频率的高低决定了发光二极管轮流点亮的时间间隔。译码器可选择 74LS139 或 74LS138。选择 74LS139 实现时，需要用 2 片实现。根据表 4.3.1 可知，该电路只有正常行驶、左转弯、右转弯、临时刹车四种状态，因此只需 2 只模拟开关即可表示。计数脉冲时钟源以及开关去抖动电路可参考前述实验自行设计。

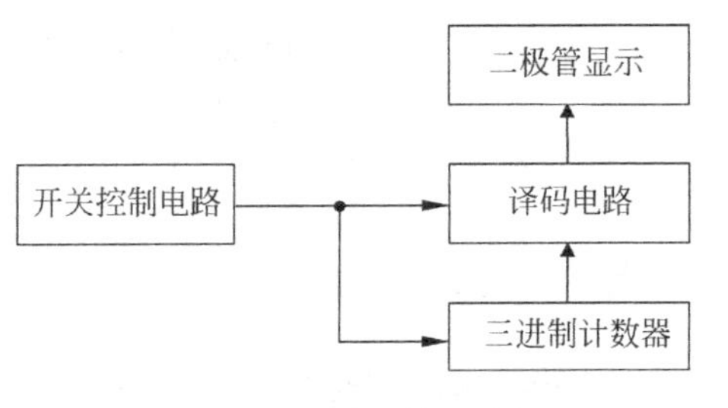

图 4.3.1 电路总体设计框图

四、实验设备与器件

(1) 数字电路实验箱：1 台。
(2) 发光二极管：1 只。
(3) 电阻、电容：若干。
(4) 集成门电路：NE555、74LS138 或 74LS139、74LS04、74LS00 各 1 片。

五、实验报告要求

(1) 画出完整的电路设计图。
(2) 列表记录实验测量数据。
(3) 总结电路设计、调试心得。

六、预习要求

(1) 复习有关译码与显示相关的原理与应用。
(2) 复习计数器原理与应用。

七、思考题

若要求增加一种状态，即临时停车时左右尾灯同时以 1s 间隔同时闪烁，电路又该如何设计？

实验 4.4 篮球比赛 24s 倒计时器

一、实验目的

(1) 进一步掌握计数、显示、译码电路的原理。
(2) 提高数字电路的综合应用能力。

二、设计要求

本实验要求完成的篮球比赛 24s 倒计时器具有以下功能：

(1) 24s 倒计时器具有显示 24s 的计时功能。

(2) 系统设置外部操作开关，控制计时器的直接清零、启动和暂停/连续功能。

(3) 计时器 24s 倒计时的计时间隔为 1s。

(4) 当计时器递减计时到零时，发出报警信号。

三、实验原理

篮球比赛 24s 倒计时器的组成框图如图 4.4.1 所示，主要包括控制电路、秒脉冲发生器、计数器、译码显示部分以及报警电路。其中，计数器和控制电路是该设计的主要部分。计数器实现 24s 倒计时功能，控制电路可实现计数器的启动、暂停/连续计数、译码显示电路的显示和灭灯功能。

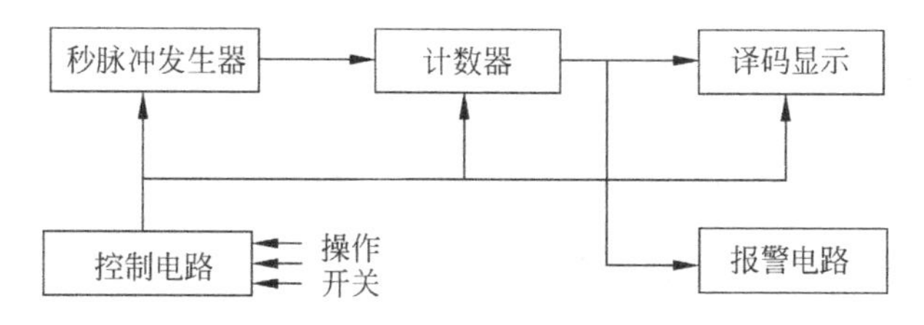

图 4.4.1　24s 倒计时器的组成框图

为实现设计要求，在设计控制电路时，应正确处理各个信号之间的时序关系。在操作直接清零开关时，要求计数器清零，数码显示器灭灯。当启动开关断开时，控制电路应封锁时钟信号 CP，同时计数器完成置数功能，译码显示电路显示 24s。当启动开关闭合时，计数器开始计数。当暂停/连续开关拨在暂停位置时，计数器停止计数，处于保持状态；当暂停/连续开关拨在连续时，计数器继续递减计数。秒脉冲发生器的设计可参考实验 2.9 秒脉冲产生电路的设计，计数器的设计的参考实验 2.7。另外，外部操作开关都应采取去抖动措施，以防止机械抖动造成电路工作的不稳定。

四、实验设备与器件

(1) 数字电路实验箱：1 台。

(2) 发光二极管：1 只。

(3) 数码显示器：6 只。

(4) 石英晶体振荡器 32 768Hz：1 只。

(5) 电阻、电容：若干。

(6) 集成门电路：CD4060、CC40192、74LS04、74LS00 各 1 片；74LS248，6 片。

五、实验报告要求

(1) 画出完整电路设计图。

(2) 列表记录实验测量数据。
(3) 总结电路设计、调试心得。

六、预习要求

(1) 复习有关译码与显示的相关原理与应用。
(2) 复习计数器的原理与应用。
(3) 复习有关脉冲产生电路的原理与应用。

七、思考题

若要求增加回表功能,即要求 24s 倒计时器具有置数功能,电路该如何改动?

实验 4.5 数字频率计的设计

一、实验目的

(1) 掌握数字频率计的组成原理。
(2) 学习集成电路的合理选择与使用。

二、设计要求

设计一个四位数字频率计数器,要求具有以下功能:
(1) 四位十进制数字显示。
(2) 频率测量范围为 1Hz~100kHz。
(3) 闸门时间:1ms、10ms、0.1s、1s。
(4) 量程分为四挡:×1000、×100、×10、×1。

三、实验原理

数字频率计是一种用十进制数字显示被测信号频率的数字测量仪器,其功能是测量正弦信号、方波信号、尖脉冲信号的频率。数字频率计通常由整形、时钟振荡、分频、计数、锁存和译码显示等电路组成,其结构框图如图 4.5.1 所示。

由于待测信号是多种多样的,有三角波、正弦波、方波等,所以要使计数器准确计数,输入信号必须经过整形电路进行整形。整形电路通常采用施密特集成触发器(74LS14),也可采用 555 构成。外部整形后的脉冲与分频电路输出信号通过闸门电路(如与门),要求分频电路输出的信号必须满足闸门时间的要求。例如,闸门时间为 1s 时,这个秒脉冲加至闸门电路,计数器就能检测待测信号 1s 内通过闸门的个数,并通过译码显示,这时显示器显示的数字就为待测信号的频率,单位为 Hz;如闸门时间为 1ms,则显示器显示频率单位应为 kHz。

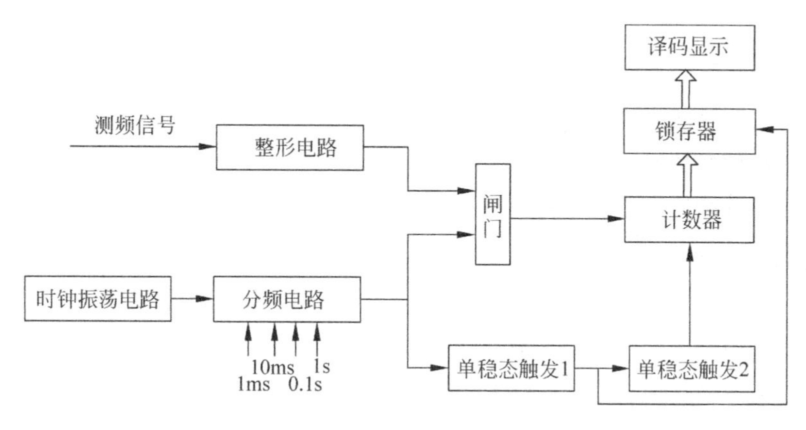

图 4.5.1 数字频率计结构框图

待测信号频率(f_x)与计数器计数值(N)和闸门时间(T)之间的关系为

$$f_x = N/T \tag{4.5.1}$$

为了准确地测量信号频率,要求闸门时间远大于待测信号周期。

计数器可选用十进制中规模集成计数器,如 74LS161、CC40192 等;译码显示可采用共阴极或共阳极的配套器件,如译码器选择 74LS248、显示选用 LC5011-11;分频器一般由计数器实现。晶体振荡器产生 1MHz 的时钟信号,用 6 个十进制计数器分频,分别获得频率为 1MHz、1kHz、100Hz、1Hz 的时基信号,再经过二分频,即可得到 1ms、10ms、0.1s、1s 的闸门信号。

单稳态触发器 1(74LS121)的输出信号送到锁存器(74LS373)的使能端,用以锁存计数结果,并送译码显示电路,这样保证锁存器只在每次计数结束时才锁存显示,防止显示闪烁。计数器停止计数后,单稳态触发器 2 的输出将计数器清零。

四、实验设备与器件

(1) 数字电路实验箱:1 台。

(2) 双踪示波器:1 台。

(3) 频率计:1 台。

(4) 数码显示器:4 只。

(5) 石英晶体振荡器 1MHz:1 只。

(6) 电阻、电容:若干。

(7) 集成门电路:CD4060、74LS14、74LS04 各 1 片;74LS121、74LS00 各 2 片;74LS248、74LS373 各 4 片;CC40192,10 片。

五、实验报告要求

(1) 画出完整的电路设计图。

(2) 列表记录实验测量数据,并计算误差。

(3) 总结电路设计、调试的心得。

六、预习要求

(1) 复习有数字测频的相关原理。
(2) 复习计数器的原理与应用。
(3) 复习有关脉冲产生电路的原理与应用。

七、思考题

(1) 思考测频误差产生的主要原因。
(2) 如果要求测量周期,电路该如何改动?

Multisim 12 仿真软件

5.1 Multisim 12 软件概述

EDA 是英文 Electronic Design Automation 的缩写，即电子设计自动化，其意义在于利用计算机协助专业人员完成电子线路的设计与仿真。近年来，设计效率高、开发周期短的 EDA 设计软件相继出现，直接推动了电子产品设计与制造的发展。Multisim 12 软件便是应用最广泛的软件之一。这里所介绍的 Multisim 12 软件为教育版。

Multisim 12 软件由美国国家仪器公司推出，软件功能强大，除能够卓越地完成电工电子技术的虚拟仿真外，其在 LabVIEW 虚拟仪器和单片机仿真等技术领域都有较大的提高和创新。同样，与其他电路仿真软件相比，它具有如下优势：

(1) 易学易用，操作直观、方便，集成度更高。可方便地利用软件创建原理图、测试分析仿真电路、精确显示仿真结果等，其操作界面类似于实验工作台，包含有与实物外观接近的仿真元件与测试仪表。

(2) 电路仿真能力更强。在电路窗口中既可对数字或模拟电路进行仿真，又可以将二者连接在一起进行仿真分析。

(3) 电路分析方法更加完备。软件除可通过测试仪表方便地观察测试结果外，还提供了电路的直流工作点分析、瞬态分析和失真分析等常用的电路分析方法。

(4) 提供多种输入、输出接口。系统提供了与其他电路仿真软件的接口，既可以输入由 PSpice 等所创建的网络文件，并自动形成相应的电路原理图，也可以将电路原理图文件输出给 Protel 等，从而方便进行印刷电路设计。

5.2 Multisim 12 软件设计环境

5.2.1 Multisim 12 基本界面

双击 Multisim 12 桌面快捷方式图标，或单击 Windows“开始”菜单中的 Multisim 12 即可打开软件，其基本界面如图 5.2.1 所示。包括菜单栏、主工具栏、仿真工具栏、仿真开关、视图工具栏、虚拟仪表工具栏、标准工具栏、元件工具栏等。

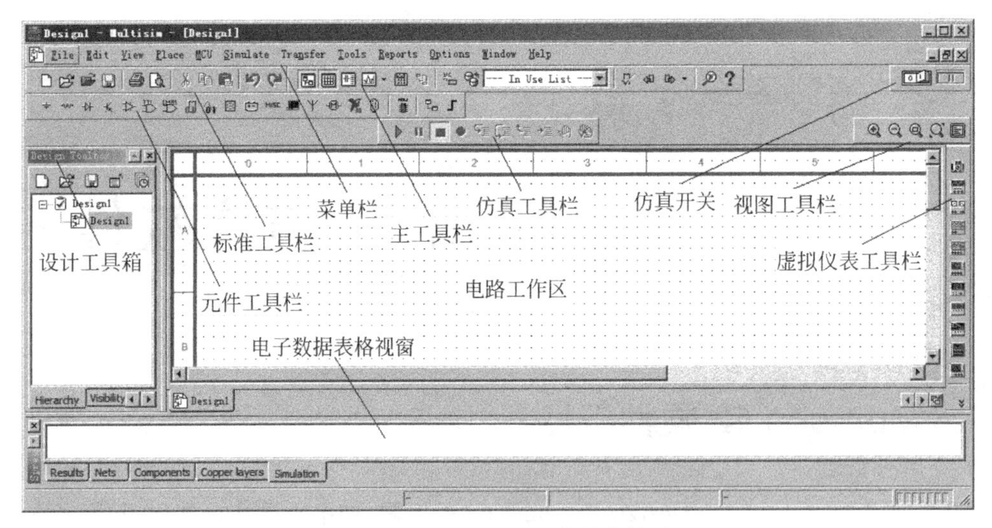

图 5.2.1 Multisim 12 的基本界面

5.2.2 菜单栏

Multisim 12 的菜单中提供了通用的软件功能命令，菜单栏共包含 12 个主菜单，如图 5.2.2 所示。每个主菜单均有下拉菜单，用户可以从中找到执行电路文件的存取、Spice 文件的输入/输出、电路图的编辑、电路仿真与分析、获取在线帮助等各项功能的命令。

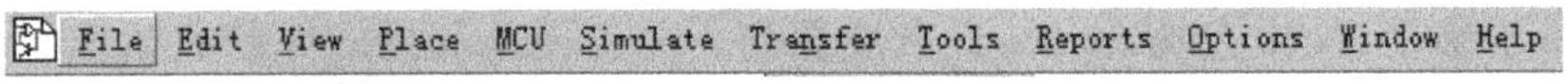

File Edit View Place MCU Simulate Transfer Tools Reports Options Window Help

图 5.2.2 菜单栏

下面简要介绍 Multisim 12 各主菜单的主要功能。

(1) File(文件)菜单：主要用于管理创建的电路文件，如打开、保存和打印等，如图 5.2.3 所示。

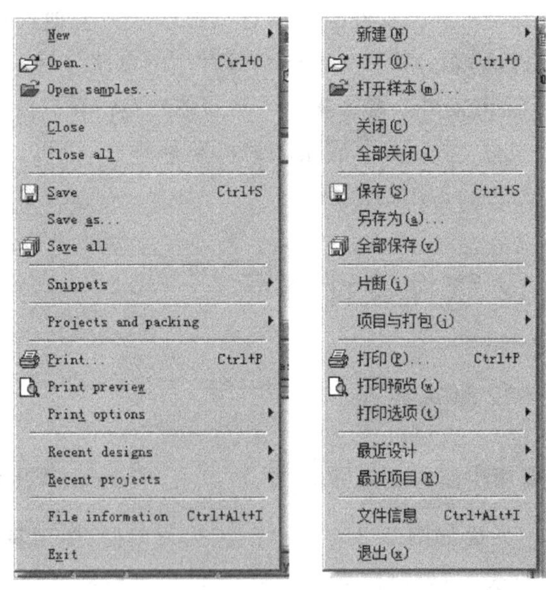

图 5.2.3 File 菜单

(2) Edit(编辑)菜单：主要用于在绘制电路过程中，对元件和电路进行各种技术性处理，如撤销、复制、粘贴、元件旋转等，如图 5.2.4 所示。

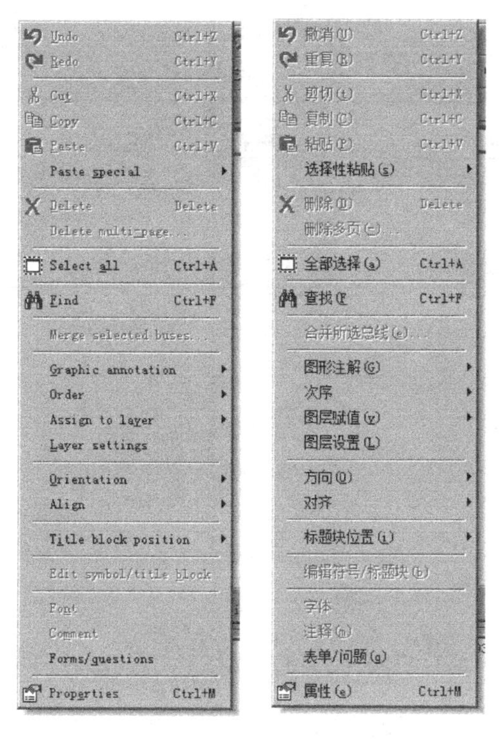

图 5.2.4 Edit 菜单

(3) View(视图)菜单：主要用于仿真界面上显示内容的操作，电路图的缩放等，如图 5.2.5 所示。

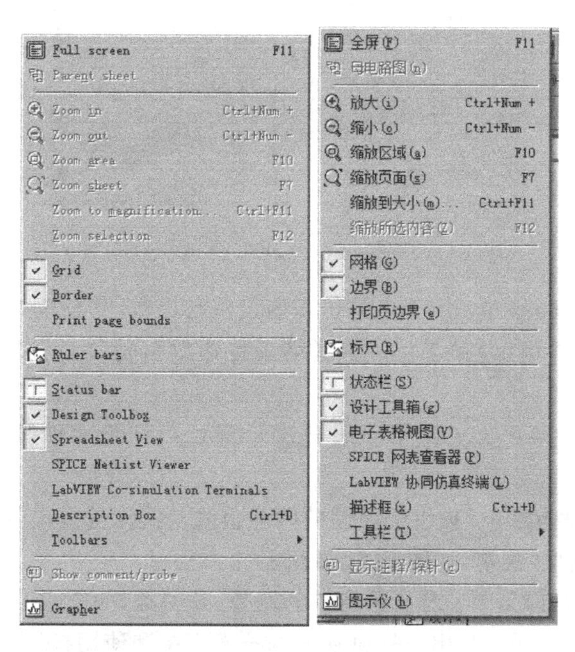

图 5.2.5 View 菜单

(4) Place(绘制)菜单：用于在电路图的绘制过程中放置元器件、连接点、总线和文件等，如图 5.2.6 所示。

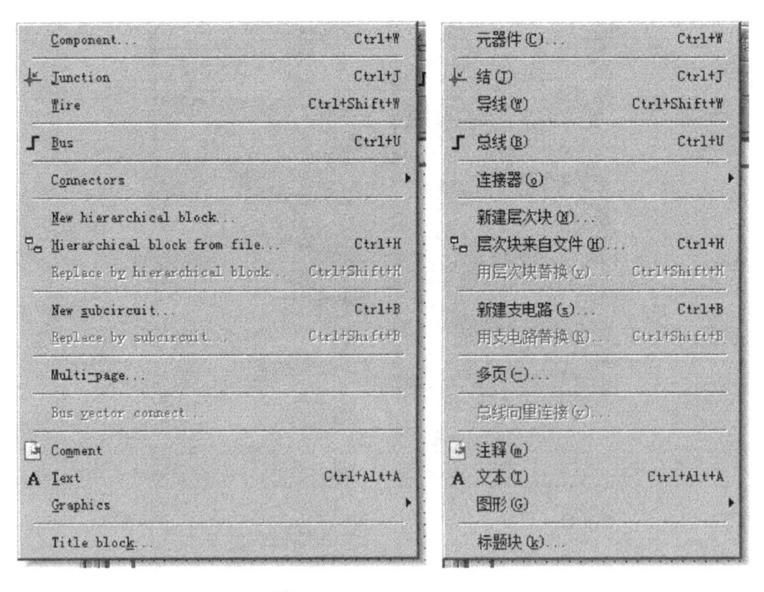

图 5.2.6 Place 菜单

(5) MCU 菜单：用于单片机程序的仿真操作，如图 5.2.7 所示。

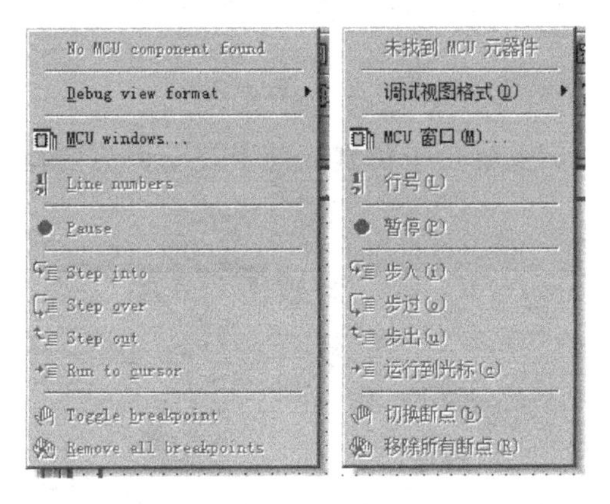

图 5.2.7 MCU 菜单

(6) Simulate(仿真)菜单：用于电路仿真的设置与操作，其菜单如图 5.2.8 所示。

(7) Transfer(文件输出)菜单：将仿真结果传递给其他软件处理，其菜单如图 5.2.9 所示。

(8) Tools(工具)菜单：主要用于编辑或管理元器件和元件库，其菜单如图 5.2.10 所示。

(9) Reports(报表)菜单：提供电路图的网络报表及其元件清单等，如图 5.2.11 所示。

(10) Options(选项)菜单，如图 5.2.12 所示。

(11) Window(窗口)菜单：对显示窗口的调节、开关等，如图 5.2.13 所示。

(12) Help(帮助)菜单：为用户提供在线的技术支持和使用指导，如图 5.2.14 所示。

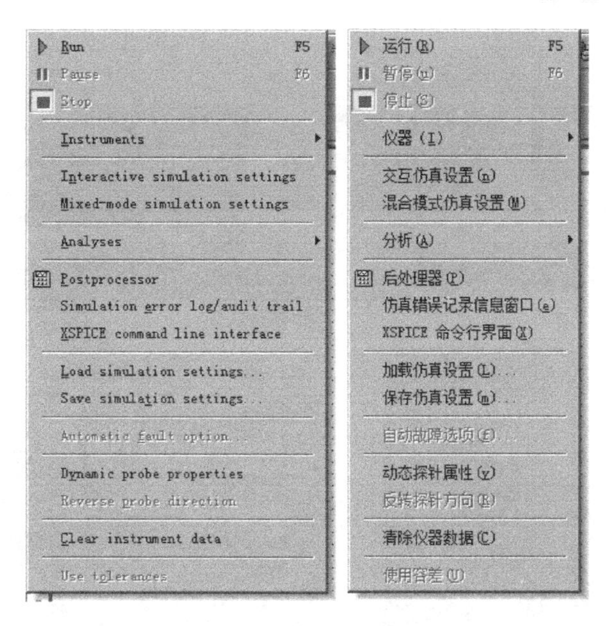

图 5.2.8 Simulate 菜单

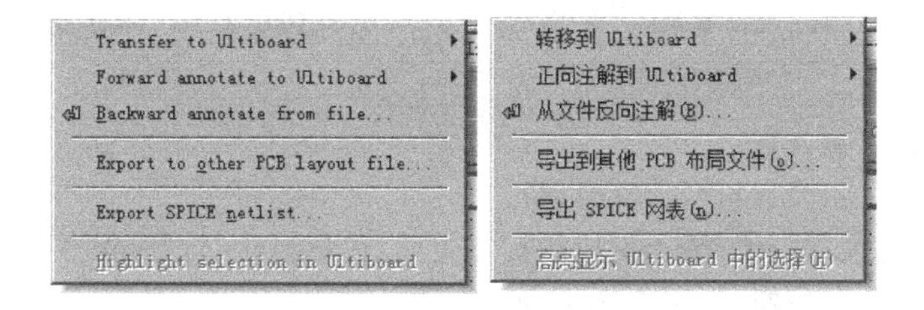

图 5.2.9 Transfer 菜单

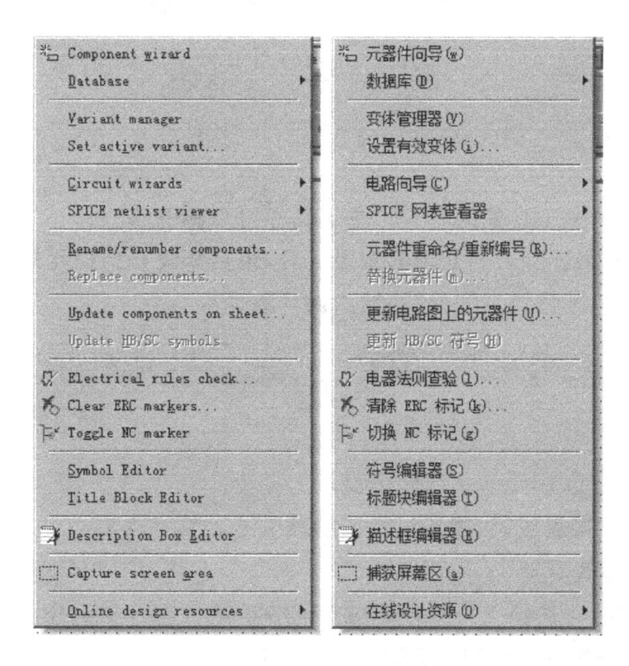

图 5.2.10 Tools 菜单

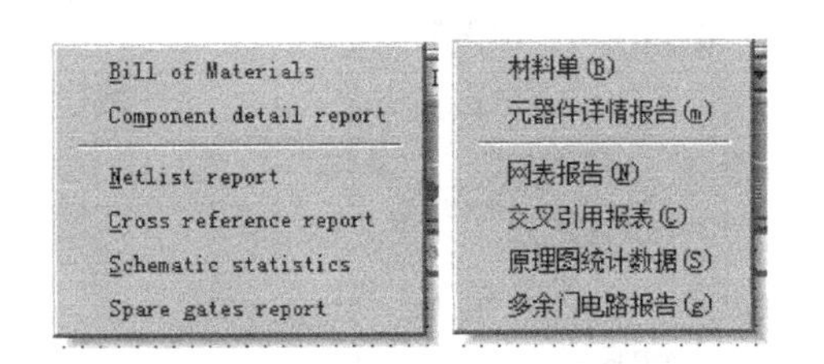

图 5.2.11 Reports 菜单

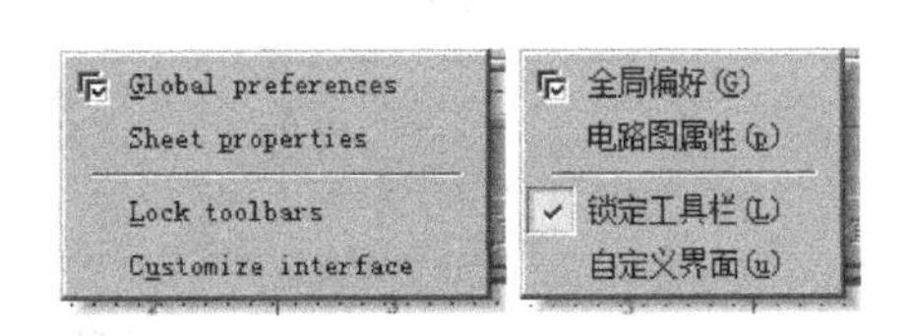

图 5.2.12 Options 菜单

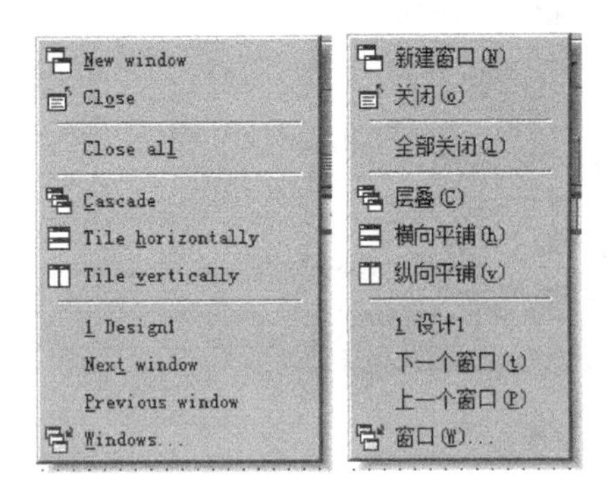

图 5.2.13 Window 菜单

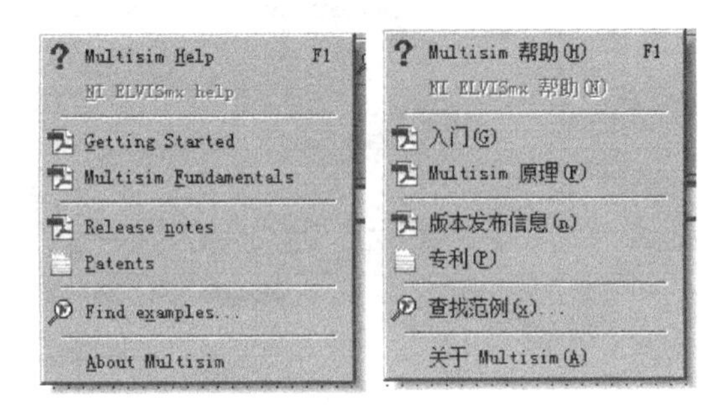

图 5.2.14 Help 菜单

5.2.3 标准工具栏

标准工具栏与大部分 Windows 应用程序类似，包括新建、打开、保存、打印、剪切、复制、粘贴、撤销等常用功能按钮，如图 5.2.15 所示。

图 5.2.15 标准工具栏

5.2.4 主工具栏

图 5.2.16 给出了主工具栏的内容。主工具栏可以称为 Multisim 12 软件的核心部分，它集中了对已建立电路进行后期处理的主要工具，包括修改和维护元器件库所需的工具，既可以建立电路，也可以进行仿真和分析，输出设计数据等。

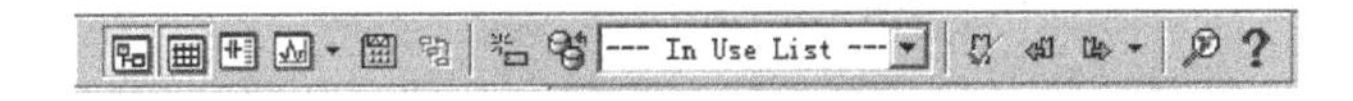

图 5.2.16 主工具栏

：层次项目按钮，用于显示或隐藏设计工具箱。

：层次电子数据表按钮，用于显示或隐藏电子表格工具栏。

：SPICE 网标查看器。

：图示仪按钮，可选择下拉菜单中包含的分析项目进行相关分析。

：元器件编辑按钮，用于调整或增加元器件。

：数据库管理器按钮，用于开启数据库管理对话框，对元器件进行编辑。

--- In Use List ---：用于查看当前在用的元器件清单。

：用于电气规格的检查。

：修改 Ultiboard 注释文件。

：创建 Ultiboard 注释文件。

：用于查找范例。

?：与菜单栏中帮助菜单类似，均为帮助信息。

5.2.5 元件工具栏

Multisim 12 软件将所有的元件模型按照属性分置在 20 个元件分类库中，每个元件库中包含有丰富的同种类型元件，如图 5.2.17 所示。

图 5.2.17 元件工具栏

：电源元件库。

：基本元器件库，含有基本虚拟器件、额定虚拟器件、开关、变压器、非线性变压器、继电器、电阻、电容、电感、电解电容、可变电感等基本元件。

：二极管库，包括虚拟二极管、齐纳二极管、发光二极管、整流管、稳压二极管、晶闸管等各种二极管。

：晶体管库，包括 NPN 和 PNP 型的各种型号晶体管。

：模拟元件器库，含有虚拟运算放大器、诺顿运算放大器、比较器等。

：TTL 元件库，含有各种 74 系列及 74LS 系列的 TTL 芯片。

：CMOS 元器件库。

：其他数字元器件库，放置杂项数字电路，含有 51 芯片及各种 RAM 和 ROM。

：模数混合元器件库，放置杂项元件，含虚拟混合元器件、定时器、模数转换器、数模转换器及各种模拟开关。

：指示器元件库，含有电压表、电流表、探测器、蜂鸣器、电灯、数码管等。

：功率元器件库。

MISC：其他杂项元器件库，含有晶振、真空管等。

：外设库，含有液晶显示器、键盘等。

：RF 射频元器件。

：电机元器件库。

：放置 NI 元器件。

：放置连接器。

：放置 MCU。

：设置层次栏。

：放置总线。

5.2.6 虚拟仪表工具栏

虚拟仪表工具栏中共含有22种用来对电路工作状态进行测试的仪器仪表，如图5.2.1所示，其位置一般在工作台右侧。为方便排版，此处将虚拟仪表工具调整为如图5.2.18所示的横向显示。

图5.2.18 虚拟仪表工具栏

在Multisim 12软件中，用户可自定义各工具栏位置，其方法是：单击菜单栏中的Options选项，单击下拉菜单中的  Lock toolbars 来解除工具栏锁定，即可拖动各工具栏进行位置调整操作。

这22个测量仪表的图标与名称见表5.2.1。

表5.2.1 虚拟仪表说明

图形	名　称	图形	名　称
	数字万用表(Multimeter)		失真分析仪(Distortion Analyzer)
	函数信号发生器(Function Generator)		频谱分析仪(Spectrum Analyzer)
	瓦特表(Wattmeter)		网络分析仪(Network Analyzer)
	双通道示波器(Oscilloscope)		安捷伦信号发生器(Agilent Function Generator)
	四通道示波器(4 Channel Oscilloscope)		安捷伦万用表(Agilent Multimeter)
	波德图仪(Bode Plotter)		安捷伦示波器(Agilent Oscilloscope)
	频率计(Frequency Counter)		泰克示波器(Tektronix Oscilloscope)
	字信号发生器(Word Generator)		实时测量探针(Measurement Probe)
	逻辑转换仪(Logic Converter)		LabVIEW 虚拟仪器(LabVIEW Instruments)
	逻辑分析仪(Logic Analyzer)		NI ELVISmx 虚拟仪器(NI ELVISmx Instruments)
	IV 分析仪(IV Analyzer)		电流探针(Current Probe)

5.2.7 其他工具栏

(1)  ：视图工具栏，实现电路窗口视图的放大、缩小等操作，也可以通过鼠标滚轮进行视图的放大、缩小。

(2)  ：仿真开关，用于控制仿真开始、结束的按钮，由仿真运行/停止和暂停组成。

(3)  ：仿真工具栏，主要针对单片机程序的调试，包括仿真运行、

暂停、停止等按钮。

(4) 设计工具箱：用来管理原理图的不同组成元素。设计工具箱由3个不同的选项卡组成，分别为“层次化”(Hierarchy)选项卡、“可视化”(Visibility)选项卡和“工程视图”(Project View)选项卡。

① “层次化”选项卡：本选项卡可以显示所设计电路原理图的分层情况，页面上方按钮的功能依次为新建原理图、打开原理图、保存当前电路、关闭当前电路图、重命名和近期设计的视图。

② “可视化”选项卡：设定电路原理图指定图层显示方式的参数信息。

③ “工程视图”选项卡：显示所建立的工程，包括原理图文件、PCB文件、仿真文件等。

5.3 仪器仪表使用简介

Multisim的仪器库存放有数字万用表、函数信号发生器、示波器、波德图仪、字信号发生器、逻辑分析仪、逻辑转换仪、瓦特表、失真度分析仪、网络分析仪、频谱分析仪等多种虚拟仪器仪表。仪器仪表以图标方式存在，每种类型有多台，仪器仪表库的图标及功能如表5.2.1所示。

5.3.1 数字万用表

数字万用表是一种可以用来测量交直流电压、交直流电流、电阻及电路中两点之间分贝损耗的数字显示多用表，可以根据不同电路自动调整量程，使用非常方便。

数字万用表的图标及双击图标后的面板如图5.3.1(a)所示。可以看到测量选项包含安培、伏特、欧姆、分贝4种。单击信号模式按钮可选择交流、直流；单击数字万用表面板上的设置(Settings)按钮，则弹出参数设置对话框，可以设置数字万用表的电流表内阻、电压表内阻、欧姆表电流及相对分贝值等参数。参数设置对话框如图5.3.1(b)所示。

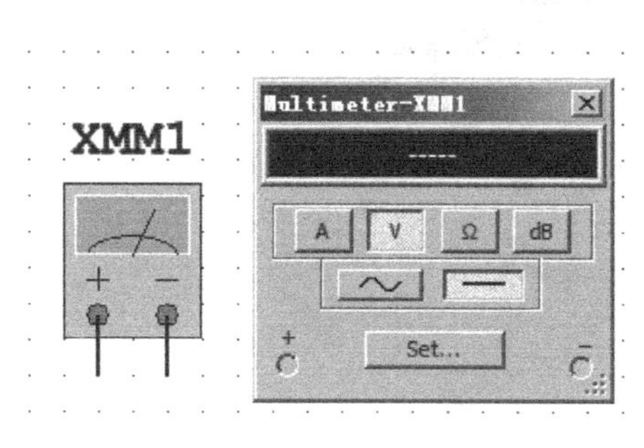

(a) 数字万用表图标及面板

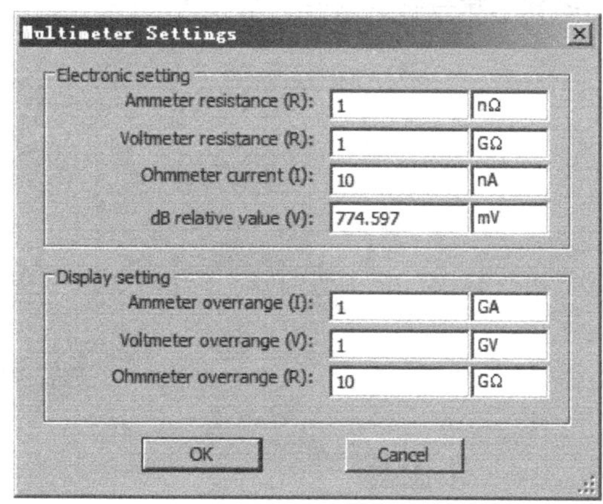

(b) 数字万用表设置

图5.3.1 数字万用表界面

5.3.2 函数信号发生器

函数信号发生器实质是可提供正弦波、三角波、方波这 3 种不同波形信号的电压信号源。函数信号发生器在电路仿真中具有很多实用功能，用户可对输出波形、工作频率、占空比、幅度和直流偏置进行调整。双击函数信号发生器的图标，可以看到函数信号发生器的面板如图 5.3.2 所示。

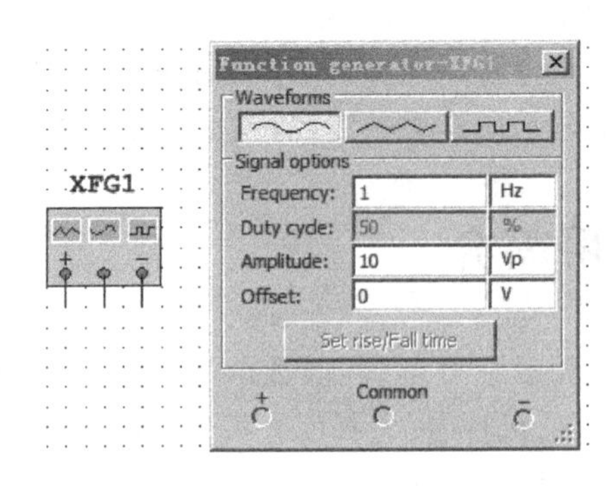

图 5.3.2　函数信号发生器图标及面板

函数信号发生器面板的 Waveforms 区中，从左至右分别为设置正弦波信号、三角波信号、方波信号按钮。函数信号发生器频率设置范围为 1Hz～999THz，占空比调整值为 1%～99%，幅度设置范围为 1μV～999kV，偏移设置范围为 −999～999kV。

此外，在选择方波信号时，单击 Set rise/Fall time 按钮可设置上升/下降参数。

5.3.3 瓦特表

瓦特表用来测量交流或者直流电路的功率（即测量电路中电压与电流的乘积）和功率因子。瓦特表的图标及面板如图 5.3.3 所示。使用时需注意，电压输入端与测量电路并联连接，电流输入端与测量电路串联连接。

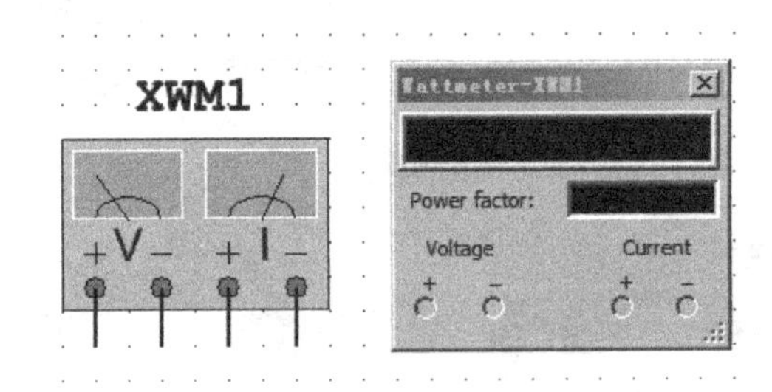

图 5.3.3　瓦特表图标及面板

5.3.4 示波器

示波器作为电子实验室使用率较高的仪器，主要用来显示、测量电信号波形的形状、大小、幅值、频率等参数。双击示波器图标，放大的示波器的面板如图 5.3.4 所示。接下来就示波器面板上各按键的作用、调整及参数的设置作详细介绍。

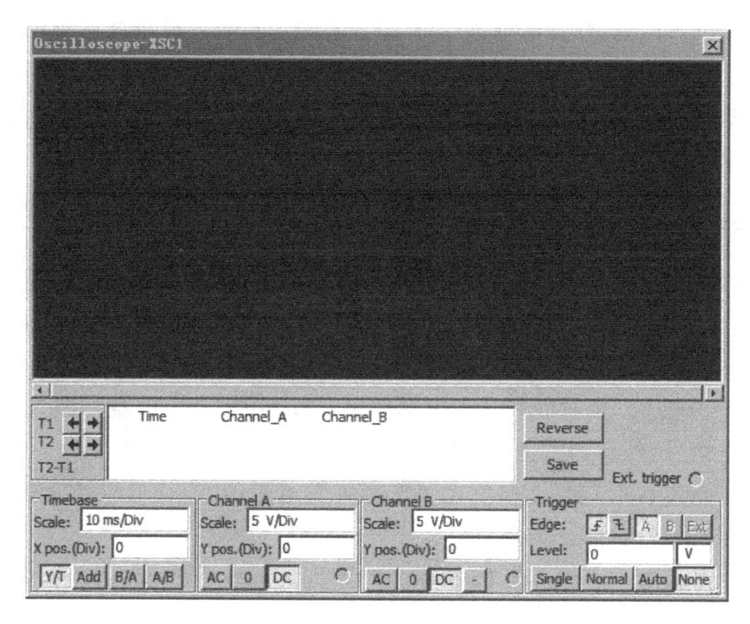

图 5.3.4　示波器面板

1. 时间基准(Timebase)的调整

时基设置可以设置示波器的水平增益和波形在水平方向上的位移。

(1) 时间基准。时间基准可以设置的范围为 0.1fs/Div～1000Ts/Div。通常情况下，为在示波器上便于观察波形，可设置 Scale 的值接近信号频率的倒数。

(2) X 轴位置。X 轴位置控制 X 轴的起始点，其范围是－5.00～5.00。当 X 的位置调到 0 时，波形信号将从显示器的左边缘开始，正值时起始点将右移，负值时起始点将左移。

(3) 显示方式选择。显示方式按钮 Y/T Add B/A A/B 可以选择将示波器的显示从"幅度/时间(Y/T)"切换到"A 通道/B 通道(A/B)"、"B 通道/A 通道(B/A)"，或切换到"Add"方式将两通道的波形相加。

Y/T(幅度对时间)方式：X 轴显示时间，Y 轴显示电压值。

A/B、B/A(通道间互为横竖坐标)方式：X 轴与 Y 轴都显示电压值。

Add(两通道波形相加)方式：X 轴显示时间，Y 轴显示 A 通道、B 通道的输入电压之和。

2. 输入通道(Channel A/B)的设置

本设置中 A/B 两个通道基本一致，设置中含有水平增益、垂直位置及耦合方式。稍有不同的是 B 通道中有 - 按钮，通过单击它可将 B 通道的输入信号进行 180°的相移。

(1) Scale。Scale 范围为 1fV/Div～1000TV/Div，可根据输入信号大小来选择 Scale 的大小，使信号波形在示波器显示屏上显示出合适的幅度。

(2) Y 轴位置(Y pos.(Div))。Y 轴位置控制 Y 轴的起始点。当 Y 的位置调到 0 时，Y 轴的起始点与 X 轴重合；如果将 Y 轴位置增加到 1.00，Y 轴原点位置从 X 轴向上移一格；若将 Y 抽位置减小到－1.00，Y 轴原点位置从 X 轴向下移一格。Y 轴位置的调节范围为－3.00～＋3.00。改变A、B通道的Y轴位置有助于比较或分辨两通道的波形。

(3) 输入方式。Y轴输入方式即信号输入的耦合方式。当用AC耦合时，示波器显示信号的交流分量，即只有交流信号进入示波器；而当用DC耦合时，显示的却是信号的AC和DC分量之和；当用0耦合时，将在Y轴设置的原点位置上显示一条水平参考线。

3. 触发方式(Trigger)调整

触发方式设置主要用于设置示波器的触发信号源参数。

(1) 触发沿(Edge)选择。触发沿可选择上升沿或下降沿触发，即设置波形的起始显示位置是上升部开始还是下降部。

(2) 触发信号选择。触发信号分为内部触发及外部触发，内部触发即选择A或B通道的信号作为触发信号，外部触发选择EXT，则由外触发输入信号触发。

(3) 触发电平(Level)选择。触发电平选择触发电平值，当信号值高于触发电平时才会在显示屏上显示出具体波形。

(4) 触发方式选择。Multisim 12提供4种不同的触发方式 Single Normal Auto None ，具体功能如下：

Single：单脉冲触发，示波器在信号到达触发电平时触发，且信号显示满屏时，需重新按下按钮再次触发。

Normal：一般脉冲触发，示波器在信号每次到达触发电平时刷新触发。

Auto：打开触发源，即使用A通道、B通道或外部信号作为触发源。

None：关闭触发源。

4. 示波器显示波形读数

要显示波形读数的精确值时，可用鼠标将垂直光标拖到需要读取数据的位置，显示屏幕下方的方框内将显示光标与波形垂直相交点处的时间和电压值，以及两光标位置之间时间、电压的差值。

5.3.5 四通道示波器

四通道示波器的使用与一般示波器类似，区别只是在原来两通道的基础上增添了通道C和通道D，使得在一些复杂的电路中更方便观察各路的信号波形。其图标和面板如图5.3.5所示。

四通道示波器与双通道示波器的使用方法和参数调整方式完全一样，具体可参照5.3.4节内容，此处不再赘述。在通道设置中，四通道示波器增加了通道控制旋钮，如图5.3.6所示。

当通道控制旋钮拨到某个通道位置，就能对该通道的Y轴进行调整。

5.3.6 波德图仪

波德图仪可以用来测量和显示电路的幅频特性与相频特性，能以图形曲线的形式描绘电路的频率响应。波德图仪的图标及面板如图5.3.7所示。

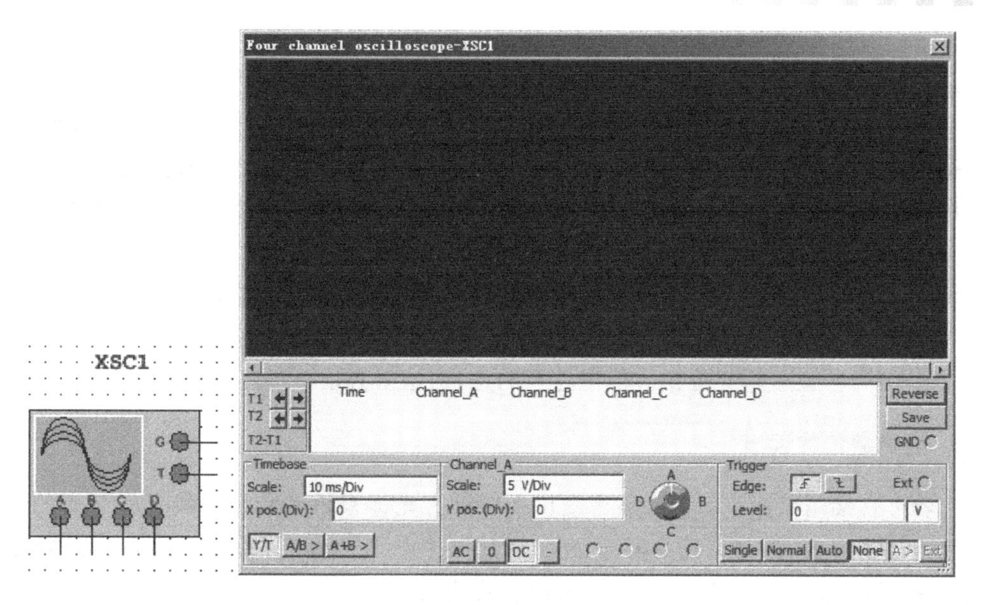

图 5.3.5　四通道示波器图标及面板

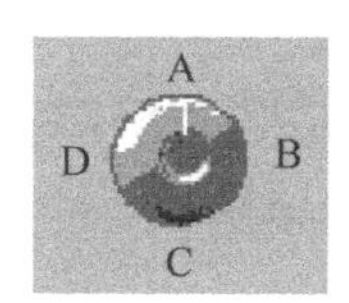

图 5.3.6　四通道示波器旋钮

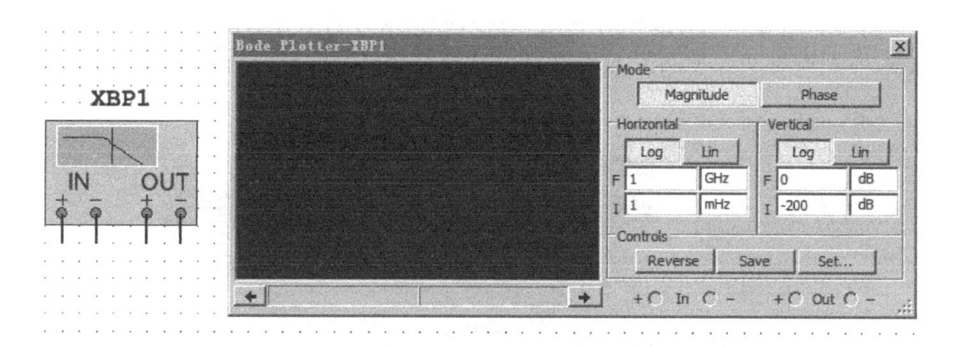

图 5.3.7　波德图仪图标及面板

使用波德图仪时必须在电路的输入端接入 AC(交流)信号源，仪器有 In 和 Out 两对端口，其中 In 端口的“+”和“−”分别接电路输入端的正端和负端；Out 端口的“+”和“−”分别接电路输出端的正端和负端。

1. Mode 选择

Mode 中的两个按钮可选择幅频特性(Magnitude)或者相频特性(Phase)。

2. 坐标设置

在垂直(Vertical)坐标或水平(Horizontal)坐标控制面板图框内，Log 为对数坐标按钮，单击后坐标以对数(底数为 10)的形式显示；Lin 为线性坐标按钮，选择后坐标以线性的结果显示。

水平(Horizontal)坐标：水平坐标一般指示的是扫描频率，它的标度由水平轴的初始值 I(Initial)和终值 F(Final)的设置决定。初始值和终值的最大范围为 1MHz～999.9GHz，在设置扫描频率范围时应注意初始值要比终值小。此外，在信号频率范围很宽的电路中，分析电路频率响应通常选用对数坐标。

垂直(Vertical)坐标：当测量电压增益时，垂直轴显示输出电压与输入电压之比。若使用对数基准，则单位是分贝(dB)；如果使用线性基准，则显示比值；当测量相位时，垂直轴总是以度(°)为单位显示相位角。值得注意的是，初始值必须小于终值。

3. 坐标数值的读出

读者可直接用鼠标拖动位于波德图仪中的垂直光标来得到特性曲线上任意点的频率、增益或相位差信息，观测点信息将显示在读数框中。当然也可用读数框两边的移动按钮 ←、→ 调整读数指针的位置，具体可由读者使用习惯操作。

4. 设置分辨率

设置波德图仪分辨率，可单击 Set... 按钮，会弹出分辨率设置对话框，直接输入所需设置值然后单击 OK 按钮即可。一般数值越大，分辨率就越高。

5.3.7 频率计

频率计主要用于检测信号的周期、频率、相位，脉冲信号的上升沿和下降沿等。Multisim 12 提供的频率计和面板图标如图 5.3.8 所示。其图标只有一个输入端，用来连接电路的输出信号。

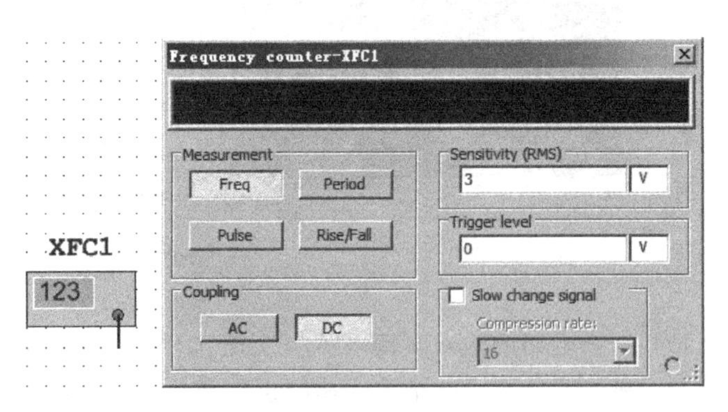

图 5.3.8 频率计图标及面板

频率计面板中 Measurement 为测量量的选择，Freq 为频率测量，Period 为周期测量，Pulse 为测量正/负半周的时间，Rise/Fall 为测量上升/下降沿的时间。

使用中应注意根据输入信号的幅值调整频率计的灵敏度(Sensitivity)和触发电平(Trigger Level)。

5.3.8 字信号发生器

字信号发生器又称为数字逻辑信号源，是能产生 16 路(32 位)同步逻辑信号的一个多路逻辑信号源，用于对数字逻辑电路进行测试。其操作面板如图 5.3.9 所示。

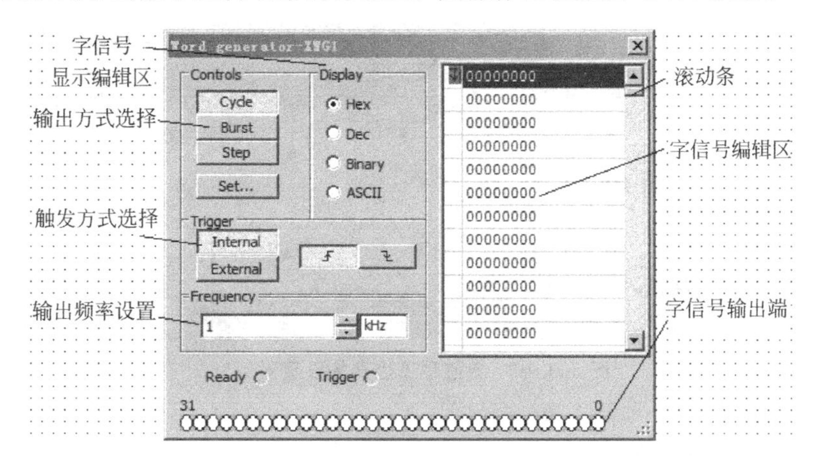

图 5.3.9　字信号发生器面板

1. 字信号的输入

在字信号编辑区进行字信号输入操作。将光标指针移至字信号编辑区的某一位并单击，输入如二进制数码的字信号，可连续地输入字信号。32 位的字信号以 8 位十六进制数编辑和存放，可以存 1024 条字信号，地址编号为 0000～03FF。

在字信号显示(Display)编辑区可以编辑或显示字信号格式有关的信息。字信号发生器被激活后，字信号按照一定的规律逐行从底部的输出端送出，同时在面板的底部对应于各输出端的小圆圈内，实时显示输出字信号各个位(bit)的值。

2. 输出方式

字信号的输出方式有如下 3 种方式：

Cycle(循环)：该方式下字符信号循环不断地周期性输出；

Burst(单帧)：该方式下字信号从设置首地址开始至设置终地址连续逐条地输出；

Step(单步)：该方式可对电路进行单步调试，即每单击一次输出一条字信号。

需要注意的是，Burst 和 Cycle 情况下的输出节奏由输出频率的设置决定。

3. 触发方式

字信号的触发方式有两种，分别为 Internal(内部)和 External(外部)触发方式。在 Internal(内部)触发方式时，字信号的输出直接由输出方式按钮(Step、Burst、Cycle)启动；而在 External(外部)触发方式时，则需接入外触发脉冲，并定义"上升沿触发"或"下降沿触发"，然后单击输出方式按钮，待触发脉冲到来时才启动输出。

4. 面板设置

单击 Set... 按钮，弹出 Settings 对话框。对话框中各选项说明如图 5.3.10 所示。字信号存盘文件的扩展名为“.DP”。

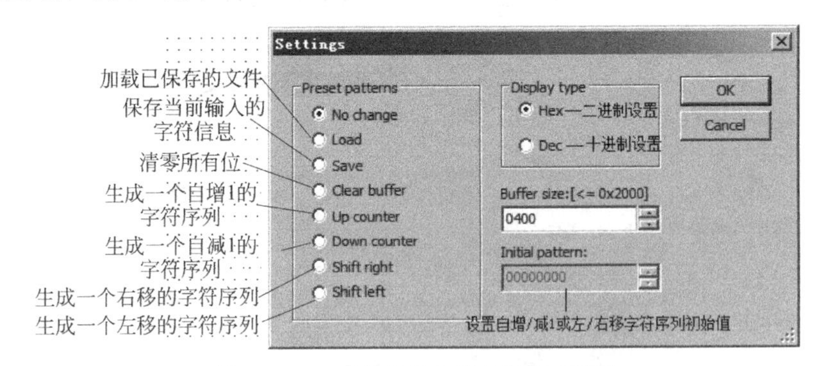

图 5.3.10 字信号发生器的设置对话框

5.3.9 逻辑转换仪

逻辑转换仪是 Multisim 软件中特有的仪器，实际并不存在与此对应的真实设备。它能够完成真值表、逻辑表达式和逻辑电路三者之间的相互转换。逻辑转换仪面板及转换方式选择如图 5.3.11 所示。

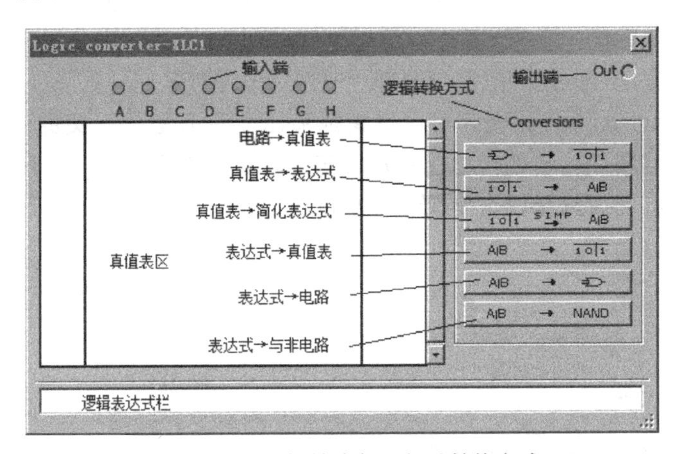

图 5.3.11 逻辑转换仪面板及转换方式

1. 电路→真值表

逻辑转换仪可以导出多路(最多 8 路)输入、一路输出的逻辑电路的真值表。使用时先画出逻辑电路将其输入端接至逻辑转换仪的输入端，输出端连至逻辑转换仪的输出端。单击 [电路→真值表] 按钮，在逻辑转换仪真值表区就生成了该电路的真值表。

2. 真值表→逻辑表达式

完成真值表到逻辑表达式的导出，首先要建立真值表。一种方法是根据输入端数，单击逻辑转换仪面板顶部代表输入端的小圆圈(由 A～H)选定输入信号,被选中后的小圆圈会变白。此时其值表区自动出现输入信号的所有组合,而右侧的输出列初始值全部为零。可根据所需要的逻辑关系修改真值表的输出值而建立真值表。另一种方法是由电路图通过逻辑转换仪转换出来的真值表。

对已在真值表区建立的真值表,单击 [10|1 → A|B] 按钮,在面板的底部逻辑表达式栏会出现相应的逻辑表达式。如果要简化该表达式或直接由真值表得到简化的逻辑表达式,单击 [10|1 SIMP A|B] 按钮后,在逻辑表达式栏中出现该真值表相应的简化逻辑表达式。

3. 表达式→真值表、逻辑电路和与非电路

可以直接在逻辑表达式栏中输入逻辑表达式,单击 [A|B → 10|1] 按钮,可以得到相应的真值表;单击 [A|B → 门] 按钮,即可得到相应的逻辑电路;单击 [A|B → NAND] 按钮,可得到仅由与非门组成的逻辑电路。

5.3.10 逻辑分析仪

逻辑分析仪用于对数字逻辑信号的高速采集和时序分析,可以同步记录和显示 16 路数字信号。逻辑分析仪的面板图如图 5.3.12 所示。

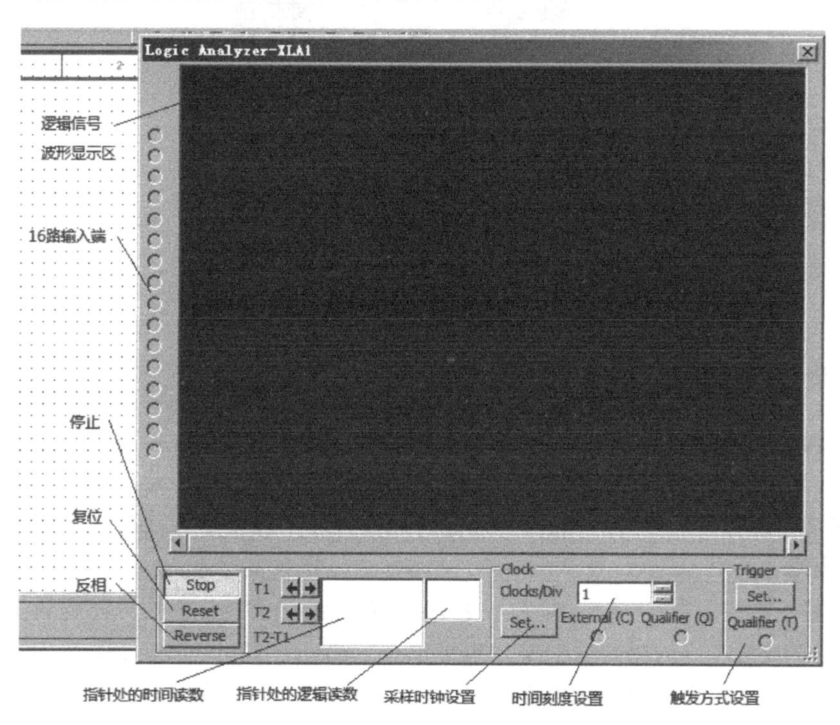

图 5.3.12 逻辑分析仪面板

1. 数字逻辑信号与波形的显示

面板左侧从上到下的小圆圈对应 16 个逻辑信号的输入端,各路输入逻辑信号的当前值在小圆圈内显示,并按最低位至最高位从上到下依次排列。16 路输入逻辑信号的波形以方

波形式显示在逻辑信号波形显示区。通过设置输入导线的颜色可修改相应波形的显示颜色。波形显示的时间轴刻度可通过面板下边的 Clocks/Div 设置。读取波形的数据可以拖放读数指针，在面板下部的两个方框内显示指针所处位置的时间读数和逻辑读数(四位十六进制数)。

2. 采样时钟设置

单击对话框面板下部 Clock 区的 Set... 按钮，会弹出采样时钟设置对话框(见图 5.3.13)。在对话框中，可以选择波形采集的控制时钟来源，其中 External 为外时钟，Internal 为内时钟，如果选择内时钟，其时钟频率可以设置。Clock rate 用于设置时钟脉冲的频率。Clock qualifier(时钟限定)应与外部时钟源配合使用，其设置决定时钟控制输入对时钟的控制方式。若该位设置为 1，表示时钟控制输入为 1 时开放时钟，逻辑分析仪可以进行波形采集；若该位设置为 0，表示时钟控制输入为 0 时开放时钟；若该位设置为"x"，表示时钟总是开放的，不受时钟控制输入的限制。Sampling setting 为设置取样方式，其中，Pre-trigger samples 设定前沿触发取样数，Post-trigger samples 设定后沿触发取样数，Threshold volt 设定门限电压。

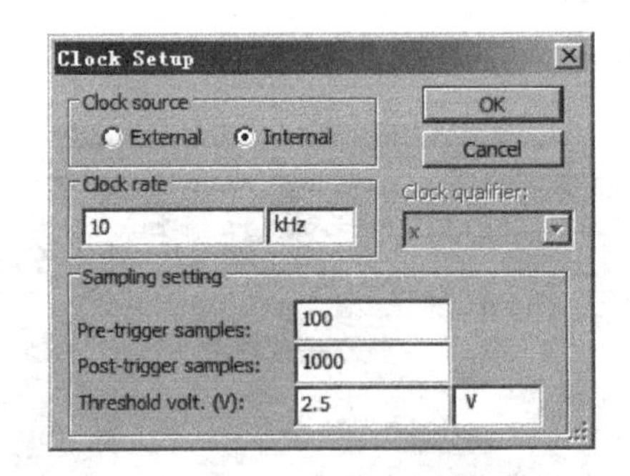

图 5.3.13 逻辑分析仪采样时钟设置对话框

3. 触发方式设置

单击 Trigger 区的 Set... 按钮，可以弹出触发方式设置对话框(见图 5.3.14)。Trigger clock edge(触发方式)有多种选择：Positive 为上升沿触发；Negative 为下降沿触发；Both 为上升、下降沿都触发。Trigger patterns 区可以输入 3 个触发字 A、B、C，设置触发的样本。可以在 Pattern A、Pattern B 及 Pattern C 文本框中设定触发样本，也可单击 A、B 或 C 的编辑框，然后输入二进制数(0 或 1)或者 X，X 代表该位为"任意"(0、1 均可)，逻辑分析仪在读到一个指定字或几个字的组合后触发。也可以在 Trigger combinations 下拉列表框中选择组合的触发样本。单击下拉菜单按钮，弹出由 A、B、C 组合的 8 组触发字，选择 8 种组合之一，并单击 Accept(确认)后，在 Trigger combinations 方框中就被设置为该种组合触发字。

3 个触发字的默认设置均为××××××××××××××××，表示只要第一个输入逻辑信号到达，无论是什么逻辑值，逻辑分析仪均被触发开始波形采集，否则必须满足触发字条件才被触发。此外，Trigger qualifier(触发限定字)对触发有控制作用。若该位设为

x,触发控制不起作用,触发完全由触发字决定；若该位设置为 1(或 0),则仅当触发控制输入信号为 1(或 0)时,触发字才起作用；否则,即使触发字组合条件满足也不能引起触发。

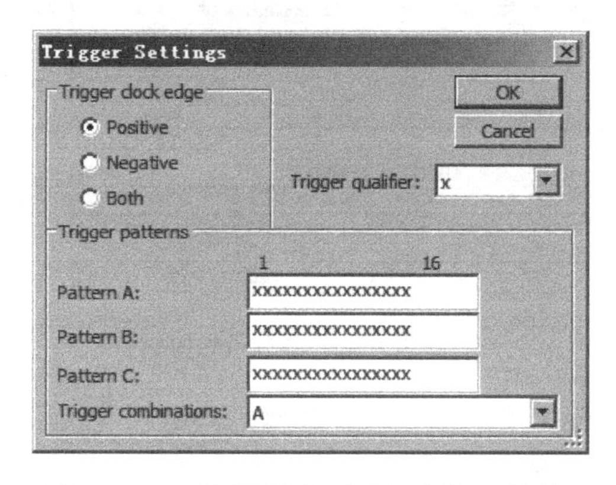

图 5.3.14 逻辑分析仪触发方式设置对话框

5.3.11 IV 分析仪

IV(电路/电流)分析仪用来分析二极管、PNP 型和 NPN 型晶体管、PMOS 和 CMOS FET 的 IV 特性。需要注意的是,IV 分析仪只能测量电路中的未接入的元器件,即待测元件需要从电路中隔离出来。IV(电路/电流)分析仪的面板如图 5.3.15 所示。

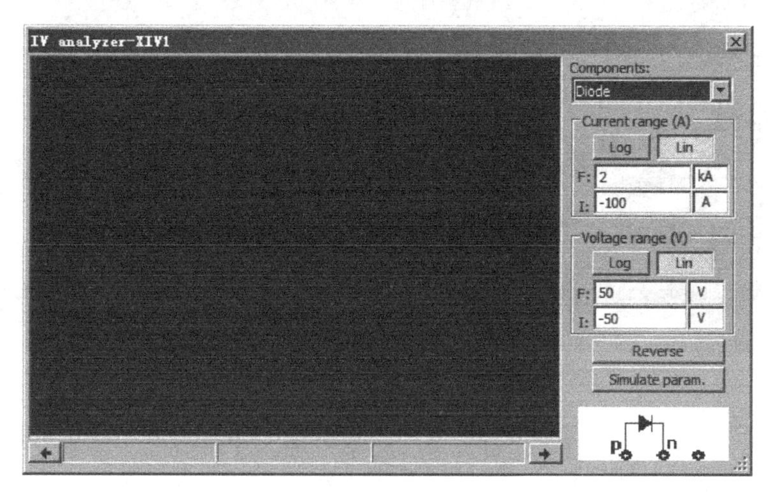

图 5.3.15 IV 分析仪面板

通过 Components 下拉列表选择被测器件,选定后在屏幕右下方的可视框即可预览元件接线说明,非常人性化。Current range 区和 Voltage range 分别为电路范围和电压范围设置,Simulate Parameters 则是对分析参数进行设置。

5.3.12 失真分析仪

失真分析仪是一种用来测量电路信号失真与信噪比的仪器,Multisim 12 提供的失真分析仪频率范围为 20Hz～20kHz。失真分析仪面板如图 5.3.16 所示。

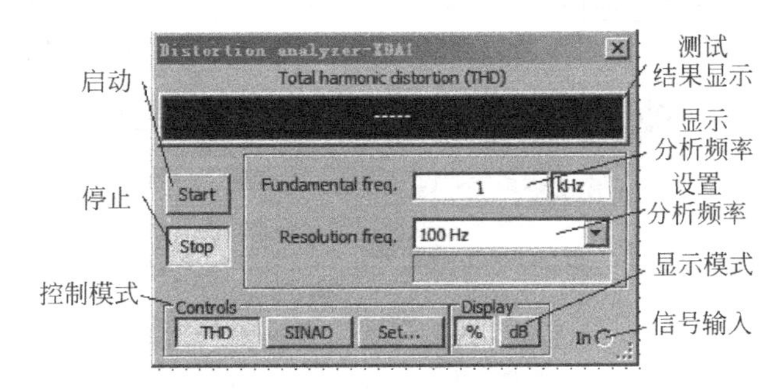

图 5.3.16 失真分析仪面板

在 Controls(控制模式)区域中,THD 设置测试总谐波失真,SINAD 设置测试信噪比,Settings 设置测试参数。

5.3.13 频谱分析仪

频谱分析仪主要用于分析信号的频谱特性,测量信号所包含的频率及频率所对应的幅度,还能够测量信号的功率和频率成分,分析信号中的谐波成分。Multisim 12 提供的频谱分析仪频率范围上限为 4GHz,其面板如图 5.3.17 所示。

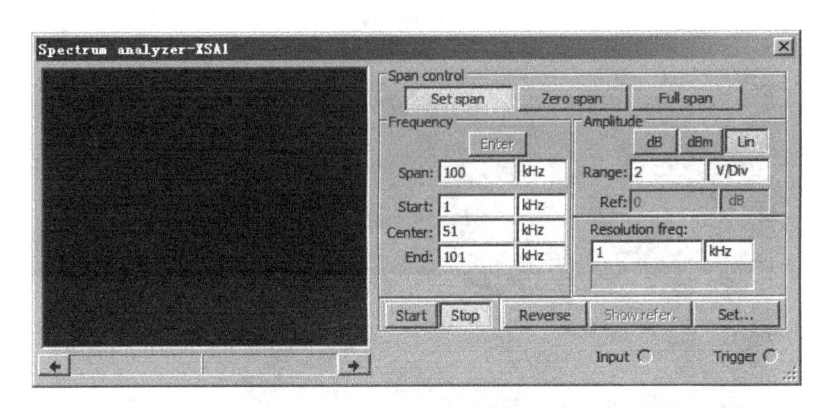

图 5.3.17 频谱分析仪面板

- Span control 区:选择 Set span 时,频率范围由 Frequency 区域设定;选择 Zero span 时,频率范围仅由 Frequency 区域的 Center 栏位设定的中心频率确定;选择 Full span 时,频率范围设定为 0~4GHz。
- Frequency 区:Span 设定频率范围,Start 设定起始频率,Center 设定中心频率,End 设定终止频率。
- Amplitude 区:当选择 dB 时,纵坐标刻度单位为 dB;当选择 dBm 时,纵坐标刻度单位为 dBm;当选择 Lin 时,纵坐标刻度单位为线性。
- Resolution frequency 区:设定频率分辨率,即能够分辨的最小谱线间隔。
- Controls 区:当选择 Start 时,启动分析;当选择 Stop 时,终止分析。

5.3.14 网络分析仪

网络分析仪是一种用来分析双口网络的仪器，可测量衰减器、放大器、混频器、功率分配器等电子电路及元件的特性，也可以测量电路的S参数并计算出H、Y、Z参数。网络分析仪面板如图5.3.18所示。

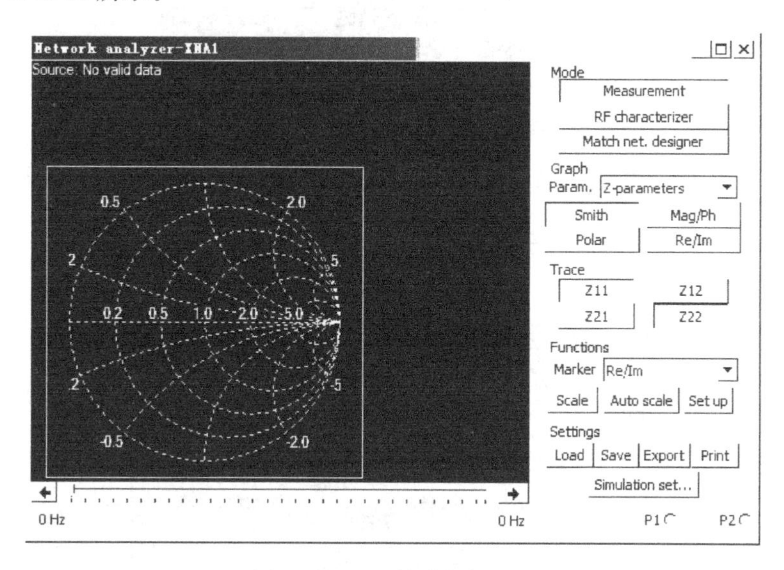

图 5.3.18 网络分析仪面板

1. Mode 操作模式设置

在Mode中测量模式为Measurement；射频特性分析模式为RF characterizer；而Match net. designer为电路设计模式，可以显示电路的稳定度、阻抗匹配、增益等数据。

2. Graph 参数、显示设置

由Param下拉列表可以选择所要分析的参数。可选择的参数有S-parameters(S参数)、H-parameters(H参数)、Y-parameters(Y参数)、Z-parameters(Z参数)和Stability factor(稳定因素)。

显示模式可以通过单击Smith(施密斯格式)、Mag/Ph(增益/相位的频率响应图，即波德图)、Polar(极化图)、Re/Im(实部/虚部)按钮完成。

3. Trace 设置

在Trace区域中可选择需要显示的参数，只要单击需要显示的参数按钮Z11、Z12、Z21或Z22即可。

4. Functions 设置

Marker区可设置显示窗口的模式。当选择Re/Im时，显示数据为直角坐标模式；当选择Mag/Ph(Deg)时，显示数据为分贝极坐标模式。

Scale 选项可设置 Graph 区中 4 种显示模式的刻度参数；Auto scale 选项可设置程序自动调整刻度参数；Set up 选项为三种不同分析模式下显示窗的不同参数设定，如图 5.3.19(a)和图 5.3.19(b)所示。

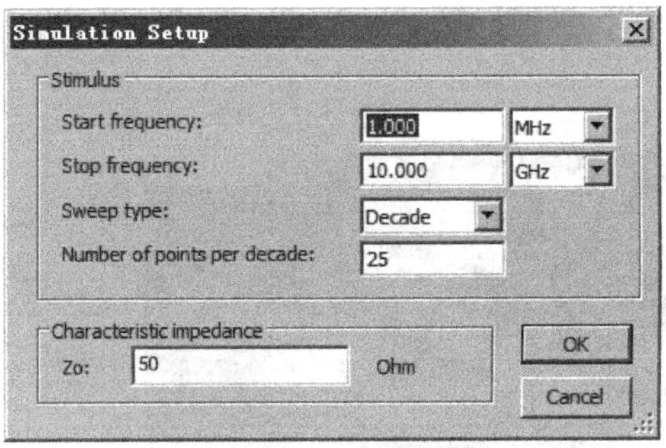

(a) Simulation Setup

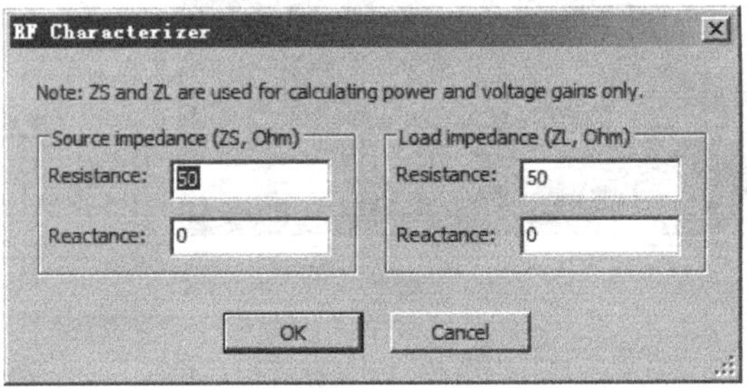

(b) RF Characterizer

图 5.3.19　网络分析仪参数设定

5. Settings

Settings 区域提供数据管理功能。单击 Load 读取专用格式数据文件；单击 Save 存储专用格式数据文件；单击 Exp 输出数据至文本文件；单击 Print 打印数据。

5.3.15　安捷伦信号发生器

1. 安捷伦函数信号发生器的图标和面板

Multisim 12 仿真软件中的安捷伦信号发生器原型是安捷伦公司生产的 Agilent 33120A，它是一种宽频带、多用途、高性能的函数信号发生器，不仅能产生正弦波、方波、三角波、锯齿波、噪声源和直流电压 6 种标准波形，而且还能产生按指数下降的波形、按指数上升的波形、负斜波函数、Sa(x)及 Cardiac(心率波)5 种系统存储的特殊波形和由 8～256 点描述的任意波形。Agilent 33120A 的图标和面板如图 5.3.20 所示，安捷伦信号发生器接线柱为两个端口，上面的 SYNC 端口是同步方式输出端，下面的 OUTPUT 端口是普通信号输出端。

图 5.3.20 安捷伦函数信号发生器图标及面板

2. Agilent 33120A 面板上的主要功能

(1) Power：电源开关按钮。

(2) Shift：第二功能按钮，先单击 Shift 按钮，然后单击其他功能按钮，实现的是后者上方的功能。

(3) Enter Number：数字输入按钮。先单击 Enter Number 按钮，然后单击面板上的相关数字按钮，即可输入数字。若单击 Shift 按钮后，再单击 Enter Number 按钮，则取消前一次操作。

(4) FUNCTION/MODULATION：功能/调制按钮，其中有 6 个按钮，用来选择输出信号类型，单击某个按钮可选择相应的波形输出。自左向右为正弦波按钮、方波按钮、三角波按钮、锯齿波按钮、噪声源按钮和 Arb 按钮。用 Arb 按钮可选择由 8～256 点描述的任意波形。以上 6 个按键均为多功能键，若先单击 Shift 按钮，再分别单击正弦波按钮、方波按钮、三角波按钮、锯齿波按钮、Noise(噪声源)按钮或 Arb 按钮，可设置 AM 信号、FM 信号、FSK 信号、Burst 信号、Sweep 信号或 Arb List 信号。若先单击 Enter Number 按钮，再单击正弦波按钮、方波按钮、三角波按钮、锯齿波按钮、Noise(噪声源)按钮或 Arb 按钮，可输入数字 1、2、3、4、5 和＋、－极性。

(5) Freq、Ampl：频率和幅度按钮，位于面板 AM/FM 线框下，用于调整 AM/FM 信号参数。单击 Freq 按钮，可调整信号的频率，单击 Ampl 按钮，可调整信号的幅度；若单击 Shift 按钮后，再分别单击 Freq 按钮或 Ampl 按钮，则分别调整 AM、FM 信号的调制频率和调制幅度。

(6) Menu：菜单操作按钮。先单击 Shift 按钮，再单击 Enter 按钮，就可以对相应的菜单进行操作。若单击按钮则进入下一级菜单，若单击按钮则返回上一级菜单，若单击按钮则在同一级菜单右移，若单击按钮则在同一级菜单左移。若选择改变测量单位，单击按钮选择测量单位递减，单击按钮选择测量单位递增，最终单击 Enter 键确定。

(7) Offset：Agilent 33120A 信号源的偏置设置按钮。直接单击 Offset 按钮可调整信号源的偏置；若先单击 Shift 按钮，然后单击 Offset 按钮，则改变信号源的占空比。

(8) Single：触发模式选择按钮。直接单击 Single 按钮为单次触发；若先单击 Shift 按钮，再单击 Single 按钮，则选择内部触发。

(9) Recall：状态选择按钮。单击 Recall 按钮，选择上一次存储的状态；若先单击 Shift 按钮，再单击 Recall 按钮，则选择存储状态。

(10) 显示屏右侧的圆形按钮：信号源的输入旋钮。通过旋转输入旋钮可改变输入信号的数值。

5.3.16 安捷伦数字万用表

安捷伦数字万用表是基于 Agilent 34401A 型的万用表虚拟仪器，具有 $6\frac{1}{2}$ 位高性能。它不仅可以测试电阻、交/直流电压、交/直流电流，信号频率和周期等，还具有测量数字运算、dB、dBm、界限测试和最大/最小/平均值等功能。

1. 安捷伦数字万用表的图标和面板

Agilent 34401A 的图标和面板如图 5.3.21 所示。图标对外的连接端有 5 个，其中上面右侧的两个为一对 1000V Max 端子，上面左侧的两个为一对 200V Max 端子，右侧下面的端子为电流接线端。

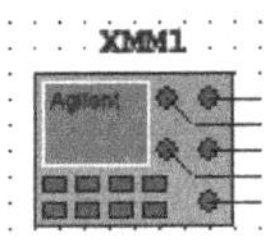

图 5.3.21 安捷伦数字万用表图标及面板

2. 安捷伦万用表面板上的主要按钮功能

(1) Power：电源开关按钮。

(2) Shift：第二功能按钮。先单击 Shift 按钮，然后单击其他功能按钮，实现的是后者上方的功能。

(3) FUNCTION：测量功能按钮。DC V 为直流信号，AC V 为交流信号，Ω 2W 为电阻，Freq 为频率/周期，Cont 为二极管/短路。

(4) MATH：数学运算按钮。使用时先单击 Shift 按钮，再单击 Null 按钮可以将结果用 dB 显示出来。

(5) Menu：菜单操作按钮。先单击 Shift 按钮，再单击 Auto/Man 按钮，就可以对相应的菜单进行操作。

(6) RANGE/DIGITS：量程选择按钮。其中 Auto/Man 为人工测量与自动测量的转换按钮。若结合功能键，可进行菜单操作。

（7）Single：触发方式选择。直接单击时可改变触发方式，与 Shift 键结合使用可设置为自动触发或保持功能。

（8）接线柱。面板右侧为接线柱，可根据测量不同的信号，选择不同的接线柱。

3. 安捷伦数字万用表的使用

（1）测量电压：使用时将 34401A 数字万用表 2 端、4 端与被测试电路并联；单击 DC V 按钮可测量直流电压，屏幕显示单位为 VDC；单击 AC V 按钮可测量交流电压，屏幕显示的单位为 VAC。

（2）测量电流：使用时将万用表 5 端、3 端串联至被测的电路。先单击 Shift 按钮，屏幕上会显示"Shift"，再单击 DC V 按钮，即可测量直流电流，显示屏上显示的单位为 ADC；交流电流同理。当被测量值超过该段测量量程时，屏幕显示为 OVLD。

（3）测量电阻：34401A 数字万用表提供二线测量法和四线测量法两种方法测量电阻。使用二线测量法时，将 2 端和 4 端分别接在被测电阻的两端，同时 4 端地线，单击前面板上的 Ω 2W 按钮，可测量电阻阻值的大小。若测量小电阻，可选四线测量法来提高准确性，其方法为将 1 端和 2 端相连接，3 端和 4 端相连接，再并联在被测电阻的两端，单击面板上的 Shift 按钮，再单击面板上的 Ω 2W 按钮，即为四线测量法的模式，此时显示屏上显示的单位为 ohm^{4W}。

（4）测量频率/周期：测量时需将 34401A 的 2 端和 4 端分别接在被测电路两端，单击面板上的 Freq 按钮，可测量频率的大小。结合功能键 Shift，然后再单击 Freq 按钮，为周期测量。

（5）判断二极管极性：使用时将 34401A 数字万用表的 1 端和 3 端分别接在元器件的两端，结合 Shift 按钮，再单击 Cont 按钮，可测试二极管极性。若万用表的 1 端接二极管的正极，3 端接二极管的负极，则显示屏上显示二极管的正向导通压降。若将二极管反接，则屏幕上显示 0ohm；若二极管断路，屏幕显示 OPEN 字样，表明二极管存在开路故障。

5.3.17　安捷伦示波器

1. 安捷伦示波器的图标和面板

Multisim 12 中的安捷伦示波器是一款基于安捷伦 54622D 型示波器的集模拟和数字信号显示功能于一身的多功能虚拟仪表，具有两个模拟通道，16 个逻辑通道，带宽为 100MHz。具体图标与面板如图 5.3.22 所示。

2. 安捷伦示波器面板上的主要按钮功能

（1）POWER：电源开关按钮。

（2）INTENSITY：是聚焦旋钮，可以调节显示波形曲线的粗细。

（3）：软驱，位于 POWER 和 INTENSITY 旋钮之间，可保存当前示波器显示的波形。单击软驱，在功能按钮栏上将出现保存按钮，然后单击该按钮完成保存。

（4）Horizontal 区：水平调整。调节示波器的水平增益、水平平移波形和显示方式等。

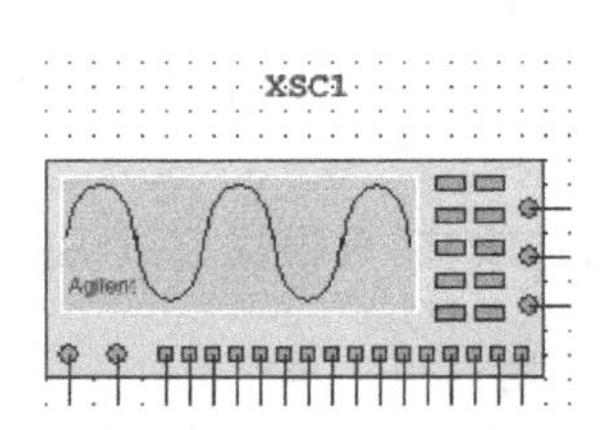

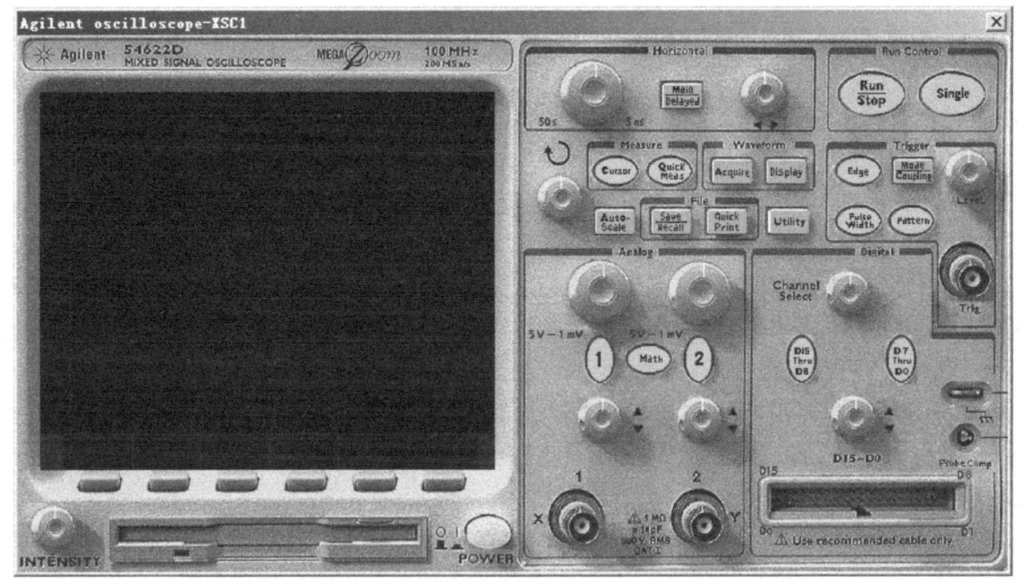

图 5.3.22　安捷伦示波器图标及面板

(5) Run Control 区：运行控制区。Run/Stop 按钮可暂停/开始示波器工作，以便观察波形。单击 Single 按钮则可显示单屏信号采集。

(6) Trigger 区：触发设置区。主要用于设置触发方式、触发电平、触发源等。

(7) Digital 区：逻辑分析功能区。安捷伦示波器可对 16 通道的逻辑信号进行显示测量。

(8) Measure 区：其他功能区。包括测量、波形设置、文件操作等功能，一般结合 Shift 功能按钮使用。

(9) Analog 区：道通参数设置区。可设置各个通道的垂直增益和通道显示模式，上下移动波形等。

5.3.18　泰克示波器

1. 泰克示波器的图标和面板

Multisim 12 提供的泰克示波器是仿 Tektronix TDS2024 型 200MHz 带宽的虚拟仪器，其最大特点就是拥有 4 通道同时分析能力。图标和面板如图 5.3.23 所示。

泰克示波器共有 7 个连接点，从左至右依次为 P(探针公共端，内置 1kHz 测试信号)、G(接地端)、1、2、3、4(模拟信号输入通道 1～4)和 T(触发端)。

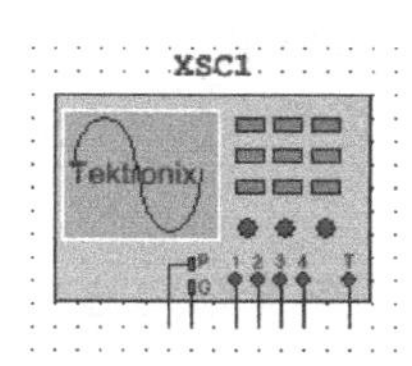

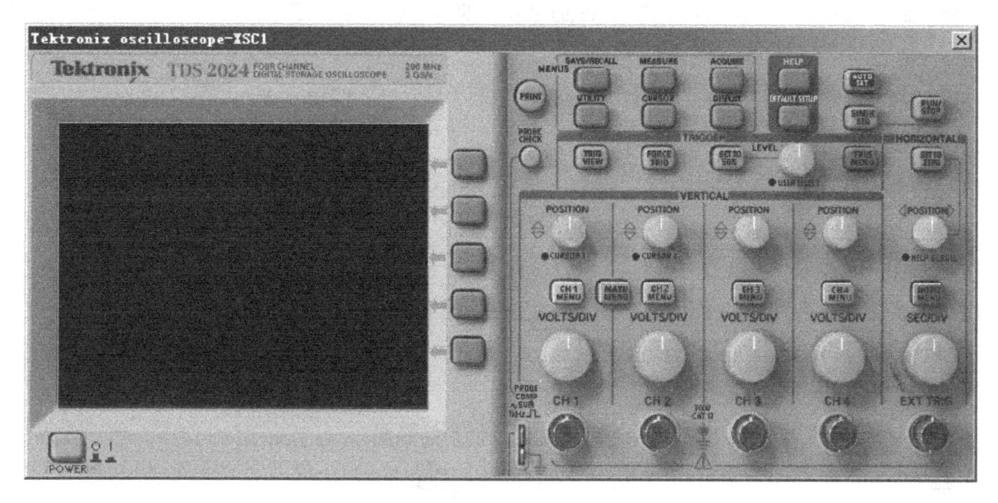

图 5.3.23　泰克示波器图标及面板

2. 泰克示波器面板上的主要按钮功能

(1) POWER：电源开关按钮。

PROBE CHECK：探针检查按钮。

(2) 功能按钮区。

PRINT(打印)：打印操作。

AUTO SET(自动设置)：自动设置示波器控制状态，产生适用于输出信号的显示图形。

SINGLE SEQ(单次序列)：采集单个波形，然后停止。

RUN/STOP(运行/停止)：连续采集波形或停止采集。

HELP(帮助)：显示“帮助”菜单。打开泰克示波器帮助文件。

DEFAULT SETUP(默认设置)：恢复软件的出厂设置。

SAVE/RECALL(保存/调出)：显示设置和波形的“保存/调出”菜单。

MEASURE(测量)：显示“自动测量”菜单。

ACQUIRE(采集)：显示“采集”菜单。

DISPLAY(显示)：显示“显示”菜单。

CURSOR(光标)：显示“光标”菜单。当显示“光标”菜单并且光标被激活时，以“垂直位置”控制方式可以调整光标的位置。离开“光标”菜单后，光标保持显示(除非“类型”选项设置为“关闭”)，但不可调整。

UTILITY(辅助功能)：显示“辅助功能”菜单。

(3) TRIGGER 触发控制区。

“电平”和“用户选择”旋钮。由于“电平”旋钮的基本功能是用来设置电平幅度的，所以当使用边沿触发时，信号必须高于预设值才能进行采集。用此旋钮还可以执行“用户选择”的其他功能，旋钮下的 LED 点亮即为指示的相应功能。

显示“触发”菜单。

设置为 50%。触发电平设置为触发信号峰值的中点。

强制触发。不管触发信号是否适当，都要完成采集。如采集已停止，则该按钮不起作用。

触发视图。单击“触发视图”按钮时，显示触发波形而不显示通道波形。可用此按钮查看触发耦合等对触发信号的影响。

(4) VERTICAL 垂直调整区。

CH1～CH4 对应的垂直位移(POSITION)旋钮：可调整波形的垂直位置。当单击功能按钮区的光标(CURSOR)按钮时，CH1、CH2 的垂直位移旋钮下方两个指示灯 LED 变亮，在这种状态下旋转旋钮，则光标 1、光标 2 定位移动有效。

CH1 MENU～CH4 MENU 按钮：显示对应垂直通道的菜单项并打开或关闭对应通道波形的显示。

CH1～CH4 的 VOLTS/DIV 旋钮：用来调整光标对应垂直通道的 Y 轴刻度系数。

数字运算按钮：显示单个通道波形的 FFT 变换或者两个通道波形的数学运算。

(5) HORIZONTAL 水平调整区。

设置为零按钮：设置任意处为水平位置。

水平位移(POSITION)旋钮：调整所有通道和数字波形的水平位置。这一控制的分辨率随时基设置的不同而改变。

水平菜单按钮：显示“水平”菜单的选项。如果继续进行测量可单击对应的按钮。

SEC/DIV 旋钮：为主时基或窗口时基选择水平的时间/格(刻度系数)，可旋转 SEC/DIV(秒/格)旋钮来对水平位置进行大幅调整。如窗口区被激活，通过更改窗口时基可以改变窗口区的宽度。

5.3.19 测量探针

在电路仿真过程中，测量探针可以用来对电路的某个点的电位、某条支路的电流或频率等特性进行动态测试，使用起来较其他仪器更加方便、灵活。其主要有动态测试和静态测试两种功能。

动态测试：在仿真进行时，单击按钮，用鼠标拖动测量探针到需要测量的节点或导线上，测量探针的读数窗口可对节点或导线中的状态进行实时读取。

静态测试：在仿真开始前，可单击按钮并拖动鼠标，这时在移动的按钮上会出现一个黑色的随动圆点，在所要测量的节点或导线上再次单击鼠标，将会出现测量探针的观察窗口，这样就完成了测量探针的放置。打开仿真开关，在观察窗口中就会得到实时读数。

在图 5.3.24 所示的测量探针测试电路中，左方是静态测试结果，右方为动态测试结果。

要设置测量探针的属性，可双击测量探针观察窗口，会弹出如图 5.3.25 所示测量探针的属性设置对话框。在属性设置窗口中，可以对观察窗口的颜色、尺寸、字体、字号等进行设置。

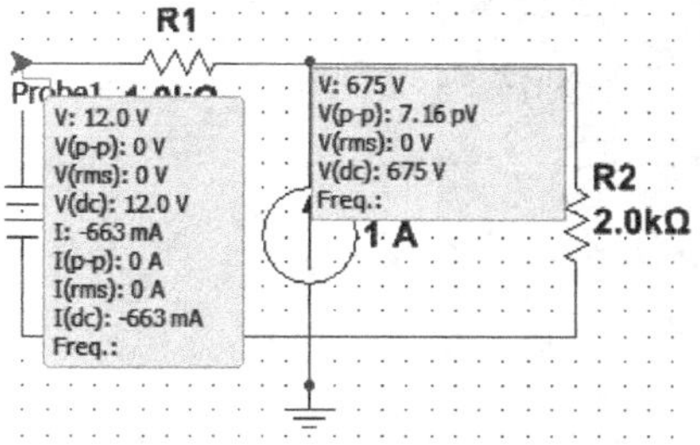

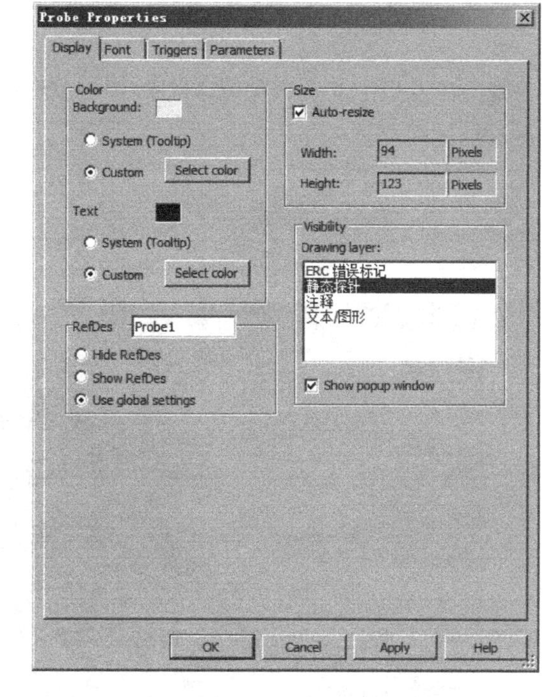

图 5.3.24 测量探针测试

图 5.3.25 测量探针属性设置

5.3.20 电流探针

电流探针是效仿工业上应用电流夹的动作，将电流转换为输出端口电阻器件的电压，即直接将电路中的电流信号通过探针传输至示波器，利用示波器读取电流信号。

5.3.21 LabVIEW 虚拟仪器

Multisim 12 预置了 7 种 LabVIEW 虚拟仪器，分别是 BJT 分析仪(BJT Analyzer)、阻抗仪(Impedance Meter)、麦克风(Microphone)、扬声器(Speaker)、信号发生器(Signal Generator)、信号分析仪(Signal Analyzer)和流信号发生器(Streaming Signal Generator)。使用时仪器栏中 LabVIEW 虚拟仪器下拉列表框，即可看到 7 个虚拟仪器，如图 5.3.26 所示。

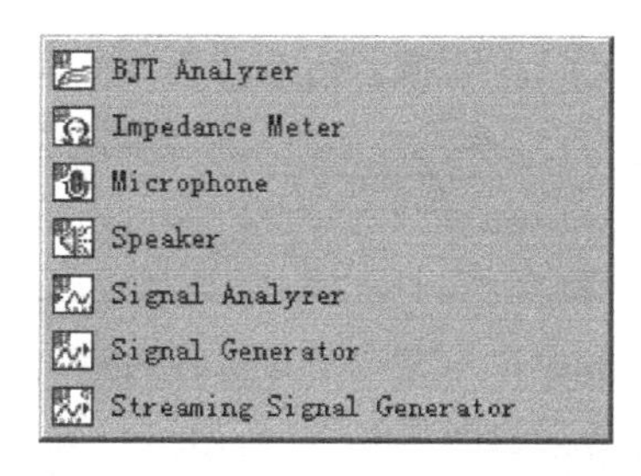

图 5.3.26 Multisim 12 的 7 种 LabVIEW 虚拟仪器

1. BJT 分析仪

Multisim 12 中提供双极结型三极管(BJT)分析仪,它的图标及设置对话框如图 5.3.27(a)和图 5.3.27(b)所示。

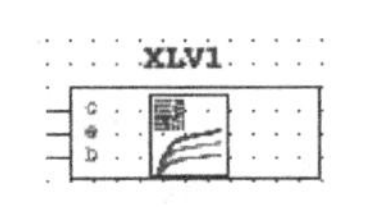

(a) BJT Analyzer图标

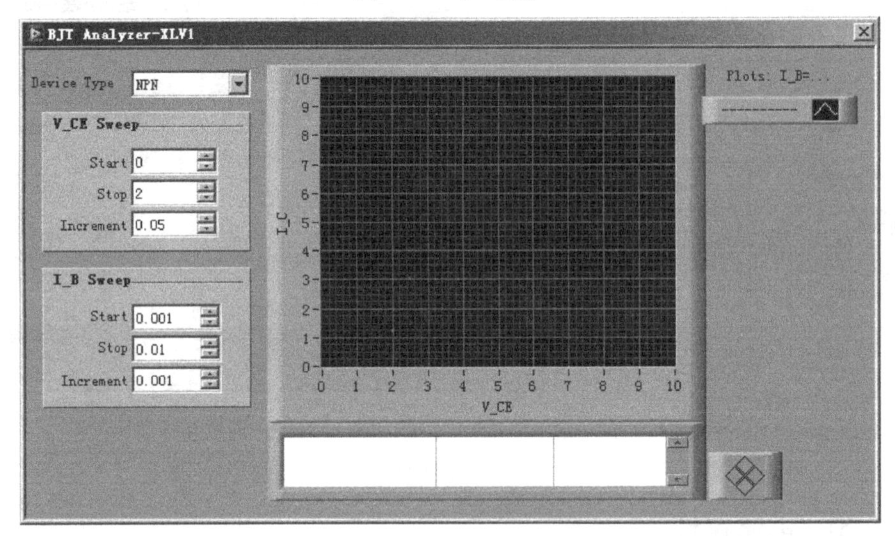

(b) BJT Analyzer设置对话框

图 5.3.27　BJT Analyzer 设置

BJT 分析仪面板设置说明如下：Device type 选择框中可选择需要的两种分析类型——NPN 型和 PNP 型；V_CE Sweep 中 Start 与 Stop 可调整横坐标轴范围,Increment 为增量大小；I_B Sweep 同理。

2. 阻抗仪

Multisim 12 中阻抗仪的图标及设置对话框如图 5.3.28 所示。

Impedance Meter 面板设置说明如下：Frequency Sweep 为频率范围调整；Out Options 为输出选项,其中 Number of Points 为点数设置,Scale Type 为扫描范围类型下拉列表框,可设置 Linear、Decade、Octal 三项。仿真前选中 Clear Data when Simulation Starts 复选框,可在分析前清零。

3. 麦克风

虚拟麦克风可以通过计算机的声卡录音,录制后的声音数据可作为 Multisim 12 的信号源。麦克风的图标及设置对话框如图 5.3.29 所示。

在麦克风设置对话框中,Device 中用来选择合适的音频设备(通常选用默认的设备)；Recording Duration(s)中用来设置录音的持续时间；Sample Rate(Hz)中用来设置采样频

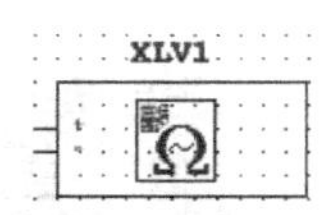

(a) Impedance Meter图标

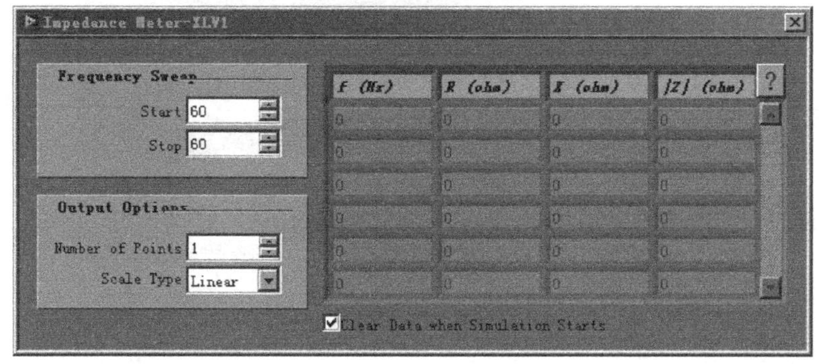

(b) Impedance Meter设置对话框

图 5.3.28　Impedance Meter 设置

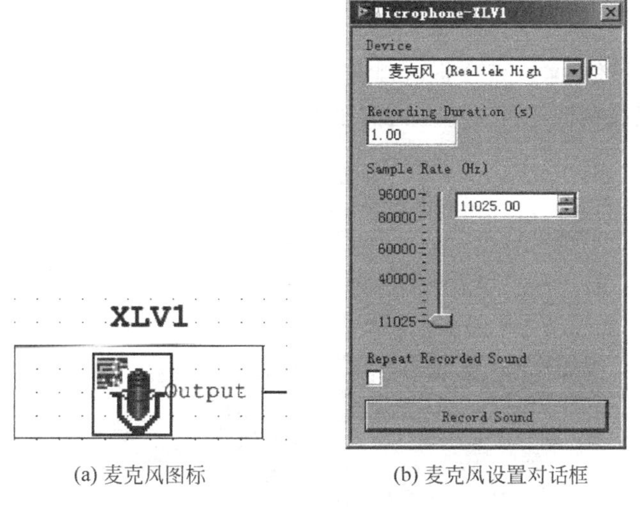

(a) 麦克风图标　　　　(b) 麦克风设置对话框

图 5.3.29　麦克风设置

率。选取的采样频率越高，输出的声音信号的品质越好，但仿真的速度就越慢。仿真前选中 Repeat Recorded Sound 复选框，可防止当录音时间超过设定录音长度时输出的信号为零。

4. 扬声器

Multisim 12 提供的 LabVIEW 中的 Speaker 图标及设置对话框如图 5.3.30 所示。

在扬声器设置对话框中，Device 中用来选择合适的音频设备（通常选用默认的设备）；Playback Duration(s)用来设置播放的时间，Sample Rate(Hz)中用来设置采样频率。

注意：若使用由麦克风录制的数据作为信号源，则扬声器采样频率应和麦克风的频率保持一致，或扬声器采样频率在输入信号频率的两倍以上。

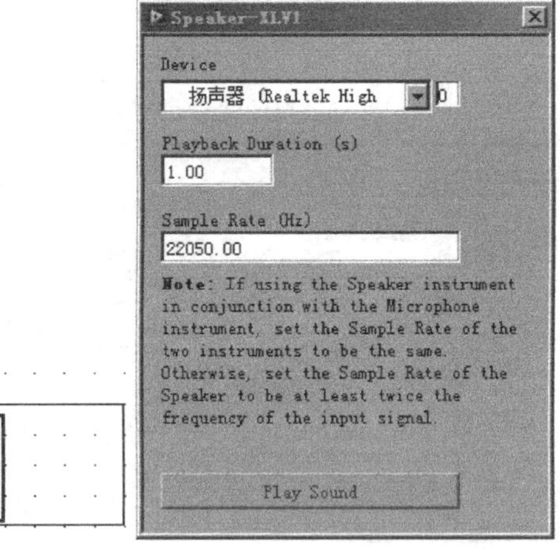

(a) 扬声器图标　　(b) 扬声器设置对话框

图 5.3.30　扬声器设置

5. 信号分析仪

Multisim 12 中的信号分析仪是信号接收设备的虚拟仪器，它能够实时地显示和分析输入信号。信号分析仪的图标及设置对话框如图 5.3.31 所示。

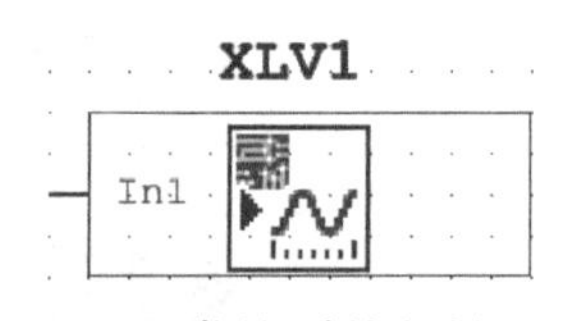

(a) 信号分析仪图标

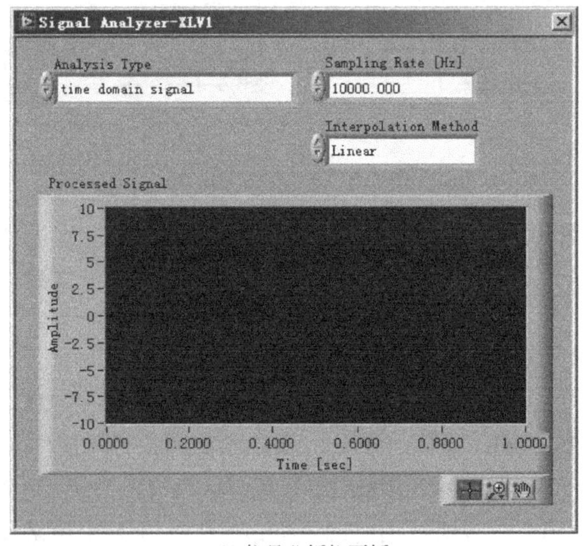

(b) 信号分析仪面板

图 5.3.31　信号分析仪

信号分析仪的面板的设置：Analysis Type 用来设置信号的分析类型；Sampling Rate (Hz)用来设置信号采样率，一般为保证信号的正常显示，设置采样频率是信号频率的两倍以上。采样率越高，输出波形和输入波形就越一致。

6. 信号发生器

信号发生器能够产生并输出信号，可以作为信号源使用。信号发生器图标及设置对话框如图 5.3.32 所示。

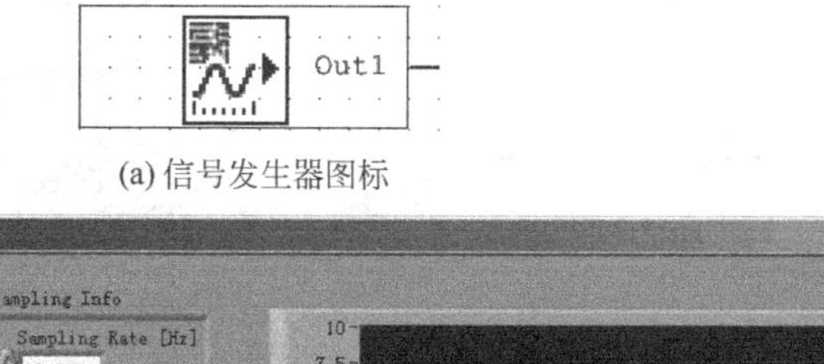

(a) 信号发生器图标

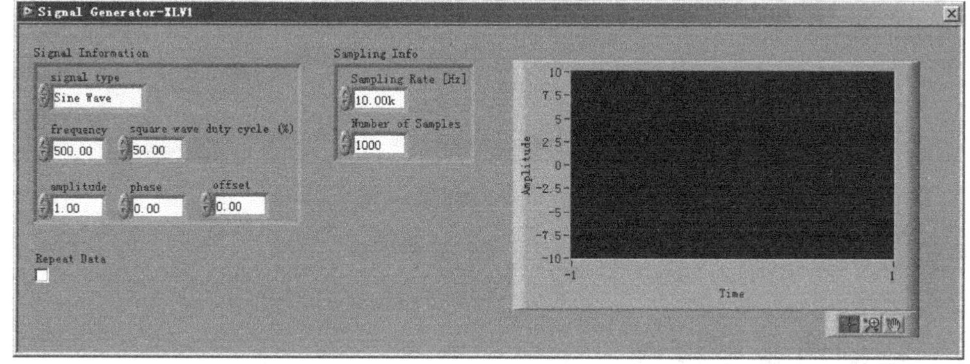

(b) 信号发生器面板

图 5.3.32 信号发生器

发生器的面板的设置说明：

Signal Information 区中的 signal type 选择框用于设置需要的信号类型(正弦波、三角波、方波和锯齿波)；frequency 用于设置信号的频率；square wave duty cycle(%)用于设置方波信号的占空比；amplitude 用于设置信号的幅度；phase 可设置信号的相位；offset 用于设置信号的偏置电压。

Sampling info 区：Sampling Rate(Hz)用于设置信号的采样率；Number of Samples 用于设置信号的采样个数。

选中 Repeat Date 复选框，可保证信号的连续输出。

7. 流信号发生器

流信号发生器与信号发生器类似，均能够产生并输出信号。其图标及设置对话框如图 5.3.33 所示。

流信号发生器面板设置对话框的 Signal Information 区与信号发生器中的设置方法一致，只是其没有信号发生器的 Sampling info 设置项和 Repeat Date 复选框。

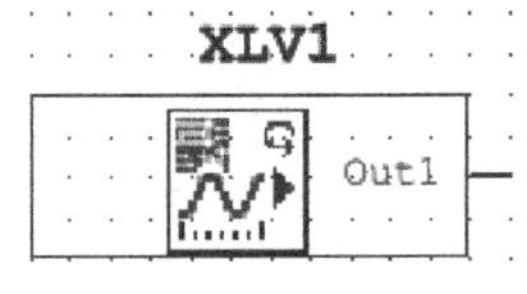

(a) 流信号发生器图标

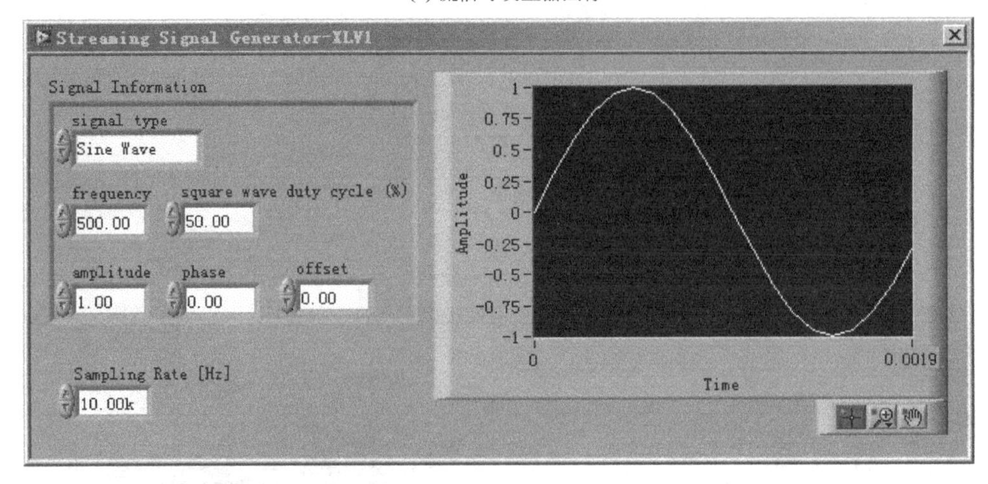

(b) 流信号发生器设置对话框

图 5.3.33　流信号发生器

5.4 绘制电路原理图

5.4.1 电路原理图的编辑基础

编辑电路原理图包括建立电路文件、设计电路界面、放置元件、连接线路、编辑处理及保存文件等步骤。

1. 电路文件操作

(1) 新建：若从启动 Multisim 系统开始，则在 Multisim 基本界面上总会自动打开一个空白的电路文件。在 Multisim 正常运行时单击系统工具栏中的 New 按钮或按组合键 Ctrl+N，同样将出现一个空白的电路文件，系统自动命名为 Circuit 1。可以在保存电路文件时重新命名。

(2) 保存：单击 File→Save 菜单命令、按组合键 Ctrl+S 或单击工具栏中的“保存”按钮 ，可以以电路文件形式保存当前电路工作窗口中的电路。对新电路文件进行保存操作，会显示一个标准的保存文件对话框，选择保存当前电路文件的目录/驱动器或文件夹/磁盘，输入文件名，单击“保存”按钮即可将该电路文件保存。

(3) 文件另存：单击 File→Save As 菜单命令，即可将当前电路文件另存，文件名及保存目录/驱动器均可选择，原存放的电路文件仍保持不变。

(4) 打印：单击 File→Print 菜单命令或按组合键 Ctrl+P，可将当前电路工作窗口中的

电路及测试仪器打印。打印前可单击 File→Print Preview 进行预览。

2. 电路界面设计

初次打开 Multisim 时，Multisim 仅提供一个基本界面，新文件的电路窗口是一片空白。在进行某个实际电路实验之前，通常会考虑这个电路界面如何布置，如需要多大的操作空间，元器件及仪器仪表放在什么位置。在具体到某个文件时可以考虑设计一个方便操作的个性化电路界面，这可通过 View 菜单的各个命令，或 Options 菜单中的若干个选项来实现。

3. 编辑图纸标题栏

单击 Place→Title Block 菜单命令，会打开一个标题栏文件选择对话框，如图 5.4.1 所示。在标题栏文件中包括 10 个可选择的标题栏文件。

图 5.4.1　标题栏文件选择对话框

例如，选择如图 5.4.2 所示的 default.tb7 所提供的标题栏，在标题栏中包括 10 个栏位。

National Instruments 801-111 Peter Street Toronto, ON M5V 2H1 (416) 977-5550	NATIONAL INSTRUMENTS ELECTRONICS WORKBENCH GROUP	
Title: 设计1	Desc.: 设计1	
Designed by:	Document No: 0001	Revision: 1.0
Checked by:	Date: 2015-05-18	Size: A
Approved by:	Sheet 1 of 1	

图 5.4.2　default.tb7 标题栏

(1) Title：当前电路图的图名，程序会自动将文件名称设定为图名。

(2) Desc.：当前电路图的功能描述，可以用来说明该电路图。

(3) Designed by：当前电路图的设计者姓名。

(4) Checked by：当前电路图的检查者姓名。

(5) Approved by：当前电路图的核准者姓名。

(6) Document No：当前电路图的图号。

(7) Date：当前电路图的绘制日期。

(8) Sheet X of Y：标明当前电路图为图集中的第几张图。

(9) Revision：当前电路图的版本号码。

(10) Size：图纸尺寸。

标题栏内容可以编辑(输入和修改)，编辑完毕单击 OK 按钮即可。

5.4.2 元器件的操作

1. 元器件的选用

选用元器件时，首先在元器件库栏中单击包含该元器件的图标，打开该元器件库。然后从选中的元器件库窗口中(如图 5.4.3 所示电阻库窗口)单击该元器件，然后单击 OK 按钮即可。也可直接用鼠标拖动该元器件到电路工作区的适当地方。

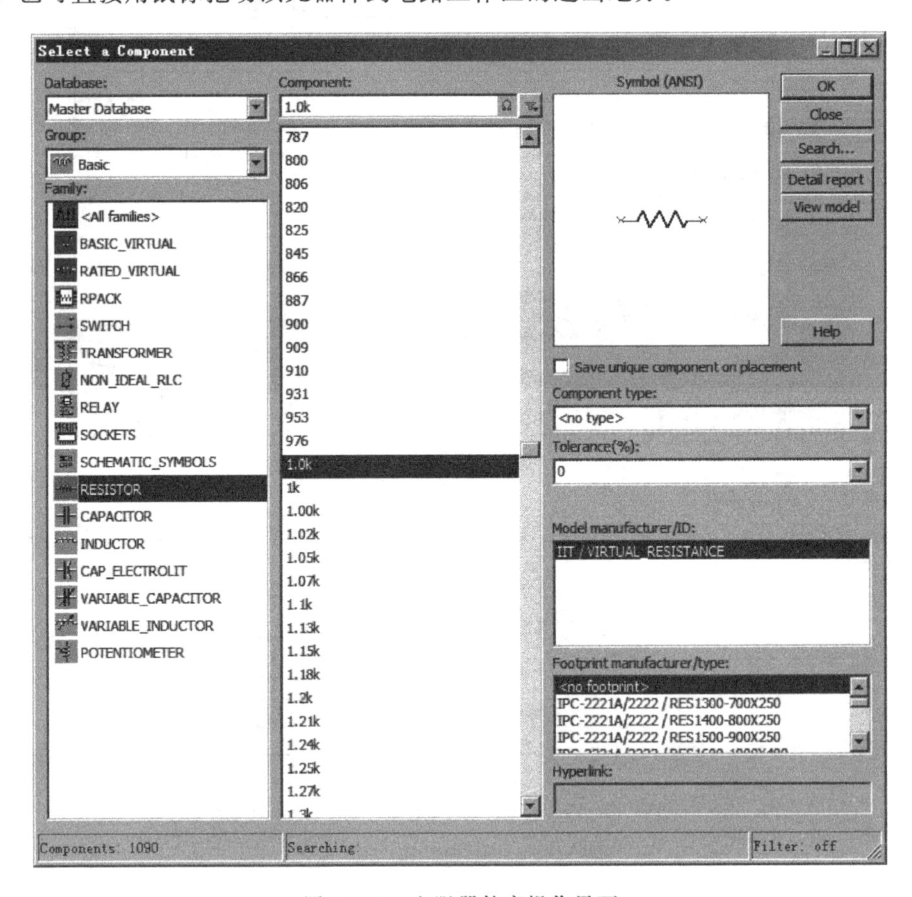

图 5.4.3 电阻器件库操作界面

2. 选中元器件

在连接电路时，要对元器件进行操作，就需要先选中该元器件。单击某个元器件即可选中该元器件，被选中的元器件的四周出现 4 个蓝色小方块（电路工作区为白底），便于识别。用鼠标拖动形成一个矩形虚线框，可以同时选中该矩形虚线框框中的一组元器件。要取消某个元器件的选中状态，只要单击电路工作区的空白部分即可。对选中的元器件可以进行移动、旋转、删除、设置参数等操作。

3. 元器件的移动

单击该元器件并按住鼠标左键拖动，即可移动该元器件。

要移动一组元器件，必须先用前述的矩形虚线框的方法选中这些元器件，然后按住鼠标左键拖动其中的任意一个元器件，则所有选中的部分就会一起移动。元器件被移动后，与其相连接的导线就会自动重新排列。选中元器件后，也可使用键盘的箭头键使其做微小的移动。

4. 元器件的旋转与翻转

对元器件进行旋转或翻转操作，也需要先选中该元器件，然后右击元件，再选择菜单中的 Flip Horizontal（将所选择的元器件水平翻转）、Flip Vertical（将所选择的元器件垂直翻转）、90 Clockwise（将所选择的元器件顺时针旋转 90°）、90 CounterCW（将所选择的元器件逆时针旋转 90°）等菜单命令。也可使用 Ctrl 键实现旋转操作，Ctrl 键的定义标在菜单命令的旁边。

5. 元器件的复制、移动、删除

对选中的元器件进行复制、移动、删除等操作，可以右击或者使用 Edit→Cut（剪切）、Edit→Copy（复制）和 Edit→Paste（粘贴）、Edit→Delete（删除）等菜单命令实现元器件的剪切、复制、粘贴、删除等操作。

6. 元器件标签、编号、数值、模型参数的设置

在选中元器件后，双击该元器件或者选择菜单命令 Edit→Properties（元器件特性），会弹出相关的对话框，可供输入数据。元器件特性对话框具有多种选项可供设置，包括 Label（标识）、Display（显示）、Value（数值）、Fault（故障设置）、Pins（引脚端）、Variant（变量）等内容。电阻器件特性对话框如图 5.4.4 所示。

(1) Label（标识）选项卡。Label（标识）选项卡用于设置元器件的 Label（标识）和 RefDes（编号）。RefDes（编号）由系统自动分配，读者可以修改，但必须保证编号的唯一性。注意，连续点、接地等元器件没有编号。电路图上是否显示标识和编号可由 Options 菜单中的 Global Preferences（操作环境设置）对话框设置。

(2) Display（显示）选项卡。Display（显示）选项卡用于设置 Label、RefDes 的显示方式，该选项卡的设置与 Options 菜单中的 Global Preferences（操作环境设置）对话框的设置有关。如果遵循电路图选项的设置，则 Label、RefDes 的显示方式由电路图选项的设置决定。

(3) Value（数值）选项卡。单击 Value（数值）选项卡，可设置的选项见图 5.4.4。

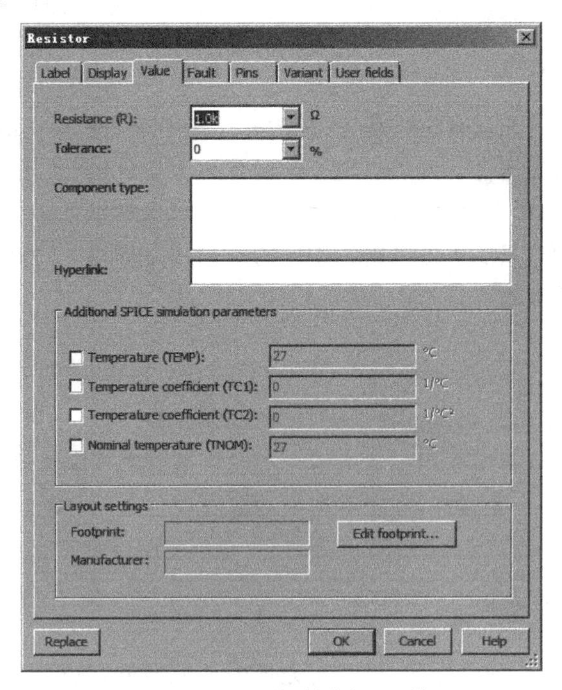

图 5.4.4 电阻器件特性对话框

(4) Fault(故障)选项卡。Fault(故障)选项卡可供人为设置元器件的隐含故障。例如，在三极管的故障设置中，E、B、C 为与故障设置有关的引脚号，有 Leakage(漏电)、Short(短路)、Open(开路)、None(无故障)等可供选择。如果选择 Open(开路)设置，设置引脚 E 和引脚 B 为 Open(开路)状态，尽管该三极管仍然连接在电路中，但实际上隐含了开路的故障，这可为电路的故障分析提供方便。

7. 改变元器件的颜色

在复杂的电路中，可以将元器件设置为不同的颜色。要改变元器件的颜色，可用鼠标指向该元器件，右击出现快捷菜单，选择 Color 选项，出现颜色对话框，选择合适的颜色后单击 OK 按钮即可，如图 5.4.5 所示。

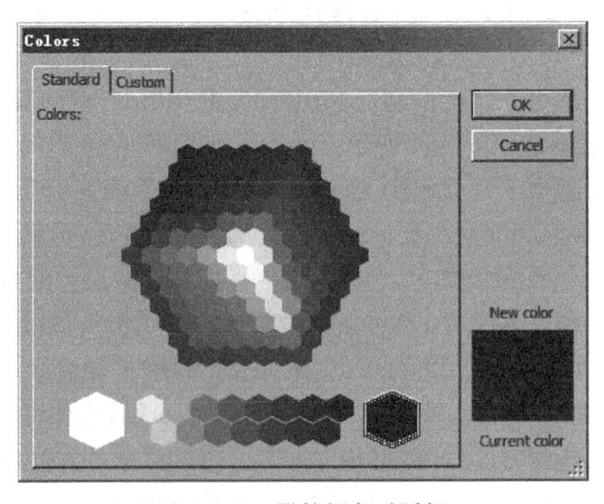

图 5.4.5 器件颜色对话框

5.4.3 电路图选项的设置

执行菜单命令 Options→Sheet Properties 或 Edit→Preference，都会弹出如图 5.4.6 所示的对话框。该对话框有 7 个选项卡，每个选项卡都有若干功能选项，用户可以根据需要选择设置各项参数。

1. Sheet visibility 选项卡

由该选项卡（见图 5.4.6）可对电路窗口内的电路显示参数进行设置。

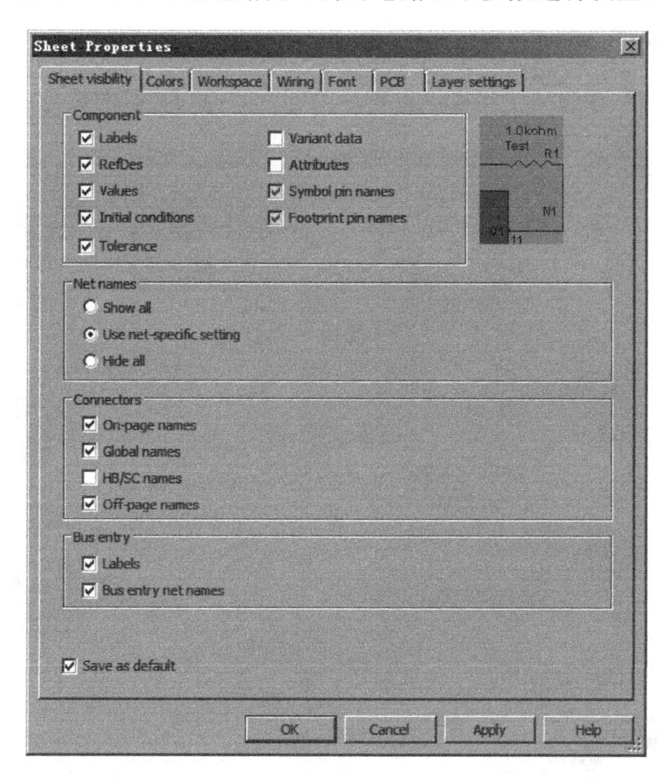

图 5.4.6 Sheet visibility 选项卡

(1) Component 栏有 9 个有关元器件的选项，右侧为预览窗口。部分含义如下：

- Labels：是否显示元器件的标识文字。
- Initial conditions：是否显示初始条件。
- Tolerance：是否显示容差值。
- Attributes：是否显示元器件属性。
- Symbol pin names：是否显示元器件符号引脚名称。
- Footprint pin names：是否显示元器件封装引脚名称。

(2) Net names 栏共有 3 个有关网络名称参数的选项。

- Show all：是否全部显示。
- Use net-specific setting：是否特殊设置。
- Hide all：是否全部隐藏。

(3) Connectors 栏：设置是否显示连接名称。

- On-page names：在页名称。
- Global names：全局名称。
- HB/SC names：HB/SC 名称。
- Off-page names：离页名称。

(4) Bus entry 栏可以设置总线的相关参数。

- Labels：是否显示总线标号标识。
- Bus entry net names：是否显示总线分支网络名称标识。

2. Colors 选项卡

如图 5.4.7 所示，该选项卡用于设置窗口内各元器件和背景的颜色。

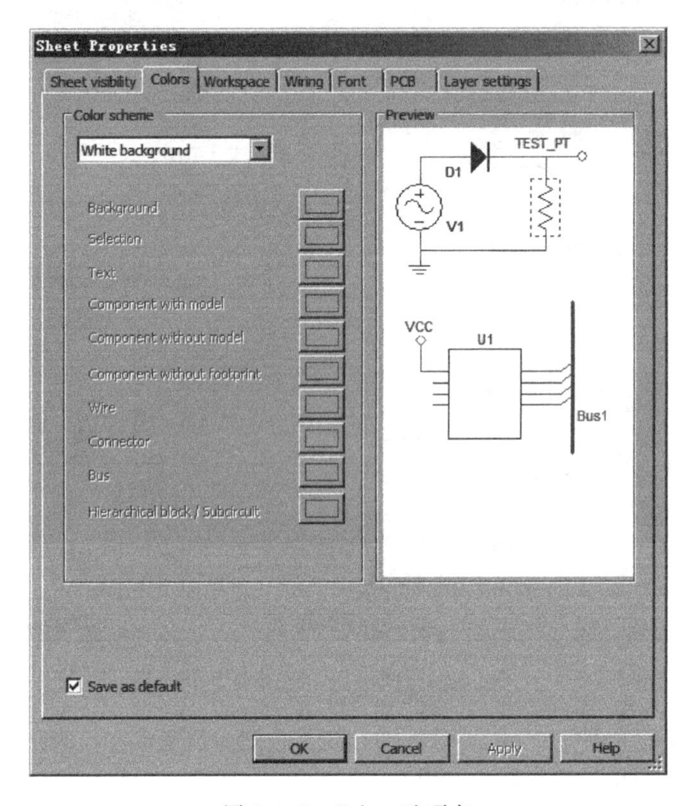

图 5.4.7 Colors 选项卡

在 Color scheme 下拉列表框中可以指定程序预置的 5 种配色方案。如果预置的配色方案都不合适，可选 Custom 来自行指定配色方案。自行指定配色方案时，应使用下方的选项来分别指定各项目的颜色，其中：

- Background：编辑区的背景色。
- Selection：选中元器件的颜色。
- Text：文本的颜色。
- Component with model：有模型元器件的颜色。
- Component without model：无模型元器件的颜色。

- Component without footprint：无封装元器件颜色。
- Wire：元器件连接线的颜色。
- Connector：连接器的颜色。
- Bus：总线的颜色。
- Hierarchical block/Subcircuit：层次块/支电路的颜色。

设置时，单击所要设置颜色项目右边的按钮，打开颜色对话框，选取所需颜色，然后单击OK按钮即可。

3. Workspace 选项卡

Workspace(电路工作区)选项卡如图5.4.8所示，其中用于设置的电路工作区包括2个区。

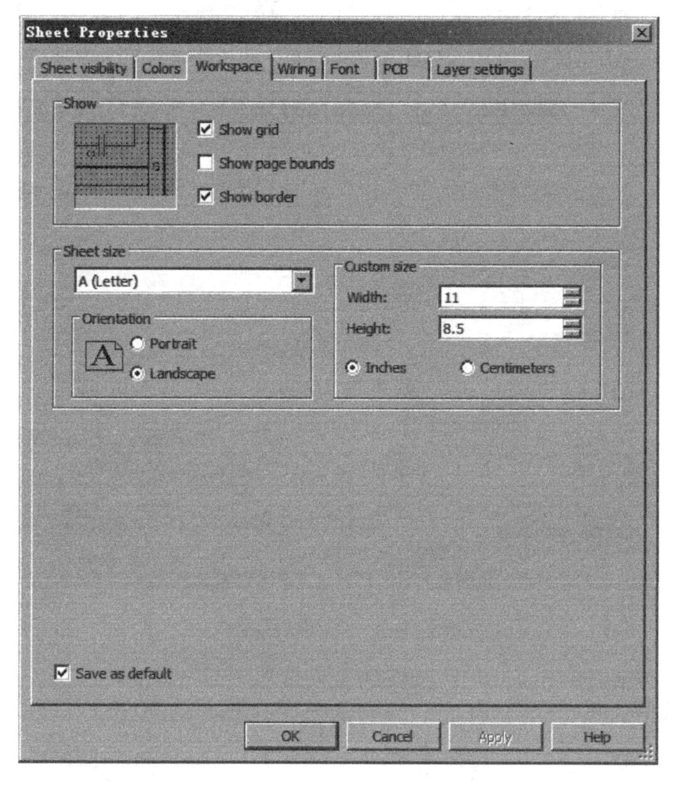

图5.4.8 Workspace 选项卡

(1) Show 区：设置图样的显示格式。其左半部是设置的预览窗口，右半部是设置选项。

- Show grid：选择电路工作区中是否显示栅格。
- Show page bounds：选择电路工作区中是否显示页面分割线(边界)。
- Show border：选择电路工作区中是否显示边界。

(2) Sheet size 区：设置图样的规格及方向。

由下拉列表框可选择图样的规格，软件提供了A、B、C、D、E、A4、A3、A2、A1、A0、Legal、Executive、Folio共13种标准格式的图样。

- Orientation 为图纸方向选择：Portrait 为横向，Landscape 为纵向。
- Custom size 用于自定义图样尺寸：在 Custom size 内指定图样宽度(Width)和高度

(Height)即可。其单位可选择英寸(Inches)或厘米(Centimeters)。

4. Wiring 选项卡

如图 5.4.9 所示,Wiring 选项卡用于设置电路的导线宽度与连线方式。

- Drawing option 区中有两项设置选项:
- Wire width:用于设置导线的宽度(像素)及预览窗口。
- Bus width:用于设置总线的宽度(像素)及预览窗口。

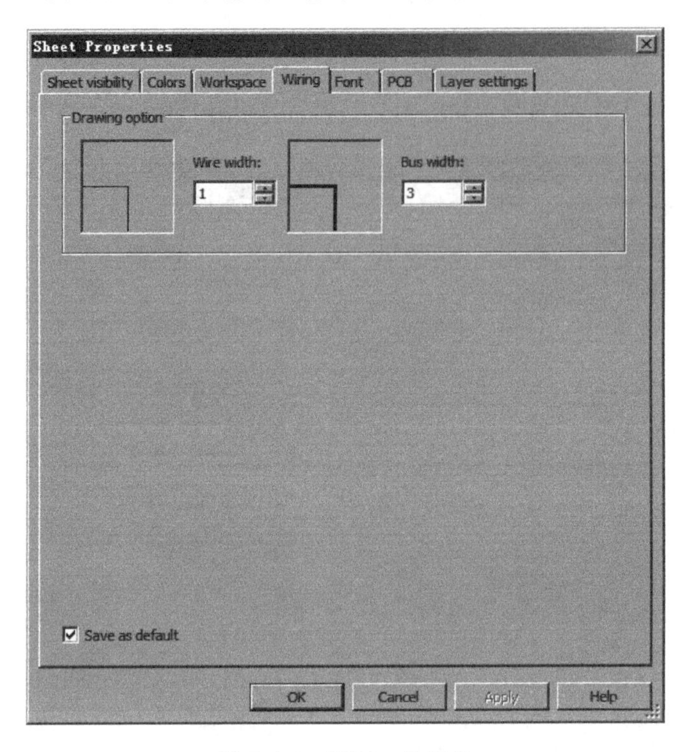

图 5.4.9 Wiring 选项卡

5. Font 选项卡

Font 选项卡如图 5.4.10 所示,用于设置元器件符号、封装引脚、网络名称、原理图文本、注释和总线的字体样式。

(1) 选择字形。

- Font 区域:选择所需要采用的字体。
- Font Style 区域:选择字形。字形可以为粗体字(Bold)、粗斜体字(Bold Italic)、斜体字(Italic)、正常字(Regular)。
- Size 区域:选择字体大小。可以直接在列表框中选取。
- Alignment 区域:选择对齐方式。
- Preview 区域:预览显示所设定的字形。

(2) 选择字形的应用项目:在 Change All 区域选择设定的字形所应用的项目。

- Component RefDes:选择元器件编号采用所设定的字形。

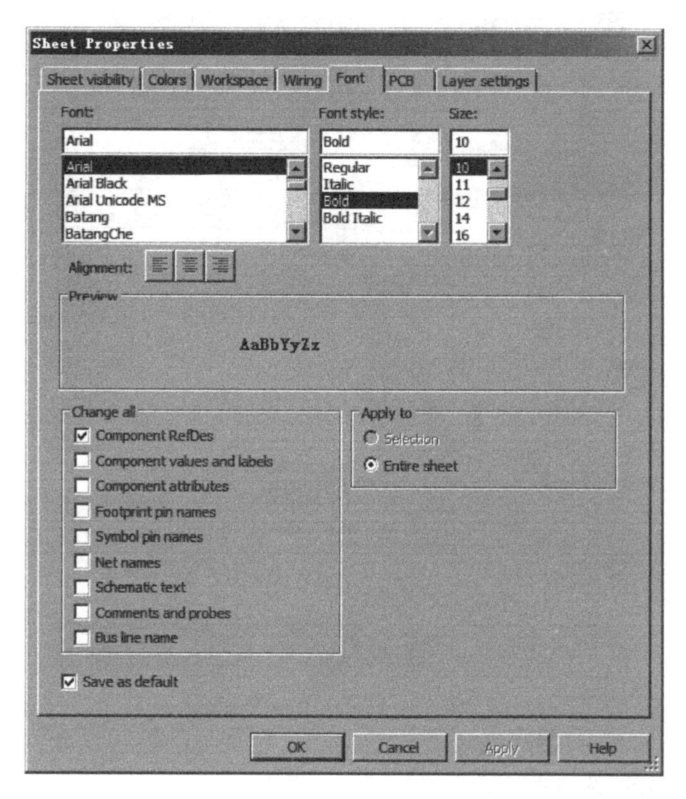

图 5.4.10 Font 选项卡

- Component values and Labels：选择元器件标注文字和数值采用所设定的字形。
- Component attributes：选择元器件属性文字采用所设定的字形。
- Footprint pin names：选择封装引脚名称采用所设定的字形。
- Symbol pin names：选择符号引脚名称采用所设定的字形。
- Net names：选择网络表名称采用所设定的字形。
- Schematic texts：选择电路图里的文字采用所设定的字形。
- Comments and probes：选择电路中的注释与探针采用所设定的字形。
- Bus line name：选择线路中总线线路的名称采用所设定的字形。

(3) 在 Apply to 中选择应用范围：Selection 为用户选中项目，Entire sheet 为整个电路图。

6. PCB 选项卡

印制电路板设置选项卡如图 5.4.11 所示，用于设置与印制电路板设计相关的选项。

(1) Ground option 区：对 PCB 接地方式进行选择。

若选中 Connect digital ground to analog ground，则是在 PCB 中将数字接地与模拟接地连在一起，否则是将二者分开。

(2) Unit setting 区：单位设置。可选的单位有 mm，mil，inch 等，用于 PCB 布局导出。

(3) Copper layers 区：铜层设置，用于不同铜层的参数设置。

(4) PCB settings 区：PCB 设置。用于确认是否交换管脚，是否交换栅极。

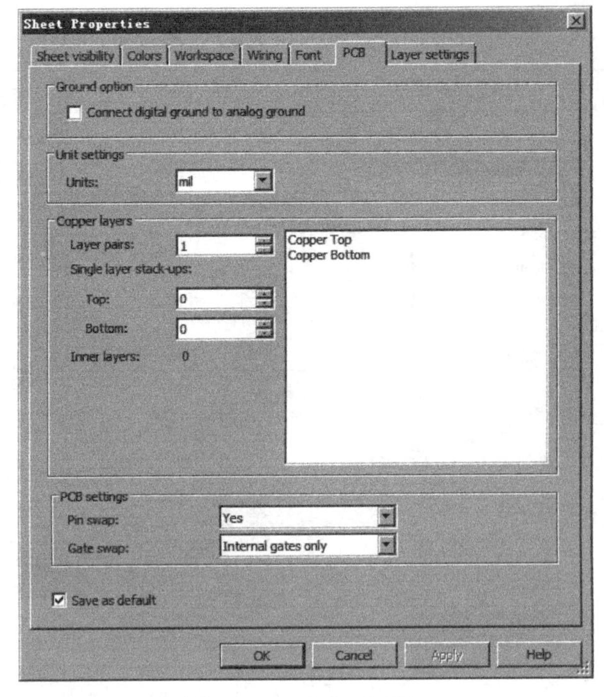

图 5.4.11　PCB 选项卡

7. Layer settings 选项卡

Layer settings(图层设置)选项卡如图 5.4.12 所示,该选项卡主要用于添加注释层及设置各电路层是否显示。

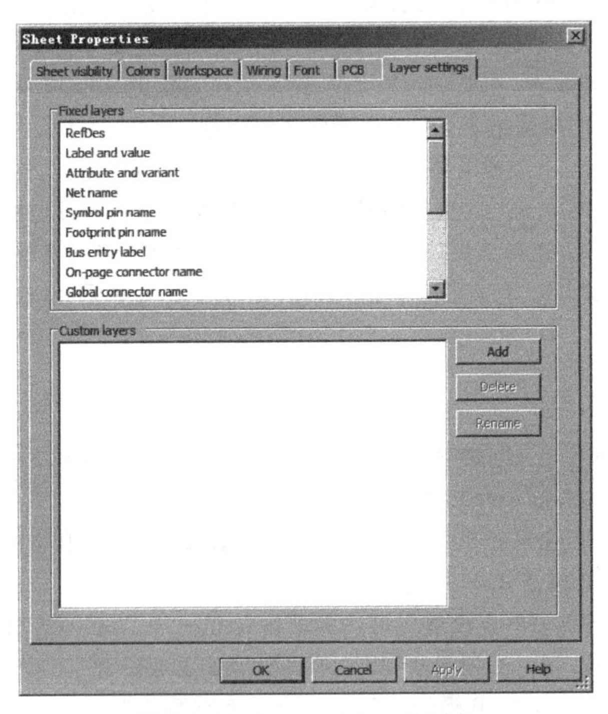

图 5.4.12　Layer settings 选项卡

(1) Fixed layers 区：默认固定层。显示内容包括各元器件序号、标号及参数值、网络名、引脚标识、总线标识和注释等。

(2) Custom layers 区：单击 Add 按钮可增加自定义标注层到表格里，还可以在 Design Toolbox（设计工具箱）里设置显示/隐藏这些层。

8. Components 选项卡

选择 Options→Global preferences 命令，单击 Components 选项卡，如图 5.4.13 所示。

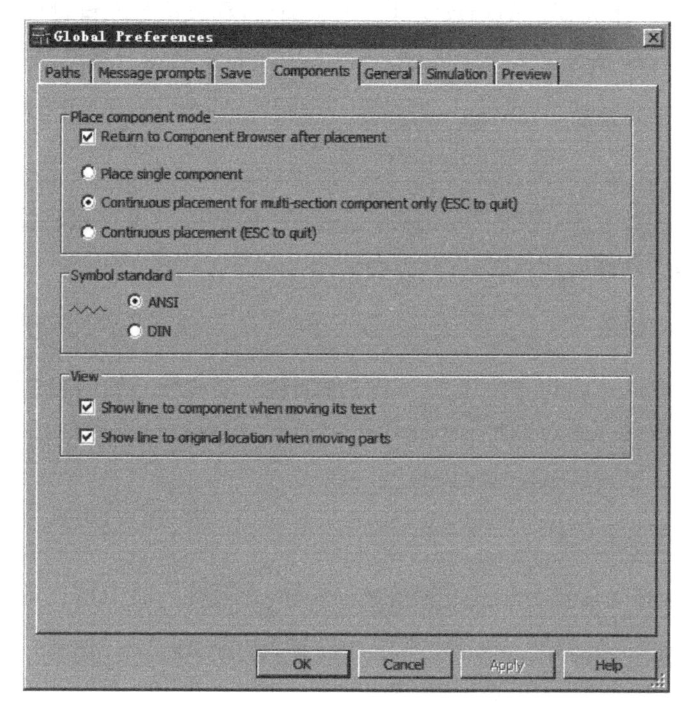

图 5.4.13 Components 选项卡

(1) Place component mode 区域：进行元器件布局操作模式设置。

- Return to Component Browser after placement：选中本项，布局完成后返回至元器件库。
- Place single component：选中时，从元器件库里取出的元器件，只能放置一次。
- Continuous placement for multi-section part only(ESC to quit)：仅对多段式元器件进行持续布局。选中时，如果从元器件库里取出的元器件是 74××之类的单封装内含多组件的元器件，则可以连续放置元器件；停止放置元器件，可按 Esc 键退出。
- Continuous placement(Esc to quit)：选中时，从元器件库里取出的零件，可以连续放置；停止放置元器件，可按 Esc 键退出。

(2) 元器件符号标准：在 Symbol standard 区域选择元器件符号标准。

- ANSI：设定采用美国标准元器件符号。
- DIN：设定采用德国标准元器件符号。

(3) 视图：view 区域进行制图视图调整。

- Show line to component when moving its text：移动其文本时显示通往元器件的线路。

- Show line to original location when moving its text：移动文本时显示通往原位置的线路。

5.4.4 导线的操作

1. 导线的连接

在两个元器件之间，首先将鼠标指向一个元器件的端点，按下鼠标左键拖出一根导线，拉住导线并指向另一个元器件的端点使其出现小圆点，释放鼠标左键，则导线连接完成。连接完成后，导线将自动选择合适的走向，不会与其他元器件或仪器发生交叉。

2. 连线的删除与改动

将鼠标指向元器件与导线的连接点，会出现一个圆点，按下鼠标左键拖动该圆点使导线离开元器件端点，释放左键，导线自动消失，完成连线的删除。也可以将拖动移开的导线连至另一个接点，实现连接线的改动。

3. 改变导线的颜色

在复杂的电路中，可以将导线设置为不同的颜色。要改变导线的颜色，用鼠标指向该导线，右击可以出现快捷菜单，选择 Change Color 选项，出现颜色选择框，然后选择合适的颜色即可。

4. 在导线中插入元器件

将元器件直接拖动放置在导线上释放鼠标左键，即可在电路中插入元器件。

5. 从电路删除元器件

选中该元器件，选择 Edit→Delete 菜单命令即可，或者右击出现快捷菜单，选择 Delete 即可。

6. 节点的使用

“节点”是一个小圆点，单击 Place Junction 可以放置节点。一个节点最多可以连接来自 4 个方向的导线。可以直接将节点插入连线中。

7. 节点编号

在连接电路时，Multisim 自动为每个节点分配一个编号。是否显示节点编号可由 Options→Sheet Properties 对话框的 Circuit 选项设置，选择 RefDes 选项，可以选择是否显示连接线的节点编号。

5.4.5 输入/输出端

单击 Place→Connectors 菜单命令，即可出现所需要的输入/输出端，如图 5.4.14 所示。

在电路控制区中，输入/输出端可以看做只有一个引脚的元器件，所有操作方法与元器件相同。不同的是输入/输出端只有一个连接点。

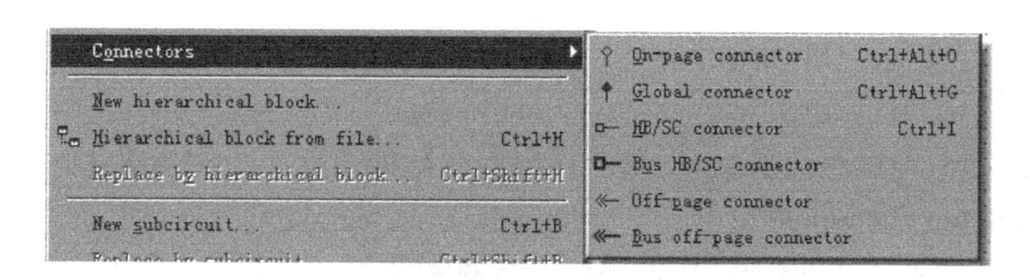

图 5.4.14 输入/输出端菜单

5.5 分析方法介绍

Multisim 12 具有较强的分析功能，单击 Simulate(仿真)菜单中的 Analysis(分析)菜单(Simulate→Analysis)，可以看到系统提供了 19 种分析工具用于分析电路，分别为直流工作点分析、交流分析、瞬态分析、傅里叶分析、噪声分析、噪声系数分析、失真分析、直流扫描分析、灵敏度分析、参数扫描分析、温度扫描分析、零-极点分析、传递函数分析、最坏情况分析、蒙特卡罗分析、布线宽度分析、批处理分析、用户自定义分析及 RF 分析等。单击对应的分析工具，分别会弹出相应的对话框，下面详细介绍各种分析功能。

5.5.1 直流工作点分析

直流工作点分析(DC Operating Point Analysis)也称为静态工作点分析。进行直流工作点分析时，电路中电容开路，电感短路，交流源被置零，即在恒定激励条件下求电路的稳态。

DC Operating Point Analysis 对话框有 Output、Analysis options 和 Summary 3 个选项卡，具体如图 5.5.1 所示。

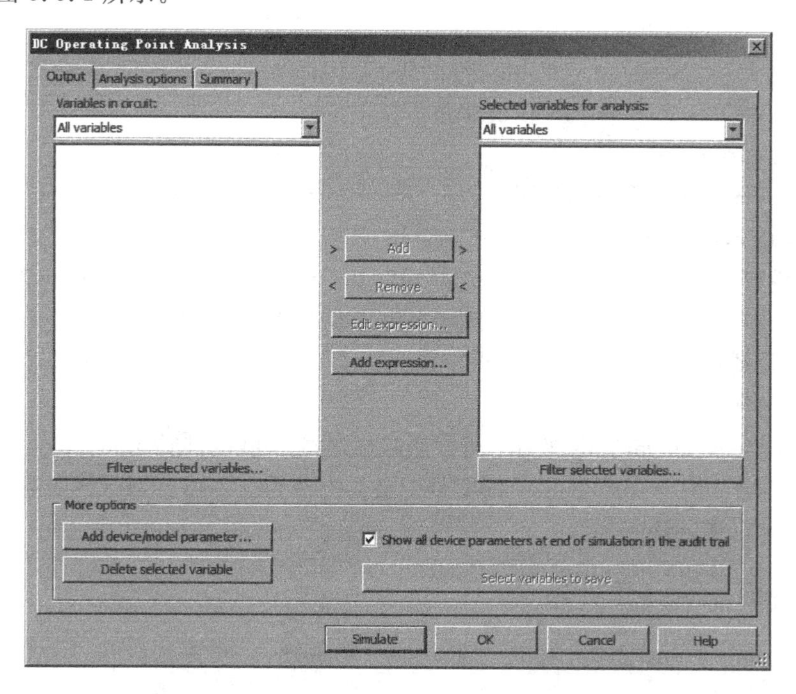

图 5.5.1 DC Operating Point Analysis 对话框

1. Output 选项卡

Output 选项卡即输出选项卡，用来选择需要分析的节点电压和电源支路电流。

1) Variables in circuit 栏

Variables in circuit 栏用于设置电路中待分析的变量。单击 Variables in circuit 窗口中的下拉列表按钮，可看到可以分析的全部变量，如节点电压及流过电压源的电流。具体如下：

- Voltage and current：选择电压和电流变量。
- Voltage：选择电压变量。
- Current：选择电流变量。
- Device/Model parameters：选择元件/模型参数变量。
- All Variable：选择电路中的全部变量。

单击该栏下的 Filter unselected variables 按钮，可以增加一些变量。单击此按钮，弹出如图 5.5.2 所示的 Filter Nodes 对话框。该对话框有三个复选框：Display internal nodes(显示内部节点)、Display submodules(显示子模块的节点)、Display open pins(显示开路的引脚)。

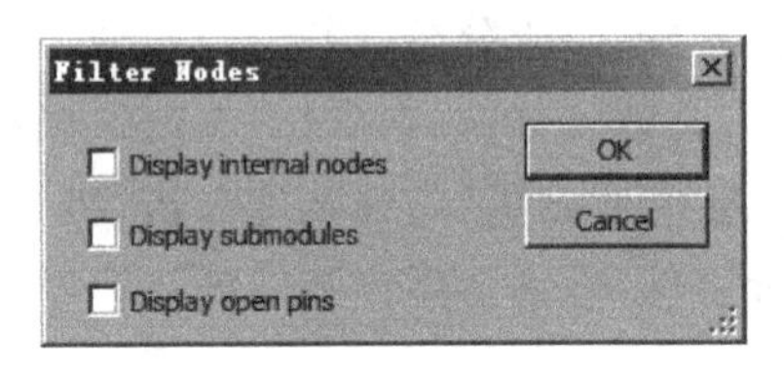

图 5.5.2 Filter Nodes 对话框

2) Selected variable for analysis 栏

Selected variable for analysis 栏列出的是确定需要分析的节点。默认状态下为空，用户需要从 Variable in circuit 栏中选取。方法是：首先选择左边的 Variable in circuit 栏中需要分析的变量，选中背景为蓝色，再单击 Add 按钮，则这些变量会出现在 Selected variables for analysis 栏中。如果不想分析其中已选中的某一个变量，可先选中该变量，单击 Remove 按钮，即将其移回 Variable in circuit 栏内。

本栏中的 Filter selected variable 只能筛选 Filter unselected variables 中已经选择且放在 Selected variables for analysis 栏的变量。

3) More options 栏

More options 栏中两个按钮分别为 Add device/model parameter 和 Delete selected variable。

- Add device/model parameter 按钮：作用为在 Variable in circuit 栏内增加某个元件/模型的参数，单击该按钮会弹出 Add device/model parameter 对话框，可在 Parameter type 栏内指定所要新增参数的形式，然后分别在 Device type 栏内指定元件模块的种类，在 Name 栏内指定电元件名称(序号)、在 Parameter 栏内指定所要使用的参数。
- Delete selected variable 按钮：可以删除已通过 Add device/model parameter 按钮添加到 Variable in circuit 栏中的变量。具体方法为选中需要删除的变量，然后单击该按钮即可删除该变量。

2. Analysis options 选项卡

在 Analysis options 选项卡中可设置其他分析选项，一般采用默认设置即可。该选项卡如图 5.5.3 所示。

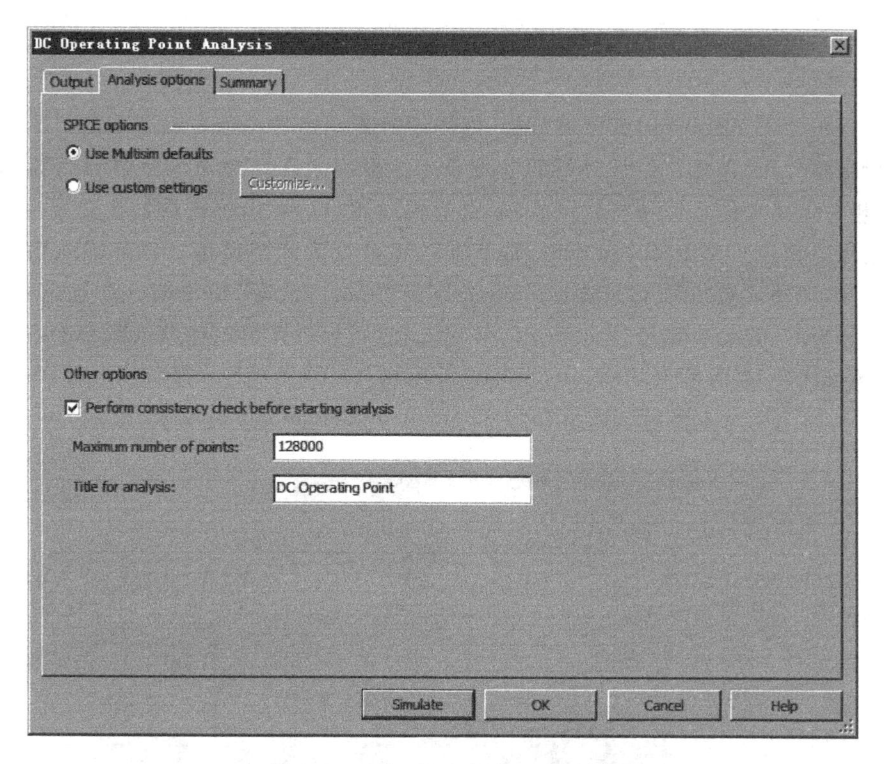

图 5.5.3 Analysis options 选项卡

1) SPICE options 区

用户在本选项中可使用 Multisim 12 默认模型，也可选择用户自定义模型。通常大部分分析项目应采用默认值。如果想要改变其中某一个分析选项的参数，则在选取该项后单击 Customize 按钮，然后在弹出的窗口中输入新的参数值；若想恢复默认值，单击弹出窗口左下角的 Restore to Recommended Settings 按钮即可。

2) Other options 区

- Perform Consistency check before starting analysis：意义为开始分析之前进行一致性检查。
- Maximum number of points：最大仿真步数设置。
- Title for analysis：仿真标题设置。

3. Summary 选项卡

在 Summary 选项卡中给出了所有设定的参数和选项，用户可以检查、确认所要进行的分析设置是否正确。确定无误单击 OK 按钮即可保存当前分析设置，单击 Cancel 按钮则放弃当前的分析设置。

4. 进行仿真分析

分析设置完成后，单击 Simulate 按钮，即可进行仿真分析。

注意： 直流工作点分析中，Output、Analysis options 和 Summary 选项卡作为常规设置项，几乎所有的分析类型都有与其相同的形式。在接下来的介绍中，将不再赘述。

5.5.2 交流分析

交流分析(AC Analysis)为频域分析,即用于分析电路的小信号频率响应。

进行交流分析,需先选定被分析的电路节点。程序会自动先对电路进行直流工作点分析,在分析时电路中的直流源将自动置零,交流信号源、电容、电感等均处在交流模式。在对模拟小信号电路进行交流频率分析时,数字器件将被视为高阻接地。任何输入信号源均默认为正弦波,即使函数信号发生器的其他信号(三角波、方波等)作为输入激励信号,在进行交流频率分析时,也会自动转化为正弦信号输入,然后分析计算该电路的频率响应。

AC Analysis 对话框有 Frequency parameters、Output、Analysis options 和 Summary 4 个选项卡,如图 5.5.4 所示。这里介绍 Frequency parameters 选项卡。

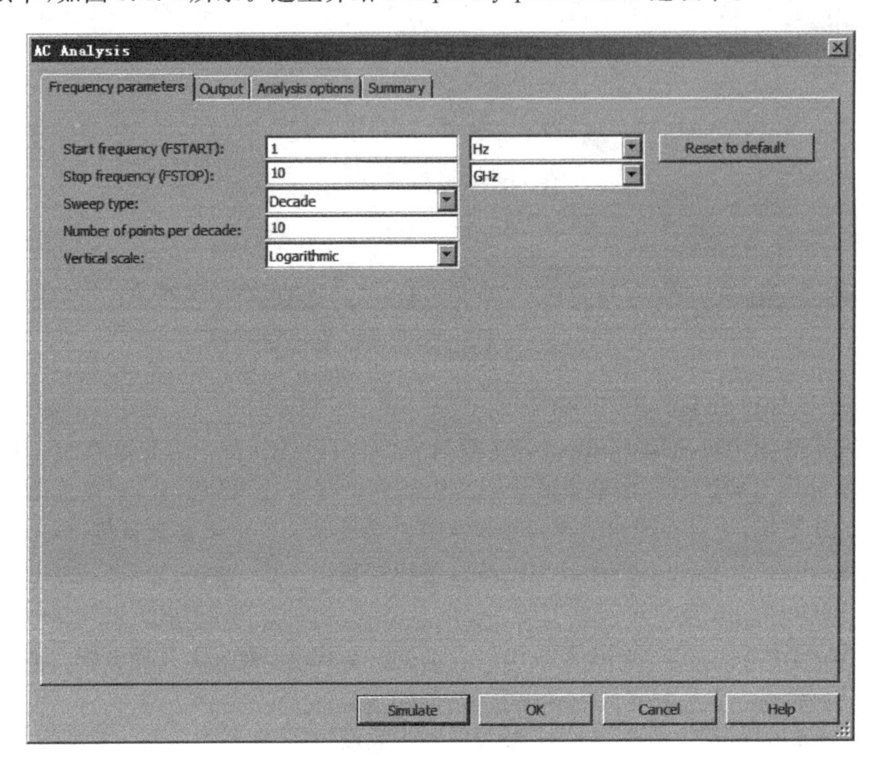

图 5.5.4 AC Analysis 对话框

1. Frequency parameters 选项卡

该选项卡可设定分析的起始频率、终点频率、扫描形式、分析采样点数和纵向坐标(Vertical scale)等参数。

- Start frequency(FSTART):设置分析的起始频率,默认设置为 1Hz。
- Stop frequency(FSTOP):设置扫描终点频率,默认设置为 10GHz。
- Sweep type:设置分析的扫描方式,包括 Decade(十倍程扫描)、Octave(八倍程扫描)和 Linear(线性扫描)。默认设置为十倍程扫描(Decade 选项),以对数方式展现。
- Number of points per decade:设置每十倍频率的分析采样数,默认为 10。

- Vertical scale：选择纵坐标刻度形式。坐标刻度形式有 Decibel（分贝）、Octave（八倍）、Linear（线性）及 Logarithmic（对数）形式，默认设置为对数形式。
- Reset to default：恢复默认值。

2. 仿真分析

单击 Simulate（仿真）按钮，即可在显示图上获得被分析节点的频率特性波形，其结果将以幅频特性和相频特性两个图形显示。如果用波德图仪连至电路的输入端和被测节点，同样也可以获得交流频率特性。

5.5.3 瞬态分析

瞬态分析（Transient Analysis）是指对所选定的电路节点的时域响应分析，即观察该节点在整个显示周期中每一时刻的电压波形。在进行瞬态分析时，直流电源将为恒定常数，交流信号随时间而变化，电容和电感都是能量存储模式元件。分析时电路初始状态既可由用户自行设置，也可在程序默认的初始状态下自动进行。

Transient Analysis 对话框有 Analysis parameters、Output、Analysis options 和 Summary 4 个选项卡，如图 5.5.5 所示。这里介绍 Analysis parameters 选项卡中的选项。

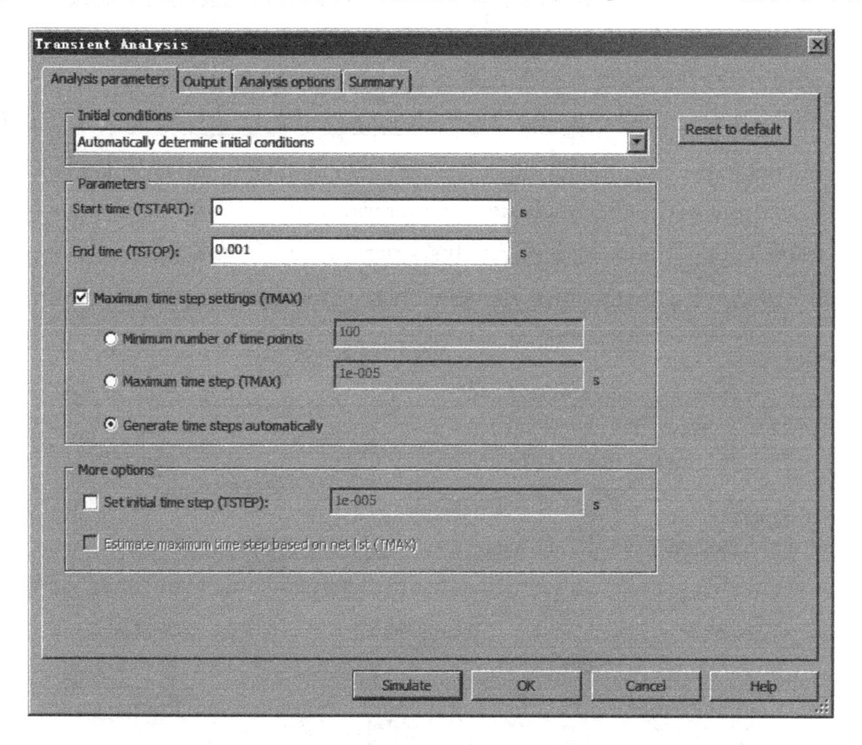

图 5.5.5 Transient Analysis 对话框

(1) Initial conditions 下拉列表框：在该区选择初始条件。

- Automatically determine initial conditions：由程序自动设置初始值。
- Set to zero：设置初始值为 0。
- User defined：由用户定义初始值。

- Calculate DC operating point：计算直流工作点得到的初始值。

(2) Parameters 区：该区设置时间间隔和步长等参数。

- Start time：设置开始分析的时间。
- End time：设置结束分析的时间。
- Maximum time step settings：设置分析的最大时间步长。其中 Minimum number of time points 可以设置单位时间内的最小采样点数；Maximum time step (TMAX)可以设置最大的采样时间间距；Generate time steps automatically 由程序自动决定分析的时间步长。

(3) More options 区。

- Set initial time step(TSTEP)：可以由用户自行确定起始时间步长，步长大小在其右边框栏内输入。如不选择，则由程序自动确定。
- Estimate maximum time step based on net list(TMAX)：根据网表规模来估算最大仿真时间步长。

5.5.4 傅里叶分析

傅里叶分析(Fourier Analysis)用于分析一个时域信号的直流分量、基频分量和谐波分量，即把被测节点处的时域变化信号进行离散傅里叶变换，求出它的频域变化规律。

在进行傅里叶分析时，必须首先选择被分析节点。一般将电路中的交流激励源的频率设定为基频，若电路中有几个交流源时，可以将基频设定在这些频率的最小公因数上。例如，有一个 10.5kHz 和一个 3kHz 的交流激励源信号，则可取 0.5kHz 为基频。

Fourier Analysis 对话框有 Analysis parameters、Output、Analysis options 和 Summary 4 个选项卡，如图 5.5.6 所示。以下为 Analysis parameters 的选项介绍。

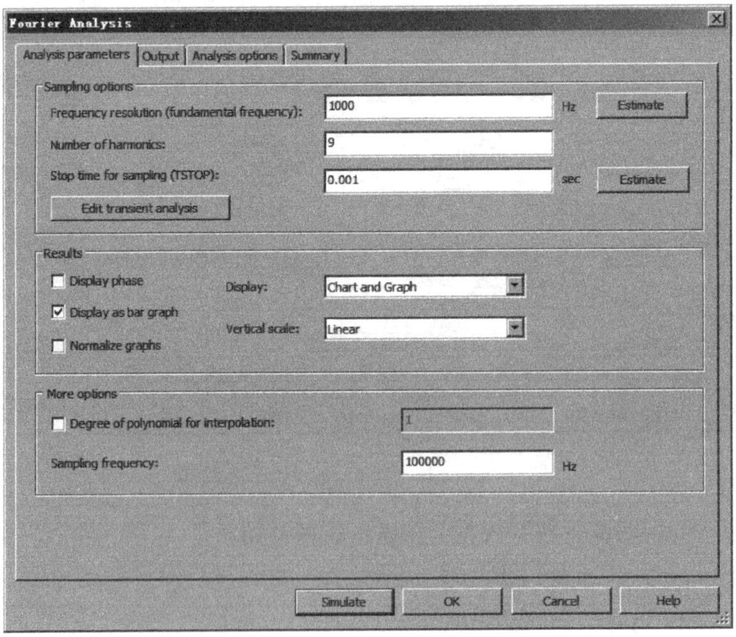

图 5.5.6 Fourier Analysis 对话框

(1) Sampling options 区：本区可以对傅里叶分析的基本参数进行设置。

- Frequency resolution(fundamental frequency)：设置基波频率，一般默认为1kHz。如果电路汇总有多个交流信号源，则取各信号源频率最小公倍数，也可直接单击Estimate按钮，由程序自动设置。
- Number of harmonics：设置包括基波在内的谐波总数。默认设置为9，设置值越大仿真的谐波分量越多，花费时间将越长。
- Stop time for sampling(TSTOP)：设置停止取样的时间。也可以直接单击Estimate按钮，由程序自动设置。
- Edit transient analysis 按钮：单击后会弹出对话框，其设置方法与瞬态分析相同。

(2) Results 区：本区可以选择仿真结果的显示方式。

- Display phase：显示幅频及相频特性。
- Display as bar graphs：以条形图显示频谱图。
- Normalize graph：显示归一化的频谱图。
- Display：选择所要显示的项目。包括3个选项：Chart(图表)、Graph(曲线)及Chart and Graph(图表和曲线)。
- Vertical scale：选择频谱的纵轴刻度，其中包括Decibel(分贝刻度)、Octave(八倍刻度)、Linear(线性刻度)及Logarithmic(对数刻度)。

(3) More options 区。

- Degree of polynomial for interpolation：设置多项式的维数。选中该选项后，可在其右边栏中输入维数值。多项式的维数越高，仿真运算的精度也越高。
- Sampling frequency：设置取样频率，默认为100 000Hz。也可直接单击Stop time for sampling项后的Estimate按钮，由程序自动设置。

(4) Simulate 按钮。分析设置完成后，单击Simulate按钮，即可获得被分析节点的离散傅里叶变换的波形。傅里叶分析可以显示被分析节点的电压幅频特性，也可以选择显示相频特性；显示的幅度可以是离散条形，也可以是连续曲线形。

5.5.5 噪声分析

噪声分析(Noise Analysis)用于检测电路输出信号的噪声功率幅度，分析计算电阻和半导体器件噪声对电路的影响。在分析时，假定电路中各噪声源是互不相关的，因此，它们的数值可以分开各自计算。总的噪声是各噪声在该节点的和(用有效值表示)。

Noise Analysis 对话框如图5.5.7所示，Frequency parameters选项卡的设置与瞬态分析中的类似，下面仅介绍Analysis parameters选项卡。

Input noise reference source：选择作为噪声输入的交流电压源。默认设置为电路中编号为第1的交流电压源。

- Output node：选择测量输出噪声分析的节点。默认设置为电路中编号为第1的节点。
- Reference node：选择参考节点。默认设置为接地点。
- Change filter 按钮：位于Analysis parameters选项卡的右边，分别对应于其左边的3个栏，其功能与Output选项卡中的Filter unselect variables按钮相同，详见直流工作点分析中的Output选项卡。

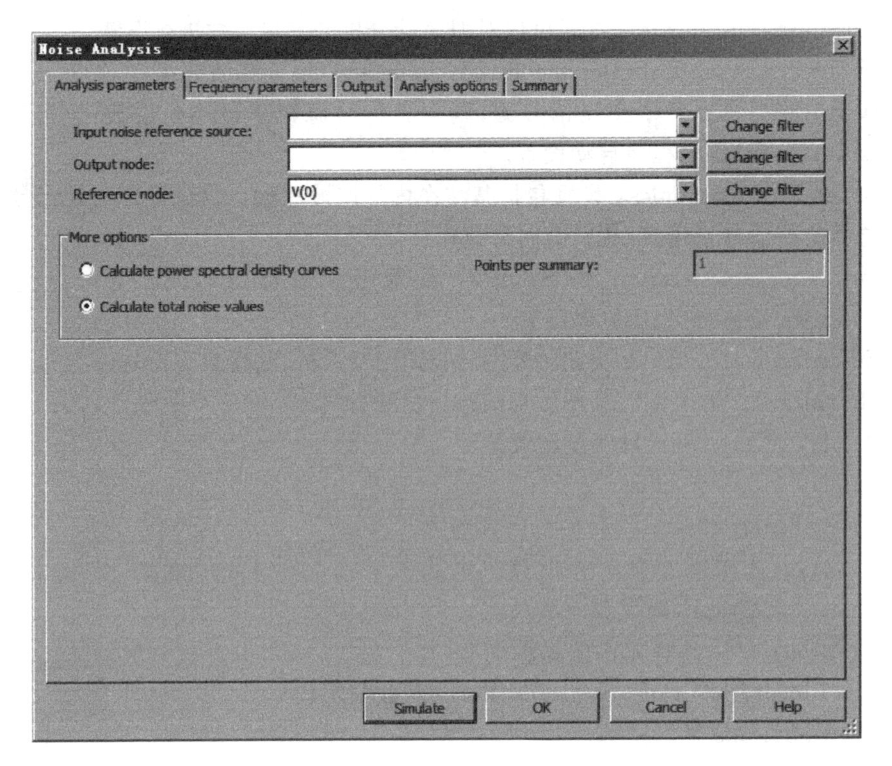

图 5.5.7 Noise Analysis 对话框

(1) More options 区。

- Calculate power spectral density curves：计算功率谱密度曲线。
- Calculate total noise values：计算总噪声值。
- Points per summary：设置每次求和点数。

(2) Simulate 按钮。

分析设置完成后，单击 Simulate 按钮，即可获得被分析节点的噪声分布曲线图。

5.5.6 噪声系数分析

噪声系数分析(Noise Figure Analysis)主要用于研究元件模型中的噪声参数对电路的影响。在 Multisim 中，噪声系数定义为

$$F = \frac{N_O}{GN_S}$$

其中，N_O是输出噪声功率；N_S是信号源电阻的热噪声；G 是电路的 AC 增益(即二端口网络的输出信号与输入信号之比)。噪声系数的单位是 dB，即 $10\lg(F)$。

Noise Figure Analysis 对话框如图 5.5.8 所示。对话框包括 Analysis parameters、Analysis options 和 Summary 3 个选项卡，其中 Analysis parameters 的设置与噪声分析基本相同，只是多了 Frequency(设置输入信号频率)和 Temperature(设置输入温度，单位是摄氏度)，这两项的默认值，如图 5.5.8 所示。

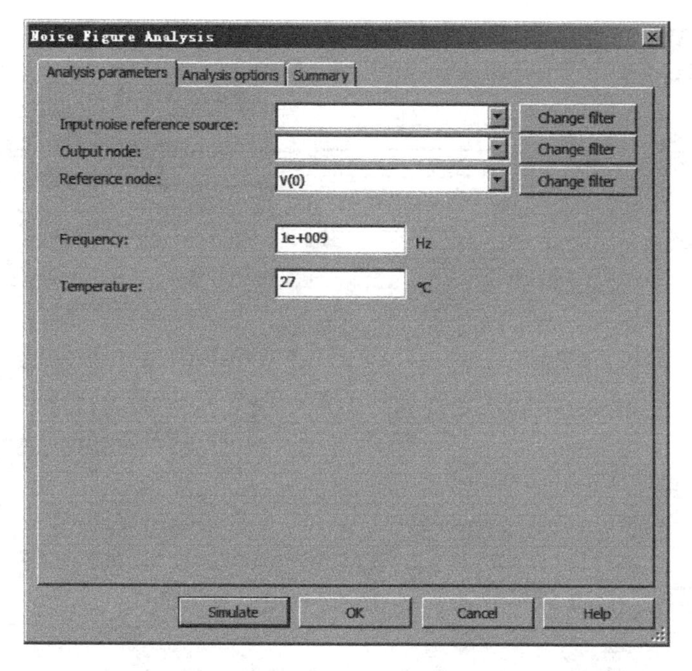

图 5.5.8 Noise Figure Analysis 对话框

5.5.7 失真分析

失真分析(Distortion Analysis)用于分析电子电路中的谐波失真和内部调制失真(互调失真)。通常,非线性失真会导致谐波失真,而相位偏移会导致互调失真。若电路中有一个交流信号源,该分析能确定电路中每一个节点的二次谐波和三次谐波的复值。若电路有两个交流信号源,该分析能确定电路变量在 3 个不同频率处的复值——两个频率之和的值、两个频率之差的值及二倍频与另一个频率的差值。该分析方法是对电路进行小信号失真分析,采用多维的“沃尔泰拉”(Volterra)分析法和多维“泰勒”(Taylor)级数来描述工作点处的非线性。级数要用到 3 次方项,这种分析方法尤其适合观察在瞬态分析中无法看到的比较小的失真。

Distortion Analysis 对话框如图 5.5.9 所示,对话框包括 Analysis parameters、Output、Analysis option 和 Summary 4 个选项卡。这里仅介绍 Analysis parameters 选项卡,它包括以下项目:

- Start frequency(FSTART):设置分析的起始频率,默认设置为 1Hz。
- Stop frequency(FSTOP):设置扫描终点频率,默认设置为 10GHz。
- Sweep type:设置分析的扫描方式,包括 Decade(十倍程扫描)、Octave(八倍程扫描)及 Linear(线性扫描)。默认为十倍程扫描(Decade),以对数方式展现。
- Number of points per decade:设置每十倍频率的分析采样数,默认为 10。
- Vertical scale:选择纵坐标刻度形式。坐标刻度的形式有 Decibel(分贝)、Octave(八倍)、Linear(线性)及 Logarithmic(对数)形式。默认设置为对数形式。
- F2/F1 ratio:分析两个不同频率(F1 和 F2)的交流信号源。分析结果为(F1+F2),

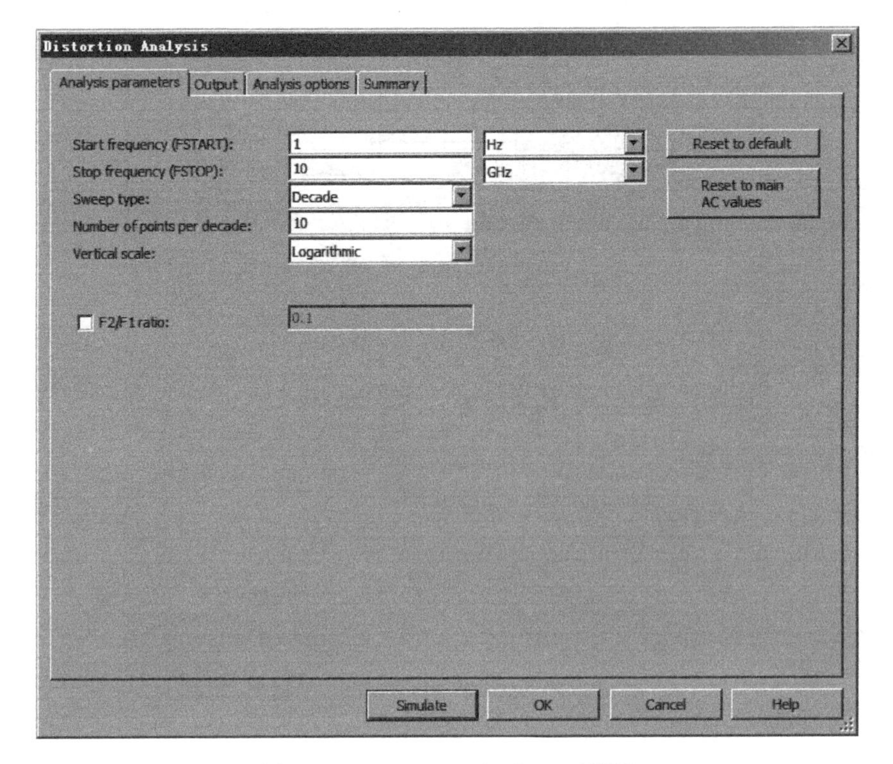

图 5.5.9 Distortion Analysis 对话框

(F1－F2)及(2F1－F2)相对于频率 F1 的互调失真。在右边的窗口内输入 F2/F1 的比值，该值必须在 0～1 之间。不选中 F2/F1 ratio 时，分析结果为 F1 作用时产生的二次谐波、三次谐波失真。

- Reset to main AC values 按钮：将所有设置恢复为与交流分析相同的值。
- Reset to default 按钮：将本对话框的所有设置恢复为默认值。
- Simulate 按钮：单击 Simulate(仿真)按钮，即可在显示图上获得被分析节点的失真曲线图。

失真分析方法主要用于小信号模拟电路的失真分析，元器件噪声模型采用 SPICE 模型。

5.5.8 直流扫描分析

直流扫描分析(DC Sweep Analysis)是利用一个或两个直流电源分析电路中某一节点上的直流工作点的数值变化情况。利用直流扫描分析，能够快速根据直流电源的变动范围确定电路直流工作点，其作用相当于每变动一次直流电源的数值，则对电路做几次不同的仿真。

注意：如果电路中有数字器件，可将其当作一个大的接地电阻处理。

DC Sweep Analysis 对话框如图 5.5.10 所示，对话框包括 Analysis parameters、Output、Analysis options 和 Summary 4 个选项卡，这里仅介绍 Analysis parameters 选项卡。

Analysis parameters 选项卡中有 Source 1 与 Source 2 两个区，两区中的各选项相同。如果要指定使用第二个电源，则需选中 Use source 2 复选框。

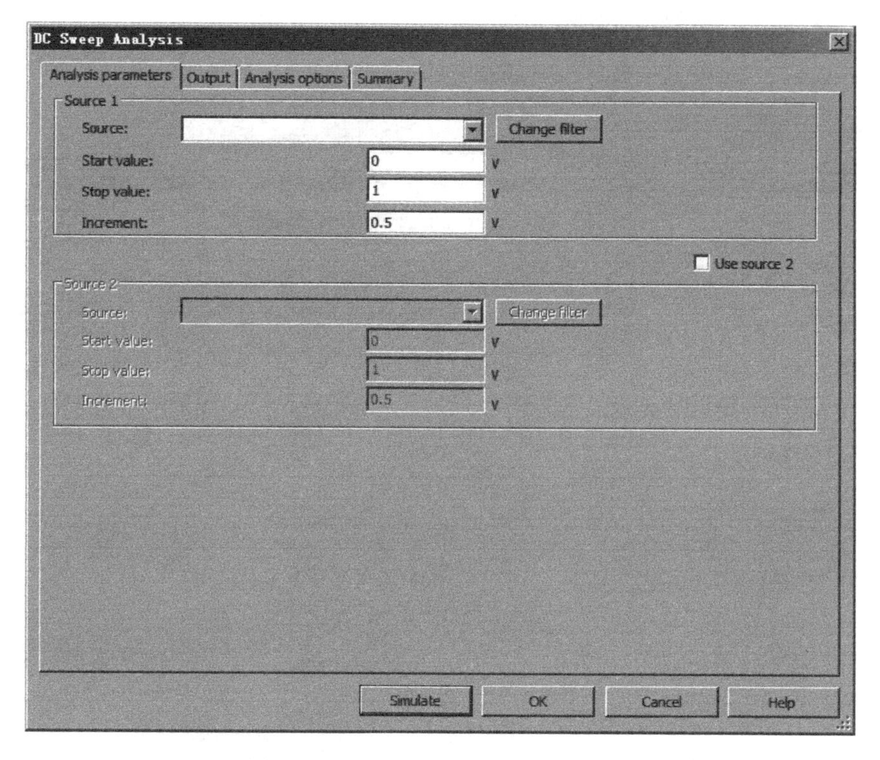

图 5.5.10 DC Sweep Analysis 对话框

- Source：选择所要扫描的直流电源。
- Start value：设置开始扫描的数值。
- Stop value：设置结束扫描的数值。
- Increment：设置扫描的增量。
- Change filter 按钮：位于 Analysis parameters 选项卡的右边，其功能与 Output 选项卡中的 Filter unselected variables 按钮相同，详见直流工作点分析中的 Output 选项卡。
- Simulate 按钮：单击 Simulate（仿真）按钮，可以得到直流扫描分析的仿真结果。

5.5.9 灵敏度分析

灵敏度分析(Sensitivity Analysis)用于计算电路的输出变量对电路中元器件参数的敏感程度。灵敏度分析包括直流灵敏度分析和交流灵敏度分析。直流灵敏度分析的仿真结果以数值的形式显示，交流灵敏度分析的仿真结果以曲线的形式显示。

Sensitivity Analysis 对话框如图 5.5.11 所示，对话框包括 Analysis parameters、Output、Analysis options 和 Summary 4 个选项卡，这里仅介绍 Analysis parameters 选项卡。

(1) Output nodes/currents 区。

- Voltage：选择进行电压灵敏度分析。选择该项后，即可在其下部的 Output node 下拉列表框内选定要分析的输出节点；在 Output reference 下拉列表框内选择输出端的参考节点。
- Current：选择进行电流灵敏度分析。电流灵敏度分析只能对信号源的电流进行分

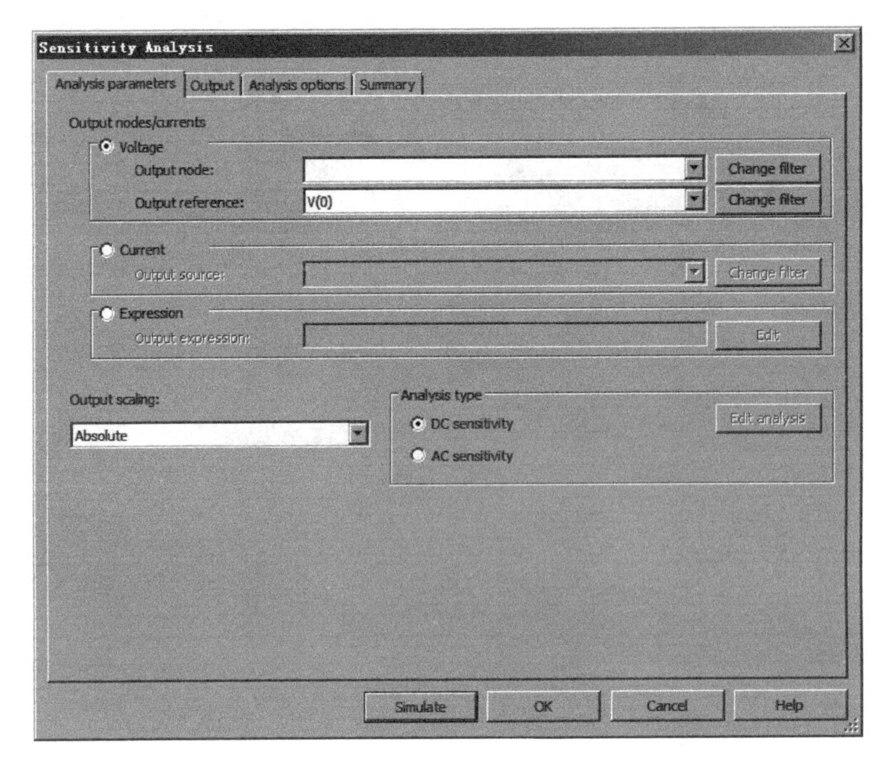

图 5.5.11　Sensitivity Analysis 对话框

析。选择该选项后，即可在其下部的 Output source 下拉列表框内选择要分析的信号源。

- Chang filter 按钮：Analysis parameters 选项卡的右边有 3 个 Chang filter 按钮，分别对应左边的 3 个栏，其功能与 Output 选项卡中的 Filter unselected variables 按钮相同，详见直流工作点分析中的 Output 选项卡。

(2) Output scaling 下拉列表框：选择灵敏度输出格式，有以下两个选项：

- Absolute(绝对灵敏度)。
- Relative(相对灵敏度)。

(3) Analysis type 区。

- DC Sensitivity：选择进行直流灵敏度分析，分析结果将产生一个表格。
- AC Sensitivity：选择进行交流灵敏度分析，分析结果将产生一个分析图。选择交流灵敏度分析后，单击 Edit analysis 按钮，进入灵敏度交流分析对话框，参数设置与交流分析相同。
- Simulate 按钮：单击 Simulate(仿真)按钮，可以得到灵敏度分析的仿真结果。

5.5.10　参数扫描分析

采用参数扫描(Parameter Sweep)分析电路，可以较快地获得电路元器件的参数在一定范围内变化时对电路的影响。相当于该元件每次取不同的参数值，进行多次仿真。对于数字器件，在进行参数扫描分析时将被视为高阻接地。

Parameter Sweep 对话框如图 5.5.12 所示，对话框包含有 Analysis parameters、Output、Analysis options 和 Summary 4 个选项卡，这里仅介绍 Analysis parameters 选项卡。

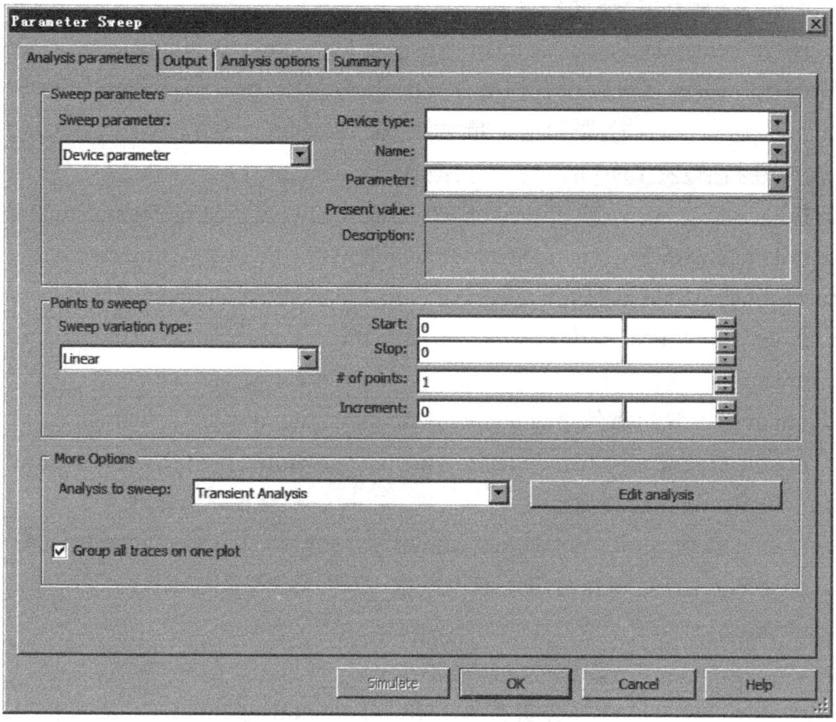

图 5.5.12 Parameter Sweep 对话框

在 Analysis parameters 选项卡中有 Sweep parameters 区、Points to sweep 区和 More Options 区。

1) Sweep parameters 区

Sweep parameters 区可以对要扫描的元件参数进行设置。

在 Sweep parameter 下拉列表框可选择的扫描参数类型有：元件参数(Device parameter)或模型参数(Model parameter)。选择不同的扫描参数类型之后，还将有不同的项目供进一步选择。

(1) 选择元件参数类型 Device parameter：选择 Device parameter 后，该区的右边 5 个栏有与器件参数有关的一些信息，还需进一步选择。

- Device type：选择所要扫描的元件种类，包括电路图中所用到的元件种类，如 Capacitor(电容器类)、Diode(二极管类)、Resistor(电阻类)和 Voltage source(电压源类)等。
- Name：选择要扫描的元件名称，例如，若在 Device type 栏内选择了 Capacitor，则此处可选择电容。
- Parameter：选择要扫描元件的参数。
- Present value 栏：为目前该参数的设置值。
- Description 栏：设置 Parameter 栏后，不同元件的不同参数含义在 Description 栏内说明。

(2) 选择元件模型参数类型 Model parameter：选择 Model parameter 后，该区右边同样有要进一步选择的 5 个栏。这 5 个栏中提供的选项不仅与电路有关，而且与选择 Device parameter 对应的选项有关，要注意区别。

2) Points to sweep 区

在 Points to sweep 区可以设置扫描方式。

Sweep variation type：选择扫描变量类型，有 Decade(十倍程扫描)、Octave(八倍程扫描)、Linear(线性扫描)及 List(取列表值扫描)。

(1) 选择 Decade、Octave 或 Linear 选项，则该区的右边将出现 Start、Stop、# of points 和 Increment 4 个微调按钮。

- Start：设置开始扫描的值。
- Stop：设置结束扫描的值。
- # of points：设置扫描的点数。
- Increment：设置扫描的增量。

注意：在这 4 个数值之间有关系：(Increment)=[(Stop)−(Start)]/[(# of points)−1]，故 # of points 与 Increment 只需指定其中之一，另一个可由程序自动设定。

(2) 选择 List 选项，则其右边会出现 Value 栏，此时可在 Value 栏中输入所要取的值。如果要输入多个不同的值，则在数字之间以空格、逗号或分号隔开。

3) More Options 区

在 More Options 区中可以选择分析的类型。

- Analysis to sweep：选择分析类型。有 DC Operating Point(直流工作点分析)、AC Analysis(交流分析)和 Transient Analysis(瞬态分析)3 种分析类型可供选择。在选定分析类型后，可单击 Edit Analysis 按钮对该项进行进一步编辑设置。
- Group all traces on one plot：将所有分析的曲线放置在同一个分析图中显示。

4) Simulate 按钮

单击 Simulate 按钮，可以得到参数扫描的仿真结果。

5.5.11 温度扫描分析

采用温度扫描分析(Temperature Sweep Analysis)，可以同时观察到在不同温度条件下的电路特性，相当于该元件每次取不同的温度值进行的多次仿真。可以通过 Temperature Sweep Analysis 对话框选择被分析元件温度的起始值、终值和增量值。在进行其他分析时，电路的仿真温度默认值设定在 27℃。不过，Multisim 12 中的温度扫描分析并不是对所有元件有效，仅限一些半导体器件和虚拟电阻。

Temperature Sweep Analysis 对话框如图 5.5.13 所示，对话框包含有 Analysis parameters、Output、Analysis options 和 Summary 4 个选项卡。这里仅介绍 Analysis parameters 选项卡。

1) Sweep Parameters 区

Sweep Parameter：选择扫描的温度 Temperature。Temperature 的默认值为 27℃。

2) Points to sweep 区

Sweep variation type：选择扫描方式。设置方法与 5.5.10 节参数扫描分析中的 Points to sweep 区完全相同。

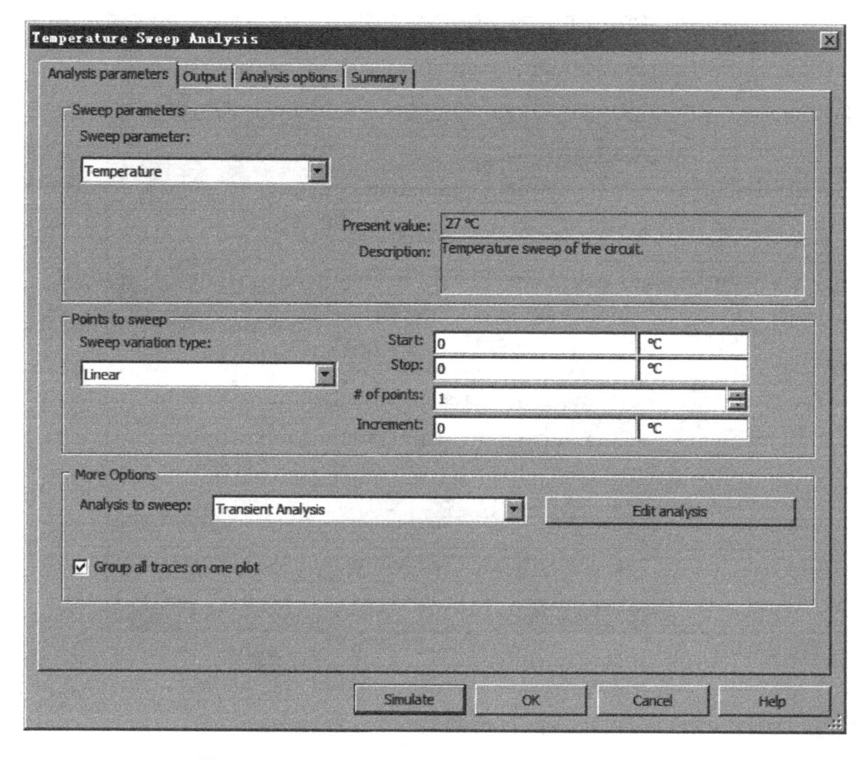

图 5.5.13　Temperature Sweep Analysis 对话框

3) More Options 区

- Analysis to sweep：选择分析类型。设置方法与 5.5.10 节参数扫描分析中的 More Options 区完全相同。
- Group all traces on one plot 选项：选中它可以将所有分析的曲线放置在同一个分析图中显示。

4) Simulate 按钮

单击 Simulate 按钮，即可得到扫描仿真的分析结果。

5.5.12　零-极点分析

零-极点分析(Pole-Zero Analysis)是一种对电路的稳定性分析相当有用的工具，可以用于交流小信号电路传递函数中零点和极点的分析。通常先进行直流工作点分析，对非线性器件求得线性化的小信号模型，在此基础上再分析传输函数的零、极点。零-极点分析主要用于模拟小信号电路的分析，数字器件将被视为高阻接地。

Pole-Zero Analysis 对话框如图 5.5.14 所示，对话框包含有 Analysis parameters、Analysis options 和 Summary 选项卡，下面介绍 Analysis parameters 选项卡，各项设置说明如下：

1) Analysis type 区

- Gain analysis(output voltage/input voltage)：电路增益分析，也就是输出电压/输入电压。
- Impedance analysis(output voltage/input current)：电路阻抗分析，也就是输出电压/输入电流。

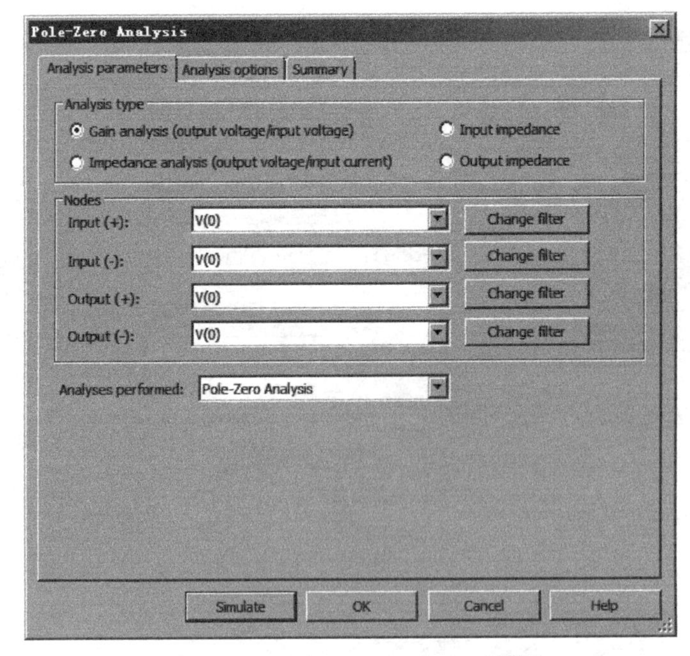

图 5.5.14 Pole-Zero Analysis 对话框

- Input impedance：电路输入阻抗分析。
- Output impedance：电路输出阻抗分析。

2）Nodes 区

在 Nodes 区可以设置输入、输出的正、负端（节）点。

- Input（+）：选择正的输入端（节）点。
- Input（−）：选择负的输入端（节）点（通常是接地端，即节点 0）。
- Output（+）：选择正的输出端（节）点。
- Output（−）：选择负的输出端（节）点（通常是接地端，即节点 0）。
- Change filter 按钮：在 Nodes 区中的右边有 4 个 Change filter 按钮，分别对应左边的 4 个栏，其功能与 Output 选项卡中的 Filter unselected variables 按钮相同，详见直流工作点分析中的 Output 选项卡。

3）Analysis performed 区

在 Analysis performed 区可以设置所要分析的项目。

- Pole-Zero Analysis：同时求出极点和零点。
- Pole Analysis：仅求出极点。
- Zero Analysis：仅求出零点。

4）Simulate 按钮

单击 Simulate 按钮，即可得到极点与零点仿真分析结果。

5.5.13 传递函数分析

传递函数分析（Transfer Function Analysis）可以分析一个源与两个节点的输出电压或一个源与一个电流输出变量之间的直流小信号传递函数，同时也将计算出输入和输出阻抗。

在进行分析前应对模拟电路或非线性器件进行直流工作点的计算,求得线性化的模型,然后再进行小信号分析。输出变量可以是电路中的节点电压,输入必须是独立源。

Transfer Function Analysis 对话框如图 5.5.15 所示,对话框包含有 Analysis parameters、Analysis options 和 Summary 3 个选项卡,下面介绍 Analysis parameters 选项卡。

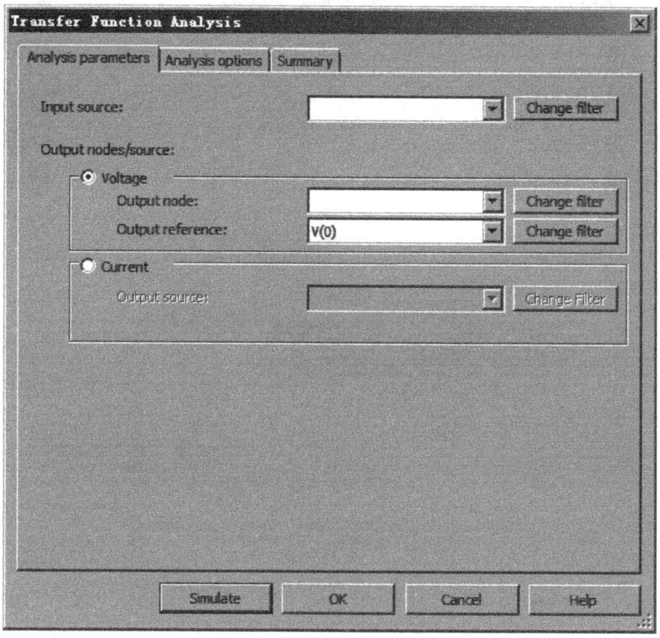

图 5.5.15 Transfer Function Analysis 对话框

- Input source：选择所要分析的输入电源。
- Output nodes/source：选择 Voltage 或者 Current 作为输出电压的变量。

选择 Voltage,在 Output node 栏中指定将作为输出的节点,而在 Output reference 栏中指定参考节点,通常是接地端(即 0)。

选择 Current,在 Output source 栏中指定所要输出的电流。

Change filter 按钮：在 Analysis parameters 选项卡的右边有 3 个 Change filter 按钮,分别对应左边的 3 个栏,其功能与 Output 选项卡中的 Filter unselected variables 按钮相同,详见直流工作点分析中的 Output 选项卡。

- Simulate 按钮：单击 Simulate 按钮,即可得到传递函数的分析结果。

5.5.14 最坏情况分析

最坏情况分析(Worst Case Analysis)是一种统计分析方法,它可以使读者观察到在元件参数变化时电路特性变化的最坏可能性,适合于对模拟电路直流和小信号电路的分析。所谓最坏情况,是指电路中的元件参数在其容差域边界点上取某种组合时所引起的电路性能的最大偏差；而最坏情况分析是在给定电路元件参数容差的情况下,估算出电路性能相对于标称值的最大偏差。

Worst Case Analysis 对话框如图 5.5.16 所示,对话框包含 Model tolerance List、

Analysis parameters、Analysis options 和 Summary 4 个选项卡。下面介绍 Model tolerance List 和 Analysis parameters 选项卡。

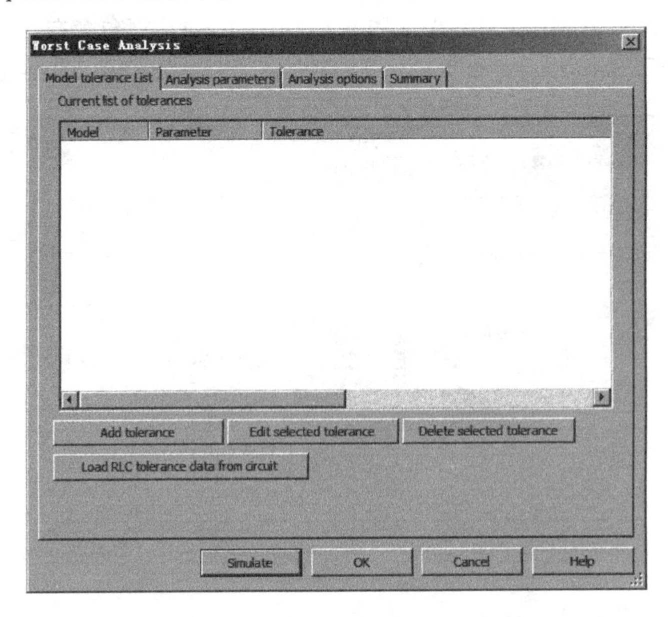

图 5.5.16 Worst Case Analysis 对话框

1. Model tolerance List 选项卡

1) Current list of tolerances 区

本区中列出目前的元件模型误差。

2) Add tolerance 按钮

单击 Add tolerance 按钮，出现如图 5.5.17 所示的 Tolerance 对话框，可以添加误差设置。

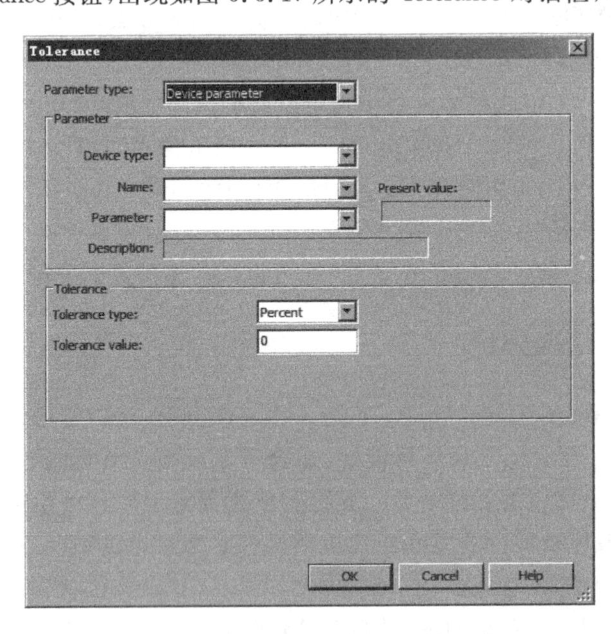

图 5.5.17 Tolerance 对话框

(1) Parameter type 下拉列表框。Parameter type 下拉列表框有元件模型参数(Model parameter)和器件参数(Device parameter)两个选项。选择所要设定的选项,其下的 Parameter 区将随之改变。

(2) Parameter 区。

- Device type:选择需要设定参数的器件种类,包括电路图中所使用到的元件种类,如 BJT(双极性晶体管类)、Capacitor(电容器类)、Diode(二极管类)、Resistor(电阻器类)及 Vsource(电压源类)等。
- Name:选择所要设定参数的元件名称。
- Parameter:选择所要设定的参数。不同元件有不同的参数。
- Present value:显示当前该参数的设定值(不可更改)。
- Description:Parameter 所选参数的说明(不可更改)。

(3) Tolerance 区。在此区可以确定容差的设置方式。

- Tolerance type:选择容差的形式,其中包括 Absolute(绝对值)和 Percent(百分比)两个选项。
- Tolerance value:根据所选的容差形式设置容差值。

当完成新增设定后,单击 OK 按钮即可将新增项目添加到对话框当中。

3) Edit selected tolerance 按钮

可以对所选取的某个误差项目进行重新编辑。

4) Delete selected tolerance 按钮

可以删除所选取的误差项目。

5) Load RLC tolerance data from circuit 按钮

可加载电路中的 RLC 容差数据进行分析。

2. Analysis parameters 选项卡(如图 5.5.18 所示)

1) Analysis parameters 区

- Analysis:选择所要进行的分析,有 AC Analysis(交流分析)及 DC Operating Point(直流工作点分析)两个选项。
- Output variable:选择所要分析的输出节点。
- Collating function:选择分析方式。其中,MAX 最大值分析与 MIN 最小值分析,仅在 DC Operating Point 选项时可选;RISE EDGE 上升沿分析或 FALL EDGE 下降沿分析,其右边的 Threshold 栏用来输入其门限值。
- Direction:选择容差变化方向,有 Default、Low 及 High 选项。

2) Output control 区

Group all traces on one plot 复选框:将所有仿真分析结果和记录在一个图形中显示。若不选此项,则将标称值仿真、最坏情况仿真和 Run Log Descriptions 分别输出显示。

5.5.15 蒙特卡罗分析

蒙特卡罗分析(Monte Carlo Analysis)是采用统计分析方法来观察给定电路中的元件参数按选定的误差分布类型在一定范围内变化时对电路特性的影响。用这些分析结果,可

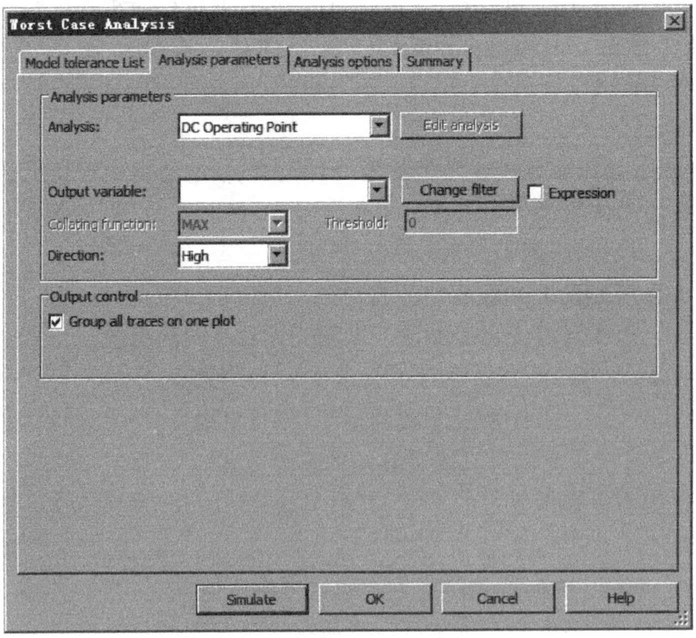

图 5.5.18 Analysis parameters 选项卡

以预测电路在批量生产时的成品率和生产成本。

Monte Carlo Analysis 对话框如图 5.5.19 所示，对话框包含有 Model tolerance List、Analysis parameters、Analysis options 和 Summary 4 个选项卡，Monte Carlo 的 Model tolerance List 选项卡与上节最坏情况分析中的 Model tolerance List 选项卡完全相同。下面仅介绍 Analysis parameters 选项卡。

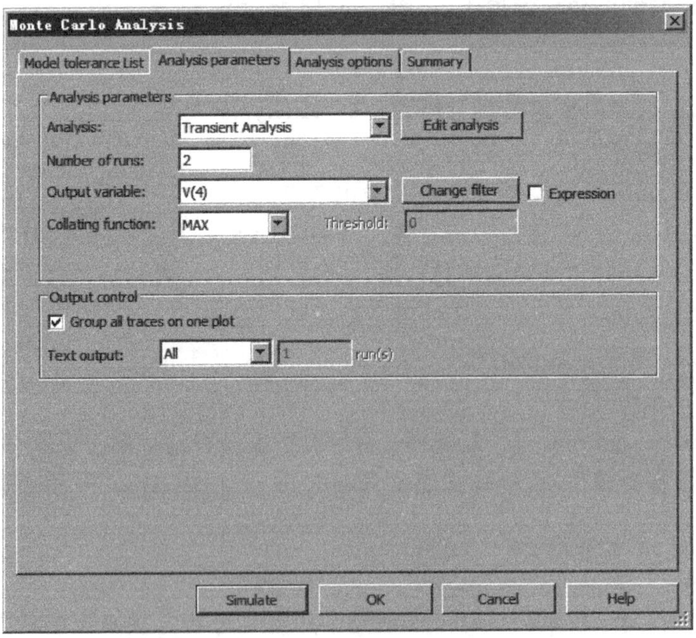

图 5.5.19 Monte Carlo Analysis 对话框

1) Analysis parameters 区

- Analysis：选择所要进行的分析，有 Transient analysis(瞬态分析)、AC analysis(交流分析)及 DC Operating Point(直流工作点分析) 3 个选项。
- Number of runs：设定执行次数，必须大于或等于 2。
- Output variable：选择所要分析的输出节点。
- Collating Function：选择分析方式。其中，MAX 最大值分析与 MIN 最小值分析，仅在 DC Operating Point 选项时可选；RISE EDGE 上升沿分析或 FALL EDGE 下降沿分析，其右边的 Threshold 栏用来输入其门限值。

2) Output Control 区

Group all traces on one plot 复选框：选中此项会将所有仿真分析结果和记录在一个图形中显示。若不选此项，则将标称值仿真、最坏情况仿真和 Run Log Descriptions 分别输出显示。

Text output：选择文字输出的方式。

5.5.16 布线宽度分析

布线宽度分析(Trace Width Analysis)是为了印制印刷电路板时，使导线有效地传输电流所进行的最小线宽分析。

Trace Width Analysis 对话框如图 5.5.20 所示，对话框包含有 Trace width analysis、Analysis parameters、Analysis options 和 Summary 选项卡，下面仅介绍 Trace width analysis 选项卡。

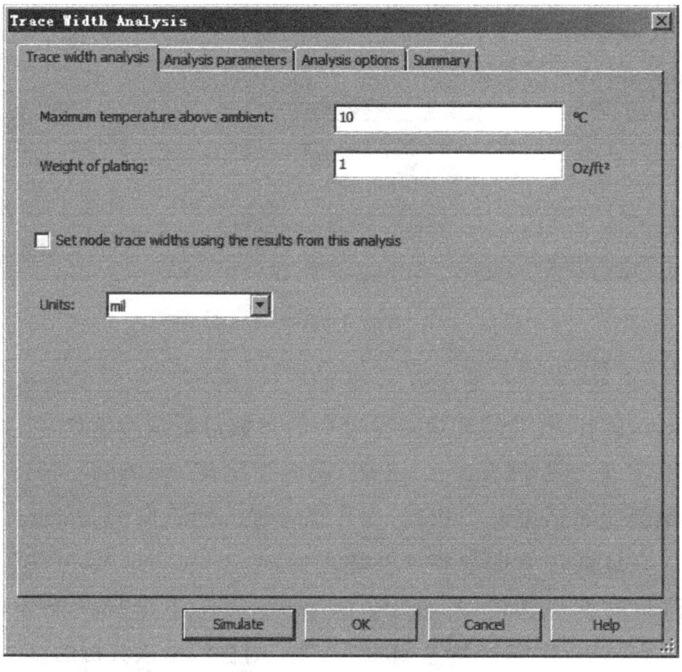

图 5.5.20 Trace Width Analysis 对话框

- Maximum temperature above ambient：设置高于环境温度的最大可能值，默认值为10℃。
- Weight of plating：设置镀层，默认值为1。
- Set node trace widths using the results from this analysis 复选框：设置是否将分析结果用于建立导线宽度。
- Units：单位选择，有 mil 与 mm 两种，默认为 mm。

5.5.17 批处理分析

在实际电路分析中，通常需要对同一个电路进行多种分析。例如对一个放大电路，为了确定静态工作点，需要进行直流工作点分析；为了解其频率特性，需要进行交流分析；为了观察输出波形，需要进行瞬态分析。批处理分析(Batched Analyses)可以将不同的分析功能或者同一分析的不同实例放在一起依序执行。

Batched Analyses 对话框如图 5.5.21 所示。

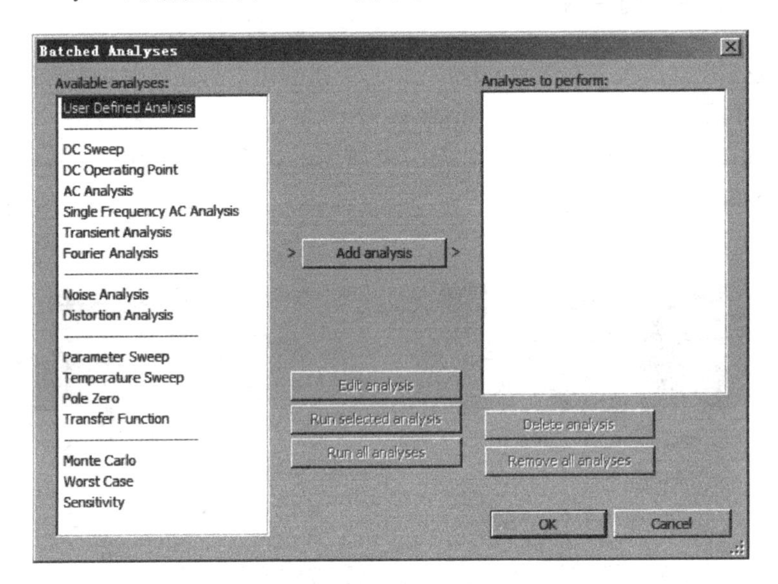

图 5.5.21 Batched Analyses 对话框

在 Batched Analyses 对话框的左边 Available analyses 区中可以选择所要执行的分析，再单击 Add analysis 按钮，则会出现所选择分析的参数对话框。例如，需要进行噪声分析，选择 Noise Analysis，单击 Add analysis 按钮，则会弹出 Noise Analysis 对话框。该对话框与噪声分析的参数设置对话框基本相同，操作也一样。所不同的是，Simulate 按钮变成了 Add to list 按钮。在设置对话框中各项参数之后，单击 Add to list 按钮，即回到 Batched Analyses 对话框，这时在右边的 Analyses to perform 区中出现将要分析的选项(Noise Analysis)，单击 Noise Analysis 分析左侧的"＋"号，则显示出该分析的总结信息。

若需要继续添加所希望的分析，可以按照上述办法进行。全部选择完成后，在 Batched Analyses 对话框的 Analyses to perform 区中将出现全部添加的分析项，单击 Run all analyses 按钮，即执行在 Analyses to perform 区中的全部分析仿真。仿真的结果将依次出现在 Analysis Graphs 中。

- Edit analysis 按钮：选择 Analyses to perform 区中的某个分析，单击 Edit analysis 按钮，可以对其参数进行编辑处理。
- Run selected analysis 按钮：选择 Analyses to perform 区中的某个分析，单击 Run selected analysis 按钮，可以对其运行仿真分析。
- Run all analyses 按钮：单击该按钮，可以运行全部仿真分析。
- Delete analysis 按钮：选择 Analyses to perform 区中的某个分析，单击该按钮，可以将其删除。
- Remove all analyses 按钮：单击该按钮，可以将已选中的在 Analyses to perform 区内的分析全部删除。

5.5.18 用户自定义分析

用户自定义分析(User Defined Analysis)可以使用户扩充仿真分析功能。

User Defined Analysis 对话框如图 5.5.22 所示。对话框中的 Analysis options 和 Summary 项与直流工作点分析的设置一样。用户可在 Commands 选项卡输入框中输入可执行的 Spice 命令，单击 Simulate 按钮即可执行此项分析。

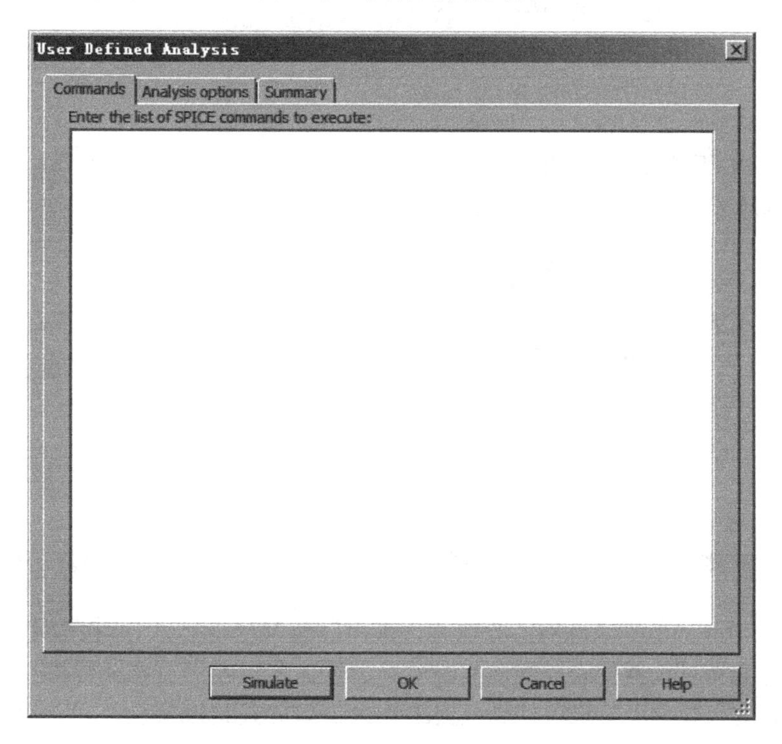

图 5.5.22 User Defined Analysis 对话框

5.6 综合实验示例①

本章的前几节从 Multisim 软件的角度介绍了其主要功能及基本的使用方法。本节以几个典型的模拟电路为例，用 Multisim、MATLAB 仿真软件对实验电路进行仿真。这些电路也是《自动控制原理》课程验证性实验的部分内容。

5.6.1 典型环节及其阶跃响应

一、实验目的

(1) 学习构成典型环节的模拟电路；

(2) 熟悉各种典型环节的阶跃响应曲线；

(3) 了解参数变化对典型环节动态特性的影响，并学会由阶跃响应曲线计算典型环节的传递函数；

(4) 学习用 Multisim、MATLAB 仿真软件对实验电路进行仿真。

二、实验内容

下面介绍各典型环节的模拟电路及其结构。

1. 比例环节

(1) 比例环节电路如图 5.6.1 所示。

$G(S)=-K$，其中 $K=R_2/R_1$。

(2) 比例环节结构如图 5.6.2 所示。

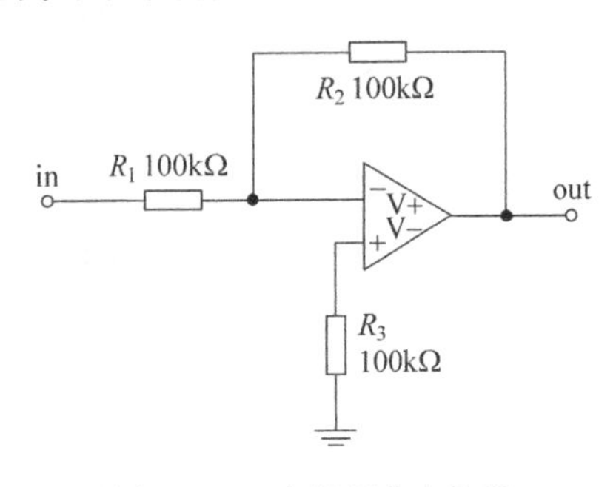

图 5.6.1 比例环节电路图

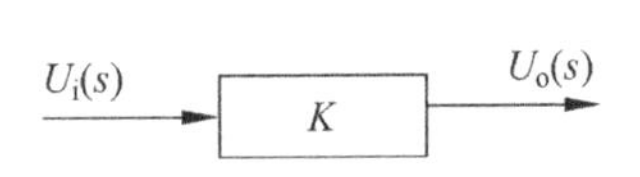

图 5.6.2 比例环节结构图

(3) 用 Multisim 仿真软件对实验电路仿真。启动 Multisim 软件，在电路工作区可将各种电子元器件和测试仪器仪表连接成实验电路。按住鼠标左键可在元件库中提取元件，用同样的方法可在仪器库中提取仪器到电路工作区窗口并连接成实验电路。“启动/停止”开关或“暂停/恢复”按钮可以用来控制实验的仿真进程。Multisim 仿真电路及仿真响应结果

① 本节部分电路图由软件生成，因此电路图中符号体系按软件原样输出。例如，电阻以 R1、R2……表示。

如图 5.6.3 和图 5.6.4 所示。

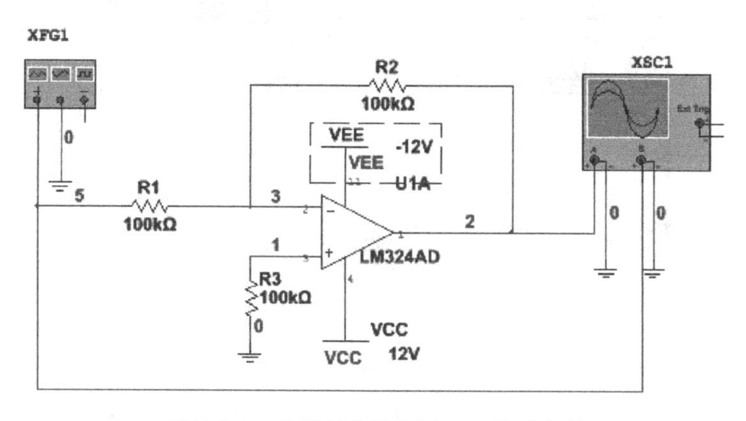

图 5.6.3 比例环节的 Multisim 仿真电路

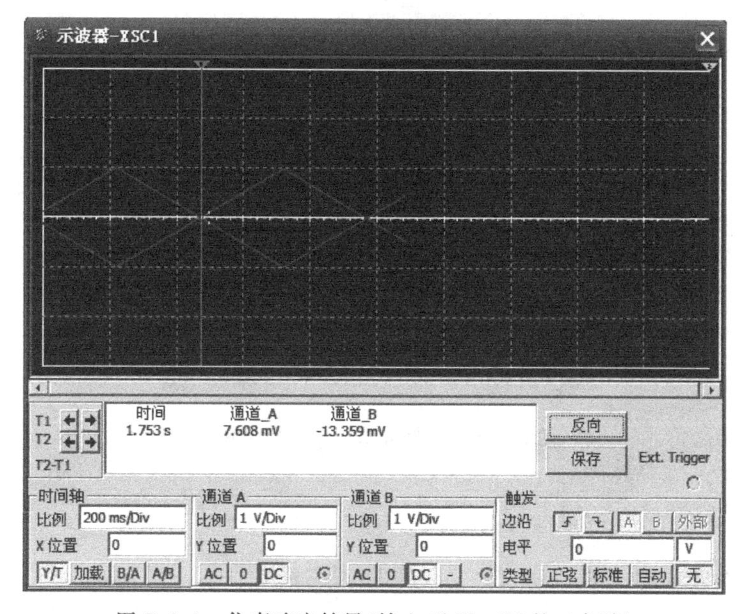

图 5.6.4 仿真响应结果(输入 1kHz,1V 的三角波)

(4) 用 MATLAB 仿真软件对实验电路仿真。比例环节的传递函数为

$$G(s)=-\frac{R_2}{R_1}=-2,\quad R_1=100\text{k}\Omega,\quad R_2=200\text{k}\Omega$$

其对应的 SIMULINK 单位阶跃响应仿真分析如图 5.6.5 和图 5.6.6 所示。

结果分析：由阶跃响应波形图知，比例环节使得输出量与输入量成正比，既无失真也无延迟，响应速度快，能对输入立即做出响应，因此系统易受外界干扰信号的影响，从而导致系统不稳定。

备注：在选择元件的时候要注意，R_2是反馈电阻，R_2一般都在几十千欧到几百千欧之间选取。R_2太大，则由 $A_{rf}=\frac{v_o}{v_i}=1+\frac{R_2}{R_1}$可知会使 R_1也较大，这将会引起较大的失调温漂。若 R_2太小，R_1也会较小，这时往往不能满足电路高输入阻抗的要求。如果输入阻抗一定，则可以先根据 $R_i\approx R_1$ 选 R_1，再选择 R_2。在放大含有直流分量的信号时，还应选取 $R_3=R_1\parallel R_2$。

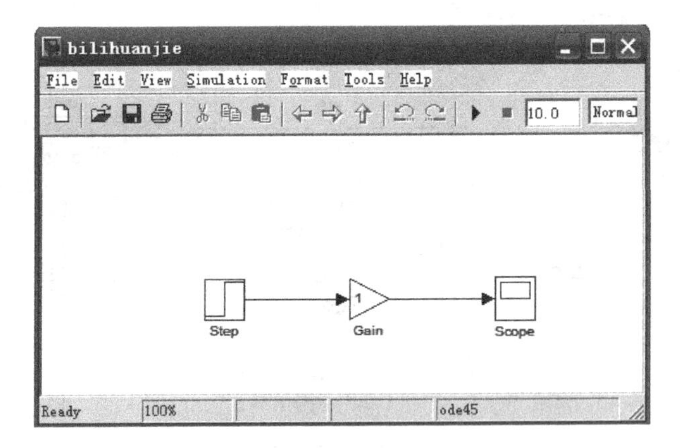

图 5.6.5　比例环节 SIMULINK 仿真模型

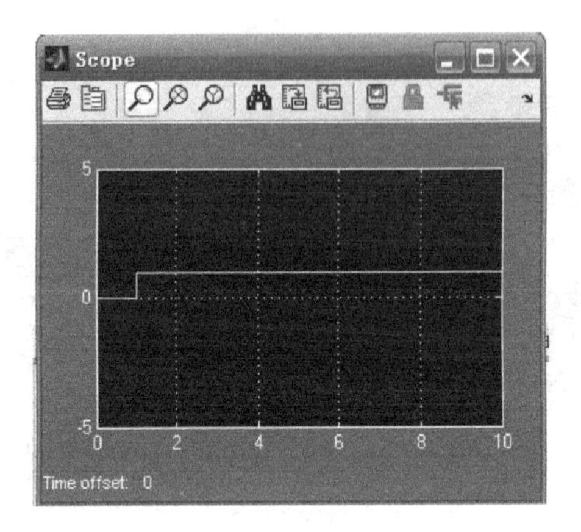

图 5.6.6　比例环节的单位阶跃响应

2. 惯性环节

惯性环节电路如图 5.6.7 所示。

(1) 惯性环节结构如图 5.6.8 所示。

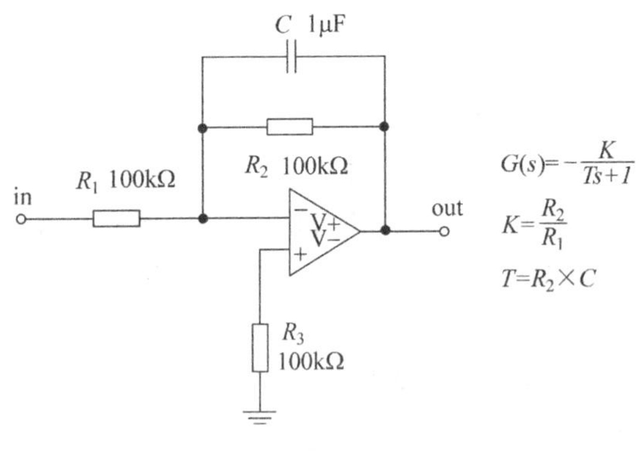

图 5.6.7　惯性环节电路图

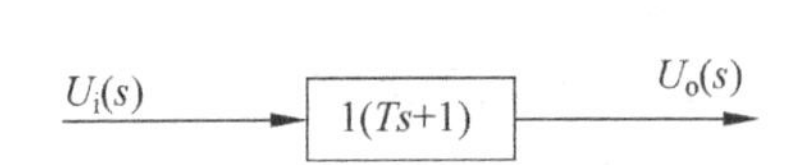

图 5.6.8　惯性环节结构图

(2) 用 Multisim 仿真软件对实验电路进行仿真,Multisim 仿真电路和仿真响应结果如图 5.6.9 和图 5.6.10 所示。

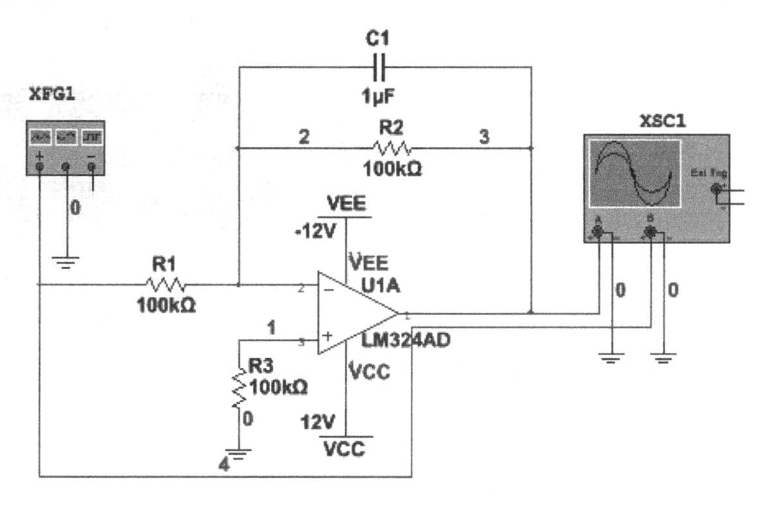

图 5.6.9 惯性环节的 Multisim 仿真电路

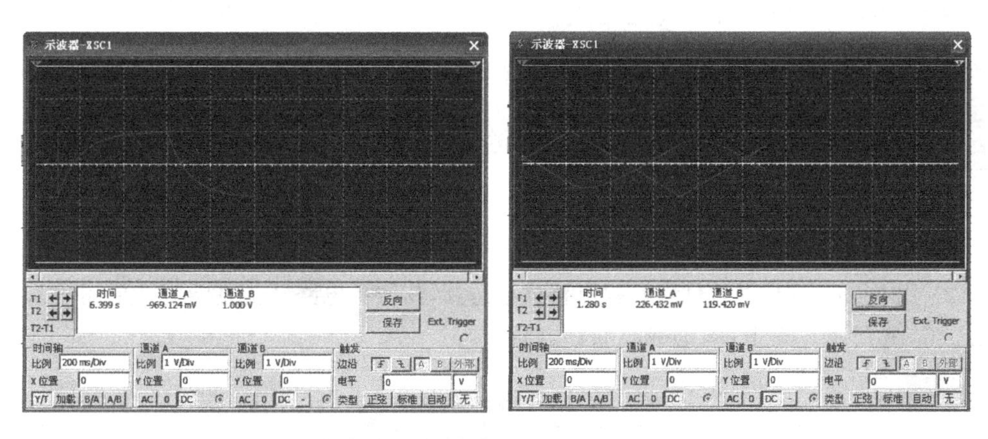

图 5.6.10 仿真响应结果(输入 1kHz,1V 的方波和三角波)

(3) 用 MATLAB 仿真软件对实验电路进行仿真。

惯性环节的传递函数为

$$G(s)=-\frac{R_2/R_1}{R_2\times C_1\times s+1}=-\frac{1}{0.1s+1}\quad R_1=100\text{k}\Omega,\quad R_2=100\text{k}\Omega,\quad C_1=1\mu\text{F}$$

其对应的模拟电路及 SIMULINK 图形如图 5.6.11 和图 5.6.12 所示。

结果分析:由单位阶跃响应波形图知,惯性环节使得输出波形在开始时以指数曲线下降,下降与时间常数(惯性环节中 s 的系数)有关。

3. 积分环节

积分环节电路图如图 5.6.13 所示。

(1) 积分环节结构图如图 5.6.14 所示。

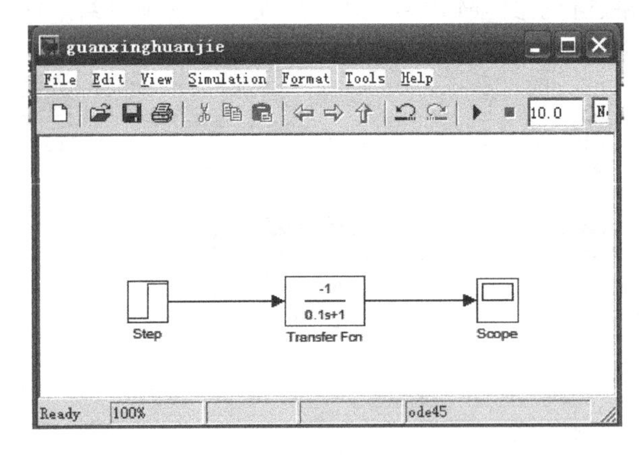

图 5.6.11　惯性环节 SIMULINK 仿真模型

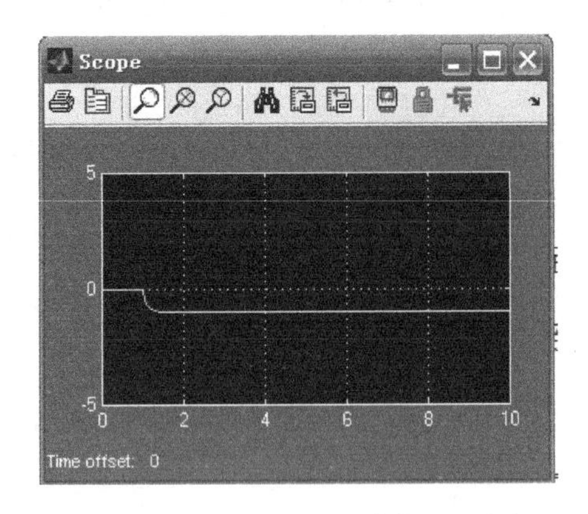

图 5.6.12　惯性环节的单位阶跃响应

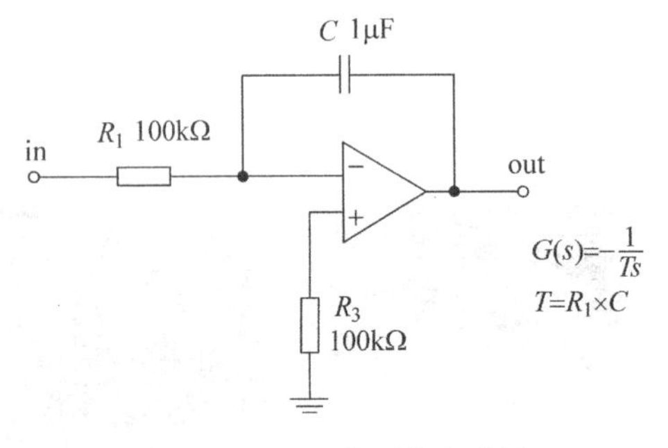

图 5.6.13　积分环节电路图

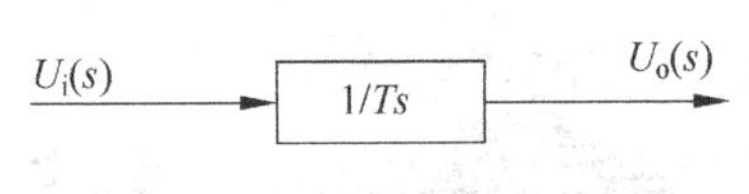

图 5.6.14　积分环节结构图

(2) 用 Multisim 仿真软件对实验电路进行仿真，其仿真电路及仿真响应结果如图 5.6.15 和图 5.6.16 所示。其中，R_3 为减小漂移电阻。

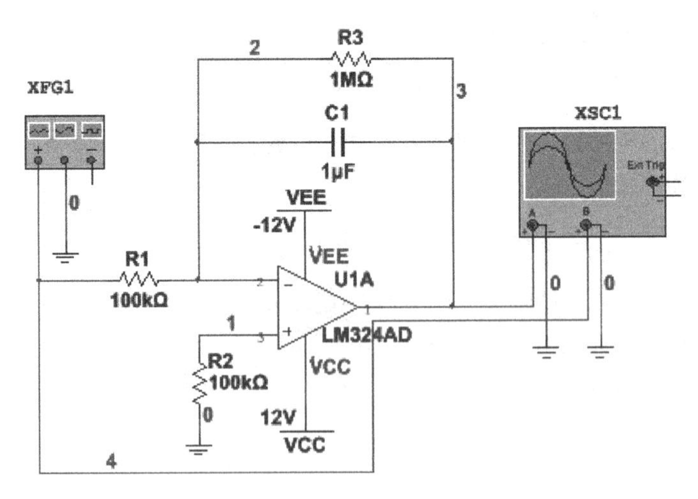

图 5.6.15　积分环节的 Multisim 仿真电路

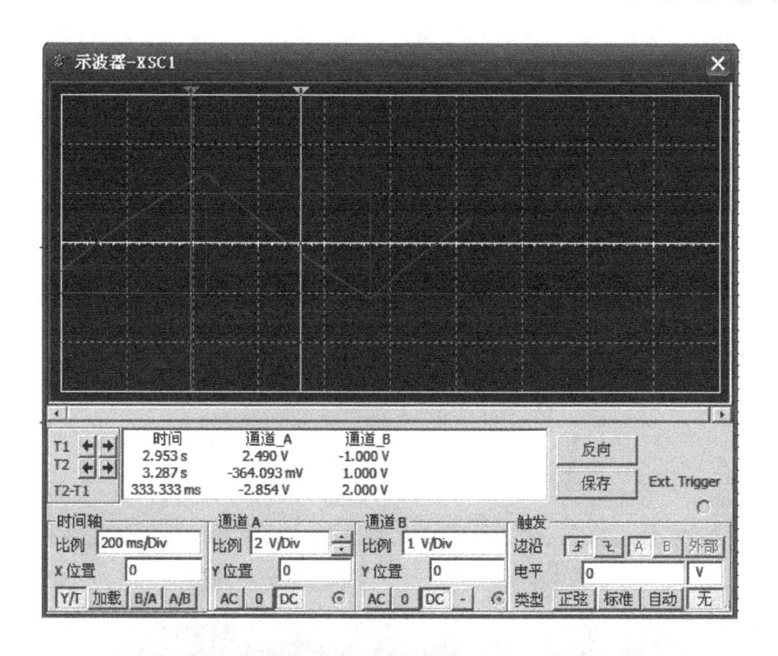

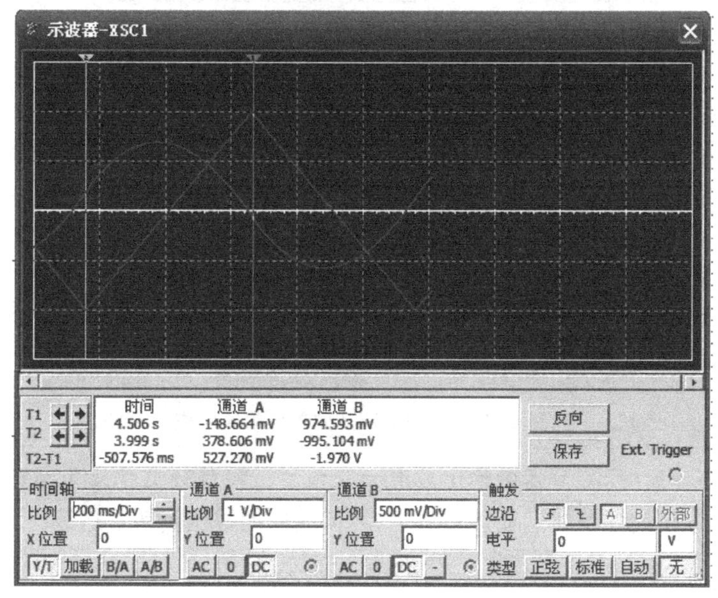

图 5.6.16　仿真响应结果(输入 1kHz,1V 的方波和三角波)

(3) 用 MATLAB 仿真软件对实验电路进行仿真。

积分环节的传递函数为

$$G(s)=-\frac{1/Cs}{R}=-\frac{1}{RCs}=-\frac{1}{Ts}$$

其中 $T=RC$。

其对应的模拟电路及 SIMULINK 图形如图 5.6.17 和图 5.6.18 所示。

结果分析：当输入信号是阶跃电压时，其输出是一个线性变化的斜坡电压，其输出幅度受到运放饱和电压的限制。由于矩形波可以看成多个阶跃信号的组合，因此根据叠加原理，

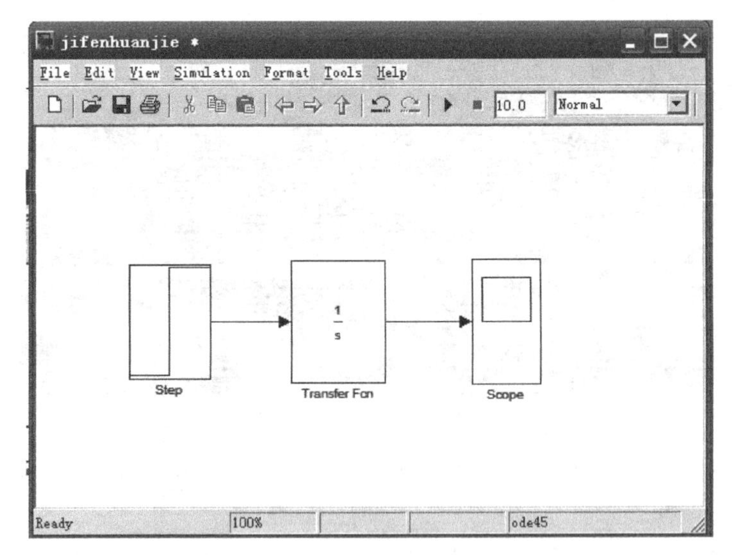

图 5.6.17　积分环节 Simulink 仿真模型

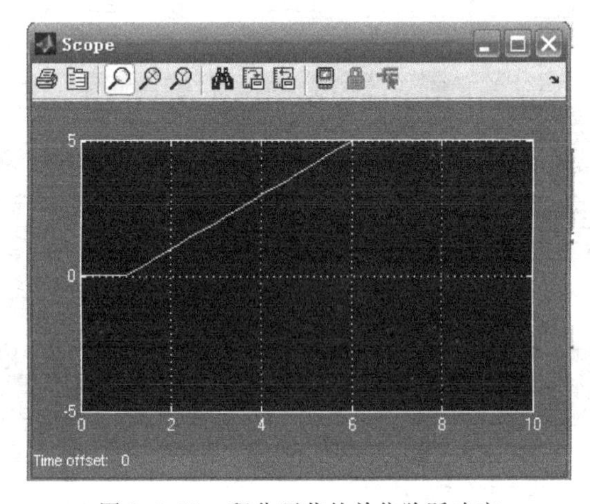

图 5.6.18　积分环节的单位阶跃响应

当输入信号为矩形波时，积分器的输出波形为三角波。积分环节的输出量反映了输入量随时间的积累，积分作用随着时间而逐渐增强，其反应速度较比例环节迟缓。

4. 微分环节

(1) 微分环节电路图如图 5.6.19 所示。

(2) 微分环节结构图如图 5.6.20 所示。

(3) 用 Multisim 仿真软件对实验电路进行仿真，其仿真电路和响应结果如图 5.6.21 和图 5.6.22 所示。

(4) 用 MATLAB 仿真软件对实验电路进行仿真。

微分环节的传递函数为

$$G(s)=-R_1\times C_1\times s=-T\times s$$

其中 $T=R_1\times C_1$。

其对应的模拟电路及 Simulink 图形如图 5.6.23 和图 5.6.24 所示。

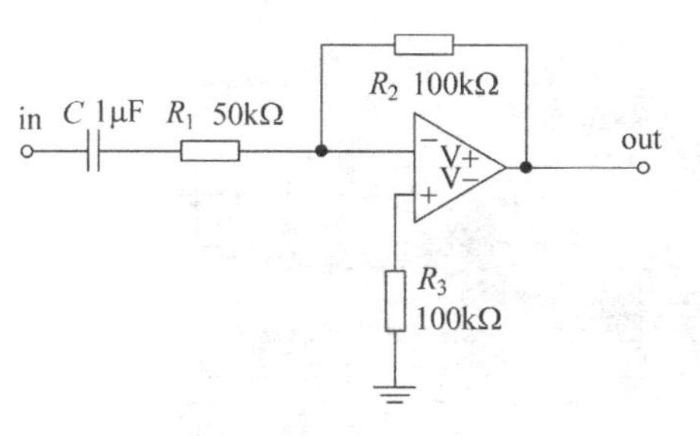

图 5.6.19　微分环节电路图

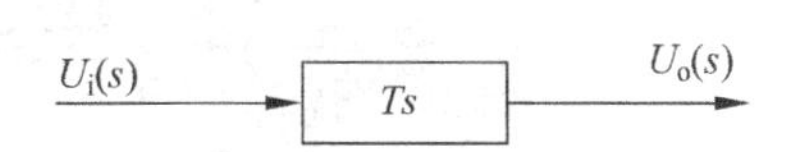

图 5.6.20　微分环节结构图

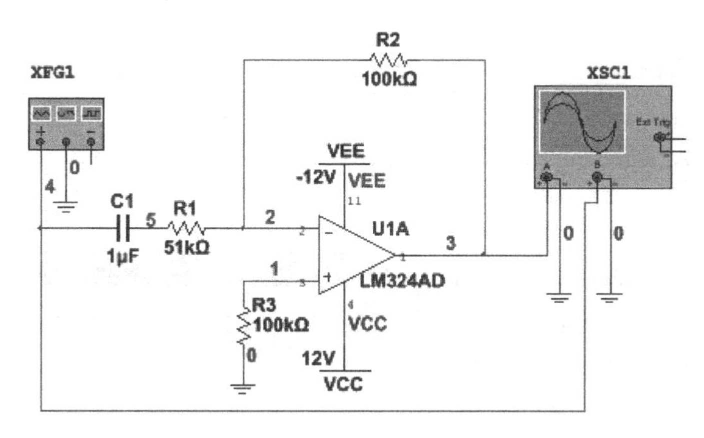

图 5.6.21　微分环节的 Multisim 仿真电路

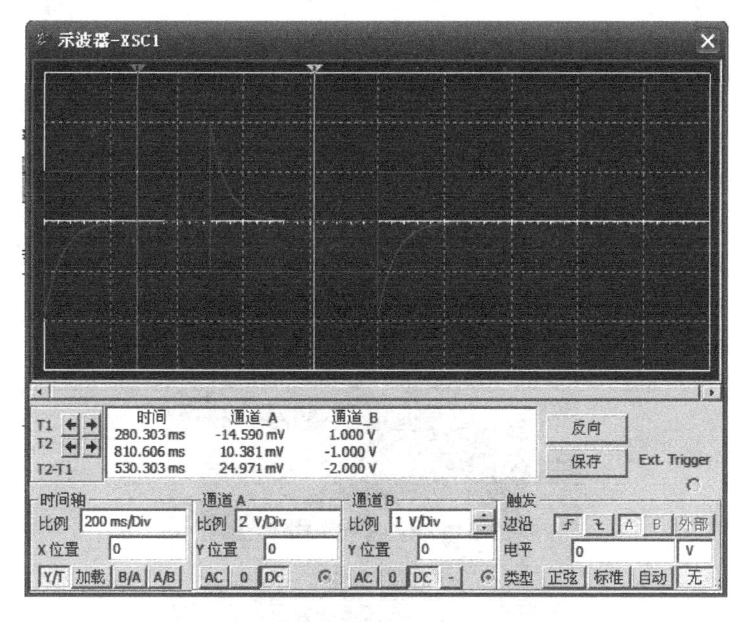

图 5.6.22　仿真响应结果(输入 1kHz,1V 的方波和三角波)

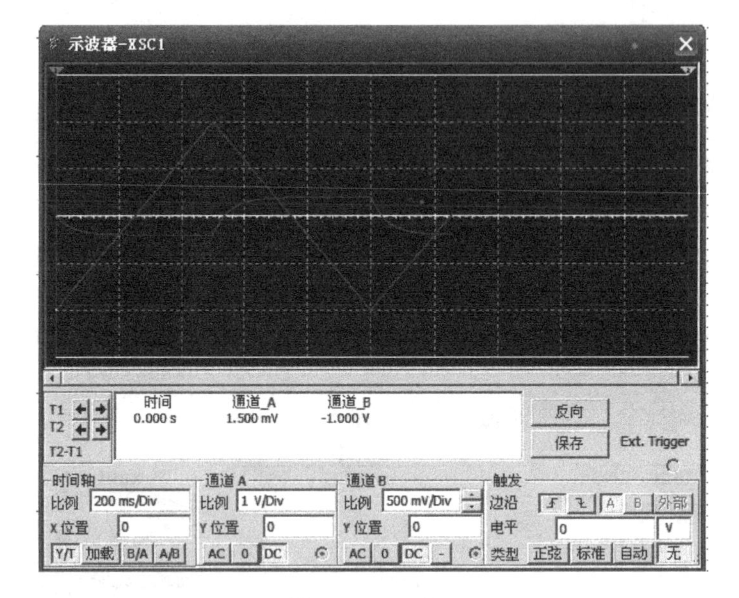

图 5.6.22 （续）

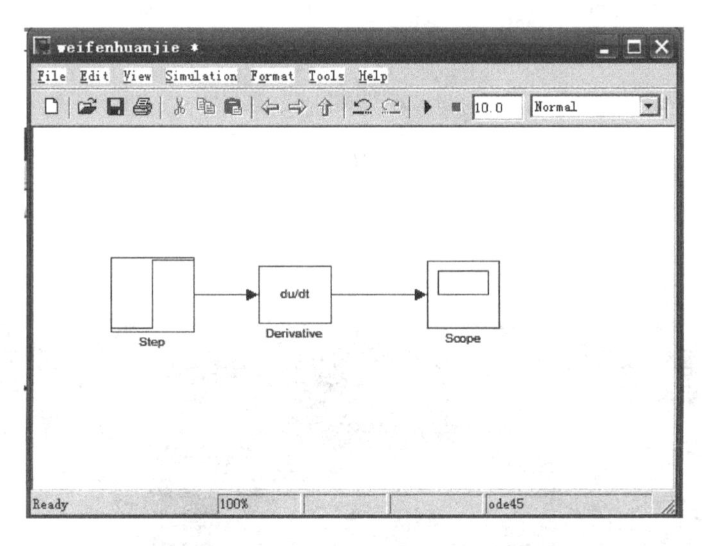

图 5.6.23 微分环节 Simulink 仿真模型

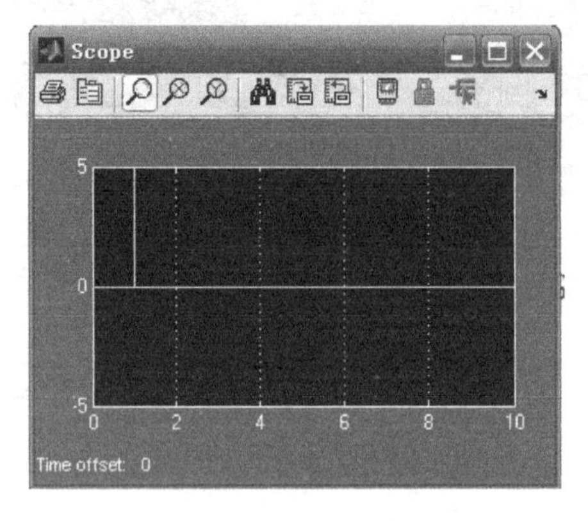

图 5.6.24 微分环节的单位阶跃响应

结果分析：由单位阶跃响应波形图知，微分环节的输出反映了输入信号的变化速度，即微分环节能预示输入信号的变化趋势，但是若输入为一定值，则输出为零。

备注：微分和积分互为反运算，故将积分环节中的电阻和电容位置互换，即可得到微分环节电路。微分电路在高频时不稳定，很容易产生自激。在实验中可以采取在微分电路的输入端接一个小电阻并在反馈回路里并联一个小电容的办法，这样就可以消除自激并抑制电路的高频噪声。微分电路输入为方波时，输出为尖脉冲；输入为三角波时，输出为方波，电路如图 5.6.25 所示。

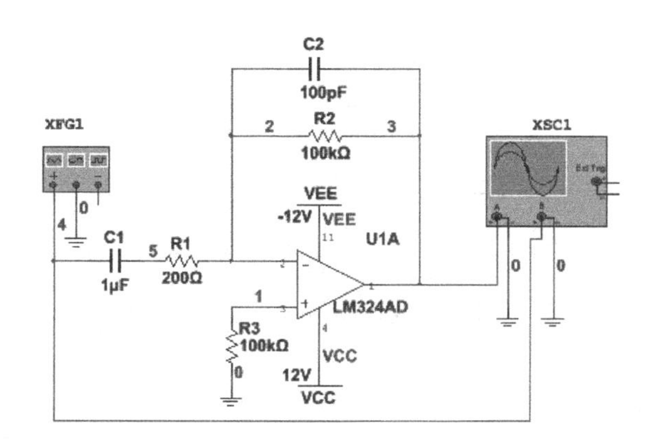

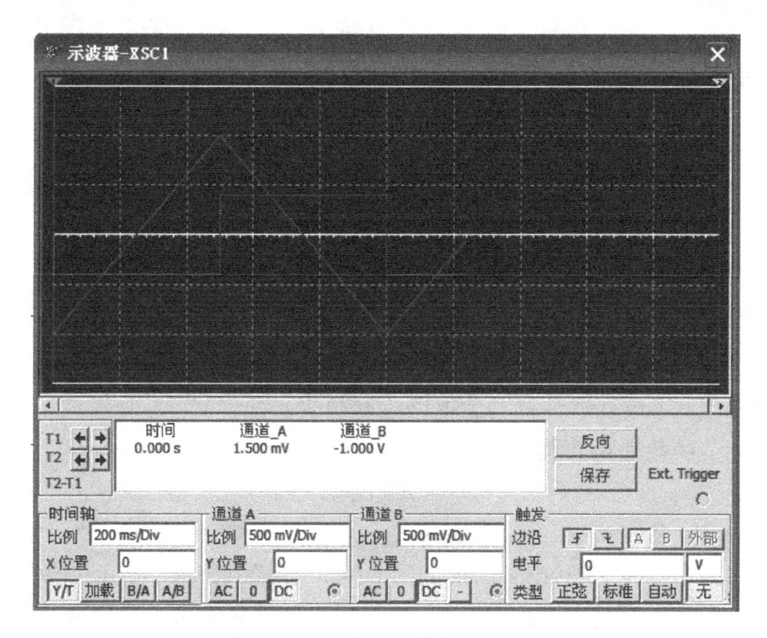

图 5.6.25　微分环节实验电路图

5. 比例＋微分环节

比例微分环节电路图如图 5.6.26 所示。

比例微分环节结构如图 5.6.27 所示，其中，$K=R_3/R_2$，$T=R_1+R_2$。

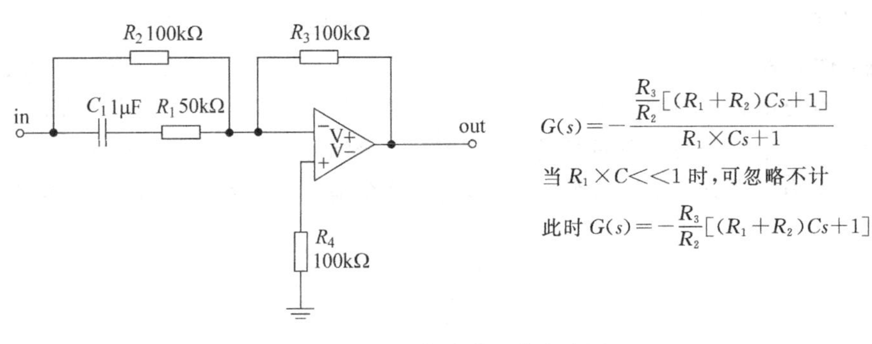

图 5.6.26 比例微分环节电路图

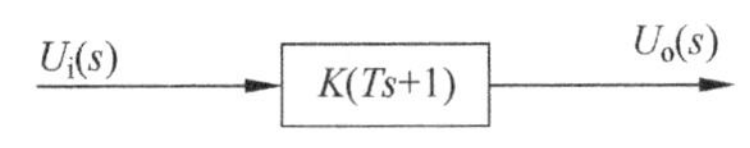

图 5.6.27 比例微分环节结构图

(1) 用 Multisim 仿真软件对实验电路进行仿真，其仿真电路和响应结果如图 5.6.28 和图 5.6.29 所示。

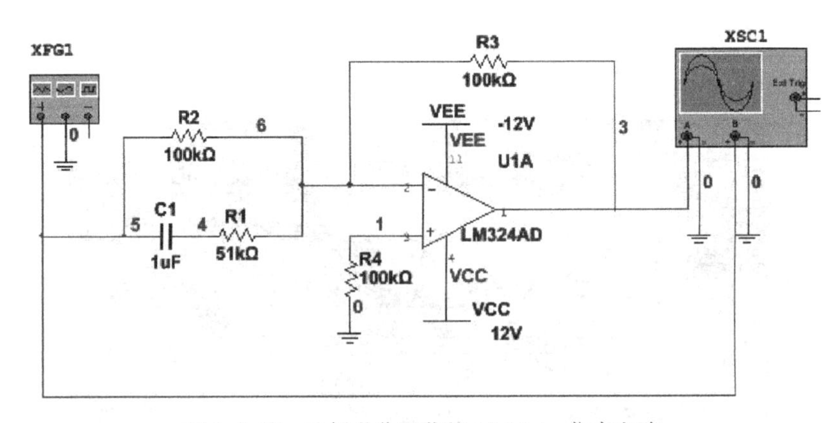

图 5.6.28 比例微分环节的 Multisim 仿真电路

(2) 用 MATLAB 仿真软件对实验电路进行仿真。

比例微分环节的传递函数为

$$G(s)=K(T\times s+1)$$

其中 $K=R_2/R_1$，$T=R_1\times C_1$。

其对应的模拟电路及 Simulink 图形如图 5.6.30 和图 5.6.31 所示。

结果分析：由单位阶跃响应波形得知，比例作用与微分作用一起构成比例微分环节，使得系统较单独的比例环节作用稳定，在输入为常值时也有相应的输出，避免了单独微分环节作用时的“零输出”。

三、实验步骤

(1) 按下列各典型环节的传递函数，在 Multisim 进行相关电路的仿真，在 MATLAB 建立相应的 Simulink 仿真模型，观察并记录其单位阶跃响应波形。

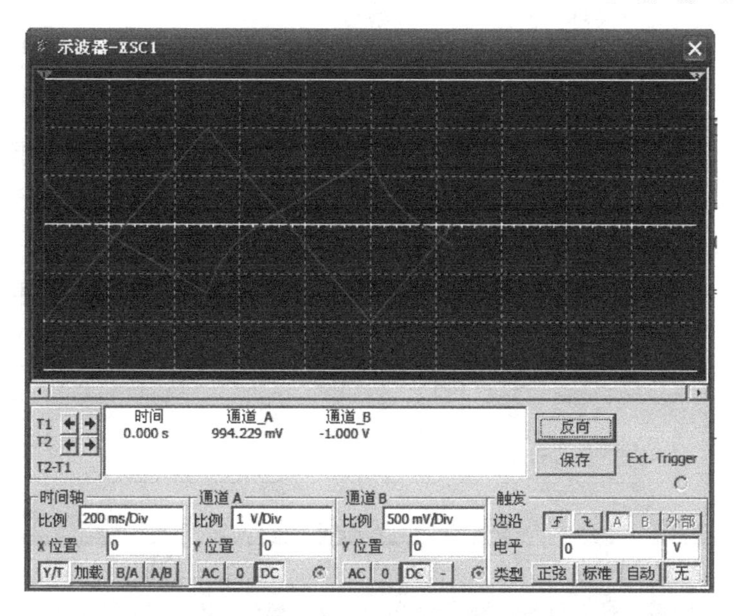

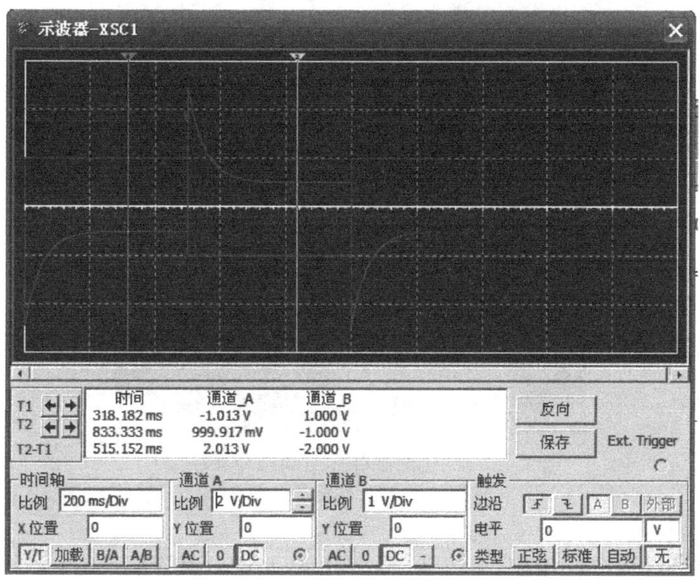

图 5.6.29 仿真响应结果(输入 1kHz,1V 的三角波和方波)

① 比例环节 $G(s)=1$。

② 惯性环节

$$G(s)=-\frac{R_2/R_1}{R_2\times C_1 s+1}=-\frac{1}{0.1s+1},\quad R_1=100\text{k}\Omega,\quad R_2=100\text{k}\Omega,\quad C_1=1\mu\text{F}$$

③ 积分环节 $G(s)=1/s$。

④ 微分环节 $G(s)=s$。

⑤ 比例+微分环节(PD)$G_1(s)=s+2$ 和 $G_2(s)=s+1$。

(2) 连接运放电路板的电源线(±12V,GND),将比例环节的模拟电路在运放电路板上接好,用函数信号发生器分别输入 1kHz,1V 的方波和三角波信号,用示波器观察输出波

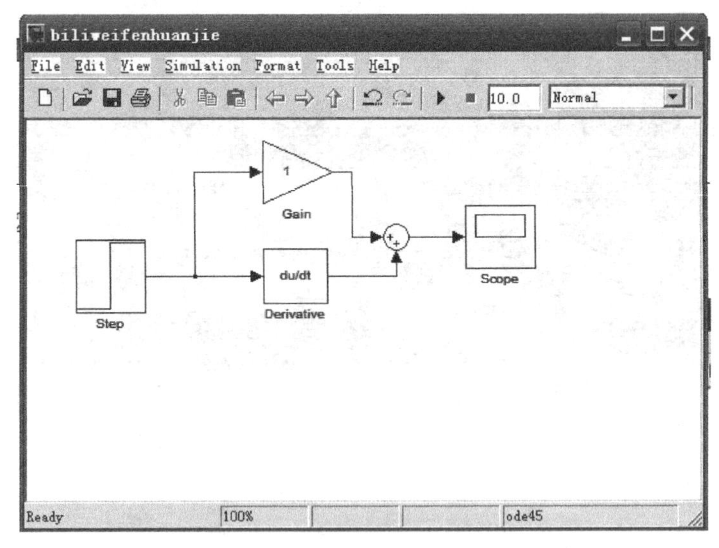

图 5.6.30 比例微分环节 Simulink 仿真模型

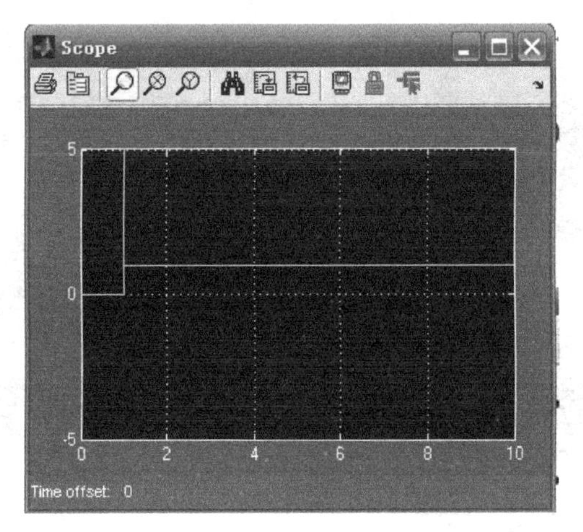

图 5.6.31 比例微分环节的单位阶跃响应

形,并记录相应的波形。

(3) 改变传递函数中的电阻、电容值,重复上述步骤。参数值自定,至少两组参数。

(4) 连接其他典型环节模拟电路,重复步骤(2)。

四、实验报告

(1) 记录各典型环节的 Multisim 电路仿真效果。

(2) 记录各典型环节的 Simulink 仿真模型。

(3) 记录各环节的单位阶跃响应波形,并分析参数对响应曲线的影响。

(4) 分析比较软件仿真与实际电路测量的误差。

(5) 写出实验的心得与体会。

五、预习要求

(1) 熟悉典型环节的电路结构和原理,在 Multisim 上进行相应的仿真。

(2) 预习 MATLAB 中 Simulink 的基本使用方法,并进行相应的模型仿真并观察其单位阶跃响应。

六、拓展思考

(1) 用运算放大器模拟典型环节时,其传递函数是在哪两个假设条件下近似导出的?

(2) 积分环节和惯性环节主要差别是什么? 在什么条件下,惯性环节可以近似为积分环节? 在什么条件下,又可以视为比例环节?

(3) 如何根据阶跃响应的波形,确定积分环节和惯性环节的时间常数?

5.6.2 二阶系统阶跃响应

一、实验目的

(1) 研究二阶系统的阻尼比 ε 和无阻尼自然振荡频率 ω_n 这两个重要参数对系统动态性能的影响。

(2) 学会根据系统阶跃响应曲线确定传递函数。

(3) 学习用 Multisim、MATLAB 仿真软件对实验电路进行仿真。

二、实验内容

(1) 二阶系统模拟电路如图 5.6.32 所示。

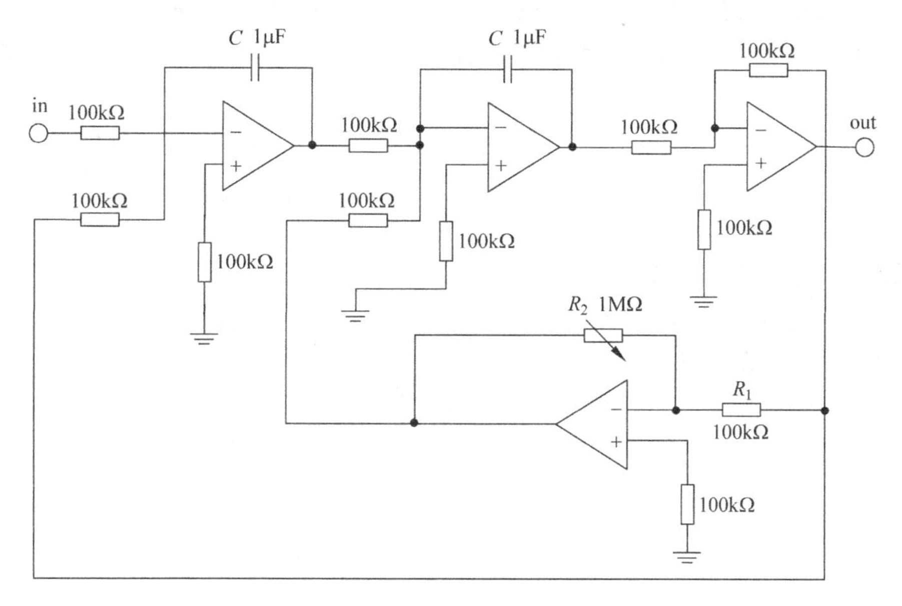

图 5.6.32 二阶系统模拟电路

(2) 系统结构如图 5.6.33 所示。

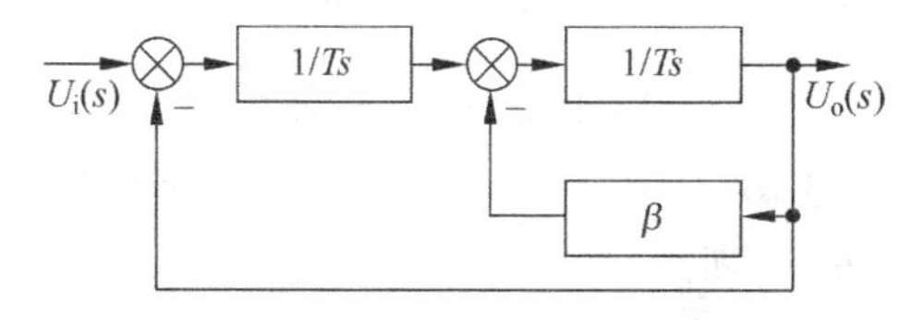

图 5.6.33 系统结构图

(3) 系统闭环传递函数为

$$G(s)=U_o(s)/U_i(s)=\frac{1/T^2}{s^2+(\beta/T)s+1/T^2} \tag{5.6.1}$$

其中 $T=RC$

$$\beta=\frac{R_2}{R_1}$$

典型二阶系统的闭环传递函数为

$$G(s)=\frac{\omega_n^2}{s^2+2\varepsilon\omega_n s+\omega_n^2} \tag{5.6.2}$$

比较式(5.6.1)、式(5.6.2)两式,可得

$$\omega_n=\frac{1}{T}=\frac{1}{RC}$$

$$\varepsilon=\frac{R_2}{2R_1} \tag{5.6.3}$$

由式(5.6.3)可知,改变比值 R_2/R_1,可以改变二阶系统的阻尼比。今取 $R_1=100\text{k}\Omega$,$R_2=0\sim500\text{k}\Omega$($R_2$由电位器调节),可得实验所需的阻尼比。电阻 R 取 100kΩ,电容 C 分别取 1μF 和 0.1μF,可得到两个无阻尼自然振荡频率 ω_n。

(4) 用 Multisim 仿真软件对实验电路进行仿真,如图 5.6.34 所示。

输入 1kHz,1V 的方波信号,使用不同的阻尼比 ε 和 ω_n 观察并记录不同的输出波形。

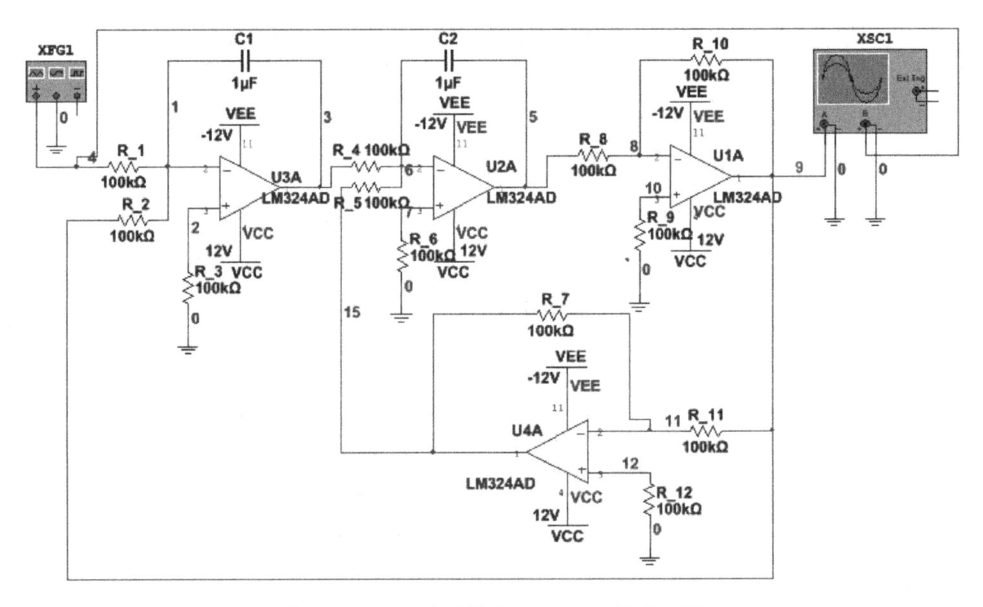

图 5.6.34 二阶系统的 Multisim 仿真电路

① 取 $\omega_n=10\text{rad/s}$,即令 $R=100\text{k}\Omega$,$C=1\mu\text{F}$;分别取 $\varepsilon=0$、0.25、0.5、0.7、1、2,即取 $R_1=100\text{k}\Omega$,R_2分别等于 0、50kΩ、100kΩ、140kΩ、200kΩ、400kΩ,即改变 R_2即可得到不同的 ε 情况,如图 5.6.35~图 5.6.37 所示。

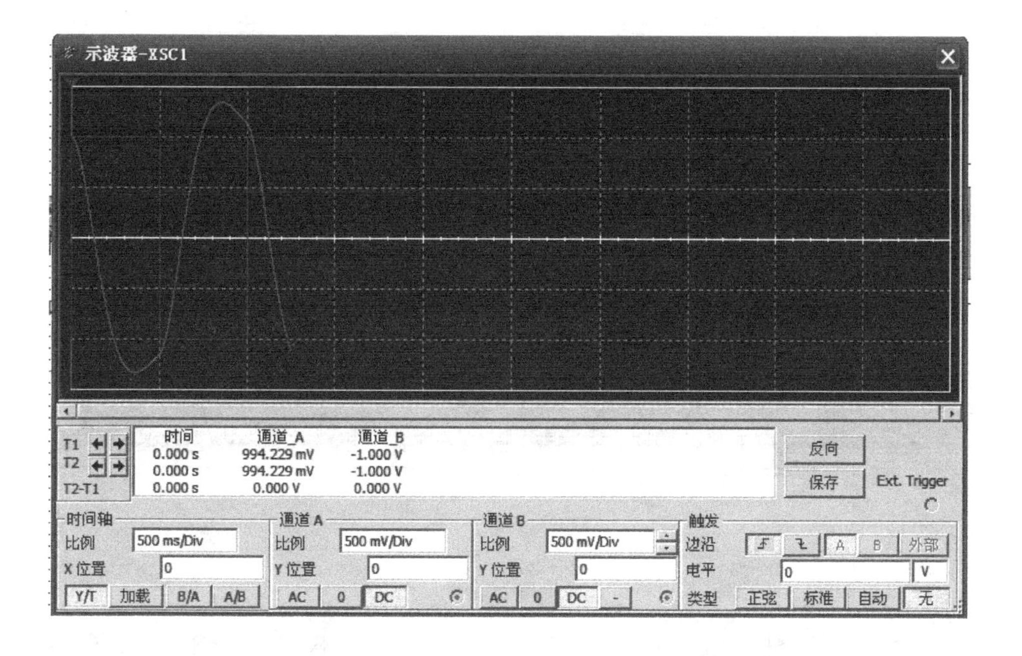

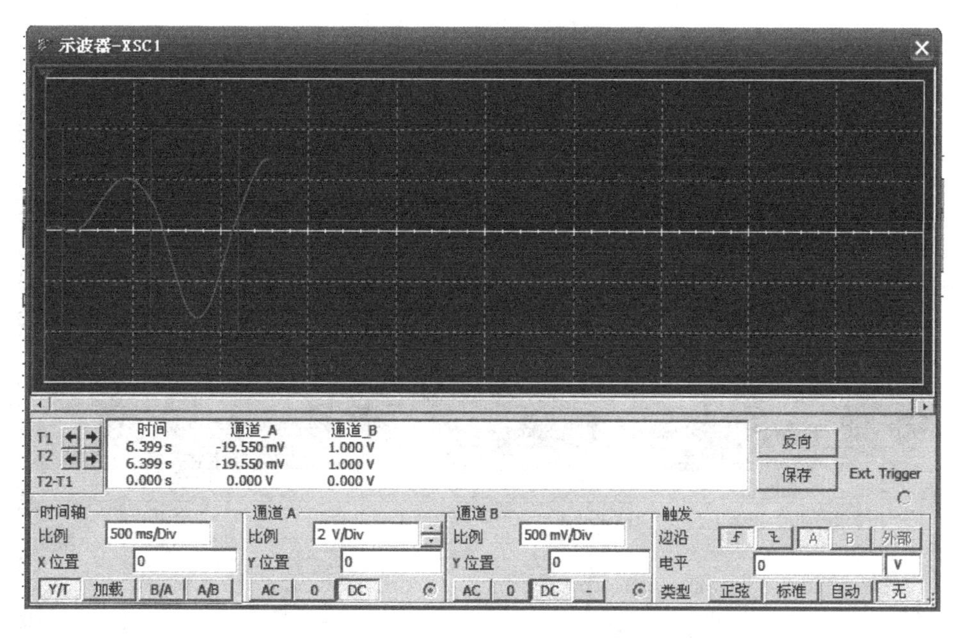

图 5.6.35　$\varepsilon=0$ 和 $\varepsilon=0.25$ 的输出波形

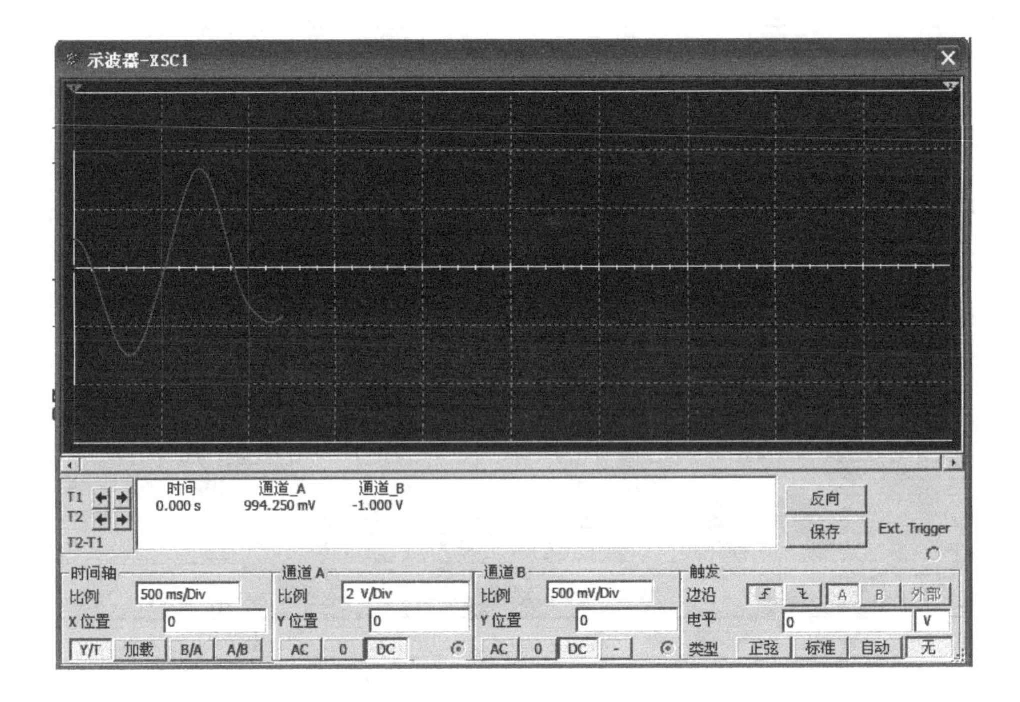

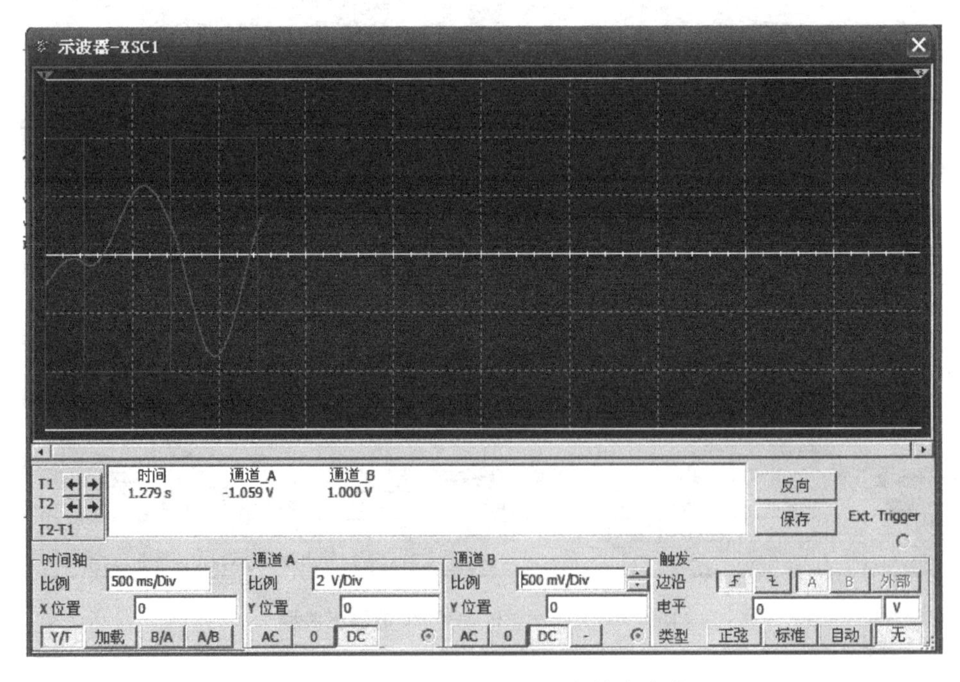

图 5.6.36 $\varepsilon=0.5$ 和 $\varepsilon=0.7$ 的输出波形

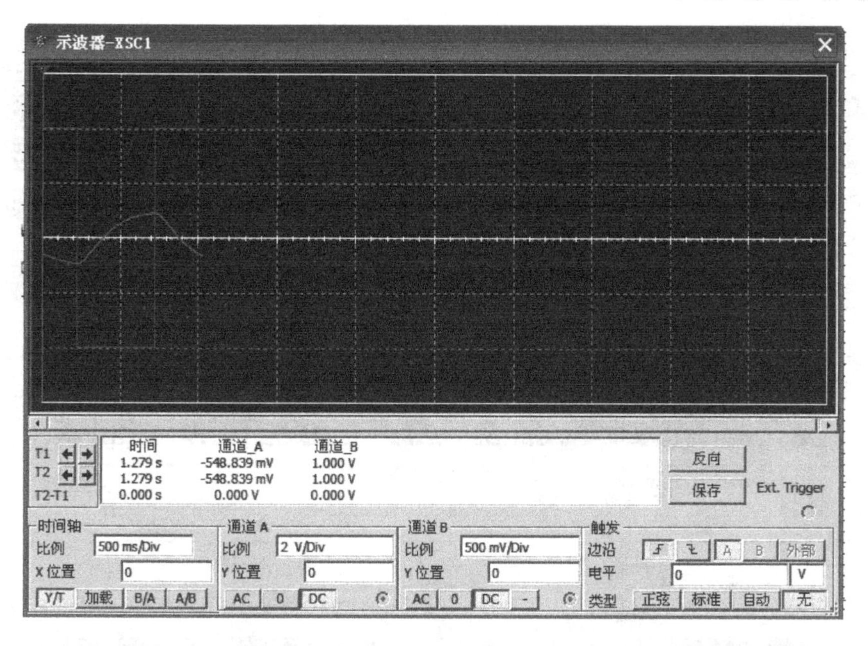

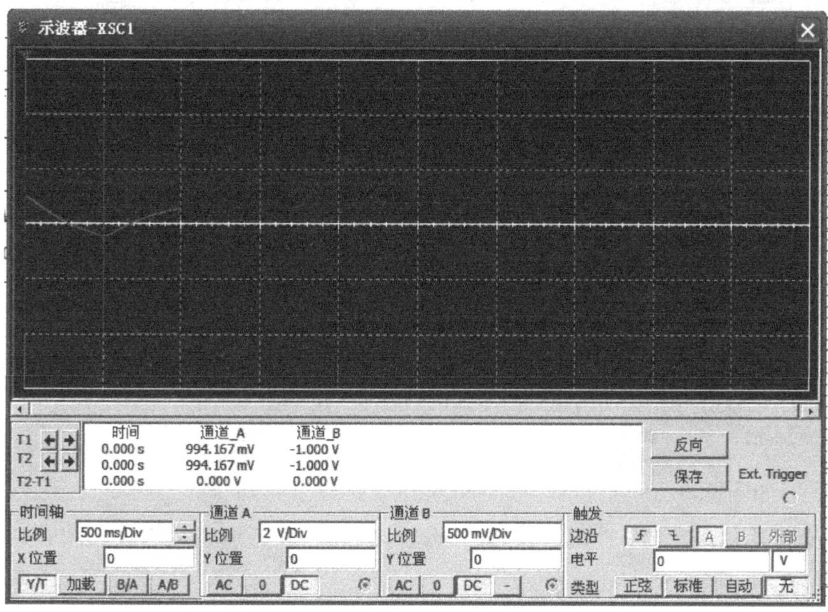

图 5.6.37 $\varepsilon=1$ 和 $\varepsilon=2$ 的输出波形

说明：

阻尼比系数 $\varepsilon=0$，即无阻尼情况；

阻尼比系数 $\varepsilon=0.25$，即欠阻尼情况；

阻尼比系数 $\varepsilon=1$，即临界阻尼情况；

阻尼比系数 $\varepsilon=2$，即过阻尼情况。

② 取 $R_1=R_2=100\text{k}\Omega$，即 $\varepsilon=0.5$；取 $R=100\text{k}\Omega$，$C=0.1\mu\text{F}$，即 $\omega_n=100\text{rad/s}$，其输出波形如图 5.6.38 所示。

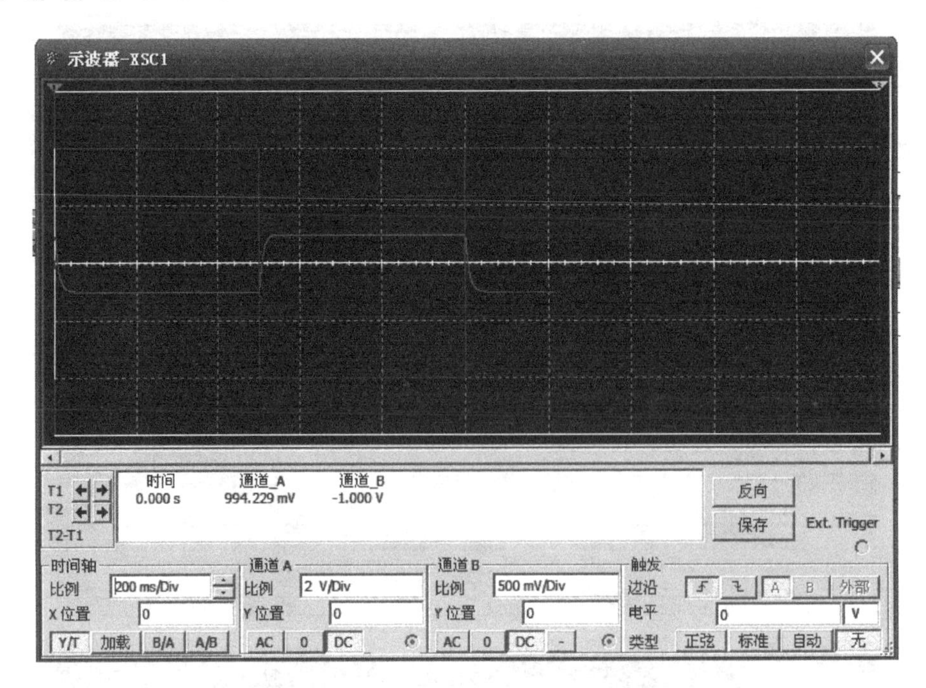

图 5.6.38　$\varepsilon=0.5, \omega_n=100\mathrm{rad/s}$ 输出波形

(5) 用 MATLAB 仿真软件对实验电路进行仿真。

根据阻尼比的不同,仿真不同的阶跃响应

① 二阶系统：$\omega_n=10\mathrm{rad/s}$,阻尼比 $\varepsilon=0$,即无阻尼情况,传递函数为

$$G(s)=100/(s^2+100)$$

写程序,观察记录阶跃响应曲线。

```
num = 100;
den = [1,0,100];
printsys(num,den);
step(num,den);
```

生成图形如图 5.6.39 所示。

② 阻尼比系数 $\varepsilon=0.2$,即欠阻尼情况,生成图形如图 5.6.40 所示。

程序如下：

```
num = 100;
den = [1,4,100];
printsys(num,den);
step(num,den);
```

③ 阻尼比系数 $\varepsilon=1$,即临界阻尼情况,生成图形如图 5.6.41 所示。

程序如下：

```
num = 100;
den = [1,20,100];
printsys(num,den);
step(num,den);
```

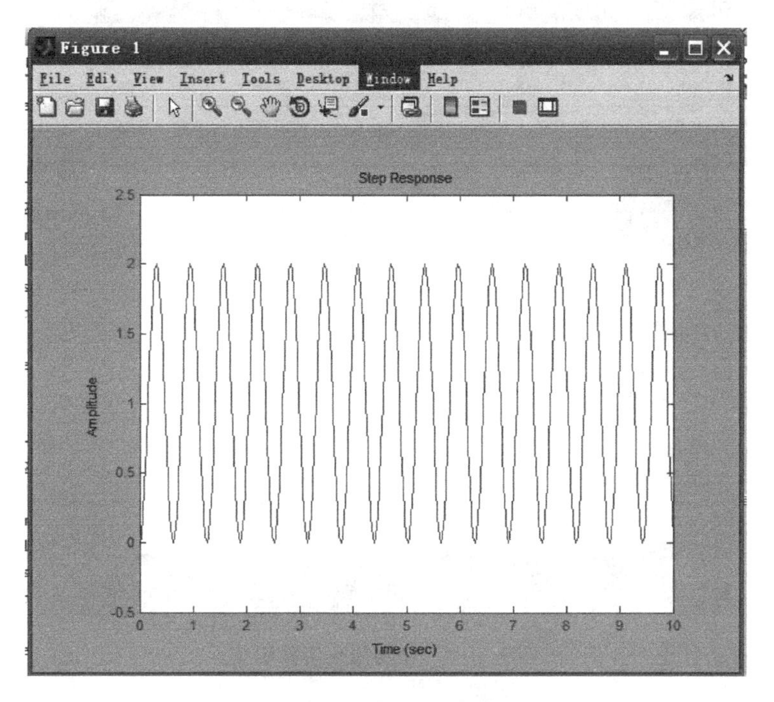

图 5.6.39 无阻尼阶跃响应

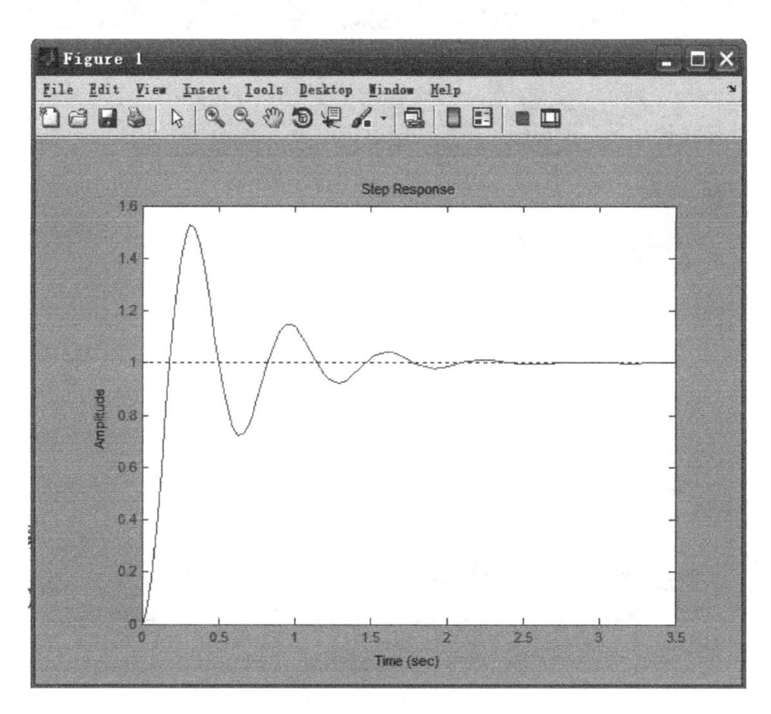

图 5.6.40 欠阻尼阶跃响应

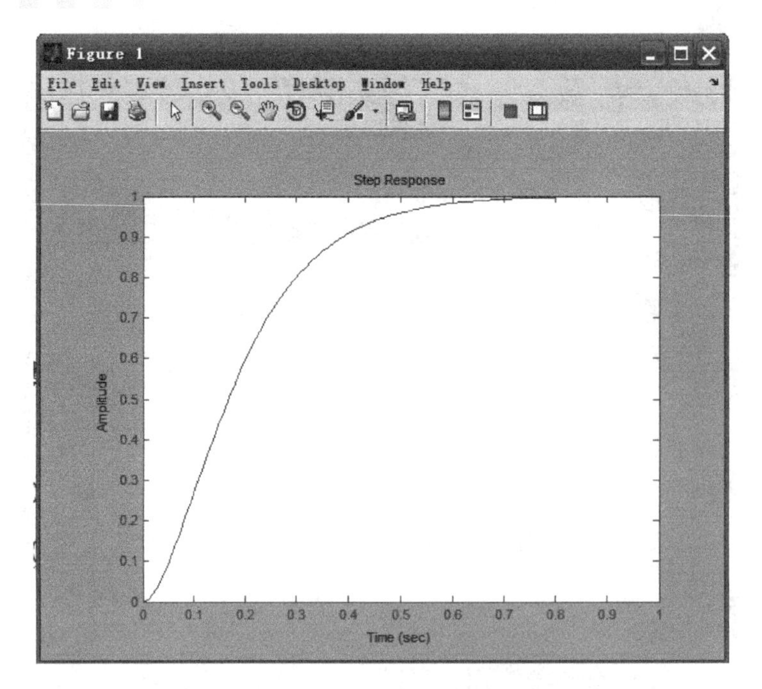

图 5.6.41 临界阻尼阶跃响应

④ 阻尼比系数 ε=2，即过阻尼情况，生成图形如图 5.6.42 所示。

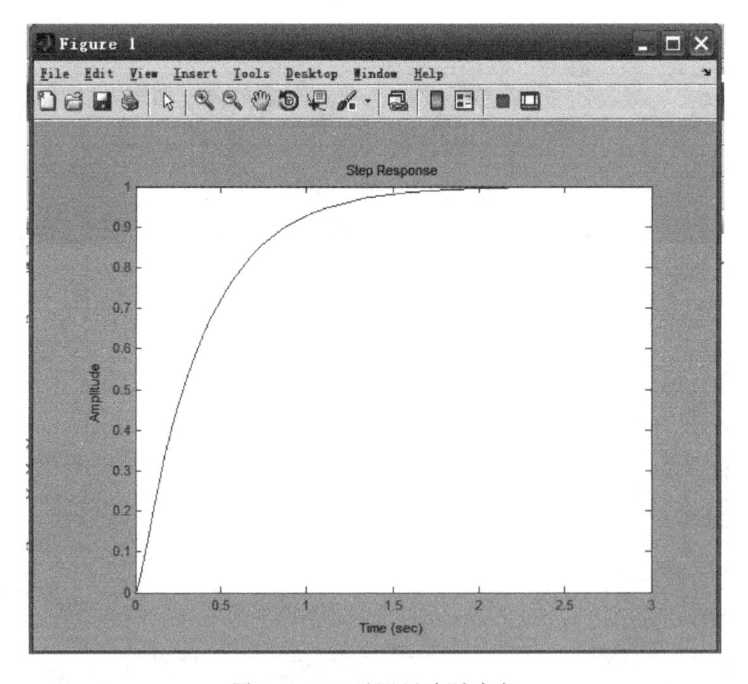

图 5.6.42 过阻尼阶跃响应

程序如下：

```
num = 100;
den = [1,40,100];
```

```
printsys(num,den);
step(num,den);
```

⑤ 修改参数，分别实现 $\varepsilon=1$，$\varepsilon=2$ 的响应曲线，并记录。

程序如下：

```
n0 = 10;d0 = [1,2,10];step(n0,d0);          //ε = 0.316
hold on;
n1 = n0;d1 = [1,6.32,10];step(n1,d1);       //ε = 1
n2 = n0;d2 = [1,12.64,10];step(n2,d2);      //ε = 2
```

生成的结果如图 5.6.43 所示。

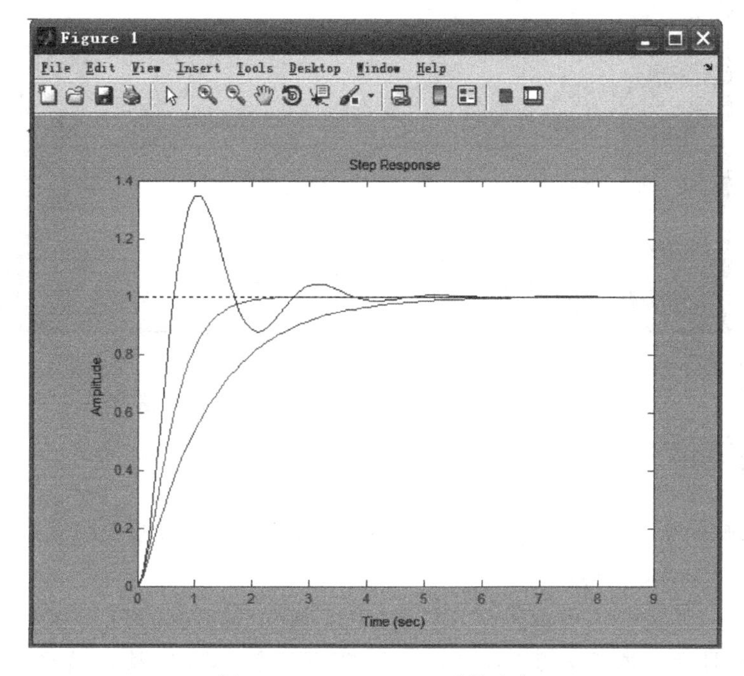

图 5.6.43 $\varepsilon=1$，$\varepsilon=2$ 时的响应

⑥ 修改参数分别实现 $\omega_{n1}=0.5\omega_{n0}$，$\omega_{n2}=2\omega_{n0}$ 的响应曲线并记录。

```
num = 10;
den = [1,2,10];                             //ε = 0.316, ωn = 3.16
step(num,den);
hold on;
n0 = num;
d1 = [1,6.32,10];                           //ε = 1
step(n0,d1);
n1 = num;
d2 = [1,12.64,10];                          //ε = 2
step(n1,d2);
n2 = 2.5;
d3 = [1,1,2.5];                             //ωn1 = 0.5ωn
step(n2,d3);
n3 = 40;
d4 = [1,4,40];                              //ωn2 = 2ωn
step(n3,d4);
```

生成的结果如图 5.6.44 所示。

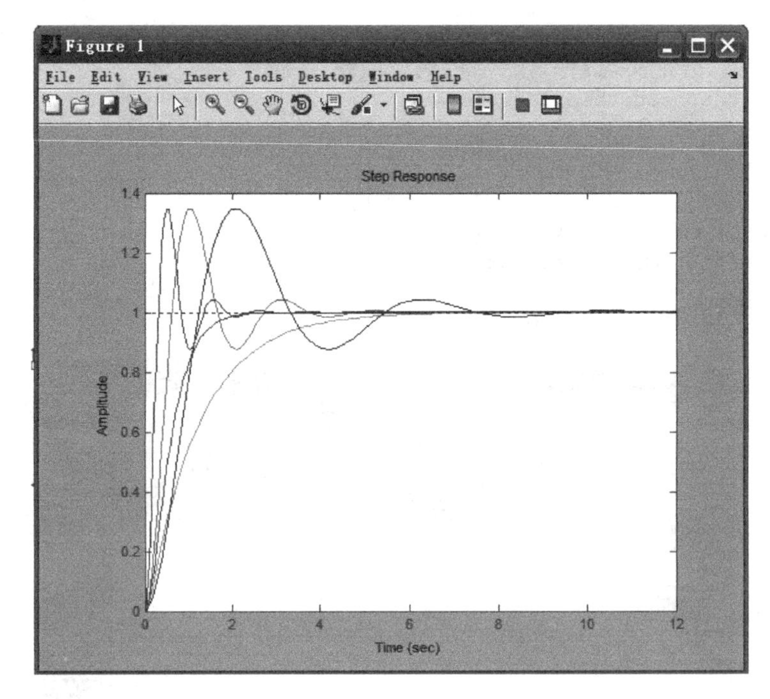

图 5.6.44 $\omega_{n1}=0.5\omega_{n0}$,$\omega_{n2}=2\omega_{n0}$ 的响应

三、实验步骤

(1) 按照所给的二阶系统模拟电路，在 Multisim 进行相关电路的仿真，在 MATLAB 仿真二阶系统的阶跃响应模型。

(2) 连接运放电路板的电源线(±12V,GND)，将二阶系统的模拟电路在运放电路板上接好，用函数信号发生器输入 1kHz，1V 的方波，用示波器观察输出波形，并记录相应的波形。

(3) 取 $R=100\text{k}\Omega$,$C=1\mu\text{F}$，即令 $\omega_n=10\text{rad/s}$；分别取 $R_1=100\text{k}\Omega$,R_2 分别等于 0、50kΩ、100kΩ、140kΩ、200kΩ、400kΩ，即取 $\varepsilon=0$、0.25、0.5、0.7、1、2 并记录得到的波形。

(4) 取 $R_1=R_2=100\text{k}\Omega$，即 $\varepsilon=0.5$；取 $R=100\text{k}\Omega$,$C=0.1\mu\text{F}$，即 $\omega_n=100\text{rad/s}$，记录输出波形。

四、实验报告

(1) 记录二阶系统的 Multisim 电路仿真效果。

(2) 记录二阶系统的阶跃响应模型。

(3) 画出二阶系统的模拟电路图，并求参数 ε 和 ω_n 的表达式。

(4) 根据不同的 ε 和 ω_n 条件测量、记录不同输出。

(5) 分析比较软件仿真与实际电路测量的误差。

(6) 写出实验的心得与体会。

五、预习要求

(1) 熟悉二阶系统的电路结构和原理，在 Multisim 上进行相应的仿真。
(2) 预习二阶系统在 MATLAB 的阶跃响应。

5.6.3 控制系统的稳定性

一、实验目的

(1) 观察系统的不稳定现象。
(2) 研究系统开环增益和时间常数对稳定性的影响。
(3) 学习用 Multisim、MATLAB 仿真软件对实验电路进行仿真。

二、实验内容

(1) 系统模拟电路如图 5.6.45 所示。

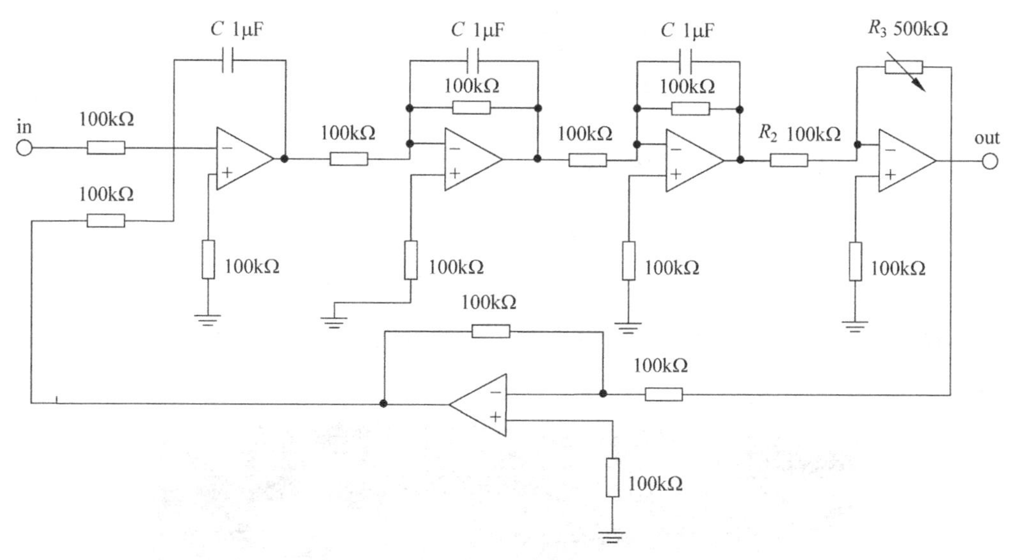

图 5.6.45 系统模拟电路

(2) 系统结构如图 5.6.46 所示。

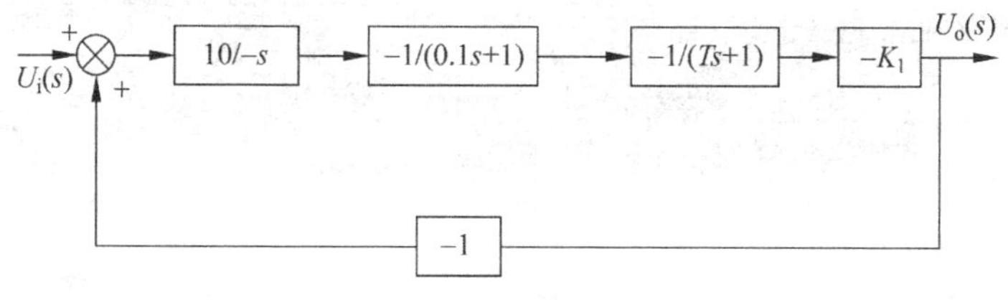

图 5.6.46 系统结构图

开环传递函数：

$$G(s) = \frac{10K_1}{s(0.1s+1)(Ts+1)}$$

闭环传递函数：

$$G(s)=\frac{10K_1}{s(0.1s+1)(Ts+1)+10K_1}$$

式中：$K_1=R_3/R_2$，$R_2=100\text{k}\Omega$，$R_3=0\sim500\text{k}\Omega$

$R=100\text{k}\Omega$，电容分 $C=1\mu\text{F}$ 和 $C=0.1\mu\text{F}$ 两种情况，$T=RC$。

(3) 用 Multisim 仿真软件对实验电路进行仿真，仿真电路如图 5.6.47 所示。

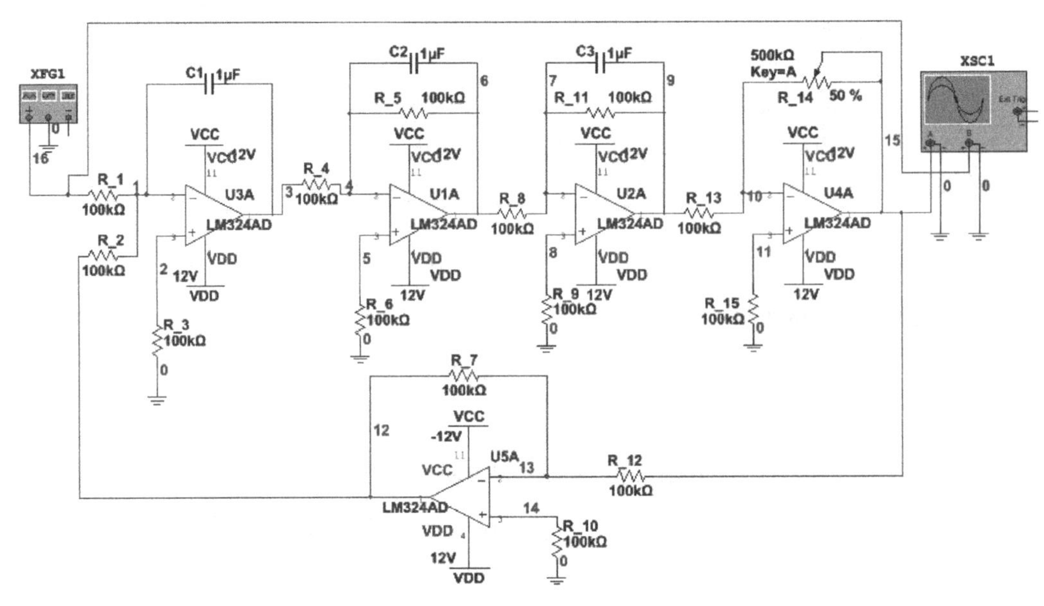

图 5.6.47 二阶系统的 Multisim 仿真电路

① 输入信号电压设置为 1V，$C=1\mu\text{F}$，将 R_3 的阻值从 $0\sim500\text{k}\Omega$ 变化，记录波形，如图 5.6.48～图 5.6.50 所示。

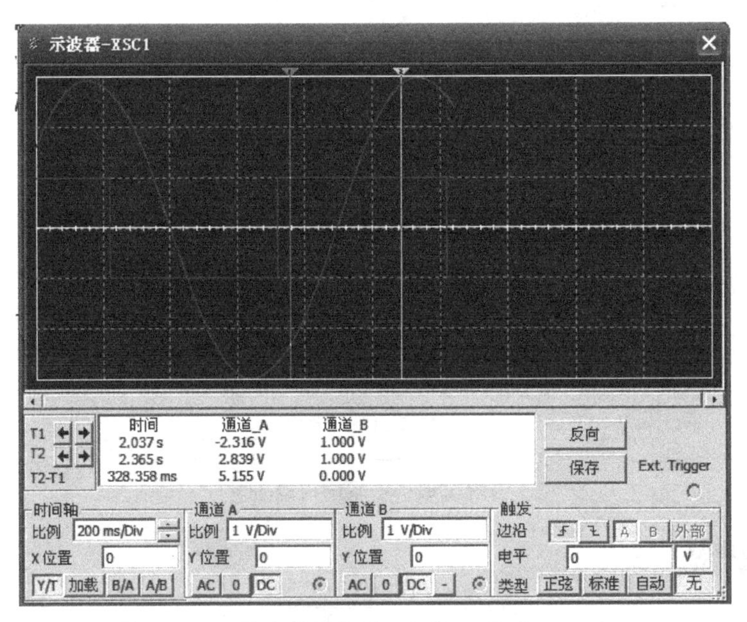

图 5.6.48 输入信号电压 1V，$C=1\mu\text{F}$，$R_3=100\text{k}\Omega$

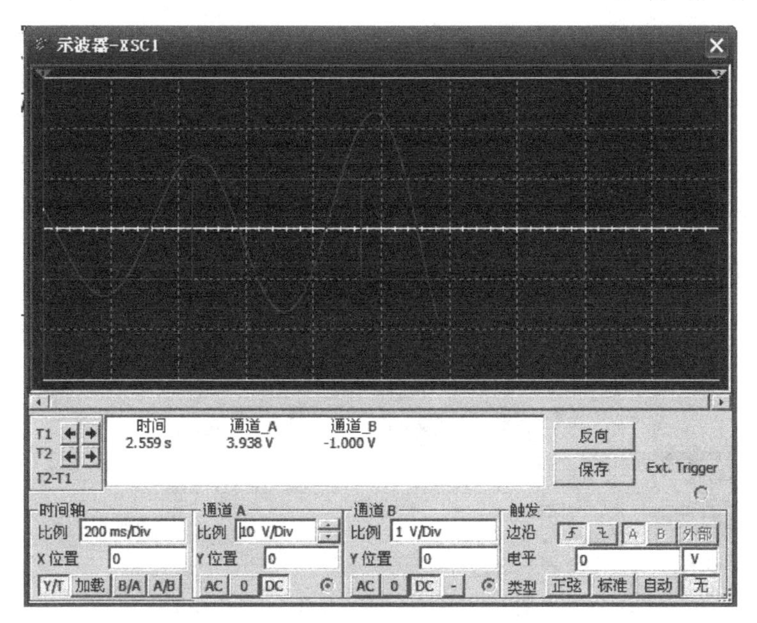

图 5.6.49 输入信号电压 1V,$C=1\mu F$,$R_3=300k\Omega$

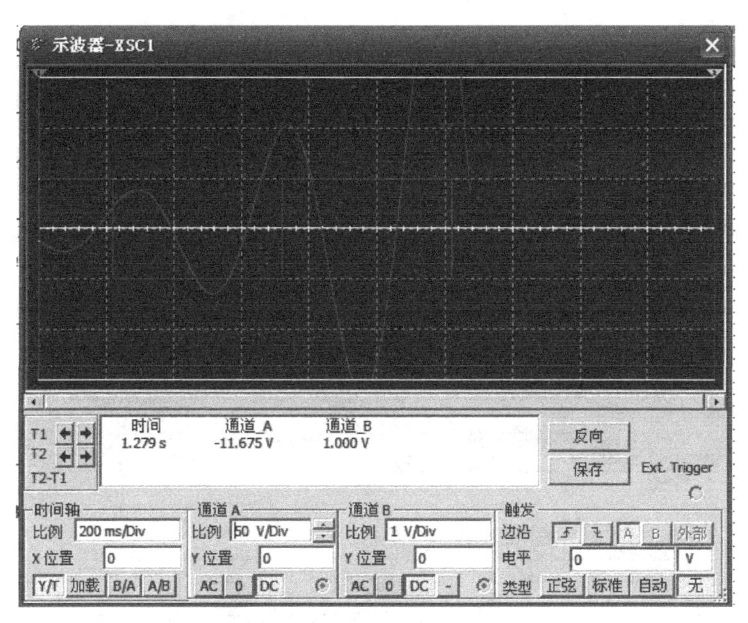

图 5.6.50 输入信号电压 1V,$C=1\mu F$,$R_3=500k\Omega$

② 输入信号电压设置为 1V,$C=0.1\mu F$,将 R_3 的阻值从 0～500kΩ 变化,记录波形,如图 5.6.51 和图 5.6.52 所示。

(4) 用 MATLAB 仿真软件对实验电路进行仿真。

系统的开环传递函数为

$$G(s)=\frac{K}{s(0.1s+1)(Ts+1)}$$

式中,$T=1$,在 command window 窗口输入如下程序,记录系统开环根轨迹图、系统开环增益及极点,确定系统稳定时 K 的取值范围。根轨迹图如图 5.6.53 所示。

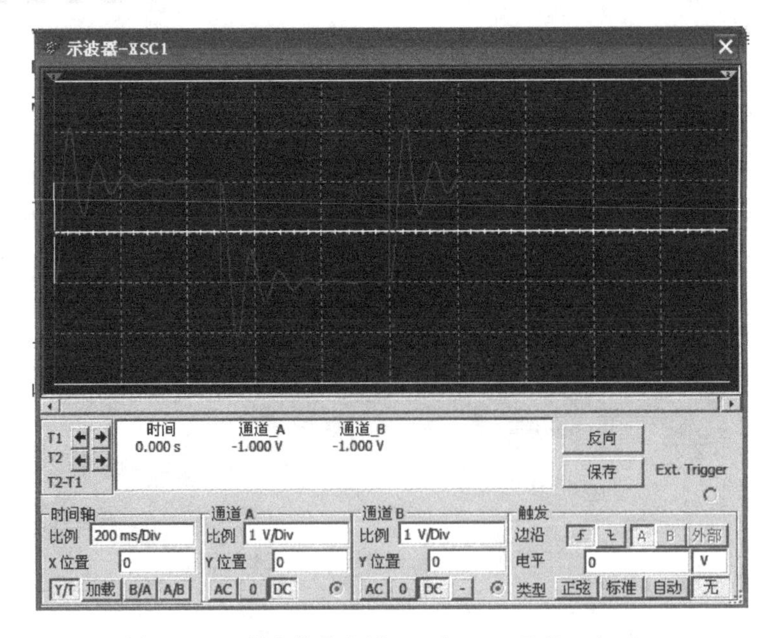

图 5.6.51　输入信号电压 1V,$C=0.1\mu F$,$R_3=100k\Omega$

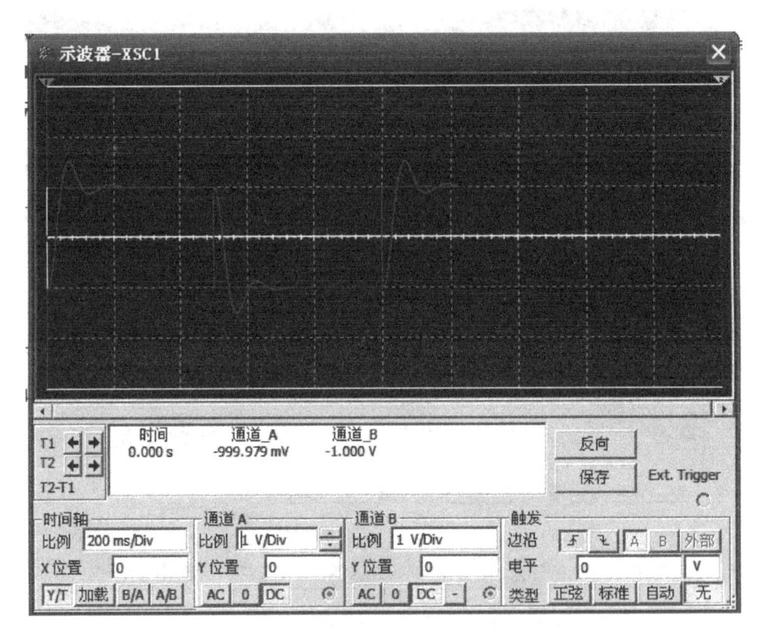

图 5.6.52　输入信号电压 1V,$C=0.1\mu F$,$R_3=50k\Omega$

```
>> clear
>> n = [1];d = conv([1 1 0],[0.1 1]);
>> sys = tf(n,d);
>> rlocus(sys)
>> [k,poles] = rlocfind(sys)
```

可以用 Nyquist 曲线判断系统的稳定性。

$$G(s)=\frac{10K_1}{s(0.1s+1)(Ts+1)}$$

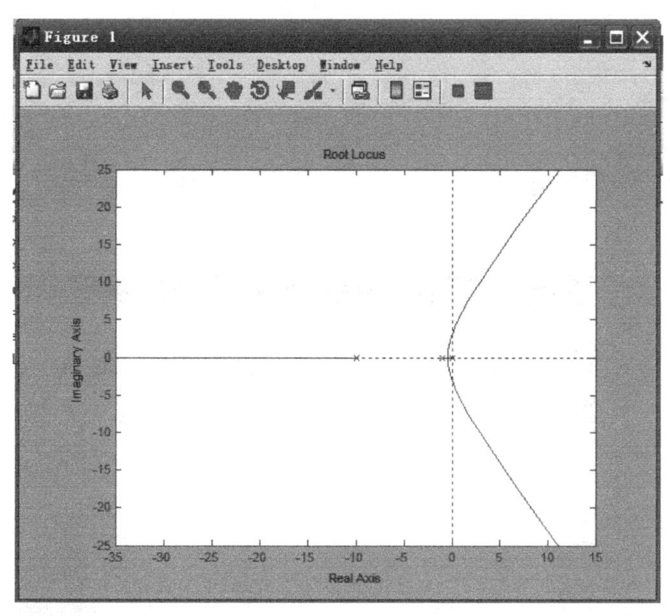

图 5.6.53 根轨迹图

已知开环传递函数，取 $K_1=10$，$T=1$，在 command window 窗口输入程序，用 Nyquist 图法判稳，记录运行结果，并用阶跃响应曲线验证(记录相应曲线)。

① 绘制 Nyquist 图，判断系统稳定性。Nyquist 曲线如图 5.6.54 所示。

```
>> clear
>> num = [100];
>> den = [0.1 1.1 1 0];
>> GH = tf(num,den);
>> nyquist(GH)
```

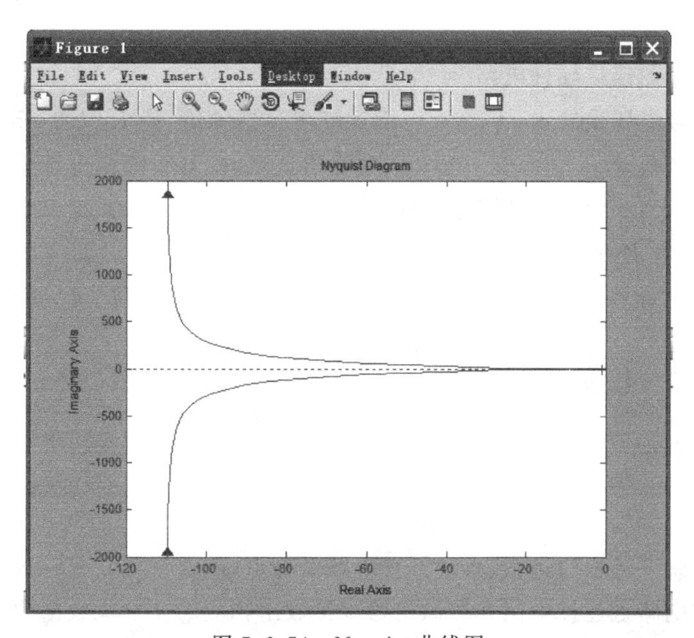

图 5.6.54 Nyquist 曲线图

② 用阶跃响应曲线验证系统的稳定性,如图 5.6.55 所示。

```
>> num = [100];
>> den = [0.1 1.1 1 0];
>> s = tf(num,den);
>> sys = feedback(s,1);
>> t = 0:0.01:0.6;
>> step(sys,t)
```

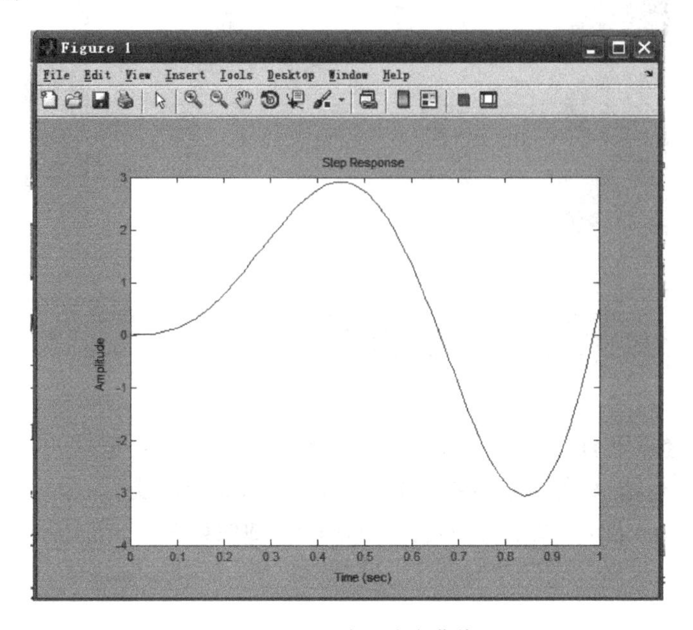

图 5.6.55　阶跃响应曲线

三、实验步骤

(1) 按照电路图连接硬件电路。

(2) 输入信号电压设置为 1V,$C=1\mu F$,改变电位器的值,使 R_3 从 0～500kΩ 逐渐变化,此时相应的放大倍数 $K=K_1=0\sim100$。观察输出波形,找到系统输出产生增幅振荡时相应的 R_3 及 K 值,再使电位器电阻值由大到小变化,即 $R_3=500\sim0$kΩ,找出系统输出产生等幅震荡时相应的 R_3 及 K 值。

(3) 使系统工作在不稳定的状态下,即工作在等幅振荡情况下,观察系统稳定性的变化。

(4) 记录波形及数据。

四、实验报告

(1) 记录系统的 Multisim 电路仿真效果。

(2) 记录系统开环根轨迹图、系统开环增益及极点,确定系统稳定时 K 的取值范围。

(3) 在硬件电路上连接电路并按照实验步骤做出相应的波形及数据的记录。

(4) 分析比较软件仿真与实际电路测量的误差。

(5) 写出实验的心得与体会。

五、预习要求

(1) 熟悉控制系统的电路结构和原理,在 Multisim 上进行相应的仿真。

(2) 预习控制系统在 MATLAB 的阶跃响应。

附录A 常用电子元件的使用

电子电路中常用的器件包括电阻、电容、二极管、三极管、可控硅、轻触开关、液晶、发光二极管、蜂鸣器、各种传感器、芯片、继电器、变压器、压敏电阻、保险丝、光耦、滤波器、接插件、电机、天线等。

A.1 常用电阻器的型号及命名方法

电阻器的含义：在电路中对电流有阻碍作用并且造成能量消耗的部分叫电阻器。

电阻器的英文缩写：R(Resistor)。

电阻器常见的单位：欧姆(Ω)、千欧姆(kΩ)、兆欧姆(MΩ)。

电阻器的单位换算：$1\text{M}\Omega=10^3\text{k}\Omega=10^6\Omega$。

作为电路中最常用的器件，电阻器通常简称为电阻(以下简称为电阻)。电阻几乎是任何一个电子线路中都不可缺少的一种器件。顾名思义，电阻的作用是阻碍电子的运动。在电路中主要的作用是：缓冲、负载、分压、限流、保护等。

电阻器按结构分为固定式和可变式两大类。固定式电阻一般简称为电阻；可变式电阻有电位器和滑线式变阻器两大类，其中应用最广泛的是电位器。

电阻器在电路中的符号：—▭—；电位器在电路中的符号：

电阻器在电路中一般用 R 加数字表示，如 R_{25} 表示编号为 25 的电阻。

A.1.1 电阻

电阻按制作材料和工艺不同可分为膜式电阻、实芯式电阻、合金电阻和敏感电阻四类。

1. 膜式电阻

膜式电阻包括碳膜电阻(RT)、金属膜电阻(RJ)、合成膜电阻(RH)和氧化膜电阻(RY)等。

2. 实芯式电阻

实芯式电阻包括有机实芯电阻(RS)和无机实芯电阻(RN)。

3. 合金电阻

合金电阻包括线绕电阻(RX)和精密合金箔电阻。

4. 敏感电阻

敏感电阻是指器件特性对温度、电压、湿度、光照、气体、磁场、压力等作用敏感的电阻。例如，光敏电阻(MG)和热敏电阻(MF)等。

下面在前述分类的基础上，举例介绍几种常用的电阻。

(1) 碳膜电阻(RT)。碳膜电阻器是目前电子、电器、资讯产品中使用量最大，价格最便宜，品质稳定性、信赖度最高的固定电阻。碳膜是由气态碳氢化合物在高温和真空中分解，碳沉积在瓷棒或者瓷管上而形成的一层碳结晶。改变碳膜厚度和用刻槽的方法改变碳膜的长度，可以得到不同的阻值。

优点：制作简单，成本低。

缺点：稳定性差，噪音大、误差大。

(2) 金属膜电阻(RJ)。随着电子设备的发展，其构成零件也有小型化、轻型化及耐用化等发展趋势，金属膜电阻应运而生。在真空中加热合金，使合金蒸发，可使瓷棒表面形成一层导电的金属膜；通过刻槽和改变金属膜厚度可以控制阻值。

优点：体积小、精度高、稳定性好、噪音小、电感量小。

缺点：成本高。

(3) 线绕电阻(RX)。线绕电阻器是用镍铬线或锰铜线、康铜线绕在瓷管上制成的，分固定式与可调式两种。在电阻上用色环表示它的阻值。

优点：成本低、功率大、阻值范围宽。

缺点：有电感，体积大，不宜作阻值较大的电阻。

(4) 水泥型线绕电阻。水泥型线绕电阻是将电阻线绕于耐热瓷件上，或在氧化膜电阻等固定电阻器的外面加上耐热、耐湿及耐腐蚀材料保护、固定而成。

优点：耐高功率、散热容易、稳定性高、功率大(一般在1W以上)。

缺点：有电感，体积大，不宜作阻值较大的电阻。

(5) 光敏电阻(MG)。光敏电阻器是利用半导体的光电效应制成的一种电阻值随光的强弱而改变的电阻器——入射光强，电阻减小；入射光弱，电阻增大。

A.1.2 电位器

电位器是一种具有三个接头的可变电阻器，其阻值在一定范围内连续可调。

电位器按材料的不同可分为薄膜和线绕两种类型。薄膜型又分为小型碳膜电位器(WTX)、合成碳膜电位器(WTH)、精密合成膜电位器(WH)和多圈合成膜电位器(WHD)等。线绕电位器(WX)的误差一般不大于±10%。薄膜电位器的误差一般不大于±2%。

电位器其他的分类：

- 按调节机构的运动方式的不同可分为旋转式和直滑式。
- 按结构的不同可分为单联、多联、带开关、不带开关等。
- 按用途的不同可分为普通电位器、精密电位器、功率电位器、微调电位器、专用电位器等。
- 按电阻值随转角变换关系不同可分为直线式(X)、对数式(D)、指数式(Z)。

1. 有机实芯电位器

有机实芯电位器的实芯电阻体由导电材料与有机填料、热固性树脂配制成电阻粉，经过热压在基座上形成。该电位器的特点是结构简单、耐高温、体积小、寿命长、可靠性高，广泛用在电路板上作微调使用；缺点是耐压低、噪声大。

2. 线绕电位器

线绕电位器用合金电阻丝在绝缘骨架上绕制成电阻体，中心抽头的簧片在电阻丝上滑动。线绕电位器用途广泛，可制成普通型、精密型和微调型电位器，且额定功率可做得比较大，电阻的温度系数小、噪声低、耐压高。

3. 合成膜电位器

合成膜电位器是在绝缘基体上涂敷一层合成碳膜，经加温聚合后形成碳膜片，再与其他零件组合而成。这类电位器的阻值变化连续，分辨率高、阻值范围宽、成本低。但对温度和湿度的适应性差，使用寿命短。

4. 多圈电位器

多圈电位器属于精密电位器，它分为带指针、不带指针等形式，调整圈数有 5 圈、10 圈等数种。该电位器除具有线绕电位器的相同特点外，还具有线性优良，能进行精细调整等优点，可广泛应用于对电阻实行精密调整的场合。

A.1.3 电阻器的型号命名

根据国家标准 GB 2470—81 的规定，电阻和电位器的型号由四部分组成，各部分的符号及意义如表 A.1 所示。

表 A.1 电阻和电位器的型号命名方法及各部分的含义

第一部分：主称		第二部分：材料		第三部分：特征分类			第四部分：序号
符号	意义	符号	意义	符号	意义		
					电阻器	电位器	
R	电阻器	T	碳膜	1	普通	普通	用以区别外形尺寸和性能参数(如额定功率、标称阻值、允许误差等)
W	电位器	P	硼碳膜	2	普通	普通	
		U	硅碳膜	3	超高频	—	
		C	沉积膜	4	高阻	—	
		H	合成膜	5	高温	—	
		I	玻璃釉膜	6	高湿	—	
		J	金属膜	7	精密	精密	
		Y	氧化膜	8	高压	特殊函数	
		S	有机实心	9	特殊	特殊	
		N	无机实心	B	温度补偿用	片式	
		X	线绕	C	温度测量用	—	
		R	热敏	D	—	多圈	
		G	光敏	G	高功率	高压型	
		M	压敏	J	精密	单圈	
				P	旁热式	旋转功率型	
				T	可调	特殊型	
				W	稳压式	螺杆驱动预调型	
				X	小型	旋转低功率型	
				Z	正温度系数	直滑式低功率型	

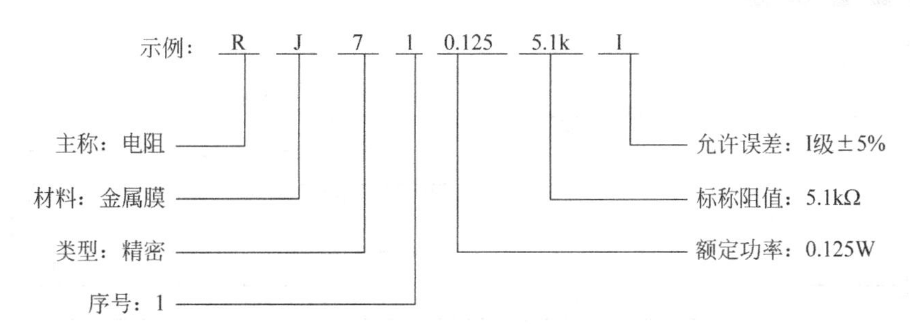

由示例可见，这是一个精密金属膜电阻，其额定功率为$\frac{1}{8}$W，标称电阻值5.1kΩ，允许误差为±5%。

A.1.4　电阻器的主要性能指标

1. 标称阻值

一个电阻，它所标称的阻值称为标称阻值，单位为Ω。电阻的标称值严格按照国家标准标注。按不同的误差大小，其标称值在1～10之间的数量也不一样。

误差为±5%时，1～10之间有标称值24个。（E24系列）

误差为±10 %时，1～10之间有标称值12个。（E12系列）

误差为±20 %时，1～10之间有标称值6个。（E6系列）

电阻的标称阻值在电路中的参数标注方法有3种，即直接标识法、数码标识法和色环标识法。

直接标识法是将电阻的标称阻值用数字和文字符号直接标在电阻体上，其允许偏差则用百分数表示，未标偏差值的即为±20%。

数码标识法主要用于贴片等小体积的电阻。在三位数码中，从左至右第一、第二位数表示有效数字，第三位表示10的倍幂。当数码表示法中有R时，R表示“.”(当R在第一位时为0.）如：472表示47×10^2Ω(即4.7kΩ)；104则表示100kΩ；R22表示0.22Ω；17R8表示17.8Ω。

色环标识法使用最多。普通电阻用四环表示，精密电阻用五环表示。紧靠电阻体一端头的色环为第一环，露着电阻体本色较多的另一端头为末环。

如果色环电阻用四环表示，则前面两位数字是有效数字，第三位是10的倍幂，第四环是色环电阻的误差范围(见图A.1)。

颜色	第一位有效值	第二位有效值	倍率	允许偏差
黑	0	0	10^0	—
棕	1	1	10^1	±1%
红	2	2	10^2	±2%
橙	3	3	10^3	—
黄	4	4	10^4	—
绿	5	5	10^5	±0.5%

图A.1　四色环电阻器色环的意义

颜色	第一位有效值	第二位有效值	倍率	允许偏差
蓝	6	6	10^6	±0.25%
紫	7	7	10^7	±0.1%
灰	8	8	10^8	—
白	9	9	10^9	−20%～+50%
金	—	—	10^{-1}	±5%
银	—	—	10^{-2}	±10%
无色	—	—	—	±20%

图 A.1 （续）

如果色环电阻用五环表示，则前面三位数字是有效数字，第四位是 10 的倍幂，第五环是色环电阻的误差范围(见图 A.2)。

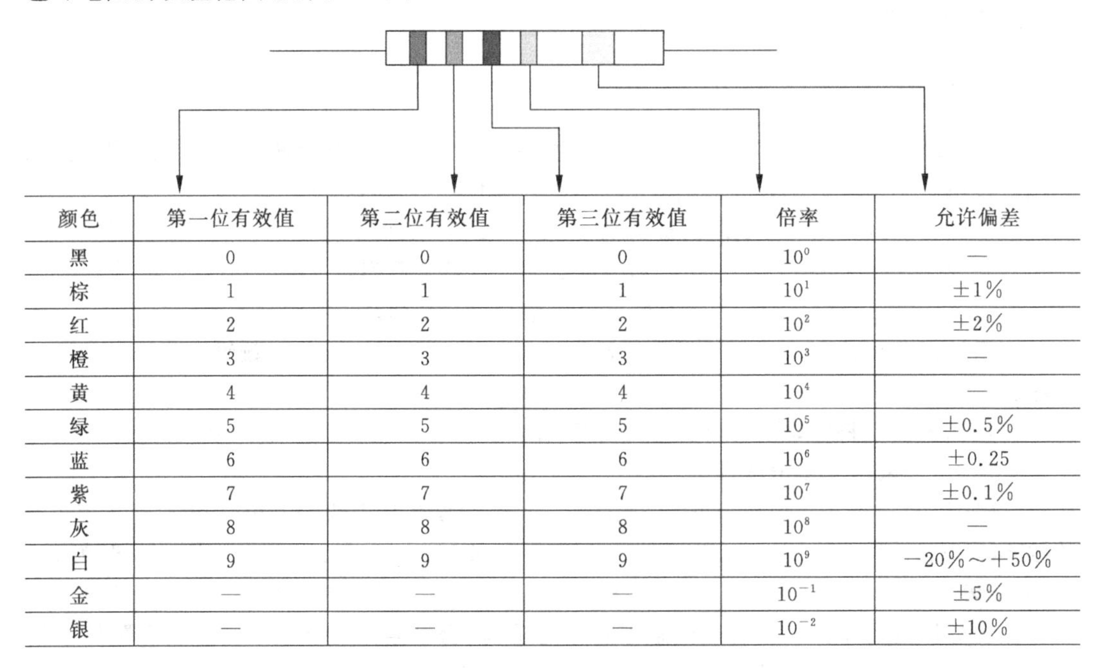

颜色	第一位有效值	第二位有效值	第三位有效值	倍率	允许偏差
黑	0	0	0	10^0	—
棕	1	1	1	10^1	±1%
红	2	2	2	10^2	±2%
橙	3	3	3	10^3	—
黄	4	4	4	10^4	—
绿	5	5	5	10^5	±0.5%
蓝	6	6	6	10^6	±0.25
紫	7	7	7	10^7	±0.1%
灰	8	8	8	10^8	—
白	9	9	9	10^9	−20%～+50%
金	—	—	—	10^{-1}	±5%
银	—	—	—	10^{-2}	±10%

图 A.2 五色环电阻器色环的意义

2. 额定功率

额定功率为电阻在电路中允许消耗的最大功率($P=UI$)。电阻的额定功率也有标称值，常用的有 1/8、1/4、1/2、1、2、3、5、10、20W 等，如图 A.3 所示。选用电阻时，要留一定的余量，选标称功率比实际消耗的功率大一些的电阻。例如实际负荷 1/4W，可以选用 1/2W 的电阻，实际负荷 3W，可以选用 5W 的电阻。

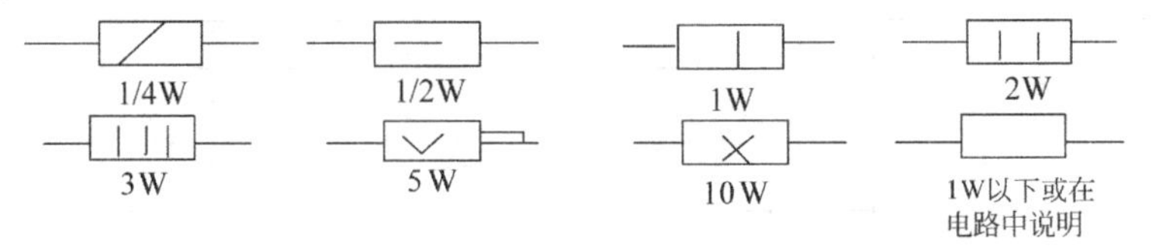

图 A.3 电阻的额定功率的标称值

除了较大体积的电阻直接标注功率外，其他的电阻几乎都不标注额定功率值。

电阻的额定功率值主要取决于它的电阻体材料、几何尺寸和散热面积，同类型电阻可采用尺寸比较法来识别其额定功率。

A.1.5　电阻的简单测试

电阻值可以用欧姆表、电阻电桥或数字欧姆表直接测量；还可以根据欧姆定律 $R=\frac{U}{I}$，通过测量电阻上的压降 U 和流过电阻的电流 I 间接测量。

当测量精度要求不高时，可采用欧姆表直接测量电阻。现以 MF-20 型万用表为例，介绍测量电阻的方法。

首先将万用表的功能选择波段开关置 Ω 挡，量程波段开关置合适挡，然后将两根测试笔短接，表头指针应指在 Ω 刻度线零点。若不在零点，则要调节 Ω 旋钮(零欧姆调整电位器)调零。调回零点后把被测电阻串接于测试笔之间即可得到被测电阻的阻值。当另换一量程时，必须再次短接两测试笔，重新调零。每换一量程挡，都必须调零一次。

注意：在测量电阻时，不能用双手同时捏住电阻和测试笔，因为那样人体电阻将会与被测电阻并联在一起，表头上指示的数值就不单单是被测电阻的阻值了。

A.2　常用电容器的型号及命名方法

电容的含义：衡量导体存储电荷能力的物理量。

电容的英文缩写：C(Capacitor)。

电容在电路中的符号：—||—

电容常见的单位：毫法(mF)、微法(μF)、纳法(nF)、皮法(pF)。

电容器的单位换算：$1F=10^3mF=10^6\mu F=10^9nF=10^{12}pF$；$1pF=10^{-3}nF=10^{-6}\mu F=10^{-9}mF=10^{-12}F$。

电容的作用：隔直流、旁路、耦合、滤波、补偿、充放电、储能等。

电容器的特性：电容器容量的大小表示存储电能的能力大小。

电容对交流信号的阻碍作用称为容抗，它与交流信号的频率和电容量有关。电容的特性主要是隔直流通交流，通高频阻低频。

电容器在电路中一般用 C 加数字表示，如 C_{25} 表示编号为 25 的电容。

A.2.1　电容器的分类

根据介质的不同，电容器分为陶瓷、云母、纸质、薄膜、电解电容等。

1. 陶瓷电容

陶瓷电容以高介电常数、低损耗的陶瓷材料为介质。它体积小、自体电感小。

瓷介电容分为以下几类：

- CC1 一类高频低压瓷介电容器；

- CT1 二类低频低压瓷介电容器；
- CS1 三类低频低压瓷介电容器；
- CC81 一类高频高压瓷介电容器；
- CT81 二类低频高压瓷介电容器；
- CT7 交流安规瓷介电容器。

2. 云母电容

云母电容是以云母片作为介质的电容器。它性能优良，稳定性好、精度高。

3. 独石电容

独石电容即多层陶瓷电容。它具有温度特性好，频率特性好的特点。一般电容具有随着频率的上升，电容量呈现下降的规律，独石电容下降得比较少，容量比较稳定。

4. 纸质电容

纸介电容器的电极用铝箔或锡箔做成，绝缘介质是浸蜡的纸，相叠后卷成圆柱体，外包防潮物质，有时外壳采用密封的铁壳以提高防潮性。它价格低、容量大。

5. 薄膜电容

薄膜电容是用聚苯乙烯、聚四氟乙烯或涤纶等有机薄膜代替纸介质制成的电容器。它体积小，但损耗大且不稳定。

6. 电解电容

电解电容是以铝、钽、铌、钛等金属氧化膜作介质的电容器。它容量大、体积小、耐压高（但耐压越高，体积相应也就越大。一般在500V以下），常用于交流旁路和滤波。缺点是容量误差大，且随频率而变动，绝缘电阻低。电解电容有正、负极之分（外壳为负端，另一接头为正端）。一般地，电容器外壳上都标有＋、－记号，如无标记，则引线长的为“＋”端，引线短的为“－”端。使用时必须注意不要接反，若接反，电解作用会反向进行，氧化膜很快变薄，漏电流急剧增加，如果所加的直流电压过大，则电容器很快发热，甚至会引起爆炸。

A.2.2 电容器型号命名

根据国家标准GB 2470—81的规定，电容器的型号由四部分组成，各部分的符号及意义如表A.2所示。

表 A.2 电容器的型号命名方法及各部分的含义

第一部分：名称		第二部分：材料		第三部分：特征分类		第四部分：序号
符号	意义	符号	意义	符号	意义	
C	电容器	C	瓷介	T	铁电	
		I	玻璃釉	W	微调	
		O	玻璃膜	J	金属化	
		Y	云母	X	小型	
		V	云母纸	S	独石	
		Z	纸介	D	低压	
		J	金属化纸介	M	密封	
		B	聚苯乙烯	Y	高压	
		F	聚四氟乙烯	C	穿心式	包括： 额定工作电压 标称电容值 允许误差 标准代号等
		L	涤纶			
		S	聚碳酸酯			
		Q	漆膜			
		H	纸膜复合			
		D	铝电解			
		A	钽电解			
		G	金属电解			
		N	铌电解			
		T	钛电解			
		M	压敏			
		E	其他材料电解			

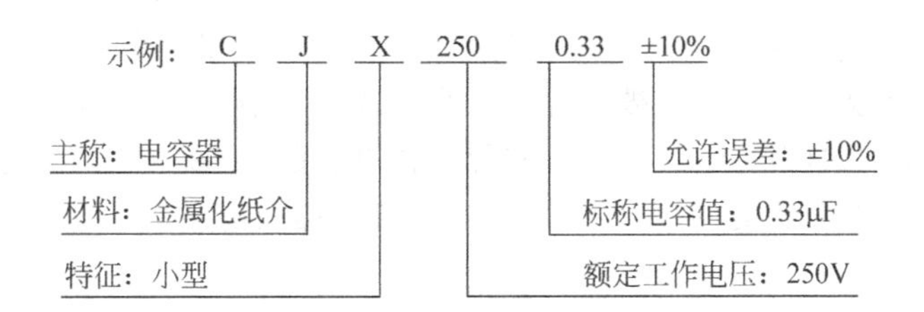

A.2.3 电容器的主要性能指标

1. 标称电容量

标称电容量是标识在电容器上的“名义”电容量。我国固定式电容器标称电容量系列有E24、E12、E6，如表 A.3 所示。

固定电容器的容值都应按表 A.3 中所列数值乘以 10^nF，其中 n 为整数。

表 A.3 标称电容量

系列	标称电容量											
E24	1.0	1.1	1.2	1.3	1.5	1.6	1.8	2.0	2.2	2.4	2.7	3.0
E12	1.0		1.2		1.5		1.8		2.2		2.7	
E6					1.5				2.2			
E24	3.3	3.6	3.9	4.3	4.7	5.1	5.6	6.2	6.8	7.5	8.2	9.1
E12	3.3		3.9		4.7		4.6		6.8		8.2	
E6	3.3				4.7				6.8			

一般电容器上会直接标出其电容值，也有的是用数码方法来标识的，数码的第一、第二位为有效数字，第三位表示倍率（乘幂），单位为 pF。如标有数码 334 的电容器，其电容值为 33×10^4 pF。

2. 允许误差

允许误差是实际电容量对于标称电容量的最大偏差范围。固定电容器的允许误差分 8 级，如表 A.4 所示。

表 A.4 允许误差等级

级别	01	02	Ⅰ	Ⅱ	Ⅲ	Ⅳ	Ⅴ	Ⅵ
允许误差	±1%	±2%	±5%	±10%	±20%	−30%～+20%	−20%～+50%	−10%～+100%

3. 额定电压

额定电压是电容器在规定的工作温度范围内，长期、可靠地工作所能承受的最高电压。额定电压系列随电容器种类不同而有所不同。常用固定式电容器的直流额定电压系列为：6.3V、10V、16V、25V、40V、63V、100V、160V、250V 和 400V。额定电压通常直接标在电容器上。电容器应用在高电压场合时，必须注意电晕的影响。电晕除了可以产生损坏设备的寄生信号外，还会导致电容器介质被击穿。在交流或脉动条件下，电晕特别容易发生。对于所有的电容器，电容器的额定电压应高于实际工作电压的 10%～20%。对工作电压稳定性较差的电路，可留有更大的余量，以确保电容器不被损坏和击穿。

4. 绝缘电阻

绝缘电阻是加在电容器上的直流电压与通过它的漏电流的比值，有时称为漏电阻，一般应在 5000MΩ 以上，优质电容器可达 10^6 MΩ 级。

5. 介质损耗

介质损耗是指介质缓慢极化和介质电导所引起的损耗。通常用损耗功率（有功功率）与电容器存储功率（无功功率）之比来表示，即损耗角的正切 $\tan\delta$。

6. 类别温度范围

类别温度范围是指电容器设计所确定的能连续工作的环境温度范围。该范围取决于它相应类别的温度极限值，如上限类别温度、下限类别温度、额定温度(可以连续施加额定电压的最高环境温度)等。

A.2.4 电容器的简单测试

一般用万用表的欧姆挡就可以简单地测量出电容器的好坏，辨别其漏电、容量衰减或失效等情况。对于电解电容器，首先选用万用表的 R×1K 或 R×100 挡，然后将黑表笔接电容器的正极，红表笔接电容器的负极，若表针摆动大，且返回很慢，返回位置接近∞，说明电容器是好的；若表针摆动很大，且不返回，说明该电容器已击穿；若表针不摆动，说明该电容器已开路，失效。

对于其他类型的电容器，上述方法仍适用。但当电容器的容量较小时，应该用万用表的 R×10K 挡进行测量。注意测量时一定要先将电容器放电。

A.2.5 电解电容器好坏的测量

1. 脱离线路时检测

采用万用表 R×1K 挡，在检测前，先将电解电容的两根引脚相碰，以便放掉电容内残余的电荷。当表笔刚接通时，表针向右偏转一个角度，然后表针缓慢地向左回转，最后表针停下。表针停下来所指示的阻值为该电容的漏电电阻，此阻值愈大愈好，最好接近无穷大处。如果漏电电阻只有几十千欧，说明这一电解电容漏电严重。表针向右摆动的角度越大(表针还应该向左回摆)，说明这一电解电容的电容量也越大，反之说明容量越小。

2. 线路上直接检测

这时主要是检测电容器是否已开路或已击穿这两种明显的故障。对漏电故障，由于受外电路的影响一般是测不准的。用万用表 R×1 挡，测量时若表针向右偏转，说明电解电容内部断路。如果表针向右偏转后所指示的阻值很小(接近短路)，说明电容器严重漏电或已击穿。如果表针向右偏后无回转，但所指示的阻值不很小，说明电容器开路的可能性很大，应脱开电路后进一步检测。

3. 线路上通电状态时检测

若怀疑电解电容只在通电状态下才存在击穿故障，可以给电路通电，然后用万用表直流挡测量该电容器两端的直流电压。如果电压很低或为 0V，则说明该电容器已击穿。

对于电解电容的正、负极标识不清楚的，必须先判别出它的正、负极：对换万用表笔测两次，以漏电大(电阻值小)的一次为准，黑表笔所接一脚为负极，另一脚为正极。

A.3 常用电感器的型号及命名方法

电感器一般由线圈构成，通常在线圈中加入软磁性材料的磁芯。

电感器的英文缩写：L(Inductance)。

电感的国际标准单位是 H(亨利),常用的还有 mH(毫亨)、μH(微亨)和 nH(纳亨)。

电感器的单位换算是：1H＝10^3 mH＝10^6 μH＝10^9 nH；1nH＝10^{-3} μH＝10^{-6} mH＝10^{-9} H。

电感器的特性：通直流隔交流,通低频阻高频。

电感器的作用：滤波、陷波、振荡、存储磁能等。

A.3.1 电感器的分类

按电感量是否可调可分为固定电感器、可变电感器和微调电感器。

可变电感器的电感量可利用磁芯在线圈内移动来调整,也可以在线圈上安装一个滑动的接点来调整。

微调电感器可以满足整机调试的需要和补偿电感器生产中的分散性,一次调好后,一般不再变动。

除此之外,还有小型电感器、有色码电感器、平面电感器和集成电感器等。

A.3.2 电感器的主要性能指标

1. 电感量

电感量是指电感器通过变化电流时产生感应电动势的能力,其大小与磁芯材料的磁导率 u、线圈单位长度中的匝数 n 以及体积 V 有关。当线圈的长度远大于其直径时,电感量为 $L=un^2V$。电感量的表示一般有直标法和色标法,色标法与电阻类似。如：棕、黑、金、金表示 1μH(误差 5%)的电感。

2. 品质因数

品质因数反映电感器传输能量的能力。品质因数越大传输能量的能力越大,即损失越小。一个线圈的品质因数 Q 为

$$Q=\frac{wL}{R}$$

其中,w 为角频率；L 为线圈电感量；R 为线圈电阻。一般要求品质因数为 50～300。

3. 额定电流

额定电流主要是对高频电感器和大功率调谐电感器而言的。通过电感器的电流超过额定值时,电感器将发热,甚至烧坏。

A.3.3 电感在电路中的表示

电感在电路中常用 L 加数字表示,如：L_6 表示编号为 6 的电感。电感线圈是将绝缘的导线在绝缘的骨架上绕一定的圈数制成。直流信号可通过线圈,直流电阻就是导线本身的电阻,压降很小；当交流信号通过线圈时,线圈两端将会产生自感电动势,自感电动势的方向与外加电压的方向相反,阻碍交流的通过,所以电感的特性是通直流阻交流,频率越高,线圈阻抗越大。电感在电路中可与电容组成振荡电路。

A.3.4 电感好坏的检测

电感的质量检测包括外观和阻值测量。首先检测电感的外表是否完好,磁芯有无缺损、裂缝,金属部分有无腐蚀、氧化,标识是否完整、清晰,接线有无断裂和拆伤等。然后用万用表测线圈的直流电阻,对电感做初步检测,并与原已知的正常电阻值进行比较。如果检测值比正常值显著增大,或指针不动,可能是电感器本体断路;若比正常值小许多,可判断电感器本体严重短路。线圈的局部短路需用专用仪器进行检测。

附录B 半导体二、三极管

B.1 半导体二极管

半导体二极管英文缩写：D(Diode)。半导体二极管(简称二极管)在电路中常用D或VD加数字表示，如D_2表示编号为2的二极管。

二极管的特点：单向导电性。

B.1.1 二极管的分类

1. 按材料分类

二极管按材料可分为锗管和硅管。两者性能区别在于锗管正向压降比硅管小。正向压降为0.1～0.3V时，为锗二极管；正向压降为0.5～0.8V时，则为硅二极管。

2. 按用途分类

二极管按用途可分为普通二极管(例如检波、整流、开关、稳压二极管)和特殊二极管(例如变容、光电、发光二极管)。常用二极管的电路符号如图B.1所示。

图B.1 常用二极管的电路符号

B.1.2 普通二极管

普通二极管一般有玻璃封装和塑料封装两种，其外壳上均印有型号，各部分的符号及意义如表B.1所示。通常，实物上有颜色标识或标记箭头所指的一端为负极，另外一端是正极。有的二极管上只有一个色点，有色点的一端为正极。

若型号标记不清时，可用万用表(指针表)判断半导体二极管的极性。通常选用万用表的欧姆挡(R×100或R×1K)，然后分别将万用表的两表笔接到二极管的两个极上，当二极管导通，测得的阻值较小(一般为几十欧姆至几千欧姆之间)，这时黑表笔接的是二极管的正极，红表笔接的是二极管的负极；当二极管截止时，测得的阻值很大(一般为几百千欧姆至几千千欧姆)，这时黑表笔接的是二极管的负极，红表笔接的是二极管的正极。

注意：用数字式万用表测二极管时，应选用二极管及通断测试挡位，将红表笔接二极管的正极，黑表笔接二极管的负极，此时测得的是二极管的正向导通电压降，而反接时，二极管截止，正常显示数值为1，这与指针式万用表的表笔接法刚好相反。

1. 整流二极管

整流二极管主要用于整流电路，即把交流电变换成脉动的直流电。整流二极管都是面结型，因此结电容较大，工作频率较低，一般为3kHz以下。

2. 检波二极管

检波二极管的主要作用是把高频信号中的低频信号检出。它们的结构为点接触型，其结电容较小，工作频率较高，一般都采用锗材料制成。

3. 稳压二极管

(1) 稳压二极管的稳压原理：稳压二极管的特点就是反向击穿后，其两端的电压基本保持不变。这样，当把稳压管接入电路以后，若由于电源电压发生波动，或其他原因造成电路中各点电压变动时，负载两端的电压将基本保持不变。

(2) 故障特点：稳压二极管的故障主要表现在开路、短路和稳压值不稳定。在这三种故障中，前一种故障表现为电源电压升高；后两种故障表现为电源电压降低为零伏或输出不稳定。

(3) 一些常用稳压二极管的型号及稳压值如下所示：

型号	1N4728	1N4729	1N4730	1N4732	1N4733	1N4734	1N4735	1N4744	1N4750	1N4751	1N4761
稳压值	3.3V	3.6V	3.9V	4.7V	5.1V	5.6V	6.2V	15V	27V	30V	75V

4. 国内半导体器件

国内半导体器件的型号命名方法及各部分的含义如表B.1所示。

表B.1 国内半导体器件型号命名方法及各部分的含义

第一部分：名称		第二部分：材料和极性		第三部分：类别		第四部分：序号	第五部分：规格
符号	意义	符号	意义	符号	意义	意义	意义
2	二极管	A	N型锗材料	P	普通管	反映极限参数、直流参数和交流参数等的差别	反映承受反向击穿电压的程度。规格分为A、B、C、D，其中A承受反向击穿电压最低，B次之，以此类推
		B	P型锗材料	V	微波管		
		C	N型硅材料	W	稳压管		
		D	P型硅材料	C	参量管		
3	三极管	A	PNP型锗材料	Z	整流管		
		B	NPN型锗材料	L	整流堆		
		C	PNP型硅材料	S	隧道管		
		D	NPN型硅材料	N	阻尼管		
		E	化合物材料	U	光电器件		
				K	开关管		
				X	低频小功率管		
				G	高频小功率管		

续表

第一部分：名称		第二部分：材料和极性		第三部分：类别		第四部分：序号	第五部分：规格
符号	意义	符号	意义	符号	意义	意义	意义
				D	低频大功率管		
				A	高频大功率管		
				T	半导体闸流管		
				Y	体效应器件		
				B	雪崩管		
				J	阶跃恢复管		
				CS	场效应器件		
				BT	特殊器件		
				FH	复合管		
				PIN	PIN 管		
				JG	激光器件		

说明：三极管的截止频率低于 3MHz 时称为低频器，截止频率高于 3MHz 时称为高频器；耗散功率低于 1W 时称为小功率管，耗散功率高于 1W 时称为大功率管。

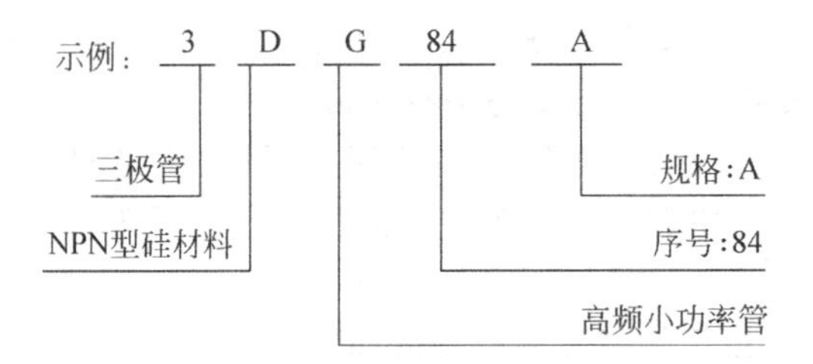

B.1.3 特殊二极管

1. 光电二极管

光电二极管跟普通二极管一样，也是由 PN 结构成。但是它的 PN 结面积较大，是专为接收入射光而设计的。它是利用 PN 结在施加反向电压时，在光线照射下反向电阻由大变小的原理来工作的。也就是说，当没有光照射时反向电流很小，而反向电阻很大；当有光照射时，反向电阻减小，反向电流增大。

2. 发光二极管

发光二极管是一种把电能变成光能的半导体器件。它具有一个 PN 结，与普通二极管一样，具有单向导电的特性。当给发光二极管加上正向电压，有一定的电流流过时就会发光。发光二极管是由磷砷化镓、镓铝砷等半导体材料制成的。当给 PN 结加上正向电压时，P 区的空穴进入 N 区，N 区的电子进入 P 区，这时便产生了电子与空穴的复合，复合时便放出了能量，此能量就以光的形式表现出来。

发光二极管的正、反向压降与普通二极管的测试方法一致。

要检测发光二极管的发光，将万用表的功能选择波段开关拨至 hFE 处，然后将发光二极管的长(＋)脚插入 NPN 的 c 孔中，短(－)脚插入 e 孔中，管子发光为正常。若不发光，则说明管脚插反或管子已坏，如图 B.2 所示。

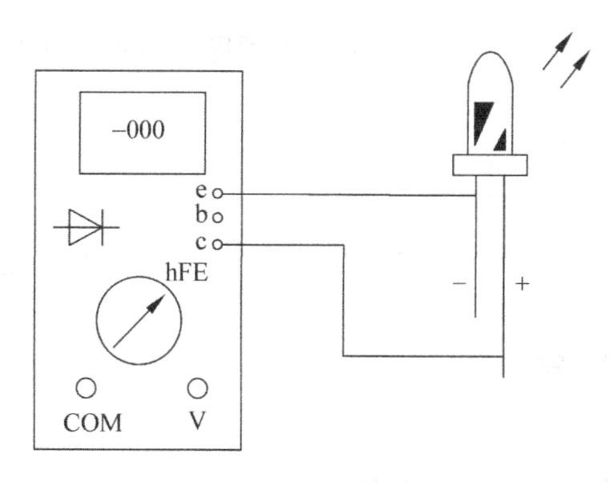

图 B.2 发光二极管的测量

3. 变容二极管

变容二极管是根据普通二极管内部 PN 结的结电容能随外加反向电压的变化而变化这一原理专门设计出来的一种特殊二极管。变容二极管主要用在手机或座机的高频调制电路上，实现低频信号调制到高频信号上并发射出去。在工作状态，变容二极管调制电压一般加到负极上，使变容二极管的内部结电容容量随调制电压的变化而变化。

变容二极管发生故障，主要表现为漏电或变容性能变差。

(1) 发生漏电现象时，高频调制电路将不工作或调制性能变差。

(2) 变容性能变差时，高频调制电路的工作不稳定，使调制后的高频信号被对方接收后产生失真。

出现上述情况之一时，就应该更换同型号的变容二极管。

B.1.4 二极管的主要技术参数

1. 最大整流电流 I_F

最大整流电流指管子长期运行时允许通过的最大正向平均电流。

2. 最高反向电压 V_{RM}

最高反向电压是反向加在二极管两端，而不致引起 PN 结击穿的最大电压。

3. 最大反向电流 I_{RM}

最大反向电流是指由于有载流子的漂移作用，二极管截止时仍有流过 PN 结的反向电流。I_{RM}越小，二极管质量越好。

4. 最高工作频率

最高工作频率是保证二极管单向导电作用的最高工作频率。

B.1.5 二极管特性

1. 正向特性

特性曲线的第一象限部分，曲线呈指数曲线形状，非线性。正向电压很低时正向电流几乎为 0，这一区间称为死区，对应的电压范围称为死区电压或阈值电压。锗管的死区电压大约为 0.1V，硅管的死区电压约为 0.5V。

2. 反向特性

反向电流很小。当反向电压过高时，PN 结被击穿，反向电流急剧增大。

B.2 半导体三极管

半导体三极管(这里指双极结型晶体管)的英文缩写：BJT(Bipolar Junction Transistor)。

半导体三极管在电路中常用 T 加数字表示，如 T_{17} 表示编号为 17 的三极管。

半导体三极管特点：半导体三极管(简称三极管或晶体管)是内部含有 2 个 PN 结，并且具有电流放大能力的特殊器件。它通过基极电流或是发射极电流去控制集电极电流。由于其多数载流子和少数载流子都可导电，故称为双极型元件。

三极管放大的条件：要实现放大作用，必须给三极管加合适的电压，即管子发射结必须具备正向偏压，而集电极必须反向偏压，这也是三极管的放大必须具备的外部条件。

按结构半导体三极管可分为 NPN 和 PNP 两种类型。这两种类型的三极管从工作特性上可互相弥补，OTL 电路中的对管就是由 PNP 型和 NPN 型配对使用的。

按材料半导体三极管可分为硅管和锗管。我国目前生产的硅管多为 NPN 型，锗管多为 PNP 型。

按频率半导体三极管可分为高频管和低频管。

按功率半导体三极管可分为小功率管、中功率管和大功率管。

常见的晶体管外形如图 B.3 所示。

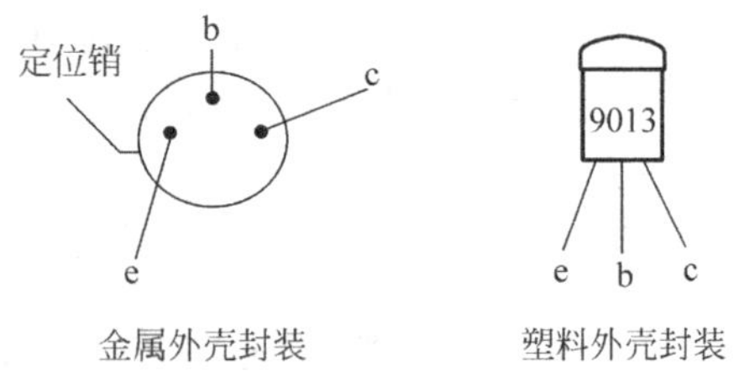

图 B.3 常见的晶体管外形

B.2.1 三极管的主要参数

1. 电流放大系数β

电流放大系数 β 是指共发射极接法时，集电极输出电流的变化量 Δi_C 与其输入电流的变化量 Δi_B 之比，即 $\beta=\frac{\Delta i_C}{\Delta i_B}$。常用的三极管 β 值通常在 10～100 之间。β 值太小放大作用差，但 β 值太大也易使管子性能不稳定。

2. 极间反向电流

1) 集电极-基极反向饱和电流 I_{CBO}

集电极-基极反向饱和电流 I_{CBO} 是指三极管发射极开路，c、b 之间加上一定的反向电压时的反向电流，它只与温度有关，在一定温度下这个反向电流基本上是个常数，所以称之为反向饱和电流。良好的三极管，I_{CBO} 很小，小功率锗管的 I_{CBO} 约为 1～10μA，大功率锗管的可达数毫安，而硅管的 I_{CBO} 则非常小，为纳安(nA)安级。

2）集电极-发射极反向饱和电流 I_{CEO}（又称穿透电流）

集电极-发射极反向饱和电流 I_{CEO} 是指三极管基极开路时，c、e 之间加上规定反向电压时的集电极电流。I_{CEO} 约是 I_{CBO} 的 β 倍，所以我们平时测量三极管时，常常把测量 I_{CEO} 作为判断管子质量的重要依据。其值越小，性能越稳定，小功率锗管的 I_{CEO} 比硅管的大。

3）发射极-基极反向电流 I_{EBO}

发射极-基极反向电流 I_{EBO} 是指管子集电极开路时，在 b、e 之间加上规定的反向电压时发射极的电流，它实际上是发射结的反向饱和电流。

3. 极限参数

1）集电极最大允许电流 I_{CM}

当集电极电流增加到某一数值，引起 β 值下降到额定值的 2/3 或 1/2，这时的集电极电流值称为 I_{CM}。所以当集电极电流超过 I_{CM} 时，虽然不致使管子损坏，但 β 值显著下降，影响放大质量。

2）反向击穿电压

反向击穿电压 $V_{(BR)CBO}$ 是指当发射极开路时，集电极-基极的反向击穿电压，它决定于集电结的雪崩击穿电压，其数值较高。

反向击穿电压 $V_{(BR)EBO}$ 是指集电极开路时，发射极-基极间的反向击穿电压，它也是发射结本身的击穿电压。

反向击穿电压 $V_{(BR)CEO}$ 是指基极开路时，集电极-发射极间的反向击穿电压。

3）集电极最大允许损耗功率 P_{CM}

管子实际的耗散功率超过 P_{CM} 就会使管子性能变差或烧毁。P_{CM} 与散热条件有关，增加散热片可提高 P_{CM}。

B.2.2 用指针式万用表判别三极管

1. 管型和基极的判别

将万用表置于 R×100 或 R×1K 挡。用万用表的红表笔固定三极管的某一个电极，黑表笔分别接三极管的另外两个电极，观察指针的偏转。若两次的测量阻值都大或是都小，则红表笔所接就是基极；而且，如果测得的电阻值都很大，则该三极管是 NPN 型，如果测得的电阻值都很小，则该三极管是 PNP 型。若两次测量阻值一大一小，则用红表笔重新固定三极管的一个引脚继续测量，直到找到基极。

2. 集电极和发射极的判别

确定基极后，如何判断管子的集电极 c 和发射极 e，这里推荐四种方法。

第一种方法：对于 NPN 型管，两个表笔分别与除基极以外的其他两个引脚相接，并用手捏住黑表笔与基极（但黑表笔与基极不能相碰），观察万用表指针的偏转情况。再将两个表笔交换，同样用手捏住黑表笔与基极，观察指针的偏转。在两次测量中，对应于指针偏转较大的一次，说明这时万用表表笔加给管子的电压使管子的发射结处于正偏，集电结处于反偏。故此时黑表笔接的是管子的集电极 c，红表笔接的是发射极 e。

对于 PNP 型管，采用上述方法测试时，应用手捏住基极和万用表的红表笔，同时观察万用表指针的偏转情况。对应于指针偏转较大的一次，红表笔接的是管子的集电极 c，黑表笔接的是发射极 e。

第二种方法：对于有测三极管 hFE 插孔的指针式万用表，测出 b 极后，将三极管随意插到插孔中去（当然 b 极是可以插准确的），测一下 hFE 值，然后再将管子倒过来再测一遍，测得 hFE 值比较大的一次，各管脚插入的位置是正确的。

第三种方法：对无 hFE 测量插孔的表，或管子太大不方便插入插孔的，可以用这种方法。对 NPN 管，先测出 b 极，将表置于 R×1K 挡，将红表笔接假设的 e 极（注意拿红表笔的手不要碰到表笔尖或管脚），黑表笔接假设的 c 极，同时用手指捏住表笔尖及这个管脚，将管子拿起来，用舌尖舔一下 b 极，表头指针应有一定的偏转。如果各表笔接得正确，指针偏转会大些，如果接得不对，指针偏转会小些，差别是很明显的。由此就可判定管子的 c、e 极。对 PNP 管，要将黑表笔接假设的 e 极（手不要碰到笔尖或管脚），红表笔接假设的 c 极，同时用手指捏住表笔尖及这个管脚，然后用舌尖舔一下 b 极，如果各表笔接得正确，表头指针会偏转得比较大。当然测量时表笔要交换一下测两次，比较读数后才能最后判定。这个方法适用于所有外形的三极管，方便实用。

第四种方法：将万用表置于 R×10K 挡。对 NPN 管，黑表笔接 e 极，红表笔接 c 极时，表针可能会有一定偏转；对 PNP 管，黑表笔接 c 极，红表笔接 e 极时，表针可能会有一定的偏转，反过来都不会有偏转。由此也可以判定三极管的 c、e 极。不过对于高耐压的管子，这个方法就不适用了。

对于常见的进口型号的大功率塑封管，其 c 极基本都是在中间。中、小功率管有的 b 极可能在中间。比如常用的 9014 三极管及其系列的其他型号三极管、2SC1815、2N5401、2N5551 等三极管，其 b 极有的就在中间。当然它们也有 c 极在中间的。所以在维修更换三极管时，尤其是这些小功率三极管，不可拿来就按原样直接接上，一定要先判别清楚各引脚的极性。

B.2.3 三极管的好坏检测

(1) 先选量程：将万用表置于 R×100 或 R×1K 挡。

(2) 测量 PNP 型半导体三极管的发射极和集电极的正向电阻值。红表笔接基极，黑表笔接发射极，所测得阻值为发射极正向电阻值，若将黑表笔接集电极（红表笔不动），所测得阻值便是集电极的正向电阻值，正向电阻值愈小愈好。

(3) 测量 PNP 型半导体三极管的发射极和集电极的反向电阻值。将黑表笔接基极，红表笔分别接发射极与集电极，所测得阻值分别为发射极和集电极的反向电阻，反向电阻愈大愈好。

(4) 测量 NPN 型半导体三极管的发射极和集电极的正向电阻值的方法和测量 PNP 型半导体三极管的方法相反。

B.3 场效应管

场效应管英文缩写：FET(Field-effect transistor)

场效应管分类：结型场效应管和绝缘栅型场效应管。

场效应管的三个引脚分别表示为：G(栅极)、D(漏极)和S(源极)。

注：场效应管属于电压控制型元件，因利用多数载流子导电故称单极型元件。它具有输入电阻高、噪声小、功耗低，无二次击穿现象等优点。

场效应晶体管的优点：具有较大的输入电阻且输入电流低于零，几乎不需向信号源吸取电流。在基极注入电流的大小，直接影响集电极电流的大小，是利用输出电流控制输出电压的半导体。

B.3.1 场效应管的主要参数

(1) 夹断电压 V_P：是指输出电流 i_D 接近于零时的栅源电压。

(2) 直流输入电阻 R_{GS}：是指在漏源之间短路的条件下，栅源之间的电压与栅极电流之比。一般在 $10^6\Omega$ 以上。

(3) 漏源击穿电压：是指在漏源电压增加过程中使漏极电流突然增加时的漏源电压。

(4) 跨导(互导) g_m：是指漏极电流的微变量和引起这个变化的栅源电压的微变量之比，用来衡量场效应管的控制能力。一般在十分之几至几mS的范围内。

常用场效应管及其主要参数如表B.2所示。

表B.2 常用场效应管及其主要参数

<table>
<tr><th>型号</th><th>类型</th><th>饱和漏极电流 I_{DSS}/mA</th><th>夹断电压 U_P/V</th><th>开启电压 U_T/V</th><th>跨导 g_m mA/V</th><th>直流电阻 R_{GS}/Ω</th><th>最大漏源电压 $U_{(BR)DS}$/V</th></tr>
<tr><td>3DJ6D</td><td rowspan="5">结型场效应管</td><td>＜0.35</td><td rowspan="5">＜|－9|</td><td rowspan="5"></td><td>300</td><td rowspan="5">≥10^8</td><td rowspan="5">＞20</td></tr>
<tr><td>3DE6D</td><td>0.3～1.2</td><td>500</td></tr>
<tr><td>3DF6D</td><td>1～3.5</td><td rowspan="3">1000</td></tr>
<tr><td>3DG6D</td><td>3～6.5</td></tr>
<tr><td>3DH6D</td><td>6～10</td></tr>
<tr><td>3D01D</td><td rowspan="5">MOS场效应管N沟道耗尽型</td><td>＜0.35</td><td rowspan="3">＜|－4|</td><td rowspan="5"></td><td rowspan="5">＞1000</td><td rowspan="5">≥10^9</td><td rowspan="5">＞20</td></tr>
<tr><td>3DE1D</td><td>0.3～1.2</td></tr>
<tr><td>3DF1D</td><td>1～3.5</td></tr>
<tr><td>3DG1D</td><td>3～6.5</td><td rowspan="2">＜|－9|</td></tr>
<tr><td>3DH1D</td><td>6～10</td></tr>
<tr><td>3D06A</td><td rowspan="2">MOS场效应管N沟道增强型</td><td rowspan="2">≤10</td><td rowspan="2"></td><td>2.5～5</td><td rowspan="2">＞2000</td><td rowspan="2">≥10^9</td><td rowspan="2">＞20</td></tr>
<tr><td>3DB6A</td><td>＜3</td></tr>
<tr><td>3C01</td><td>MOS场效应管P沟道增强型</td><td>≤10</td><td></td><td>－2|～|－6</td><td>＞500</td><td>10^8～10^{11}</td><td>＞15</td></tr>
</table>

B.3.2 场效应管与晶体管的比较

(1) 场效应管是电压控制元件，而晶体管是电流控制元件。在只允许从信号源取较少电流的情况下，应选用场效应管；而在信号电压较低，又允许从信号源取较多电流的条件下，应选用晶体管。

(2) 场效应管是利用多数载流子导电,所以称之为单极型器件;而晶体管是既利用多数载流子,也利用少数载流子导电,故称之为双极型器件。

(3) 有些场效应管的源极和漏极可以互换使用,栅压也可正可负,灵活性比晶体管好。

(4) 场效应管能在很小的电流和很低的电压的条件下工作,而且它的制造工艺可以很方便地把很多场效应管集成在一块硅片上,因此场效应管的集成度高。

B.3.3 场效应管好坏与极性判别

将万用表的量程选择在R×1K挡,用黑表笔接D极,红表笔接S极,用手同时触及一下G、D极,场效应管应呈瞬时导通状态,即表针摆向阻值较小的位置。再用手触及一下G、S极,场效应管应无反应,即表针不动,此时应可判断出场效应管为好管。

将万用表的量程选择在R×1K挡,分别测量场效应管三个引脚之间的电阻阻值。若某脚与其他两脚之间的电阻值均为无穷大,并且交换表笔后再测仍为无穷大时,则此脚为G极,其他两脚为S极和D极。然后再用万用表测量S极和D极之间的电阻值一次,交换表笔后再测量一次,其中阻值较小的一次,黑表笔接的是S极,红表笔接的是D极。

附录C 半导体集成电路

集成电路是在一块单晶硅上用光刻法制作出很多三极管、二极管、电阻和电容，并按照特定的要求把它们连接起来，构成的一个完整电路。

集成电路的英文缩写：IC(integrate circuit)。

电路中的表示符号：U。

集成电路的优点：集成电路具有体积小、重量轻、可靠性高和性能稳定等优点。

大规模和超大规模的集成电路的出现，使电子设备在微型化、高可靠性和灵活性方面向前推进了一大步。

集成电路常见的封装形式有如下几种：

- BGA(ball grid array)球栅阵列(封装)，如图 C.1 所示。
- QFP(quad flat package)四面有鸥翼型脚(封装)，如图 C.2 所示。
- PLCC(plastic leaded chip carrier)四边有内勾型脚(封装)，如图 C.3 所示。
- SOJ(small outline junction)两边有内勾型脚(封装)，如图 C.4 所示。
- SOIC(small outline integrated circuit)两面有鸥翼型脚(封装)，如图 C.5 所示。

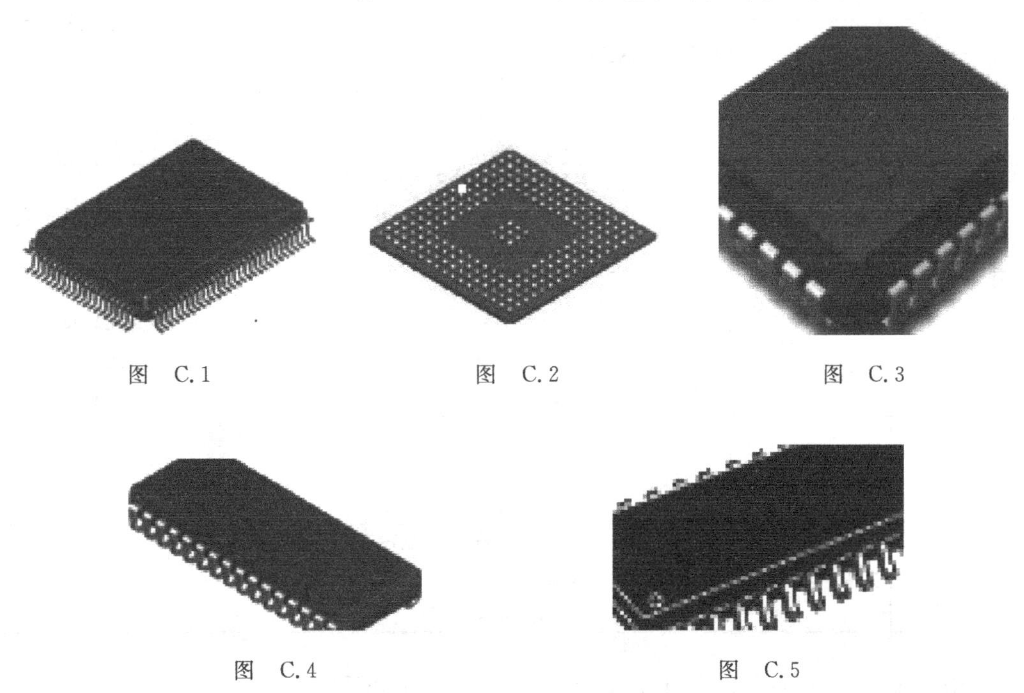

图 C.1　　图 C.2　　图 C.3

图 C.4　　图 C.5

C.1 集成电路的型号与命名

在现行国家标准中，集成电路的型号由五部分组成，每部分的符号及含义如表 C.1 所示。

表 C.1 国内集成电路的型号命名方法及各部分的含义

第一部分：国产 IC		第二部分：类型		第三部分：系列与序号		第四部分：工作温度范围		第五部分：封装类型	
符号	意义	符号	意义	符号	意义	符号	意义	符号	意义
C	中国制造	T	TTL 电路	(TTL 器件)		C	0～70℃	F	多层陶瓷扁平
		H	HTL 电路	54/74XXX	国际通用系列	G	－25～70℃	B	塑料扁平
		E	ECL 电路	54/74HXXX	高速系列	L	－25～85℃	H	黑瓷扁平
		C	CMOS 电路	54/74LXXX	低速系列	E	－40～85℃	D	多层陶瓷双列直插
		M	存储器	54/74SXXX	肖特基系列	R	－55～85℃	J	黑瓷双列直插
		U	微型机电路	54/74LSXXX	低功耗肖特基系列	M	－55～125℃	P	塑料双列直插
		F	线性放大器	54/74ASXXX	先进肖特基系列			S	塑料单列直插
		W	稳压器	54/74ALSXXX	先进低功耗肖特基系列			T	金属圆壳
		D	音响、电视电路	54/74FXXX	高速系列			K	金属菱形
		B	非线性电路	(CMOS 器件)				C	陶瓷芯片载体(CCC)
		J	接口电路	54/74HCXXX	高速 CMOS，输入输出 CMOS 电平			E	塑料芯片载体(PLCC)
		AD	A/D 转换器					G	网格针栅阵列(PGA)
		DA	D/A 转换器	54/74HCTXXX	高速 CMOS，输入 TTL 电平，输出 CMOS 电平			SOIC	小引线封装
		SC	通信专用电路					PCC	塑料芯片载体封装
		SS	敏感电路	54/74HCUXXX	高速 CMOS，不带输出缓冲级			LCC	陶瓷芯片载体封装
		SW	钟表电路						
		SJ	机电仪表电路	54/74ACXXX	改进型高速 CMOS				
		SF	复印机电路	54/74ACTXXX	改进型高速 CMOS，输入 TTL 电平，输出 CMOS 电平				

示例：低功耗肖特基 TTL 十进制计数器 CT74LS160CJ。

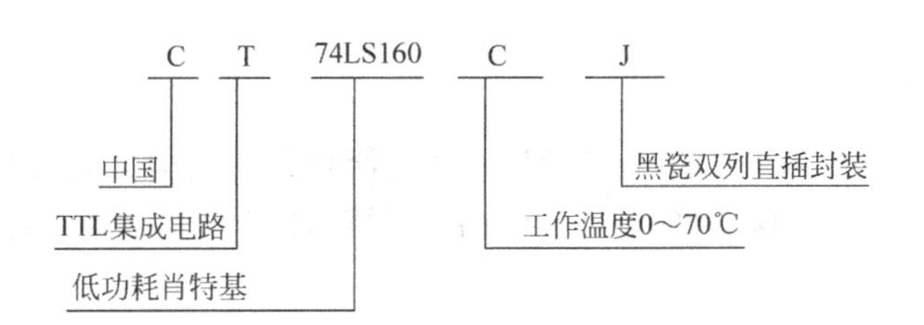

C.2　集成电路的分类

集成电路按制造工艺分有半导体集成电路、薄膜集成电路、混合集成电路；按功能分有模拟集成电路、数字集成电路；按集成度分有小规模集成电路(SSI)、中规模集成电路(MSI)、大规模集成电路(LSI)、超大规模集成电路(VLSI)；按外形分有圆形、扁形、双列直插形。

目前，已经成熟的集成逻辑技术主要有三种：TTL 逻辑、CMOS 逻辑、ECL 逻辑。TTL 逻辑的系列产品很多，有速度及功耗折中的标准型；有改进、高速的标准肖特基型；有改进、高速及低功耗的低功耗肖特基型。CMOS 逻辑的特点是功耗低，工作电源电压范围较宽、速度快。ECL 逻辑的最大特点是工作速度高。TTL 逻辑、CMOS 逻辑和 ECL 逻辑电路的有关参数如表 C.2 所示。

表 C.2　TTL、CMOS 和 ECL 逻辑电路的有关参数

电路种类	工作电压/V	功耗/mW	延时/ns	“扇出”系数
TTL 标准	+5	10	10	10
TTL 标准肖特基	+5	20	3	10
TTL 低功耗肖特基	+5	2	10	10
ECL 标准	−5.2	25	2	10
ECL 高速	−5.2	40	0.75	10
CMOS	+5～15	μW 级	ns 级	50

C.3　集成电路外引脚的识别

(1) 对于 BGA 封装(用坐标表示)：在打点或是有颜色标识处逆时针用英文字母 A,B,C,D,E…(其中 I,O 基本不用)表示，顺时针用数字 1,2,3,4,5,6…表示，其中字母为横坐标，数字为纵坐标如：A1,A2。

(2) 对于其他封装：在打点、有凹槽或是有颜色标识处逆时针开始数为第一脚，第二脚，第三脚……

C.4　集成电路常用的检测方法

集成电路常用的检测方法有在线测量法、非在线测量法和代换法。

1. 非在线测量

非在线测量常在集成电路未焊入电路时，通过测量其各引脚之间的直流电阻值与已知正常同型号集成电路各引脚之间的直流电阻值进行对比，以确定其是否正常。

2. 在线测量

在线测量法是利用电压测量法、电阻测量法及电流测量法等，通过在电路上测量集成电路的各引脚电压值、电阻值和电流值是否正常，来判断该集成电路是否损坏。

3. 代换法

代换法是用已知完好的同型号、同规格的集成电路来代换被测集成电路，可以判断出该集成电路是否损坏。

C.5 实验室常用的电子元器件

实验室常用的电子元器件见表 C.3。

表 C.3 实验室常用的电子元器件

序号	器件名称	型号	序号	器件名称	型号
1	电阻	1/8W,10Ω~1MΩ	24	4 输入二正与门	74LS21
2	电位器	10kΩ,100kΩ	25	3 输入三正或非门	74LS27
3	电容	0.01μF~1μF	26	8 输入正与非门	74LS30
4	电解电容	10u,470u,100μF	27	2 输入四正或门	74LS32
5	二极管	1N4001	28	4-10 线译码器	74LS42
6	二极管	1N4007	29	BCD-七段码/驱动	74LS47
7	二极管	2AP9	30	BCD-七段码/驱动	74LS48
8	发光二极管	Φ3 红、绿、黄	31	双与或非门	74LS51
9	双向稳压管	2DW7C	32	四路与或门	74LS54
10	三极管	9012,9015	33	双 D 正触发器	74LS74
11	三极管	9013,9014	34	双 J-K 触发器	74LS76
12	集成功率放大器	LM384	35	四位二进制全加器	74LS83
13	光电耦合管	T1L113	36	2 输入四异或门	74LS86
14	场效应管	3DJ6,3DJ7	37	4 位数值比较器	74LS85
15	三端稳压器	7805,7905,7812,7912	38	双 J-K 触发器	74LS107
16	三端稳压器	CW317	39	带清除端三态缓冲门	74LS125
17	2 输入四正与非门	74LS00	40	3-8 线译码器	74LS138
18	集电极开路与非门	74LS01	41	10-4 线优先编码器	74LS147
19	2 输入四正或非门	74LS02	42	8-3 线优先编码器	74LS148
20	六反相器	74LS04	43	8 选 1 数据选择器	74LS151
21	2 输入四正与门	74LS08	44	4-16 线译码器	74LS154
22	3 输入三正与非门	74LS10	45	同步十进制计数器	74LS160,162
23	4 输入二正与非门	74LS20	46	四位二进制计数器	74LS161,163

续表

序号	器件名称	型号	序号	器件名称	型号
47	同步可逆计数器	74LS190,191	59	14位二进制计数器	CD4060
48	同步可逆双时钟计数器	74LS192,193	60	同步可逆计数器	CD4510
49	四位双向移位寄存器	74LS194	61	BCD-7段码驱动器	CD4511
50	可预置计时器、锁存器	74LS196	62	单运算放大器	uA741/ LF356
51	八缓冲器(原码输出)	74LS244	63	双运算放大器	LM358
52	八总线收发器	74LS245	64	四位运算放大器	LM324
53	八D型触发器	74LS273	65	集成电路定时器	NE555
54	三态八D型透明锁存器	74LS373	66	通用阵列逻辑	GAL16V8
55	数模转换器	DAC0832	67	三位半AD转换驱动	CC7107
56	模数转换器	ADC0809	68	数码管共阴	LG5011AH
57	4kbit静态RAM	2114	69	数码管共阳	TOS5010BH
58	12位二进制计数器	CD4040	70	蜂鸣器、喇叭	电磁式,8Ω/0.5W

焊接知识

焊接是电子技术实验中的基本技能。焊接质量的好坏,直接影响着电子设备的可靠性,也影响着电子技术实验的质量。初学焊接的同学,只要掌握基本的焊接知识,反复实践,一定能够掌握这一技术。

D.1 焊接材料和工具

1. 焊锡

电子设备采用焊锡进行焊接。焊锡是一种锡铅合金。一般的焊锡中含锡 50%。含锡量较高的焊锡焊接的焊点比较光亮。焊锡的熔点一般在 200℃左右。常用的焊锡做成丝状,称为焊锡丝。

2. 焊剂

为了提高焊接质量,使焊点表面光亮、美观,在焊接时还需要使用焊剂。焊接电子设备时,一般采用松香与酒精配制的焊剂。配置比例为:松香 20%,无水酒精 78%,三乙醇胺 2%。常用的焊锡丝中间填充有松香,使用起来很方便,但实验者还需准备一块松香或一个焊锡盒。

3. 小工具

电子元器件被焊接的部分需要做清洁处理,以除去氧化层和污物,因此需要小刀、砂纸等清洁工具。另外还需要镊子、剪刀或剪线钳等工具。

4. 电烙铁

焊接用的主要工具是电烙铁。

电烙铁从结构上分有内热式和外热式两种。按功率分,常用的有 20W、25W、45W、75W、100W 等规格。焊接晶体管电路时,通常选用 20W 或 25W 的内热式电烙铁。这种电烙铁体积小、重量轻、发热快、耗电省。如果选用的烙铁功率过大,容易烫坏晶体管、集成电路或印刷电路板;如果选用的烙铁功率过小,则不易进行焊接,甚至造成假焊。

电烙铁用来焊接的部分是烙铁头,它是用紫铜制作的。为了便于焊接,烙铁头的端部被

锉成刀刃形状或圆锥形。烙铁使用时间长了以后，其顶端部分可能严重氧化或产生变形。这时需要用锉刀或砂纸除去氧化层并修整成型。新买的烙铁头或经过锉、磨处理以后的烙铁头，都需要"上锡"。具体方法是，在烙铁通电加热以后，及时涂上松香焊剂并立即蘸锡使烙铁头的端部均匀地镀上一层焊锡。只有保持烙铁头的端部经常有锡，才能使它不被氧化，同时也使焊接变得轻松容易。

烧热的烙铁应放在烙铁支架上，以免烫坏其他东西或引起火灾。

D.2 焊接程序和注意事项

1. 焊接次序

焊接电子线路板的次序，一般应该是先焊接较小的元件，后焊接较大的元件，最后焊接晶体管。这样焊接比较方便，同时又可避免晶体管在焊接过程中被损坏。

2. 元件的清洁处理和上锡

无论是大元件还是小元件，在往电路板上焊接之前需依据电路板大小及其元件间距确定其在电路板上的放置方式(立式或卧式)以及位置高低、引脚应保留的长度等，并剪去多余的部分。对于元件需要焊接的部位，必须先认真做好清洁处理再上锡。上锡的具体方法与给烙铁头上锡的方法相似。只有经过上述处理的元件引脚，焊接起来才容易被焊接上，反之，为了追求速度，省事图快，不认真做好清洁处理和上锡工作就急于去焊接，那么由于元件引脚被氧化层或污物包围，焊锡就附着不到被焊接元件的引脚上，达不到焊接的目的。

有时经过烙铁多次烫焊，印刷版上会附着很多焊锡，并将被焊接的元件引脚勉强"沾"住或"包"住。从表面上看好像"焊接"得很结实，实际上并没有焊接牢，这种现象称为"虚焊"。虚焊会给被焊接的电路埋下很多隐患，使电路根本无法工作或不稳定，而且一旦产生这样的故障就很难发现是哪个焊点的虚焊造成的。因此，对于初学焊接的同学来说，一定要养成严肃认真的习惯，保证每个焊点都不出现虚焊。

3. 使用焊剂

为了保证焊接质量，并使焊接容易起见，除了对焊接元件端部要做好清洁处理和上锡工作以外，最好在焊接前在被焊元件引脚与被焊的印刷电路板接触部分涂上一点焊剂，这样在焊接时焊锡就容易均匀地流动到焊接的各个部位，使焊接牢固，焊点光滑圆润，并使焊接变得轻松自如。

4. 焊接时间

焊接时，烙铁头端部有焊锡的部分要放到涂有焊剂的焊接面上，要接触良好，待焊锡熔化并均匀分布到焊接面后再移开烙铁。移开烙铁后，在焊点末凝固之前，被焊接的元件不能移动，否则容易形成假焊。焊点的大小与烙铁和印刷板之间的角度有关。角度小焊点就小，角度大焊点就大，要适当掌握角度以控制焊点的大小。

5. 散热

焊接怕热的元件如晶体管、有塑料支架的变压器引脚时,可用镊子夹住元件的引脚以帮助散热,而且焊接的动作要比较迅速,焊接时间不要太长,最好一次焊成。

6. 焊接方法

常用的焊接方法要两种。第一种方法称为带锡焊接法。就是在焊接元件之前就在烙铁头的端部带上适量的焊锡,然后直接焊接,使烙铁头上的焊锡流到被焊接的元件和印刷电路板上,达到焊接的目的。第二种方法是点锡焊接法。就是在焊接之前烙铁头上只带有少量的焊锡。在焊接时,右手持电烙铁并使其端部放在被焊接的部位,调整好烙铁头与印刷电路板之间的角度,左手持焊锡丝并用它的一端去接触焊接点上的烙铁头端部和元件引线,使被烙铁融化的焊锡丝流到被焊接的部位,形成焊点。在这种情况下,控制被融化的焊锡的多少就可以控制焊点的大小。

1) 锡焊

锡焊是一门科学,它的原理是通过加热的烙铁将固态焊锡丝加热熔化,再借助于助焊剂的作用,使其流入被焊金属之间,待冷却后形成牢固可靠的焊接点。

2) 助焊剂的作用

助焊剂是一种焊接辅助材料,它可以去除氧化膜和防止氧化,同时减小表面张力,使焊点美观。

3) 焊锡丝的组成和拿法

我们使用的有铅焊锡丝和无铅焊锡丝里面是空心的,这个设计是为了存储助焊剂(松香),使在加焊锡的同时能均匀地加上助焊剂。这样能达到元件在电路上的导电要求和元件在 PCB 板上的固定要求。焊锡丝的拿法如图 D.1 所示。

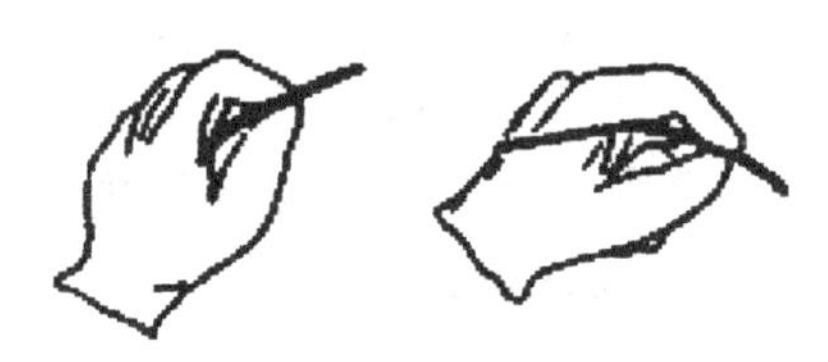

图 D.1 焊锡丝的拿法

4) 焊接工具

外热式电烙铁一般由烙铁头、烙铁芯、外壳、手柄、插头等部分所组成。烙铁头的长短可以调整(烙铁头越短,烙铁头的温度就越高),最常用的有凿形、尖锥形、圆面形等,以适应不同焊接面的需要。拿电烙铁的方法有三种,如图 D.2 所示。

图 D.2 电烙铁的拿法

内热式电烙铁由连接杆、手柄、弹簧夹、烙铁芯、烙铁头(也称铜头)五个部分组成。电烙铁的外形如图 D.3 所示。

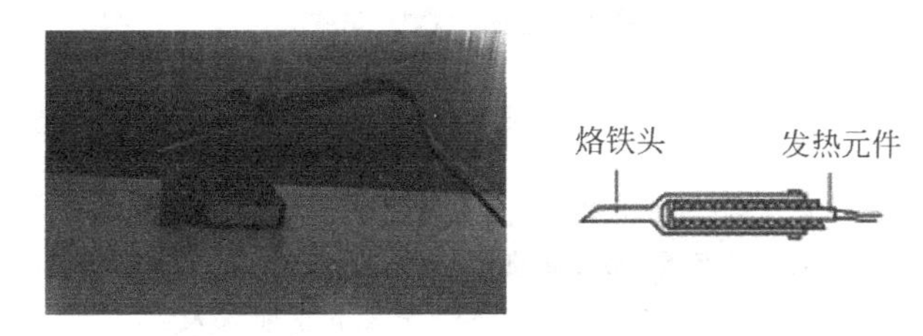

图 D.3 电烙铁外形图

其他工具如尖嘴钳,它的主要作用是:辅助元件引线及压钳元件引脚成型。偏口钳又称斜口钳、剪线钳,主要用于剪切导线,剪掉元器件多余的引线。镊子的主要用途是,在焊接时夹持被焊件以防止其移动和帮助散热。旋具又称改锥或螺丝刀,分为十字旋具和一字旋具,主要用于拧动螺钉及调整可调元器件的可调部分。小刀主要用来刮去导线和元件引线上的绝缘物和氧化物,使之易于上锡。

7. 手工焊接过程

手工焊接过程包括加热焊件、移入焊锡丝、移开焊锡和移开电烙铁四步。

(1) 加热焊件。电烙铁的焊接温度由实际使用情况决定。一般来说,以焊接一个锡点的时间限制在 3 秒最为合适。焊接时烙铁头与印制电路板成 45°角,电烙铁头顶住焊盘和元器件引脚给元器件引脚和焊盘均匀预热。

(2) 移入焊锡丝。焊锡丝从元器件引脚和烙铁接触面处引入,焊锡丝应靠在元器件脚与烙铁头之间。

(3) 移开焊锡。当焊锡丝熔化(要掌握进锡速度),焊锡散满整个焊盘时,即可以 45°角方向拿开焊锡丝。

(4) 移开电烙铁。焊锡丝拿开后,烙铁继续放在焊盘上持续 1～2s,当焊锡只有轻微烟雾冒出时,即可拿开烙铁。

焊接要领有两点:烙铁头与两被焊件的接触方式;装焊顺序。

烙铁头应同时接触要相互连接的两个被焊件(如焊脚与焊盘),烙铁一般倾斜 45°。应避免只与其中一个被焊件接触。两个被焊件能在相同的时间里达到相同的温度,被视为加热的理想状态。烙铁头与被焊件接触时应略施压力。因为热传导强弱与施加压力大小成正比,但以对被焊件表面不造成损伤为原则。

元器件的装焊顺序依次是电阻器、电容器、二极管、三极管、集成电路、大功率管,其他元器件是先小后大。

参 考 文 献

[1] 杨志民,马胜前.电子技术实验[M].兰州:兰州大学出版社,2000.

[2] 马学文,李景宏.电子技术实验教程[M].北京:科学出版社,2013.

[3] 徐国华.模拟及数字电子技术实验教程[M].北京:北京航空航天大学出版社,2004.

[4] 康华光.电子技术基础模拟部分(第四版)[M].北京:高等教育出版社,1999.

[5] 阎石.数字电子技术基础(第五版)[M].北京:高等教育出版社,2006.

[6] 聂典,李北雁,聂梦晨,等.Multisim 12 仿真设计[M].北京:电子工业出版社,2014.

[7] 杨鑫,王玉凤,刘湘黔.电路设计与仿真(修订版)[M].北京:清华大学出版社,2006.

[8] 黄志伟.基于 NI Multisim 的电子电路计算机仿真设计与分析[M].北京:电子工业出版社,2011.

[9] 王廷才.Multisim 11 电子电路仿真分析与设计[M].北京:机械工业出版社,2012.

[10] 唐赣,聂典.Multisim 10 原理图仿真与 PowerPCB 5.0.1 印制电路板设计[M].北京:电子工业出版社,2009.

[11] 许晓华,何春华. Multisim 10 计算机仿真及应用[M].北京:清华大学出版社,2011.

图书资源支持

感谢您一直以来对清华版图书的支持和爱护。为了配合本书的使用，本书提供配套的素材，有需求的用户请到清华大学出版社主页(http://www.tup.com.cn)上查询和下载，也可以拨打电话或发送电子邮件咨询。

如果您在使用本书的过程中遇到了什么问题，或者有相关图书出版计划，也请您发邮件告诉我们，以便我们更好地为您服务。

我们的联系方式：

地　　址：北京海淀区双清路学研大厦A座707

邮　　编：100084

电　　话：010-62770175-4604

资源下载：http://www.tup.com.cn

电子邮件：weijj@tup.tsinghua.edu.cn

QQ：883604(请写明您的单位和姓名)

扫一扫

资源下载、样书申请

新书推荐、技术交流

用微信扫一扫右边的二维码，即可关注清华大学出版社公众号“书圈”。